冶金工业建设工程预算定额

（2012 年版）

第八册　刷油、防腐、保温工程

北　京
冶　金　工　业　出　版　社
2013

图书在版编目(CIP)数据

冶金工业建设工程预算定额:2012 年版. 第八册,刷油、防腐、保温工程/冶金工业建设工程定额总站编. —北京:冶金工业出版社, 2013. 1
ISBN 978-7-5024-6110-2

Ⅰ. ①冶…　Ⅱ. ①冶…　Ⅲ. ①冶金工业—涂漆—建筑预算定额—中国 ②冶金工业—防腐—建筑预算定额—中国　③冶金工业—保温工程—建筑预算定额—中国　Ⅳ. ①TU723. 3

中国版本图书馆 CIP 数据核字(2012)第 271330 号

出 版 人　谭学余
地　　址　北京北河沿大街嵩祝院北巷 39 号, 邮编 100009
电　　话　(010)64027926　电子信箱　yjcbs@cnmip. com. cn
责任编辑　李培禄　卢　敏　美术编辑　彭子赫　版式设计　孙跃红
责任校对　王贺兰　刘　倩　责任印制　牛晓波
ISBN 978-7-5024-6110-2
冶金工业出版社出版发行; 各地新华书店经销; 三河市双峰印刷装订有限公司印刷
2013 年 1 月第 1 版, 2013 年 1 月第 1 次印刷
850mm×1168mm　1/32; 23 印张; 616 千字; 714 页
125. 00 元

冶金工业出版社投稿电话:(010)64027932　投稿信箱:tougao@cnmip. com. cn
冶金工业出版社发行部　电话:(010)64044283　传真:(010)64027893
冶金书店　地址:北京东四西大街 46 号(100010)　电话:(010)65289081(兼传真)
(本书如有印装质量问题, 本社发行部负责退换)

冶金工业建设工程定额总站　文件

冶建定[2012]52号

关于颁发《冶金工业建设工程预算定额》(2012年版)的通知

为适应冶金工业建设工程的需要,规范冶金建筑安装工程造价计价行为,指导企业合理确定和有效控制工程造价,由总站组织冶金系统造价专业人员修编的《冶金工业建设工程预算定额》(2012年版)已经完成。经审查,现予以颁发,自2012年11月1日起施行。原冶金工业建设工程定额总站颁发的《冶金工业建设工程预算定额》(2001年版)(共十四册)同时停止执行。

本定额由冶金工业建设工程定额总站负责具体解释和日常管理。

冶金工业建设工程定额总站

二〇一二年九月十九日

综　合　组：张德清　林希琤　赵　波　陈　月　张连生　吴永钢　吴新刚　万　缨　乔锡凤　文　苹
孙旭东　陈国裕　郭绍君　付文东　郑　云　朱四宝　杨　明　徐战艰　张福山

主编单位：重庆三环建设监理咨询有限公司

副主编单位：攀钢集团工科工程咨询有限公司

参编单位：中冶建工集团有限公司
中冶赛迪工程技术有限公司

协编单位：鹏业软件股份有限公司

主　　编：段云明

副　主　编：蒋　平

参编人员：肖　灿　魏　玲　李红霞　曾晓东　吕发碧

编辑排版：赖勇军

总 说 明

一、《冶金工业建设工程预算定额》(2012 年版)共分十四册,包括:

第一册《土建工程》(上、下册)

第二册《地基处理工程》

第三册《机械设备安装工程》(上、下册)

第四册《电气设备安装工程》

第五册《自动化控制仪表安装工程、消防及安全防范设备安装工程》

第六册《金属结构件制作与安装工程》

第七册《总图运输工程》

第八册《刷油、防腐、保温工程》

第九册《冶金炉窑砌筑工程》

第十册《工艺管道安装工程》

第十一册《给排水、采暖、通风、除尘管道安装工程》

第十二册《冶金施工机械台班费用定额》

第十三册《材料预算价格》

第十四册《冶金工厂建设建筑安装工程费用定额》

二、《冶金工业建设工程预算定额》(2012 年版)(以下简称本定额)是完成规定计量单位分项工程计价所需的人工、材料、施工机械台班的指导性消耗量标准;是统一冶金建筑安装工程预算工程量计算规则、项目划分、计量单位的依据;是编制冶金建筑安装工程施工图预算、招标控制价、确定工程造价的依据;是编制概算定额(指标)、投资估算指标的基础;也可作为制定企业定额和投标报价的基础;其中建筑安装工程的工程量计算规则、项目划分、计量单位、工作内容等也可作为实行工程量清单计价、编制冶金建筑安装工程量清单的基础依据。

三、本定额适用于冶金工厂的生产车间和与之配套的辅助车间、附属生产车间的新建、扩建工程(包括技术改造工程)。

四、本定额是依据国家及冶金行业现行有关产品标准、设计规范、施工及验收规范、技术操作规程、质量评定标准和安全操作规程编制的,同时也参考了有代表性的工程设计、施工资料和其他资料。

五、本定额是按目前冶金施工企业普遍采用的施工方法、机械化装备程度、合理的工期、施工工艺和劳动组织条件,同时也参考了目前冶金建筑市场招投标工程的中标价格行情进行编制的,基本上反映了冶金建筑市场目前的投标价格水平。

六、本定额基价为 2012 年基期市场价格的水平,是建筑安装工程费用定额进行取费的基础。为维护冶金建筑市场正常秩序和参建各方的合法权益,本基价应根据冶金建筑安装工程市场要素(人工、材料、机械)价格的变化情况,进行动态管理。冶金行业各单位的工程造价管理部门,可根据社会发展和施工技术水平的进步,依据典型工程的测算,适时发布不同类型(别)工程的调整系数,对其进行调整,使之与冶金建筑市场的招投标价格行情基本上相适应。

七、本定额是按下列正常的施工条件进行编制的:

1. 设备、材料、成品、半成品、构件完整无损,符合质量标准和设计要求,附有合格证书、实验记录和技术说明书。

2. 安装工程和土建工程之间的交叉作业正常。如施工与生产同时进行时,其降效增加费按人工费的10%计取。

3. 正常的气候、地理条件和施工环境。如在特殊的自然地理条件下进行施工的工程,如高原、高寒、沙漠、沼泽地区以及洞库、水下工程,其增加费用应按省、自治区、直辖市的有关规定执行;如省、自治区、直辖市无规定时,可按有关部门的规定执行。

4. 如在有害身体健康的环境中施工时,其降效增加费按人工费的10%计取。

5. 水、电供应均满足建筑安装工程施工正常使用。

6. 安装地点、建筑物、设备基础、预留孔洞等均符合安装要求。

八、人工工日消耗量的确定:

1. 本定额的人工工日以综合工日表示,包括基本用工和其他用工。

2. 基价中的定额综合工日单价采用2011年市场调查综合取定。其中:建筑工程75元/工日,安装工程80元/工日,包括基本工资、辅助工资和工资性津贴等。

九、材料消耗量的确定:

1. 本定额中的材料消耗量包括直接消耗在建筑安装工作内容中的主要材料、辅助材料和零星材料等,并计入了相应损耗。其内容和范围包括:从工地仓库、现场集中堆放地点或现场加工地点到操作或安装地点的运输损耗、施工操作损耗、施工现场堆放损耗。

2. 凡定额中未注明单价的材料均为主材,本定额基价中不包括其价格,应按“( )”内所列的用量,向材料供应商询价、招标采购或按经建设单位批准认可的工程所在地的市场价格进行采购,计算工程招投标书中的材料价格。

3. 本定额基价的材料单价是采用《冶金工业建设工程预算定额》(2012 年版)第十三册《材料预算价格》取定的,不足部分予以补充。

4. 用量少、对定额基价影响很小的零星材料合并为其他材料费,按占定额基价中材料费的百分比计算,以“元”表示,其费用已计入材料费内。具体占材料费的百分数,详见各册说明。

5. 施工措施性消耗部分,周转性材料按不同施工方法、不同材质分别列出一次使用量和一次摊销量。

6. 主要材料损耗率见各册附录。

十、施工机械台班消耗量的确定:

1. 本定额的机械台班消耗量是按正常合理的机械配备和冶金施工企业的机械化装备程度综合取定的。

2. 凡单位价值在 2000 元以内、使用年限在两年以内的不构成固定资产的工具、用具等未进入定额,已在建筑安装工程费用定额中考虑。

3. 本定额基价中的施工机械使用费是采用《冶金工业建设工程预算定额》(2012 年版)第十二册《冶金施工机械台班费用定额》中的台班单价计算的。其中允许在公路上行走的机械,需要交纳车船使用税的机型,机械台班使用费单价中已包括车船使用税、保险费、年检费等其他费用。

4. 零星小型机械对定额影响不大的,合并为其他机械费,按占机械使用费的百分比计算,以“元”表示,其费用已计入机械使用费内。具体占机械费的百分数,详见各册说明。

十一、施工仪器仪表台班消耗量的确定:

1. 本定额的施工仪器仪表消耗量是按冶金施工企业的现场校验仪器仪表配备情况综合取定的,实际与定额不符时,除各章另有说明外,均不作调整。

2. 凡单位价值在 2000 元以内、使用年限在两年以内的不构成固定资产的施工仪器仪表等未进入定额,已在建筑安装工程费用定额中考虑。

3. 施工仪器仪表台班单价,是按 2000 年建设部颁发的《全国统一安装工程施工仪器仪表台班费用定额》计算的。

十二、关于水平和垂直运输:

1. 设备:包括自安装现场指定堆放地点运至安装地点的水平和垂直运输。

2. 材料、成品、半成品:包括自施工单位现场仓库或现场指定堆放地点运至建筑安装地点的水平和垂直运输。

3. 垂直运输基准面:室内以室内地平面为基准面,室外以安装现场地平面为基准面。

十三、本定额适用于海拔高程2000m以下、地震烈度七度以下的地区，超过上述情况时，可结合具体情况，由建设单位与施工单位在合同中约定。

十四、本定额中注有“XXX以内”或“XXX以下”者均包括XXX本身，“XXX以外”或“XXX以上”者均不包括XXX本身。

十五、本说明未尽事宜，详见各册和各章、节的说明。

目　　录

第四章　手工糊衬玻璃钢工程

第五章　橡胶板及塑料板衬里工程

第六章　衬铅及搪铅工程

第七章　喷镀(涂)工程

第八章　耐酸砖、板衬里工程

第九章 绝热工程

第十章　管道补口补伤工程

第十一章　工业建筑防腐蚀

附 录

册说明

一、《冶金工业建设工程预算定额》(2012 年版)第八册《刷油、防腐、保温工程》是在《冶金工业建设工程预算定额》(2001 年版)、《全国统一安装工程基础定额》(2006 年版)的基础上,结合冶金建设工程实际情况进行编制。本定额适用于冶金工厂的生产车间和与之配套的辅助车间、附属生产设施的新建、改建和扩建项目中的设备、管道、金属结构等的除锈、刷油、防腐蚀、保温和工业建筑防腐蚀工程。

二、本册定额主要依据的标准、规范有:

1.《工业设备及管道绝热工程施工质量验收规范》(GB 50185—2010);

2.《工业设备及管道防腐蚀工程施工质量验收规范》(GB 50727—2011);

3.《工业设备及管道防腐蚀工程施工规范》(GB 50726—2011);

4.《工业设备及管道绝热工程施工规范》(GB 50126—2008);

5.《建筑防腐蚀工程施工质量验收规范》(GB 50224—2010);

6.《冶金工业建设工程预算定额》(2001 年版)第八册《刷油、防腐、保温工程》;

7.《全国统一安装工程基础定额》第三册《刷油、绝热与防腐蚀》(GJD 203—2006);

三、本册定额是按国内大多数施工企业采用的施工方法、机械化程序和合理的劳动组织进行编制的,使用时不因上述因素有差异而对本定额进行调整和换算。

四、本册定额是按下列施工条件编制的:

1. 设备、材料、成品、半成品、构件完好无损,符合质量标准和设计要求,附有合格证书和试验证明;

2. 安装工程与土建工程之间的交叉作业正常；

3. 正常的气候、地理条件和施工环境。

五、计量单位

1. 一般钢结构（包括吊、支、托架，梯子，栏杆，平台）、管廊钢结构以“100kg”为单位，大于400mm的型钢及H型钢制钢结构以“$10m^2$”为单位。冶金工程金属构件根据有关规范、设计图纸使用不同规格的钢材，在计算工程量时（以重量为单位），应按“一般钢结构”的消耗量乘以系数计算。冶金工程金属结构件油漆、除锈工程量系数详见附录一。

2. 绝热工程中绝热层以“m”为计量单位，防潮层、保护层以“m^2”为计量单位。

3. 计算设备、管道内壁防腐蚀工程量时，当壁厚≥10mm时，按其内径计算；当壁厚<10mm时，按其外径计算。

六、关于下列各项费用的规定：

1. 脚手架搭拆费，按下列系数计算，其中人工工资占25%。

（1）刷油工程：按人工费的8%；

（2）防腐蚀工程：按人工费的12%；

（3）绝热工程：按人工费的20%。

2. 超高降效增加费，以设计标高±0.00为准，当安装高度超过±6.00m时，人工和机械分别乘以下表系数：

标高（m）	20以内	30以内	40以内	50以内	60以内	70以内	80以内	80以上
超高系数	0.30	0.40	0.50	0.60	0.70	0.80	0.90	1.00

3. 安装与生产同时进行增加费用，按人工费的 10% 计算。

4. 在有害身体健康的环境中施工增加的费用，按人工费的 10% 计算。

七、本册定额的工作内容除各章节说明的工序外，还包括工种间交叉配合的停歇时间、临时移动水、电源，配合质量和施工起点范围内的材料、成品、半成品、构件、工器具的运输等。

工程量计算规则

一、除锈、刷油工程

1. 设备筒体、管道表面积计算公式：

$$S = \pi \times D \times L$$

式中 π——圆周率；

D——设备或管道直径；

L——设备筒体高或管道延长米。

2. 计算设备筒体、管道表面积时已包括各种管件、阀门、人孔、管口凸凹部分，不再另行计算。

二、防腐蚀工程

1. 设备筒体、管道表面积计算公式：

$$S = \pi \times D \times L$$

式中 π——圆周率；

D——设备或管道直径；

L——设备筒体高或管道延长米。

2. 阀门、弯头、法兰表面积计算式：

(1)阀门表面积计算公式：

$$S = \pi \times D \times 2.5D \times K \times N$$

式中 π——圆周率；

D——直径；

K——1.05；

N——阀门个数。

(2)弯头表面积计算公式：

$$S = \pi \times D \times 1.5D \times K \times 2\pi \times N/B$$

式中 π——圆周率；

D——直径；

K——1.05；

N——弯头个数；

B 值取定：90°弯头 $B=4$；45°弯头 $B=8$。

(3)法兰表面积计算公式：

$$S = \pi \times D \times 1.5D \times K \times N$$

式中 π——圆周率；

D——直径；

K——1.05；

N——法兰个数。

3. 设备和管道法兰翻边防腐蚀工程计算公式：

$$S = \pi \times (D + A) \times A$$

式中 π——圆周率；

D——直径；

A——法兰翻边宽。

三、绝热工程

1. 设备筒体或管道绝热、防潮和保护层计算公式：

$$V = \pi \times (D + 1.033\delta) \times 1.033\delta$$

$$S = \pi \times (D + 2.1\delta + 0.0082) \times L$$

式中 π——圆周率；

D——直径；

L——设备筒体高或管道长；

δ——绝热层厚度；

1.033,2.1——调整系数；

0.0082——捆扎线直径或钢带厚。

2. 伴热管道直径综合值计算式：

(1)单管伴热或双管伴热(管径相同,夹角小于90°时)

$$D' = D_1 + D_2 + (10 \sim 20\text{mm})$$

式中 D′——伴热管道直径综合值；

D_1——主管道直径；

D_2——伴热管道直径；

(10～20mm)——主管道与伴热管道之间的间隙。

(2)双管伴热

$$D' = D_1 + 1.5D_2 + (10 \sim 20\text{mm})$$

式中　D'——伴热管道直径综合值；

D_1——主管道直径；

D_2——伴热管道直径；

(10～20mm)——主管道与伴热管道之间的间隙。

(3)双管伴热(管径不同,夹角小于90°时)

$$D' = D_1 + D_{伴大} + (10 \sim 20\text{mm})$$

式中　D'——伴热管道直径综合值；

D_1——主管道直径；

$D_{伴大}$——伴热管道直径；

(10～20mm)——主管道与伴热管道之间的间隙。

3. 设备封头绝热、防潮和保护层工程量计算式：

$$V = \pi \times [(D + 1.033\delta)/2]2 \times 1.033\delta \times 1.5 \times N$$

$$S = \pi \times [(D + 2.1\delta)/2]2 \times 1.5 \times N$$

式中　π——圆周率；

D——直径；

δ——绝热层厚度；

N——设备封头个数。

4. 阀门绝热、防潮和保护层工程量计算式：

$$V=\pi\times(D+1.033\delta)\times 2.5D\times 1.033\delta\times 1.05\times N$$

$$S=\pi\times(D+2.1\delta)\times 2.5D\times 1.05\times N$$

式中　π——圆周率；

D——直径；

δ——绝热层厚度；

N——阀门个数。

5. 法兰绝热、防潮和保护层工程量计算式：

$$V=\pi\times(D+1.033\delta)\times 1.5D\times 1.033\delta\times 1.05\times N$$

$$S=\pi\times(D+2.1\delta)\times 1.5D\times 1.05\times N$$

式中　π——圆周率；

D——直径；

δ——绝热层厚度；

N——法兰个数。

6. 弯头绝热、防潮和保护层工程量计算式：

$$V = \pi \times (D + 1.033\delta) \times 1.5D \times 2\pi \times 1.033\delta \times N/B$$

$$S = \pi \times (D + 2.1\delta) \times 1.5D \times 2\pi \times N/B$$

式中　π——圆周率；

D——直径；

δ——绝热层厚度；

N——弯头个数；

B 值取定：90°弯头 $B=4$；45°弯头 $B=8$。

7. 拱顶罐封头绝热、防潮和保护层工程量计算式：

$$V = 2\pi r \times (h + 1.033\delta) \times 1.033\delta$$

$$S = 2\pi r \times (h + 2.1\delta)$$

式中　π——圆周率；

r——拱顶罐半径；

h——拱顶罐高度；

δ——绝热层厚度。

第一章　除 锈 工 程

说明

一、本章定额适用于金属表面的手工、电动工具、喷射除锈、抛丸除锈及化学除锈工程。

二、各种管件、阀件及设备上人孔、管口凸凹部分的除锈已综合考虑在定额内。

三、喷射除锈按 Sa2.5 级标准确定。若变更级别标准，Sa3 级按人工、材料、机械乘以系数 1.1 调整，Sa2 级按人工、材料、机械乘以系数 0.9 调整。

四、手工、动力工具除锈分轻微、轻、中、重四种，区分标准为：

轻微锈：氧化皮完全紧附，仅有少量锈点。

轻锈：部分氧化皮开始破裂脱落，红锈开始发生。

中锈：部分氧化皮破裂脱落，呈堆粉状，除锈后用肉眼能见到腐蚀小凹点。

重锈：大部分氧化皮脱落，呈片状锈层或凸起的锈斑，除锈后出现麻点或麻坑。

五、喷射除锈标准：

1. Sa3 级：除净金属表面上油脂、氧化皮、锈蚀产物等一切杂物，呈现均一的金属本色，并有一定的粗糙度。

2. Sa2.5 级：完全除去金属表面的油脂、氧化皮、锈蚀产物等一切杂物，可见的阴影条纹、斑痕等残留物不得超过单位面积的 5%。

3. Sa2 级：除去金属表面上的油脂、锈皮、疏松氧化皮、浮锈等杂物，允许有附紧的氧化皮。

六、因施工需要发生的二次除锈，其工程量应另行计算。

一、手工除锈

工作内容：除锈、除尘。

单位：10m²

定额编号				8-1-1	8-1-2	8-1-3	8-1-4	8-1-5	8-1-6	8-1-7	8-1-8
项目				管道				设备 ϕ1000 以上			
				微锈	轻锈	中锈	重锈	微锈	轻锈	中锈	重锈
基价（元）				**4.81**	**27.02**	**62.84**	**223.28**	**4.81**	**28.62**	**46.04**	**140.08**
其中	人工费（元）			4.00	23.20	55.20	208.00	4.00	24.80	38.40	124.80
	材料费（元）			0.81	3.82	7.64	15.28	0.81	3.82	7.64	15.28
	机械费（元）			–	–	–	–	–	–	–	–
名称		单位	单价(元)	数量							
人工	综合工日	工日	80.00	0.050	0.290	0.690	2.600	0.050	0.310	0.480	1.560
材料	钢丝刷	把	2.00	0.040	0.200	0.400	0.800	0.040	0.200	0.400	0.800
	铁砂布 0～2 号	张	1.68	0.300	1.500	3.000	6.000	0.300	1.500	3.000	6.000
	破布	kg	4.50	0.050	0.200	0.400	0.800	0.050	0.200	0.400	0.800

工作内容:同前　　　　　　　　　　　　　　　　　　　　　　　　　　　　　　　　单位:100kg

定额编号				8-1-9	8-1-10	8-1-11	8-1-12	8-1-13	8-1-14	8-1-15	8-1-16
项目				一般钢结构				管廊钢结构			
				微锈	轻锈	中锈	重锈	微锈	轻锈	中锈	重锈 100kg
基价(元)				**2.98**	**18.64**	**29.38**	**84.51**	**2.01**	**13.14**	**20.83**	**60.22**
其中	人工费(元)			2.40	14.40	22.40	72.00	1.60	9.60	15.20	50.40
	材料费(元)			0.58	2.81	5.55	11.08	0.41	2.11	4.20	8.39
	机械费(元)			–	1.43	1.43	1.43	–	1.43	1.43	1.43
名称		单位	单价(元)	数量							
人工	综合工日	工日	80.00	0.030	0.180	0.280	0.900	0.020	0.120	0.190	0.630
材料	钢丝刷	把	2.00	0.030	0.150	0.290	0.580	0.025	0.110	0.220	0.440
	铁砂布 0~2 号	张	1.68	0.200	1.090	2.180	4.350	0.150	0.830	1.650	3.290
	破布	kg	4.50	0.040	0.150	0.290	0.580	0.025	0.110	0.220	0.440
机械	桥式吊车 10t	台班	237.66	–	0.006	0.006	0.006	–	0.006	0.006	0.006

工作内容:同前　　　　单位:100kg

定额编号				8-1-17	8-1-18	8-1-19	8-1-20
项目				H型钢制钢结构			
				微锈	轻锈	中锈	重锈
基价(元)				**4.93**	**39.80**	**60.39**	**174.36**
其中	人工费(元)			4.00	29.60	45.60	150.40
	材料费(元)			0.93	4.58	9.17	18.34
	机械费(元)			–	5.62	5.62	5.62
名称		单位	单价(元)	数量			
人工	综合工日	工日	80.00	0.050	0.370	0.570	1.880
材料	钢丝刷	把	2.00	0.050	0.240	0.480	0.960
	铁砂布0~2号	张	1.68	0.360	1.800	3.600	7.200
	破布	kg	4.50	0.050	0.240	0.480	0.960
机械	桥式吊车20t	台班	468.55	–	0.012	0.012	0.012

二、动力工具除锈

工作内容：除锈、除尘。 单位：$10m^2$

定额编号				8-1-21	8-1-22	8-1-23
项目				金属面		
				轻锈	中锈	重锈
基价（元）				**31.66**	**83.90**	**295.00**
其中	人工费（元）			29.60	73.60	274.40
	材料费（元）			2.06	10.30	20.60
	机械费（元）			–	–	–
名称		单位	单价(元)	数量		
人工	综合工日	工日	80.00	0.370	0.920	3.430
材料	钢丝刷	把	2.00	0.050	0.250	0.500
	尼龙砂轮片 $\phi180$	片	7.60	0.050	0.250	0.500
	电	kW·h	0.85	0.800	4.000	8.000
	破布	kg	4.50	0.200	1.000	2.000

三、喷砂除锈

工作内容：运砂、烘砂、喷砂、砂子回收、现场清理及修理工机具。　　　　单位：10m²

定额编号				8-1-24	8-1-25	8-1-26	8-1-27
项目				喷石英砂			
				设备 ϕ1000 以下		设备 ϕ1000 以上	
				内壁	外壁	内壁	外壁
基价（元）				**228.09**	**255.33**	**181.31**	**207.73**
其中	人工费（元）			33.60	22.40	26.40	21.60
	材料费（元）			157.20	207.20	127.19	167.19
	机械费（元）			37.29	25.73	27.72	18.94
名称		单位	单价（元）	数量			
人工	综合工日	工日	80.00	0.420	0.280	0.330	0.270
材料	石英砂	m³	1000.00	0.150	0.200	0.120	0.160
	木柴	kg	0.95	2.000	2.000	2.000	2.000
	煤	kg	0.85	0.020	0.020	0.015	0.015
	喷砂用胶管 中压 ϕ40	m	35.21	0.150	0.150	0.150	0.150
机械	鼓风机 18m³/min	台班	213.04	0.028	0.027	0.024	0.023
	除锈喷砂机 3m³/min	台班	20.45	0.050	0.037	0.035	0.026
	电动空气压缩机 10m³/min	台班	519.44	0.050	0.037	0.035	0.026
	轴流风机 30kW	台班	154.49	0.028	–	0.024	–

工作内容:同前　　　　　　　　　　　　　　　　　　　　　　单位:$10m^2$

定额编号				8-1-28	8-1-29	8-1-30	8-1-31	8-1-32
项目				喷石英砂				
				管道		钢结构	管廊	H型钢制钢结构
				内壁	外壁	100kg		
基价(元)				**268.34**	**271.58**	**152.71**	**117.91**	**292.95**
其中	人工费(元)			27.20	16.00	10.40	10.40	29.60
	材料费(元)			218.11	238.03	124.21	93.17	239.34
	机械费(元)			23.03	17.55	18.10	14.34	24.01
	名称	单位	单价(元)	数量				
人工	综合工日	工日	80.00	0.340	0.200	0.130	0.130	0.370
材料	石英砂	m^3	1000.00	0.210	0.230	0.120	0.090	0.230
	木柴	kg	0.95	2.950	2.870	1.450	1.100	2.400
	煤	kg	0.85	0.025	0.025	0.015	0.015	0.020
	喷砂用胶管 中压 $\phi40$	m	35.21	0.150	0.150	0.080	0.060	0.200
机械	鼓风机 $18m^3/min$	台班	213.04	0.027	0.019	0.020	0.015	0.028
	除锈喷砂机 $3m^3/min$	台班	20.45	0.032	0.025	0.023	0.018	0.023
	电动空气压缩机 $10m^3/min$	台班	519.44	0.032	0.025	0.023	0.018	0.023
	桥式吊车 10t	台班	237.66	–	–	0.006	0.006	–
	桥式吊车 20t	台班	468.55	–	–	–	–	0.012

工作内容:同前 单位:$10m^2$

定额编号				8-1-33	8-1-34	8-1-35	8-1-36	8-1-37
项目				喷河砂				
				设备 ϕ1000 以下		设备 ϕ1000 以上		管道
				内壁	外壁	内壁	外壁	内壁
基价(元)				**104.44**	**68.62**	**92.91**	**71.12**	**94.51**
其中	人工费(元)			43.20	28.80	36.00	27.20	44.80
	材料费(元)			21.90	19.80	18.96	23.16	24.00
	机械费(元)			39.34	20.02	37.95	20.76	25.71
名称		单位	单价(元)	数量				
人工	综合工日	工日	80.00	0.540	0.360	0.450	0.340	0.560
材料	河砂	m^3	42.00	0.350	0.300	0.280	0.380	0.400
	木柴	kg	0.95	2.000	2.000	2.000	2.000	2.000
	煤	kg	0.85	0.024	0.020	0.020	0.016	0.024
	喷砂用胶管 中压 ϕ40	m	35.21	0.150	0.150	0.150	0.150	0.150
机械	鼓风机 $18m^3/min$	台班	213.04	0.038	0.023	0.038	0.029	0.032
	除锈喷砂机 $3m^3/min$	台班	20.45	0.045	0.028	0.043	0.027	0.035
	电动空气压缩机 $10m^3/min$	台班	519.44	0.045	0.028	0.043	0.027	0.035
	轴流风机 30kW	台班	154.49	0.045	–	0.043	–	–

工作内容:同前

单位:10m²

定额编号				8-1-38	8-1-39	8-1-40	8-1-41
项目				喷河砂			
				管道	钢结构	管廊	H型钢
				外壁	100kg		
基价(元)				**79.45**	**57.30**	**46.45**	**89.11**
其中	人工费(元)			30.40	17.60	13.60	37.60
	材料费(元)			24.84	16.11	12.70	21.68
	机械费(元)			24.21	23.59	20.15	29.83
名称		单位	单价(元)	数量			
人工	综合工日	工日	80.00	0.380	0.220	0.170	0.470
材料	河砂	m^3	42.00	0.420	0.280	0.220	0.340
	木柴	kg	0.95	2.000	1.600	1.400	2.200
	煤	kg	0.85	0.025	0.020	0.015	0.035
	喷砂用胶管 中压 $\phi40$	m	35.21	0.150	0.080	0.060	0.150
机械	鼓风机 $18m^3/min$	台班	213.04	0.030	0.028	0.022	0.030
	除锈喷砂机 $3m^3/min$	台班	20.45	0.033	0.030	0.026	0.033
	电动空气压缩机 $10m^3/min$	台班	519.44	0.033	0.030	0.026	0.033
	桥式吊车 10t	台班	237.66	–	0.006	0.006	–
	桥式吊车 20t	台班	468.55	–	–	–	0.012

工作内容:同前　　　　单位:$10m^2$

定额编号				8-1-42	8-1-43	8-1-44	8-1-45
项目				气柜			
				喷石英砂			
				水槽壁板	水槽底板	中罩板	金属结构
基价(元)				**450.01**	**361.03**	**346.26**	**273.35**
其中	人工费(元)			24.00	45.60	24.00	13.60
	材料费(元)			356.69	244.27	244.27	209.60
	机械费(元)			69.32	71.16	77.99	50.15
名称		单位	单价(元)	数量			
人工	综合工日	工日	80.00	0.300	0.570	0.300	0.170
材料	石英砂	m^3	1000.00	0.230	0.230	0.230	0.200
	木柴	kg	0.95	5.720	5.720	5.720	4.150
	煤	kg	0.85	0.040	0.040	0.040	0.030
	道木	m^3	1600.00	0.060	–	–	–
	等边角钢 边宽60mm以上	kg	4.00	3.600	–	–	–
	氧气	m^3	3.60	0.160	–	–	–
	醇酸底漆 C06-1 铁红	kg	11.50	0.050	–	–	–
	电焊条 结422 $\phi3.2$	kg	6.70	0.130	–	–	–
	喷砂用胶管 中压 $\phi40$	m	35.21	0.250	0.250	0.250	0.160
机械	鼓风机 $18m^3/min$	台班	213.04	0.066	0.066	0.066	0.057
	除锈喷砂机 $3m^3/min$	台班	20.45	0.046	0.080	0.057	0.066
	电动空气压缩机 $10m^3/min$	台班	519.44	0.046	0.080	0.057	0.066
	桥式吊车 10t	台班	237.66	0.100	–	0.120	0.010
	交流弧焊机 32kV·A	台班	221.86	0.030	–	–	–
	轴流风机 30kW	台班	154.49	–	0.090	0.030	–

工作内容:同前　　　　单位:$10m^2$

定额编号				8-1-46	8-1-47	8-1-48	8-1-49
项目				气柜			
				喷河砂			
				水槽壁板	水槽底板	中罩板	金属结构
基价(元)				**279.75**	**208.35**	**174.06**	**126.55**
其中	人工费(元)			30.40	64.80	34.40	20.00
	材料费(元)			154.43	42.01	42.01	33.14
	机械费(元)			94.92	101.54	97.65	73.41
名称		单位	单价(元)	数量			
人工	综合工日	工日	80.00	0.380	0.810	0.430	0.250
材料	河砂	m^3	42.00	0.660	0.660	0.660	0.560
	木柴	kg	0.95	5.720	5.720	5.720	4.150
	煤	kg	0.85	0.060	0.060	0.060	0.050
	道木	m^3	1600.00	0.060	–	–	–
	等边角钢 边宽60mm以上	kg	4.00	3.600	–	–	–
	氧气	m^3	3.60	0.160	–	–	–
	醇酸底漆 C06-1 铁红	kg	11.50	0.050	–	–	–
	电焊条 结422 $\phi3.2$	kg	6.70	0.130	–	–	–
	喷砂用胶管 中压 $\phi40$	m	35.21	0.250	0.250	0.250	0.160
机械	鼓风机 $18m^3/min$	台班	213.04	0.100	0.100	0.100	0.080
	除锈喷砂机 $3m^3/min$	台班	20.45	0.080	0.120	0.080	0.100
	电动空气压缩机 $10m^3/min$	台班	519.44	0.080	0.120	0.080	0.100
	桥式吊车 10t	台班	237.66	0.100	–	0.120	0.010
	交流弧焊机 32kV·A	台班	221.86	0.030	–	–	–
	轴流风机 30kW	台班	154.49	–	0.100	0.030	–

工作内容：同前

单位：$10m^2$

定额编号				8-1-50	8-1-51	8-1-52	8-1-53
项目				喷石英砂			
				带钩钉金属面	带龟甲网设备内表面	单片龟甲网	端板及零星板
基价（元）				**536.18**	**620.45**	**555.31**	**1505.25**
其中	人工费（元）			50.40	71.20	60.00	88.00
	材料费（元）			414.07	444.07	423.60	1216.45
	机械费（元）			71.71	105.18	71.71	200.80
名称		单位	单价(元)	数量			
人工	综合工日	工日	80.00	0.630	0.890	0.750	1.100
材料	石英砂	m^3	1000.00	0.400	0.430	0.410	1.200
	木柴	kg	0.95	5.500	5.500	5.000	8.000
	煤	kg	0.85	0.050	0.050	0.050	0.050
	喷砂用胶管 中压 $\phi40$	m	35.21	0.250	0.250	0.250	0.250
机械	鼓风机 $18m^3/min$	台班	213.04	0.075	0.110	0.075	0.210
	除锈喷砂机 $3m^3/min$	台班	20.45	0.075	0.110	0.075	0.210
	电动空气压缩机 $10m^3/min$	台班	519.44	0.075	0.110	0.075	0.210
	轴流风机 30kW	台班	154.49	0.075	0.110	0.075	0.210
	空气过滤器	台班	48.76	0.075	0.110	0.075	0.210

四、抛丸除锈

工作内容：上料、抛丸、喷底漆、吹干、检查。

单位：10m²

定额编号				8-1-54	8-1-55
项目				管道	金属结构
				外壁	100kg
				10m²	
基价（元）				36.06	15.09
其中	人工费（元）			21.60	8.80
	材料费（元）			–	–
	机械费（元）			14.46	6.29
名称		单位	单价（元）	数量	
人工	综合工日	工日	80.00	0.270	0.110
材料	钢丸	kg	–	(0.357)	(0.144)
机械	桥式吊车 10t	台班	237.66	0.030	0.013
	手持抛光机 $\phi=150mm$	台班	13.33	0.550	0.240

五、化学除锈

工作内容：配液、酸洗、中和、吹干、检查。

单位：10m²

定额编号				8-1-56	8-1-57
项目				金属面	金属
				一般	特殊
基价（元）				**54.02**	**61.36**
其中	人工费（元）			19.20	24.00
	材料费（元）			32.45	34.99
	机械费（元）			2.37	2.37
名称		单位	单价(元)	数量	
人工	综合工日	工日	80.00	0.240	0.300
材料	烧碱	kg	3.89	0.360	0.360
	水	t	4.00	0.210	0.360
	尼龙网	m²	6.20	–	0.170
	亚硝酸钠	kg	3.10	–	0.120
	耐油胶管	m	38.00	0.740	0.740
	硫酸 38%	kg	0.91	0.780	0.780
	其他材料费	元	–	1.375	1.898
机械	电动空气压缩机 6m³/min	台班	338.45	0.007	0.007

第二章　刷 油 工 程

说　明

一、本章定额适用于金属面、管道、设备、通风管道、金属结构与玻璃布面、石棉布面、玛蹄脂面、抹灰面等刷（喷）油漆工程。

二、金属面刷油不包括除锈工作内容。

三、各种管件、阀件和设备上人孔、管口凹凸部分的刷油已综合考虑在定额内，不得另行计算。

四、本章定额按安装地点就地刷（喷）油漆考虑，如安装前管道集中刷油，人工乘以系数0.7（暖气片除外）。

五、本章定额主材与稀干料可以换算，但人工与材料消耗量不变。

六、标志色环等零星刷油，执行本章定额相应项目，其人工乘以系数2.0调整。

一、管道刷油

工作内容：调配、涂刷。

单位：10m²

定额编号				8-2-1	8-2-2	8-2-3	8-2-4	8-2-5
项目				红丹防锈漆		防锈漆		带锈底漆
				第一遍	第二遍	第一遍	第二遍	一遍
基价（元）				**41.85**	**38.44**	**38.70**	**35.96**	**28.92**
其中	人工费（元）			18.40	18.40	18.40	18.40	18.40
	材料费（元）			23.45	20.04	20.30	17.56	10.52
	机械费（元）			–	–	–	–	–
名称		单位	单价(元)	数量				
人工	综合工日	工日	80.00	0.230	0.230	0.230	0.230	0.230
材料	醇酸防锈漆 C53－1 红丹	kg	16.72	1.180	1.000	–	–	–
	酚醛防锈漆（各种颜色）	kg	15.60	–	–	1.050	0.900	–
	醇酸底漆 C06－1 铁红	kg	11.50	–	–	–	–	0.600
	汽油 93 号	kg	10.05	0.370	0.330	0.390	0.350	0.360

工作内容:同前　　　　单位:$10m^2$

定额编号				8-2-6	8-2-7	8-2-8	8-2-9
项目				银粉漆		厚漆	
				第一遍	第二遍	第一遍	第二遍
基价（元）				**32.72**	**30.51**	**35.19**	**31.99**
其中	人工费（元）			19.20	18.40	19.20	18.40
	材料费（元）			13.52	12.11	15.99	13.59
	机械费（元）			–	–	–	–
名称		单位	单价(元)	数量			
人工	综合工日	工日	80.00	0.240	0.230	0.240	0.230
材料	酚醛清漆 F01－1	kg	12.70	0.360	0.310	–	–
	厚漆	kg	11.30	–	–	0.820	0.700
	汽油 93 号	kg	10.05	0.720	0.670	0.310	0.250
	银粉	kg	19.00	0.090	0.076	–	–
	清油	kg	8.80	–	–	0.410	0.360

工作内容:同前

单位:$10m^2$

定额编号				8-2-10	8-2-11	8-2-12	8-2-13
项目				调和漆		磁漆	
				第一遍	第二遍	第一遍	第二遍
基价(元)				39.21	35.43	40.42	36.58
其中	人工费(元)			19.20	18.40	19.20	18.40
	材料费(元)			20.01	17.03	21.22	18.18
	机械费(元)			–	–	–	–
名称		单位	单价(元)	数量			
人工	综合工日	工日	80.00	0.240	0.230	0.240	0.230
材料	酚醛调和漆(各种颜色)	kg	18.00	1.050	0.890	–	–
	酚醛磁漆(各种颜色)	kg	16.50	–	–	0.980	0.830
	汽油 93 号	kg	10.05	0.110	0.100	0.310	0.280
	清油	kg	8.80	–	–	0.220	0.190

工作内容:同前

单位:$10m^2$

定额编号				8-2-14	8-2-15	8-2-16	8-2-17
项目				耐酸漆		沥青漆	
				第一遍	第二遍	第一遍	第二遍
基价(元)				**33.88**	**30.86**	**43.74**	**39.34**
其中	人工费(元)			19.20	18.40	19.20	18.40
	材料费(元)			14.68	12.46	24.54	20.94
	机械费(元)			–	–	–	–
名称		单位	单价(元)	数量			
人工	综合工日	工日	80.00	0.240	0.230	0.240	0.230
材料	酚醛树脂漆	kg	17.50	0.730	0.620	–	–
	煤焦油沥青漆 L01-17	kg	7.95	–	–	2.880	2.450
	汽油 93 号	kg	10.05	0.190	0.160	–	–
	动力苯	kg	3.57	–	–	0.460	0.410

工作内容:同前　　　　单位:$10m^2$

定额编号				8-2-18	8-2-19	8-2-20	8-2-21
项目				沥青船底漆		环氧富锌漆	
				第一遍	第二遍	第一遍	第二遍
基价(元)				**42.29**	**38.10**	**106.80**	**94.50**
其中	人工费(元)			19.20	18.40	24.00	24.00
	材料费(元)			23.09	19.70	82.80	70.50
	机械费(元)			-	-	-	-
名称		单位	单价(元)	数量			
人工	综合工日	工日	80.00	0.240	0.230	0.300	0.300
材料	沥青船底漆铝粉	kg	16.15	1.430	1.220	-	-
	环氧富锌漆	kg	30.00	-	-	2.760	2.350

工作内容：同前　　　　单位：$10m^2$

定额编号				8-2-22	8-2-23	8-2-24	8-2-25
项目				热沥青		醇酸磁漆	
				第一遍	第二遍	第一遍	第二遍
基价（元）				**153.75**	**71.64**	**48.11**	**42.84**
其中	人工费（元）			60.80	29.60	19.20	18.40
	材料费（元）			92.95	42.04	28.91	24.44
	机械费（元）			–	–	–	–
名称		单位	单价(元)	数量			
人工	综合工日	工日	80.00	0.760	0.370	0.240	0.230
材料	醇酸磁漆 C04－42 红、白、砂、驼	kg	21.60	–	–	1.200	1.020
	醇酸漆稀释剂 X6	kg	9.63	–	–	0.310	0.250
	石油沥青 10 号	kg	3.80	20.600	9.270	–	–
	滑石粉	kg	0.40	9.060	4.080	–	–
	煤	kg	0.85	3.200	1.600	–	–
	木柴	kg	0.95	1.000	0.450	–	–
	其他材料费	元	–	7.377	3.398	–	–

工作内容:同前

单位:$10m^2$

定额编号				8-2-26	8-2-27	8-2-28	8-2-29
项目				醇酸清漆		有机硅耐热漆	
				第一遍	第二遍	第一遍	第二遍
基价(元)				**36.22**	**32.89**	**89.95**	**80.48**
其中	人工费(元)			19.20	18.40	24.00	24.00
	材料费(元)			17.02	14.49	65.95	56.48
	机械费(元)			–	–	–	–
名称		单位	单价(元)	数量			
人工	综合工日	工日	80.00	0.240	0.230	0.300	0.300
材料	醇酸清漆 C01-7	kg	15.20	1.050	0.890	–	–
	有机硅耐热漆 W61-25	kg	70.00	–	–	0.890	0.760
	醇酸漆稀释剂 X6	kg	9.63	0.110	0.100	–	–
	银粉	kg	19.00	–	–	0.060	0.050
	有机硅漆稀释剂 X13	kg	17.92	–	–	0.140	0.130

工作内容:同前　　单位:$10m^2$

定额编号				8-2-30	8-2-31	8-2-32	8-2-33
项目				冷底子		银粉漆	
				第一遍	第二遍	第一遍	第二遍
基价(元)				**43.74**	**37.16**	**35.76**	**31.25**
其中	人工费(元)			19.20	18.40	17.60	16.80
	材料费(元)			24.54	18.76	18.16	14.45
	机械费(元)			–	–	–	–
名称		单位	单价(元)	数量			
人工	综合工日	工日	80.00	0.240	0.230	0.220	0.210
材料	银粉漆	kg	19.00	–	–	0.670	0.570
	石油沥青 10 号	kg	3.80	1.110	1.000	–	–
	动力苯	kg	3.57	2.580	1.390	–	–
	木柴	kg	0.95	11.540	10.390	–	–
	汽油 93 号	kg	10.05	–	–	0.540	0.360
	其他材料费	元	–	0.146	0.130	–	–

二、设备与矩形管道刷油

工作内容：调配、涂刷。　　　　单位：10m²

定额编号				8-2-34	8-2-35	8-2-36	8-2-37	8-2-38
项目				红丹防锈漆		防锈漆		带锈底漆
				第一遍	第二遍	第一遍	第二遍	一遍
基价（元）				**44.93**	**40.05**	**41.20**	**37.06**	**28.01**
其中	人工费（元）			16.80	16.00	16.80	16.00	16.00
	材料费（元）			28.13	24.05	24.40	21.06	12.01
	机械费（元）			–	–	–	–	–
名称		单位	单价(元)	数量				
人工	综合工日	工日	80.00	0.210	0.200	0.210	0.200	0.200
材料	醇酸防锈漆 C53－1 铁红	kg	16.72	1.460	1.240	–	–	–
	酚醛防锈漆（各种颜色）	kg	15.60	–	–	1.300	1.105	–
	醇酸底漆 C06－1 铁红	kg	11.50	–	–	–	–	0.730
	汽油 93 号	kg	10.05	0.370	0.330	0.410	0.380	0.360

工作内容:同前

单位:$10m^2$

定额编号				8-2-39	8-2-40	8-2-41	8-2-42
项目				银粉漆		厚漆	
				第一遍	第二遍	第一遍	第二遍
基价(元)				**30.04**	**28.42**	**32.77**	**30.23**
其中	人工费(元)			17.60	16.80	17.60	16.80
	材料费(元)			12.44	11.62	15.17	13.43
	机械费(元)			–	–	–	–
名称		单位	单价(元)	数量			
人工	综合工日	工日	80.00	0.220	0.210	0.220	0.210
材料	酚醛清漆 F01-1	kg	12.70	0.330	0.280	–	–
	厚漆	kg	11.30	–	–	0.780	0.700
	汽油 93 号	kg	10.05	0.670	0.670	0.300	0.260
	银粉	kg	19.00	0.080	0.070	–	–
	清油	kg	8.80	–	–	0.380	0.330

工作内容:同前　　　　单位:10m²

定额编号				8-2-43	8-2-44	8-2-45	8-2-46
项目				调和漆		磁漆	
				第一遍	第二遍	第一遍	第二遍
基价（元）				**37.43**	**33.65**	**38.25**	**33.72**
其中	人工费（元）			17.60	16.80	17.60	16.80
	材料费（元）			19.83	16.85	20.65	16.92
	机械费（元）			–	–	–	–
名称		单位	单价(元)	数量			
人工	综合工日	工日	80.00	0.220	0.210	0.220	0.210
材料	酚醛调和漆（各种颜色）	kg	18.00	1.040	0.880	–	–
	酚醛磁漆（各种颜色）	kg	16.50	–	–	0.920	0.780
	汽油 93 号	kg	10.05	0.110	0.100	0.290	0.210
	清油	kg	8.80	–	–	0.290	0.220

工作内容：同前

单位：$10m^2$

定额编号				8-2-47	8-2-48	8-2-49	8-2-50
项目				烟囱漆		酚醛耐酸漆	
				第一遍	第二遍	第一遍	第二遍
基价（元）				**30.16**	**27.52**	**32.01**	**29.08**
其中	人工费（元）			17.60	16.80	17.60	16.80
	材料费（元）			12.56	10.72	14.41	12.28
	机械费（元）			–	–	–	–
名称		单位	单价(元)	数量			
人工	综合工日	工日	80.00	0.220	0.210	0.220	0.210
材料	酚醛烟囱漆	kg	14.93	0.720	0.610	–	–
	酚醛树脂漆	kg	17.50	–	–	0.720	0.610
	汽油 93 号	kg	10.05	0.180	0.160	0.180	0.160

工作内容：同前　　　　单位：$10m^2$

定额编号				8-2-51	8-2-52	8-2-53	8-2-54
项目				沥青漆		沥青船底漆	
				第一遍	第二遍	第一遍	第二遍
基价（元）				**40.71**	**36.16**	**38.60**	**34.65**
其中	人工费（元）			17.60	16.80	17.60	16.80
	材料费（元）			23.11	19.36	21.00	17.85
	机械费（元）			–	–	–	–
名称		单位	单价(元)	数量			
人工	综合工日	工日	80.00	0.220	0.210	0.220	0.210
材料	煤焦油沥青漆 L01－17	kg	7.95	2.700	2.260	–	–
	沥青船底漆铝粉	kg	16.15	–	–	1.300	1.105
	动力苯	kg	3.57	0.460	0.390	–	–

工作内容:同前

单位:10m²

定额编号				8-2-55	8-2-56	8-2-57	8-2-58
项目				环氧富锌漆		醇酸磁漆	
				第一遍	第二遍	第一遍	第二遍
基价(元)				**96.60**	**84.70**	**46.72**	**41.74**
其中	人工费(元)			21.60	20.80	17.60	16.80
	材料费(元)			75.00	63.90	29.12	24.94
	机械费(元)			–	–	–	–
名称		单位	单价(元)	数量			
人工	综合工日	工日	80.00	0.270	0.260	0.220	0.210
材料	环氧富锌漆	kg	30.00	2.500	2.130	–	–
	醇酸磁漆 C04 – 42 红、白、砂、驼	kg	21.60	–	–	1.210	1.030
	醇酸漆稀释剂 X6	kg	9.63	–	–	0.310	0.280

工作内容:同前

单位:$10m^2$

定额编号				8-2-59	8-2-60	8-2-61	8-2-62
项目				醇酸清漆		有机硅耐热漆	
				第一遍	第二遍	第一遍	第二遍
基价(元)				**34.47**	**31.14**	**87.55**	**77.28**
其中	人工费(元)			17.60	16.80	21.60	20.80
	材料费(元)			16.87	14.34	65.95	56.48
	机械费(元)			–	–	–	–
名称		单位	单价(元)	数量			
人工	综合工日	工日	80.00	0.220	0.210	0.270	0.260
材料	醇酸清漆 C01-7	kg	15.20	1.040	0.880	–	–
	有机硅耐热漆 W61-25	kg	70.00	–	–	0.890	0.760
	醇酸漆稀释剂 X6	kg	9.63	0.110	0.100	–	–
	银粉	kg	19.00	–	–	0.060	0.050
	有机硅漆稀释剂 X13	kg	17.92	–	–	0.140	0.130

工作内容:同前

单位:10m²

定额编号				8-2-63	8-2-64	8-2-65	8-2-66
项目				冷底子		银粉漆	
				第一遍	第二遍	第一遍	第二遍
基价(元)				**39.63**	**33.66**	**34.39**	**30.68**
其中	人工费(元)			17.60	16.80	16.80	16.80
	材料费(元)			22.03	16.86	17.59	13.88
	机械费(元)			–	–	–	–
名称		单位	单价(元)	数量			
人工	综合工日	工日	80.00	0.220	0.210	0.210	0.210
材料	银粉漆	kg	19.00	–	–	0.640	0.540
	石油沥青 10 号	kg	3.80	1.000	0.900	–	–
	动力苯	kg	3.57	2.300	1.240	–	–
	木柴	kg	0.95	10.390	9.350	–	–
	汽油 93 号	kg	10.05	–	–	0.540	0.360
	其他材料费	元	–	0.146	0.130	–	–

三、金属结构刷油

1. 一般钢结构

工作内容：调配、涂刷。

单位：100kg

定额编号				8-2-67	8-2-68	8-2-69	8-2-70	8-2-71
项目				红丹防锈漆		防锈漆		带锈底漆
				第一遍	第二遍	第一遍	第二遍	一遍
基价（元）				**33.44**	**29.53**	**28.20**	**25.71**	**19.85**
其中	人工费（元）			9.60	9.60	9.60	9.60	9.60
	材料费（元）			22.41	18.50	17.17	14.68	8.82
	机械费（元）			1.43	1.43	1.43	1.43	1.43
名称		单位	单价(元)	数量				
人工	综合工日	工日	80.00	0.120	0.120	0.120	0.120	0.120
材料	醇酸防锈漆 C53－1 铁红	kg	16.72	1.160	0.950	–	–	–
	酚醛防锈漆（各种颜色）	kg	15.60	–	–	0.920	0.780	–
	醇酸底漆 C06－1 铁红	kg	11.50	–	–	–	–	0.540
	汽油 93 号	kg	10.05	0.300	0.260	0.280	0.250	0.260
机械	桥式吊车 10t	台班	237.66	0.006	0.006	0.006	0.006	0.006

工作内容:同前 单位:100kg

定额编号				8-2-72	8-2-73	8-2-74	8-2-75
项目				银粉漆		厚漆	
				第一遍	第二遍	第一遍	第二遍
基价(元)				**20.95**	**19.81**	**26.05**	**24.63**
其中	人工费(元)			9.60	9.60	9.60	9.60
	材料费(元)			9.92	8.78	15.02	13.60
	机械费(元)			1.43	1.43	1.43	1.43
名称		单位	单价(元)	数量			
人工	综合工日	工日	80.00	0.120	0.120	0.120	0.120
材料	酚醛清漆 F01-1	kg	12.70	0.250	0.230	–	–
	厚漆	kg	11.30	–	–	0.580	0.530
	汽油 93 号	kg	10.05	0.520	0.470	0.580	0.530
	银粉	kg	19.00	0.080	0.060	–	–
	清油	kg	8.80	–	–	0.300	0.260
机械	桥式吊车 10t	台班	237.66	0.006	0.006	0.006	0.006

工作内容:同前　　　　单位:100kg

定额编号				8-2-76	8-2-77	8-2-78	8-2-79
项目				调和漆		磁漆	
				第一遍	第二遍	第一遍	第二遍
基价(元)				**26.33**	**24.43**	**27.01**	**25.29**
其中	人工费(元)			9.60	9.60	9.60	9.60
	材料费(元)			15.30	13.40	15.98	14.26
	机械费(元)			1.43	1.43	1.43	1.43
名称		单位	单价(元)	数量			
人工	综合工日	工日	80.00	0.120	0.120	0.120	0.120
材料	酚醛调和漆(各种颜色)	kg	18.00	0.800	0.700	–	–
	酚醛磁漆(各种颜色)	kg	16.50	–	–	0.720	0.680
	汽油 93 号	kg	10.05	0.090	0.080	0.180	0.180
	清油	kg	8.80	–	–	0.260	0.140
机械	桥式吊车 10t	台班	237.66	0.006	0.006	0.006	0.006

工作内容:同前　　　　　　　　　　　　　　　　　　　　　　　　　　　　　　　　单位:100kg

定额编号				8-2-80	8-2-81	8-2-82	8-2-83
项目				耐酸漆		沥青漆	
				第一遍	第二遍	第一遍	第二遍
基价（元）				**22.14**	**20.81**	**28.19**	**25.74**
其中	人工费（元）			9.60	9.60	9.60	9.60
	材料费（元）			11.11	9.78	17.16	14.71
	机械费（元）			1.43	1.43	1.43	1.43
名称		单位	单价(元)	数量			
人工	综合工日	工日	80.00	0.120	0.120	0.120	0.120
材料	酚醛树脂漆	kg	17.50	0.560	0.490	–	–
	煤焦油沥青漆 L01－17	kg	7.95	–	–	2.010	1.720
	汽油 93 号	kg	10.05	0.130	0.120	–	–
	动力苯	kg	3.57	–	–	0.330	0.290
机械	桥式吊车 10t	台班	237.66	0.006	0.006	0.006	0.006

工作内容:同前　　　　单位:100kg

定额编号				8-2-84	8-2-85	8-2-86	8-2-87	8-2-88
项目				环氧富锌漆		醇酸磁漆		醇酸清漆
				第一遍	第二遍	第一遍	第二遍	一遍
基价（元）				**96.73**	**91.93**	**32.68**	**31.00**	**23.81**
其中	人工费（元）			12.80	12.80	9.60	9.60	9.60
	材料费（元）			82.50	77.70	21.65	19.97	12.78
	机械费（元）			1.43	1.43	1.43	1.43	1.43
名称		单位	单价(元)	数量				
人工	综合工日	工日	80.00	0.160	0.160	0.120	0.120	0.120
材料	环氧富锌漆	kg	30.00	2.750	2.590	–	–	–
	醇酸磁漆 C04－42 红、白、砂、驼	kg	21.60	–	–	0.900	0.840	–
	醇酸清漆 C01－7	kg	15.20	–	–	–	–	0.790
	醇酸漆稀释剂 X6	kg	9.63	–	–	0.230	0.190	0.080
机械	桥式吊车 10t	台班	237.66	0.006	0.006	0.006	0.006	0.006

工作内容：同前　　　　单位：100kg

定额编号				8-2-89	8-2-90	8-2-91	8-2-92	8-2-93
项目				醇酸清漆	有机硅耐热漆		冷底子	
				第二遍	第一遍	第二遍	第一遍	第二遍
基价（元）				**22.44**	**69.65**	**64.05**	**29.45**	**29.07**
其中	人工费（元）			9.60	12.80	12.80	9.60	9.60
	材料费（元）			11.41	55.42	49.82	18.42	18.04
	机械费（元）			1.43	1.43	1.43	1.43	1.43
名称		单位	单价(元)	数量				
人工	综合工日	工日	80.00	0.120	0.160	0.160	0.120	0.120
材料	醇酸清漆 C01－7	kg	15.20	0.700	–	–	–	–
	有机硅耐热漆 W61－25	kg	70.00	–	0.750	0.670	–	–
	醇酸漆稀释剂 X6	kg	9.63	0.080	–	–	–	–
	银粉	kg	19.00	–	0.050	0.050	–	–
	有机硅漆稀释剂 X13	kg	17.92	–	0.110	0.110	–	–
	石油沥青 10 号	kg	3.80	–	–	–	0.830	1.040
	动力苯	kg	3.57	–	–	–	1.940	1.040
	木柴	kg	0.95	–	–	–	8.660	10.760
	其他材料费	元	–	–	–	–	0.110	0.157
机械	桥式吊车 10t	台班	237.66	0.006	0.006	0.006	0.006	0.006

2. 管廊钢结构

工作内容:调配、涂刷。　　单位:100kg

定额编号				8-2-94	8-2-95	8-2-96	8-2-97	8-2-98
项目				红丹防锈漆		防锈漆		带锈底漆
				第一遍	第二遍	第一遍	第二遍	一遍
基价(元)				**17.68**	**16.44**	**16.10**	**15.01**	**11.77**
其中	人工费(元)			6.40	6.40	6.40	6.40	6.40
	材料费(元)			10.33	9.09	8.75	7.66	4.42
	机械费(元)			0.95	0.95	0.95	0.95	0.95
名称		单位	单价(元)	数量				
人工	综合工日	工日	80.00	0.080	0.080	0.080	0.080	0.080
材料	醇酸防锈漆 C53-1 铁红	kg	16.72	0.536	0.471	–	–	–
	酚醛防锈漆(各种颜色)	kg	15.60	–	–	0.478	0.408	–
	醇酸底漆 C06-1 铁红	kg	11.50	–	–	–	–	0.269
	汽油 93 号	kg	10.05	0.136	0.121	0.129	0.129	0.132
机械	桥式吊车 10t	台班	237.66	0.004	0.004	0.004	0.004	0.004

工作内容:同前　　　　单位:100kg

定额编号				8-2-99	8-2-100	8-2-101	8-2-102
项目				银粉漆		厚漆	
				第一遍	第二遍	第一遍	第二遍
基价(元)				**12.17**	**11.93**	**12.93**	**12.62**
其中	人工费(元)			6.40	6.40	6.40	6.40
	材料费(元)			4.82	4.58	5.58	5.27
	机械费(元)			0.95	0.95	0.95	0.95
名称		单位	单价(元)	数量			
人工	综合工日	工日	80.00	0.080	0.080	0.080	0.080
材料	酚醛清漆 F01－1	kg	12.70	0.121	0.110	–	–
	厚漆	kg	11.30	–	–	0.287	0.287
	汽油 93 号	kg	10.05	0.247	0.247	0.110	0.096
	银粉	kg	19.00	0.042	0.037	–	–
	清油	kg	8.80	–	–	0.140	0.121
机械	桥式吊车 10t	台班	237.66	0.004	0.004	0.004	0.004

工作内容:同前　　　　　　　　　　　　　　　　　　　　　　　　　　　　　单位:100kg

定额编号				8-2-103	8-2-104	8-2-105	8-2-106
项目				调和漆		磁漆	
				第一遍	第二遍	第一遍	第二遍
基价(元)				**14.66**	**13.81**	**14.96**	**14.12**
其中	人工费(元)			6.40	6.40	6.40	6.40
	材料费(元)			7.31	6.46	7.61	6.77
	机械费(元)			0.95	0.95	0.95	0.95
名称		单位	单价(元)	数量			
人工	综合工日	工日	80.00	0.080	0.080	0.080	0.080
材料	酚醛调和漆(各种颜色)	kg	18.00	0.384	0.339	–	–
	酚醛磁漆(各种颜色)	kg	16.50	–	–	0.339	0.320
	汽油 93 号	kg	10.05	0.040	0.036	0.107	0.077
	清油	kg	8.80	–	–	0.107	0.081
机械	桥式吊车 10t	台班	237.66	0.004	0.004	0.004	0.004

工作内容:同前　　　　单位:100kg

定额编号				8-2-107	8-2-108	8-2-109	8-2-110
项目				耐酸漆		沥青漆	
				第一遍	第二遍	第一遍	第二遍
基价(元)				**13.74**	**13.04**	**15.86**	**14.50**
其中	人工费(元)			6.40	6.40	6.40	6.40
	材料费(元)			6.39	5.69	8.51	7.15
	机械费(元)			0.95	0.95	0.95	0.95
名称		单位	单价(元)	数量			
人工	综合工日	工日	80.00	0.080	0.080	0.080	0.080
材料	醇酸磁漆 C04－42 红、白、砂、驼	kg	21.60	0.265	0.236	–	–
	煤焦油沥青漆 L01－17	kg	7.95	–	–	0.994	0.832
	汽油 93 号	kg	10.05	0.066	0.059	–	–
	动力苯	kg	3.57	–	–	0.169	0.151
机械	桥式吊车 10t	台班	237.66	0.004	0.004	0.004	0.004

工作内容：同前 单位：100kg

定额编号				8-2-111	8-2-112	8-2-113	8-2-114	8-2-115
项目				环氧富锌漆		醇酸磁漆		醇酸清漆
				第一遍	第二遍	第一遍	第二遍	一遍
基价（元）				**45.63**	**43.59**	**18.06**	**17.04**	**13.56**
其中	人工费（元）			8.80	8.80	6.40	6.40	6.40
	材料费（元）			35.88	33.84	10.71	9.69	6.21
	机械费（元）			0.95	0.95	0.95	0.95	0.95
名称		单位	单价（元）	数量				
人工	综合工日	工日	80.00	0.110	0.110	0.080	0.080	0.080
材料	环氧富锌漆	kg	30.00	1.196	1.128	–	–	–
	醇酸磁漆 C04－42 红、白、砂、驼	kg	21.60	–	–	0.445	0.401	–
	醇酸清漆 C01－7	kg	15.20	–	–	–	–	0.383
	醇酸漆稀释剂 X6	kg	9.63	–	–	0.114	0.107	0.040
机械	桥式吊车 10t	台班	237.66	0.004	0.004	0.004	0.004	0.004

工作内容:同前　　单位:100kg

定额编号				8-2-116	8-2-117	8-2-118	8-2-119	8-2-120
项目				醇酸清漆	有机硅耐热漆		冷底子	
				第二遍	第一遍	第二遍	第一遍	第二遍
基价(元)				**12.85**	**34.06**	**32.86**	**15.40**	**15.23**
其中	人工费(元)			6.40	8.80	8.80	6.40	6.40
	材料费(元)			5.50	24.31	23.11	8.05	7.88
	机械费(元)			0.95	0.95	0.95	0.95	0.95
名称		单位	单价(元)	数量				
人工	综合工日	工日	80.00	0.080	0.110	0.110	0.080	0.080
材料	醇酸清漆 C01－7	kg	15.20	0.339	–	–	–	–
	有机硅耐热漆 W61－25	kg	70.00	–	0.328	0.313	–	–
	醇酸漆稀释剂 X6	kg	9.63	0.036	–	–	–	–
	银粉	kg	19.00	–	0.022	0.018	–	–
	有机硅漆稀释剂 X13	kg	17.92	–	0.052	0.048	–	–
	石油沥青 10 号	kg	3.80	–	–	–	0.368	0.456
	动力苯	kg	3.57	–	–	–	0.846	0.456
	木柴	kg	0.95	–	–	–	3.824	4.755
机械	桥式吊车 10t	台班	237.66	0.004	0.004	0.004	0.004	0.004

3. H 型钢制钢结构

工作内容：调配、涂刷。

单位：$10m^2$

定额编号				8-2-121	8-2-122	8-2-123	8-2-124	8-2-125
项目				红丹防锈漆		防锈漆		带锈底漆
				第一遍	第二遍	第一遍	第二遍	一遍
基价（元）				**54.60**	**51.07**	**50.14**	**47.08**	**38.90**
其中	人工费（元）			20.00	20.00	20.00	20.00	20.00
	材料费（元）			28.98	25.45	24.52	21.46	13.28
	机械费（元）			5.62	5.62	5.62	5.62	5.62
名称		单位	单价(元)	数量				
人工	综合工日	工日	80.00	0.250	0.250	0.250	0.250	0.250
材料	醇酸防锈漆 C53－1 铁红	kg	16.72	1.504	1.318	–	–	–
	酚醛防锈漆（各种颜色）	kg	15.60	–	–	1.339	1.143	–
	酚醛清漆 F01－1	kg	12.70	–	–	–	–	0.752
	汽油 93 号	kg	10.05	0.381	0.340	0.361	0.361	0.371
机械	桥式吊车 20t	台班	468.55	0.012	0.012	0.012	0.012	0.012

工作内容:同前　　　　　　　　　　　　　　　　　　　　　　　　　　　　　单位:$10m^2$

定额编号				8-2-126	8-2-127	8-2-128	8-2-129
项目				银粉漆		厚漆	
				第一遍	第二遍	第一遍	第二遍
基价(元)				**38.44**	**37.86**	**41.24**	**40.36**
其中	人工费(元)			20.00	20.00	20.00	20.00
	材料费(元)			12.82	12.24	15.62	14.74
	机械费(元)			5.62	5.62	5.62	5.62
	名称	单位	单价(元)	数量			
人工	综合工日	工日	80.00	0.250	0.250	0.250	0.250
材料	酚醛清漆 F01－1	kg	12.70	0.340	0.309	–	–
	厚漆	kg	11.30	–	–	0.803	0.803
	汽油 93 号	kg	10.05	0.691	0.691	0.309	0.266
	银粉	kg	19.00	0.082	0.072	–	–
	清油	kg	8.80	–	–	0.391	0.340
机械	桥式吊车 20t	台班	468.55	0.012	0.012	0.012	0.012

工作内容:同前　　　　单位:$10m^2$

定额编号				8-2-130	8-2-131	8-2-132	8-2-133
项目				调和漆		磁漆	
				第一遍	第二遍	第一遍	第二遍
基价（元）				**46.03**	**44.08**	**46.90**	**44.56**
其中	人工费（元）			20.00	20.00	20.00	20.00
	材料费（元）			20.41	18.46	21.28	18.94
	机械费（元）			5.62	5.62	5.62	5.62
名称		单位	单价(元)	数量			
人工	综合工日	工日	80.00	0.250	0.250	0.250	0.250
材料	酚醛调和漆（各种颜色）	kg	18.00	1.071	0.968	–	–
	酚醛磁漆（各种颜色）	kg	16.50	–	–	0.948	0.896
	汽油 93 号	kg	10.05	0.113	0.103	0.299	0.216
	清油	kg	8.80	–	–	0.299	0.226
机械	桥式吊车 20t	台班	468.55	0.012	0.012	0.012	0.012

工作内容:同前　　单位:10m²

定额编号				8-2-134	8-2-135	8-2-136	8-2-137
项目				耐酸漆		沥青漆	
				第一遍	第二遍	第一遍	第二遍
基价(元)				**39.72**	**38.83**	**49.41**	**45.63**
其中	人工费(元)			20.00	20.00	20.00	20.00
	材料费(元)			14.10	13.21	23.79	20.01
	机械费(元)			5.62	5.62	5.62	5.62
名称		单位	单价(元)	数量			
人工	综合工日	工日	80.00	0.250	0.250	0.250	0.250
材料	酚醛磁漆(各种颜色)	kg	16.50	0.742	–	–	–
	酚醛树脂漆	kg	17.50	–	0.660	–	–
	煤焦油沥青漆 L01-17	kg	7.95	–	–	2.781	2.328
	汽油 93 号	kg	10.05	0.185	0.165	–	–
	动力苯	kg	3.57	–	–	0.472	0.422
机械	桥式吊车 20t	台班	468.55	0.012	0.012	0.012	0.012

工作内容:同前　　　　单位:$10m^2$

定额编号				8-2-138	8-2-139	8-2-140	8-2-141	8-2-142
项目				环氧富锌漆		醇酸磁漆		醇酸清漆
				第一遍	第二遍	第一遍	第二遍	第一遍
基价(元)				**96.20**	**92.30**	**55.61**	**52.76**	**42.99**
其中	人工费(元)			25.60	25.60	20.00	20.00	20.00
	材料费(元)			64.98	61.08	29.99	27.14	17.37
	机械费(元)			5.62	5.62	5.62	5.62	5.62
名称		单位	单价(元)	数量				
人工	综合工日	工日	80.00	0.320	0.320	0.250	0.250	0.250
材料	环氧富锌漆	kg	30.00	2.166	2.036	–	–	–
	醇酸磁漆 C04 –42 红、白、砂、驼	kg	21.60	–	–	1.246	1.123	–
	醇酸清漆 C01 –7	kg	15.20	–	–	–	–	1.071
	醇酸漆稀释剂 X6	kg	9.63	–	–	0.319	0.299	0.113
机械	桥式吊车 20t	台班	468.55	0.012	0.012	0.012	0.012	0.012

工作内容:同前 单位:$10m^2$

定额编号				8-2-143	8-2-144	8-2-145	8-2-146	8-2-147
项目				醇酸清漆	有机硅耐热漆		冷底子	
				第二遍	第一遍	第二遍	第一遍	第二遍
基价(元)				41.02	99.17	96.21	48.16	47.67
其中	人工费(元)			20.00	25.60	25.60	20.00	20.00
	材料费(元)			15.40	67.95	64.99	22.54	22.05
	机械费(元)			5.62	5.62	5.62	5.62	5.62
名称		单位	单价(元)	数			量	
人工	综合工日	工日	80.00	0.250	0.320	0.320	0.250	0.250
材料	醇酸清漆 C01-7	kg	15.20	0.948	–	–	–	–
	有机硅耐热漆 W61-25	kg	70.00	–	0.917	0.880	–	–
	醇酸漆稀释剂 X6	kg	9.63	0.103	–	–	–	–
	银粉	kg	19.00	–	0.062	0.052	–	–
	有机硅漆稀释剂 X13	kg	17.92	–	0.144	0.134	–	–
	石油沥青 10 号	kg	3.80	–	–	–	1.030	1.277
	动力苯	kg	3.57	–	–	–	2.369	1.277
	木柴	kg	0.95	–	–	–	10.702	13.308
机械	桥式吊车 20t	台班	468.55	0.012	0.012	0.012	0.012	0.012

四、铸铁管、暖气片刷油

工作内容：调配、涂刷。

单位：10m²

定额编号				8-2-148	8-2-149	8-2-150	8-2-151	8-2-152
项目				防锈漆	带锈底漆	银粉漆		沥青漆
				第一遍		第一遍	第二遍	第一遍
基价（元）				**42.90**	**37.40**	**39.67**	**37.07**	**48.54**
其中	人工费（元）			22.40	22.40	23.20	22.40	24.00
	材料费（元）			20.50	15.00	16.47	14.67	24.54
	机械费（元）			–	–	–	–	–
名称		单位	单价(元)	数量				
人工	综合工日	工日	80.00	0.280	0.280	0.290	0.280	0.300
材料	酚醛防锈漆（各种颜色）	kg	15.60	1.050	–	–	–	–
	醇酸底漆 C06－1 铁红	kg	11.50	–	0.920	–	–	–
	酚醛清漆 F01－1	kg	12.70	–	–	0.450	0.410	–
	煤焦油沥青漆 L01－17	kg	7.95	–	–	–	–	2.880
	汽油 93 号	kg	10.05	0.410	0.440	0.900	0.790	–
	银粉	kg	19.00	–	–	0.090	0.080	–
	动力苯	kg	3.57	–	–	–	–	0.460

工作内容：同前　　　　　　　　　　　　　　　　　　　　　　　　　　　　　　　单位：$10m^2$

定额编号				8-2-153	8-2-154	8-2-155	8-2-156	8-2-157
项目				沥青漆	环氧富锌漆		热沥青	
				第二遍	第一遍	第二遍	第一遍	第二遍
基价（元）				47.25	119.60	112.60	149.26	87.22
其中	人工费（元）			24.00	29.60	28.00	73.60	35.20
	材料费（元）			23.25	90.00	84.60	75.66	52.02
	机械费（元）			–	–	–	–	–
名称		单位	单价（元）	数			量	
人工	综合工日	工日	80.00	0.300	0.370	0.350	0.920	0.440
材料	煤焦油沥青漆 L01－17	kg	7.95	2.740	–	–	–	–
	环氧富锌漆	kg	30.00	–	3.000	2.820	–	–
	动力苯	kg	3.57	0.410	–	–	–	–
	石油沥青 10 号	kg	3.80	–	–	–	18.070	12.630
	滑石粉	kg	0.40	–	–	–	7.350	5.560
	煤	kg	0.85	–	–	–	0.005	0.003
	木柴	kg	0.95	–	–	–	1.090	0.490
	其他材料费	元	–	–	–	–	3.015	1.332

五、灰面刷油

工作内容：调配、涂刷。　　　　单位：10m²

定额编号				8-2-158	8-2-159	8-2-160	8-2-161	8-2-162	8-2-163
项目				设备					
				厚漆		调和漆		煤焦油	
				第一遍	第二遍	第一遍	第二遍	第一遍	第二遍
基价（元）				**59.64**	**48.50**	**65.89**	**52.89**	**48.03**	**39.85**
其中	人工费（元）			40.00	33.60	40.00	33.60	40.00	33.60
	材料费（元）			19.64	14.90	25.89	19.29	8.03	6.25
	机械费（元）			–	–	–	–	–	–
名称		单位	单价(元)	数量					
人工	综合工日	工日	80.00	0.500	0.420	0.500	0.420	0.500	0.420
材料	厚漆	kg	11.30	1.010	0.780	–	–	–	–
	酚醛调和漆（各种颜色）	kg	18.00	–	–	1.360	1.010	–	–
	煤焦油	kg	2.00	–	–	–	–	3.300	2.570
	清油	kg	8.80	0.490	0.360	–	–	–	–
	汽油 93 号	kg	10.05	0.390	0.290	0.140	0.110	–	–
	动力苯	kg	3.57	–	–	–	–	0.400	0.310

工作内容:同前　　单位:$10m^2$

定额编号				8-2-164	8-2-165	8-2-166	8-2-167	8-2-168	8-2-169
项目				设备					
				沥青漆		银粉漆		冷底子	
				第一遍	第二遍	第一遍	第二遍	第一遍	第二遍
基价(元)				**67.28**	**55.80**	**56.10**	**49.01**	**68.77**	**61.90**
其中	人工费(元)			36.80	34.40	40.00	33.60	40.00	33.60
	材料费(元)			30.48	21.40	16.10	15.41	28.77	28.30
	机械费(元)			–	–	–	–	–	–
名称		单位	单价(元)	数量					
人工	综合工日	工日	80.00	0.460	0.430	0.500	0.420	0.500	0.420
材料	煤焦油沥青漆 L01 – 17	kg	7.95	3.520	2.490	–	–	–	–
	酚醛清漆 F01 – 1	kg	12.70	–	–	0.430	0.390	–	–
	汽油 93 号	kg	10.05	–	–	0.870	0.870	–	–
	银粉	kg	19.00	–	–	0.100	0.090	–	–
	石油沥青 10 号	kg	3.80	–	–	–	–	1.300	1.630
	动力苯	kg	3.57	0.700	0.450	–	–	3.030	1.620
	木柴	kg	0.95	–	–	–	–	13.510	16.940
	其他材料费	元	–	–	–	–	–	0.181	0.230

工作内容:同前

单位:$10m^2$

定额编号				8-2-170	8-2-171	8-2-172	8-2-173	8-2-174	8-2-175
项目				管道					
				厚漆		调和漆		煤焦油	
				第一遍	第二遍	第一遍	第二遍	第一遍	第二遍
基价(元)				**64.86**	**52.30**	**70.07**	**56.27**	**70.51**	**43.11**
其中	人工费(元)			44.00	36.80	44.00	36.80	62.40	36.80
	材料费(元)			20.86	15.50	26.07	19.47	8.11	6.31
	机械费(元)			–	–	–	–	–	–
名称		单位	单价(元)	数量					
人工	综合工日	工日	80.00	0.550	0.460	0.550	0.460	0.780	0.460
材料	厚漆	kg	11.30	1.070	0.820	–	–	–	–
	酚醛调和漆(各种颜色)	kg	18.00	–	–	1.370	1.020	–	–
	煤焦油	kg	2.00	–	–	–	–	3.340	2.600
	清油	kg	8.80	0.540	0.400	–	–	–	–
	汽油 93 号	kg	10.05	0.400	0.270	0.140	0.110	–	–
	动力苯	kg	3.57	–	–	–	–	0.400	0.310

工作内容:同前

单位:$10m^2$

定额编号				8-2-176	8-2-177	8-2-178	8-2-179	8-2-180	8-2-181
项目				管道					
				沥青漆		银粉漆		冷底子	
				第一遍	第二遍	第一遍	第二遍	第一遍	第二遍
基价(元)				**73.59**	**60.03**	**61.70**	**52.90**	**89.18**	**81.91**
其中	人工费(元)			41.60	36.80	44.00	36.80	56.00	49.60
	材料费(元)			31.99	23.23	17.70	16.10	33.18	32.31
	机械费(元)			–	–	–	–	–	–
名称		单位	单价(元)	数量					
人工	综合工日	工日	80.00	0.520	0.460	0.550	0.460	0.700	0.620
材料	煤焦油沥青漆 L01－17	kg	7.95	3.750	2.720	–	–	–	–
	酚醛清漆 F01－1	kg	12.70	–	–	0.470	0.430	–	–
	汽油 93 号	kg	10.05	–	–	0.940	0.870	–	–
	银粉	kg	19.00	–	–	0.120	0.100	–	–
	石油沥青 10 号	kg	3.80	–	–	–	–	1.500	1.880
	动力苯	kg	3.57	0.610	0.450	–	–	3.500	1.800
	木柴	kg	0.95	–	–	–	–	15.540	19.400
	其他材料费	元	–	–	–	–	–	0.219	0.307

六、玻璃布、白布面刷油

工作内容：调配、涂刷。

单位：$10m^2$

定额编号				8-2-182	8-2-183	8-2-184	8-2-185	8-2-186	8-2-187
项目				设备					
				厚漆		调和漆		煤焦油	
				第一遍	第二遍	第一遍	第二遍	第一遍	第二遍
基价（元）				**82.97**	**69.93**	**91.67**	**76.15**	**67.94**	**58.18**
其中	人工费（元）			56.00	48.80	56.00	48.80	56.00	48.80
	材料费（元）			26.97	21.13	35.67	27.35	11.94	9.38
	机械费（元）			–	–	–	–	–	–
名称		单位	单价(元)	数量					
人工	综合工日	工日	80.00	0.700	0.610	0.700	0.610	0.700	0.610
材料	厚漆	kg	11.30	1.390	1.100	–	–	–	–
	酚醛调和漆（各种颜色）	kg	18.00	–	–	1.870	1.430	–	–
	煤焦油	kg	2.00	–	–	–	–	4.900	3.850
	清油	kg	8.80	0.640	0.520	–	–	–	–
	汽油 93 号	kg	10.05	0.560	0.410	0.200	0.160	–	–
	动力苯	kg	3.57	–	–	–	–	0.600	0.470

工作内容：同前　　单位：$10m^2$

定额编号				8-2-188	8-2-189	8-2-190	8-2-191	8-2-192	8-2-193
项目				设备					
				沥青漆		银粉漆		冷底子	
				第一遍	第二遍	第一遍	第二遍	第一遍	第二遍
基价（元）				**100.08**	**80.03**	**78.44**	**70.29**	**98.21**	**88.77**
其中	人工费（元）			58.40	49.60	56.00	48.80	58.40	49.60
	材料费（元）			41.68	30.43	22.44	21.49	39.81	39.17
	机械费（元）			–	–	–	–	–	–
名称		单位	单价(元)	数量					
人工	综合工日	工日	80.00	0.730	0.620	0.700	0.610	0.730	0.620
材料	煤焦油沥青漆 L01－17	kg	7.95	4.870	3.540	–	–	–	–
	酚醛清漆 F01－1	kg	12.70	–	–	0.600	0.540	–	–
	汽油 93 号	kg	10.05	–	–	1.210	1.210	–	–
	银粉	kg	19.00	–	–	0.140	0.130	–	–
	石油沥青 10 号	kg	3.80	–	–	–	–	1.800	2.260
	动力苯	kg	3.57	0.830	0.640	–	–	4.200	2.260
	木柴	kg	0.95	–	–	–	–	18.650	23.300
	其他材料费	元	–	–	–	–	–	0.263	0.376

工作内容:同前　　　　单位:$10m^2$

定额编号				8-2-194	8-2-195	8-2-196	8-2-197	8-2-198	8-2-199
项目				管道					
				厚漆		调和漆		煤焦油	
				第一遍	第二遍	第一遍	第二遍	第一遍	第二遍
基价（元）				**90.48**	**75.68**	**98.01**	**81.31**	**73.74**	**63.06**
其中	人工费（元）			61.60	53.60	61.60	53.60	61.60	53.60
	材料费（元）			28.88	22.08	36.41	27.71	12.14	9.46
	机械费（元）			–	–	–	–	–	–
名称		单位	单价(元)	数量					
人工	综合工日	工日	80.00	0.770	0.670	0.770	0.670	0.770	0.670
材料	厚漆	kg	11.30	1.490	1.180	–	–	–	–
	酚醛调和漆（各种颜色）	kg	18.00	–	–	1.900	1.450	–	–
	煤焦油	kg	2.00	–	–	–	–	5.000	3.890
	清油	kg	8.80	0.740	0.560	–	–	–	–
	汽油 93 号	kg	10.05	0.550	0.380	0.220	0.160	–	–
	动力苯	kg	3.57	–	–	–	–	0.600	0.470

工作内容：同前

单位：$10m^2$

定额编号				8-2-200	8-2-201	8-2-202	8-2-203	8-2-204	8-2-205
项目				管道					
				沥青漆		银粉漆		冷底子	
				第一遍	第二遍	第一遍	第二遍	第一遍	第二遍
基价（元）				**102.74**	**82.53**	**86.15**	**75.81**	**107.46**	**98.76**
其中	人工费（元）			58.40	49.60	61.60	53.60	61.60	53.60
	材料费（元）			44.34	32.93	24.55	22.21	45.86	45.16
	机械费（元）			–	–	–	–	–	–
	名称	单位	单价(元)	数量					
人工	综合工日	工日	80.00	0.730	0.620	0.770	0.670	0.770	0.670
材料	煤焦油沥青漆 L01－17	kg	7.95	5.200	3.850	–	–	–	–
	酚醛清漆 F01－1	kg	12.70	–	–	0.650	0.590	–	–
	汽油 93 号	kg	10.05	–	–	1.300	1.200	–	–
	银粉	kg	19.00	–	–	0.170	0.140	–	–
	石油沥青 10 号	kg	3.80	–	–	–	–	2.080	2.590
	动力苯	kg	3.57	0.840	0.650	–	–	4.840	2.590
	木柴	kg	0.95	–	–	–	–	21.440	26.880
	其他材料费	元	–	–	–	–	–	0.307	0.532

七、麻布面、石棉布面刷油

工作内容：调配、涂刷。

单位：$10m^2$

定额编号				8-2-206	8-2-207	8-2-208	8-2-209	8-2-210	8-2-211
项目				设备					
				厚漆		调和漆		煤焦油	
				第一遍	第二遍	第一遍	第二遍	第一遍	第二遍
基价（元）				**86.64**	**70.78**	**95.81**	**77.45**	**73.66**	**60.77**
其中	人工费（元）			62.40	52.00	62.40	52.00	62.40	52.00
	材料费（元）			24.24	18.78	33.41	25.45	11.26	8.77
	机械费（元）			–	–	–	–	–	–
名称		单位	单价（元）	数量					
人工	综合工日	工日	80.00	0.780	0.650	0.780	0.650	0.780	0.650
材料	厚漆	kg	11.30	1.300	1.030	–	–	–	–
	酚醛调和漆（各种颜色）	kg	18.00	–	–	1.750	1.330	–	–
	煤焦油	kg	2.00	–	–	–	–	4.630	3.600
	清油	kg	8.80	0.640	0.480	–	–	–	–
	汽油 93 号	kg	10.05	0.390	0.290	0.190	0.150	–	–
	动力苯	kg	3.57	–	–	–	–	0.560	0.440

工作内容:同前

单位:$10m^2$

定额编号				8-2-212	8-2-213	8-2-214	8-2-215	8-2-216	8-2-217
项目				设备					
				沥青漆		银粉漆		冷底子	
				第一遍	第二遍	第一遍	第二遍	第一遍	第二遍
基价(元)				**94.92**	**77.14**	**83.11**	**71.89**	**100.48**	**89.20**
其中	人工费(元)			56.00	48.80	62.40	52.00	62.40	52.00
	材料费(元)			38.92	28.34	20.71	19.89	38.08	37.20
	机械费(元)			–	–	–	–	–	–
名称		单位	单价(元)	数量					
人工	综合工日	工日	80.00	0.700	0.610	0.780	0.650	0.780	0.650
材料	煤焦油沥青漆 L01 – 17	kg	7.95	4.550	3.300	–	–	–	–
	酚醛清漆 F01 – 1	kg	12.70	–	–	0.550	0.500	–	–
	汽油 93 号	kg	10.05	–	–	1.120	1.120	–	–
	银粉	kg	19.00	–	–	0.130	0.120	–	–
	石油沥青 10 号	kg	3.80	–	–	–	–	1.730	2.160
	动力苯	kg	3.57	0.770	0.590	–	–	4.070	2.160
	木柴	kg	0.95	–	–	–	–	17.870	22.400

工作内容:同前　　　　单位:10m²

定额编号				8-2-218	8-2-219	8-2-220	8-2-221	8-2-222	8-2-223
项目				管道					
				厚漆		调和漆		煤焦油	
				第一遍	第二遍	第一遍	第二遍	第一遍	第二遍
基价（元）				**95.40**	**79.11**	**103.47**	**84.39**	**82.08**	**67.23**
其中	人工费（元）			69.60	58.40	69.60	58.40	69.60	58.40
	材料费（元）			25.80	20.71	33.87	25.99	12.48	8.83
	机械费（元）			–	–	–	–	–	–
名称		单位	单价(元)	数量					
人工	综合工日	工日	80.00	0.870	0.730	0.870	0.730	0.870	0.730
材料	厚漆	kg	11.30	1.390	1.100	–	–	–	–
	酚醛调和漆（各种颜色）	kg	18.00	–	–	1.770	1.360	–	–
	煤焦油	kg	2.00	–	–	–	–	4.850	3.630
	清油	kg	8.80	0.690	0.530	–	–	–	–
	汽油 93 号	kg	10.05	0.400	0.360	0.200	0.150	–	–
	动力苯	kg	3.57	–	–	–	–	0.780	0.440

工作内容:同前　　　　　　　　　　　　　　　　　　　　　　　　　　　　　　　　　　　单位:$10m^2$

定额编号				8-2-224	8-2-225	8-2-226	8-2-227	8-2-228	8-2-229
项目				管道					
				沥青漆		银粉漆		冷底子	
				第一遍	第二遍	第一遍	第二遍	第一遍	第二遍
基价(元)				**103.78**	**85.20**	**92.13**	**76.71**	**106.31**	**97.76**
其中	人工费(元)			62.40	54.40	69.60	56.00	62.40	54.40
	材料费(元)			41.38	30.80	22.53	20.71	43.91	43.36
	机械费(元)			–	–	–	–	–	–
名称		单位	单价(元)	数量					
人工	综合工日	工日	80.00	0.780	0.680	0.870	0.700	0.780	0.680
材料	煤焦油沥青漆 L01－17	kg	7.95	4.850	3.600	–	–	–	–
	酚醛清漆 F01－1	kg	12.70	–	–	0.600	0.550	–	–
	汽油 93 号	kg	10.05	–	–	1.200	1.120	–	–
	银粉	kg	19.00	–	–	0.150	0.130	–	–
	石油沥青 10 号	kg	3.80	–	–	–	–	1.990	2.510
	动力苯	kg	3.57	0.790	0.610	–	–	4.630	2.510
	木柴	kg	0.95	–	–	–	–	20.550	25.760
	其他材料费	元	–	–	–	–	–	0.292	0.391

八、气柜刷油

工作内容:调配、涂刷。 单位:$10m^2$

定额编号				8-2-230	8-2-231	8-2-232	8-2-233
项目				水槽壁内外板			
				红丹防锈漆		调和漆	
				第一遍	第二遍	第一遍	第二遍
基价(元)				**52.64**	**39.71**	**35.83**	**33.57**
其中	人工费(元)			21.60	16.00	16.00	16.00
	材料费(元)			31.04	23.71	19.83	17.57
	机械费(元)			–	–	–	–
名称		单位	单价(元)	数量			
人工	综合工日	工日	80.00	0.270	0.200	0.200	0.200
材料	醇酸防锈漆 C53-1 铁红	kg	16.72	1.610	1.280	–	–
	酚醛调和漆(各种颜色)	kg	18.00	–	–	1.040	0.920
	汽油 93 号	kg	10.05	0.410	0.230	0.110	0.100

工作内容:同前　　　　单位:10m²

定额编号				8-2-234	8-2-235	8-2-236	8-2-237
项目				中罩塔内外壁			
				红丹防锈漆		沥青漆	
				第一遍	第二遍	第一遍	第二遍
基价(元)				**61.44**	**46.32**	**66.62**	**53.64**
其中	人工费(元)			30.40	21.60	29.60	22.40
	材料费(元)			31.04	24.72	37.02	31.24
	机械费(元)			–	–	–	–
名称		单位	单价(元)	数量			
人工	综合工日	工日	80.00	0.380	0.270	0.370	0.280
材料	醇酸防锈漆 C53-1 铁红	kg	16.72	1.610	1.280	–	–
	沥青耐酸漆	kg	12.00	–	–	2.700	2.260
	汽油 93 号	kg	10.05	0.410	0.330	0.460	0.410

工作内容：同前　　单位：$10m^2$

定额编号				8-2-238	8-2-239	8-2-240	8-2-241	8-2-242
项目				顶盖内				顶盖外、罐底
				红丹防锈漆		沥青漆		调和漆
				第一遍	第二遍	第一遍	第二遍	第一遍
基价（元）				**64.64**	**47.71**	**70.62**	**60.16**	**35.62**
其中	人工费（元）			33.60	24.00	33.60	24.00	16.00
	材料费（元）			31.04	23.71	37.02	36.16	19.62
	机械费（元）			–	–	–	–	–
名称		单位	单价（元）	数量				
人工	综合工日	工日	80.00	0.420	0.300	0.420	0.300	0.200
材料	醇酸防锈漆 C53－1 铁红	kg	16.72	1.610	1.280	–	–	–
	沥青耐酸漆	kg	12.00	–	–	2.700	2.670	–
	酚醛调和漆（各种颜色）	kg	18.00	–	–	–	–	1.040
	汽油 93 号	kg	10.05	0.410	0.230	0.460	0.410	0.090

工作内容:同前　　　　单位:$10m^2$

定额编号				8-2-243	8-2-244	8-2-245	8-2-246
项目				顶盖外、罐底			
				调和漆	沥青漆		
				第二遍	10 以内	15 以内	25 以内
基价（元）				**33.36**	**234.86**	**355.57**	**460.17**
其中	人工费（元）			16.00	192.00	293.60	379.20
	材料费（元）			17.36	42.86	61.97	80.97
	机械费（元）			–	–	–	–
名称		单位	单价(元)	数量			
人工	综合工日	工日	80.00	0.200	2.400	3.670	4.740
材料	酚醛调和漆（各种颜色）	kg	18.00	0.920	–	–	–
	汽油 93 号	kg	10.05	0.080	–	–	–
	石油沥青 10 号	kg	3.80	–	10.000	15.000	20.000
	木柴	kg	0.95	–	5.000	5.000	5.000
	煤	kg	0.85	–	0.130	0.260	0.260

九、玛蹄脂面刷油

工作内容:调配、涂刷。　　　　单位:$10m^2$

定额编号				8-2-247	8-2-248	8-2-249	8-2-250
项目				调和漆		银粉漆	
				第一遍	第二遍	第一遍	第二遍
基价(元)				**82.67**	**65.59**	**71.33**	**60.71**
其中	人工费(元)			48.80	40.00	48.80	40.00
	材料费(元)			33.87	25.59	22.53	20.71
	机械费(元)			–	–	–	–
名称		单位	单价(元)	数量			
人工	综合工日	工日	80.00	0.610	0.500	0.610	0.500
材料	酚醛调和漆(各种颜色)	kg	18.00	1.770	1.360	–	–
	酚醛清漆 F01-1	kg	12.70	–	–	0.600	0.550
	汽油 93 号	kg	10.05	0.200	0.110	1.200	1.120
	银粉	kg	19.00	–	–	0.150	0.130

十、喷漆

工作内容：调配、涂刷　　　　单位：$10m^2$

定额编号				8-2-251	8-2-252	8-2-253	8-2-254	8-2-255	8-2-256
项目				管道				设备	
				调和漆		银粉漆		调和漆	
				第一遍	第二遍	第一遍	第二遍	第一遍	第二遍
基价（元）				**45.21**	**41.67**	**31.06**	**30.16**	**41.93**	**39.36**
其中	人工费（元）			5.60	5.60	5.60	5.60	5.60	5.60
	材料费（元）			25.73	22.19	11.58	10.68	22.45	19.88
	机械费（元）			13.88	13.88	13.88	13.88	13.88	13.88
名称		单位	单价（元）	数量					
人工	综合工日	工日	80.00	0.070	0.070	0.070	0.070	0.070	0.070
材料	酚醛防锈漆（各种颜色）	kg	15.60	1.500	1.290	–	–	–	–
	酚醛清漆 F01－1	kg	12.70	–	–	0.410	0.380	–	–
	酚醛调和漆（各种颜色）	kg	18.00	–	–	–	–	1.210	1.070
	溶剂汽油 120 号	kg	5.01	0.450	0.400	0.830	0.770	0.130	0.120
	银粉	kg	19.00	–	–	0.100	0.090	–	–
	其他材料费	元	–	0.075	0.066	0.318	0.290	0.022	0.020
机械	电动空气压缩机 $3m^3/min$	台班	231.38	0.060	0.060	0.060	0.060	0.060	0.060

工作内容:同前　　　　　　　　　　　　　　　　　　　　单位:100kg

定额编号				8-2-257	8-2-258	8-2-259	8-2-260	8-2-261	8-2-262
项目				一般钢结构					
				防锈漆		银粉漆		调和漆	
				第一遍	第二遍	第一遍	第二遍	第一遍	第二遍
基价（元）				**33.41**	**31.38**	**25.21**	**24.61**	**31.52**	**30.03**
其中	人工费（元）			3.20	3.20	3.20	3.20	3.20	3.20
	材料费（元）			14.90	12.87	6.70	6.10	13.01	11.52
	机械费（元）			15.31	15.31	15.31	15.31	15.31	15.31
名称		单位	单价(元)	数量					
人工	综合工日	工日	80.00	0.040	0.040	0.040	0.040	0.040	0.040
材料	酚醛防锈漆（各种颜色）	kg	15.60	0.870	0.750	–	–	–	–
	酚醛清漆 F01－1	kg	12.70	–	–	0.240	0.220	–	–
	酚醛调和漆（各种颜色）	kg	18.00	–	–	–	–	0.700	0.620
	溶剂汽油 120 号	kg	5.01	0.260	0.230	0.480	0.450	0.080	0.070
	银粉	kg	19.00	–	–	0.060	0.050	–	–
	其他材料费	元	–	0.025	0.022	0.110	0.097	0.008	0.007
机械	桥式吊车 10t	台班	237.66	0.006	0.006	0.006	0.006	0.006	0.006
	电动空气压缩机 3m³/min	台班	231.38	0.060	0.060	0.060	0.060	0.060	0.060

工作内容:同前

单位:100kg

定额编号				8-2-263	8-2-264	8-2-265	8-2-266	8-2-267	8-2-268
项目				管廊钢结构					
				防锈漆		银粉漆		调和漆	
				第一遍	第二遍	第一遍	第二遍	第一遍	第二遍
基价(元)				**29.43**	**27.92**	**23.09**	**22.61**	**27.96**	**26.83**
其中	人工费(元)			2.80	2.80	2.80	2.80	2.80	2.80
	材料费(元)			11.32	9.81	4.98	4.50	9.85	8.72
	机械费(元)			15.31	15.31	15.31	15.31	15.31	15.31
名称		单位	单价(元)	数量					
人工	综合工日	工日	80.00	0.035	0.035	0.035	0.035	0.035	0.035
材料	酚醛防锈漆(各种颜色)	kg	15.60	0.660	0.570	–	–	–	–
	酚醛清漆 F01-1	kg	12.70	–	–	0.180	0.170	–	–
	酚醛调和漆(各种颜色)	kg	18.00	–	–	–	–	0.530	0.470
	溶剂汽油 120 号	kg	5.01	0.200	0.180	0.370	0.340	0.060	0.050
	银粉	kg	19.00	–	–	0.040	0.030	–	–
	其他材料费	元	–	0.019	0.018	0.078	0.065	0.006	0.005
机械	桥式吊车 10t	台班	237.66	0.006	0.006	0.006	0.006	0.006	0.006
	电动空气压缩机 $3m^3/min$	台班	231.38	0.060	0.060	0.060	0.060	0.060	0.060

工作内容：同前

单位：$10m^2$

定额编号				8-2-269	8-2-270	8-2-271	8-2-272	8-2-273	8-2-274
项目				H 型钢制钢结构					
				防锈漆		银粉漆		调和漆	
				第一遍	第二遍	第一遍	第二遍	第一遍	第二遍
基价（元）				52.57	48.36	35.64	34.63	48.61	45.45
其中	人工费（元）			6.80	6.80	6.80	6.80	6.80	6.80
	材料费（元）			30.89	26.68	13.96	12.95	26.93	23.77
	机械费（元）			14.88	14.88	14.88	14.88	14.88	14.88
名称		单位	单价(元)	数量					
人工	综合工日	工日	80.00	0.085	0.085	0.085	0.085	0.085	0.085
材料	酚醛防锈漆（各种颜色）	kg	15.60	1.800	1.550	–	–	–	–
	酚醛清漆 F01－1	kg	12.70	–	–	0.490	0.460	–	–
	酚醛调和漆（各种颜色）	kg	18.00	–	–	–	–	1.450	1.280
	溶剂汽油 120 号	kg	5.01	0.540	0.480	1.000	0.920	0.160	0.140
	银粉	kg	19.00	–	–	0.120	0.110	–	–
	其他材料费	元	–	0.105	0.093	0.449	0.412	0.031	0.027
机械	桥式吊车 20t	台班	468.55	0.012	0.012	0.012	0.012	0.012	0.012
	电动空气压缩机 $3m^3/min$	台班	231.38	0.040	0.040	0.040	0.040	0.040	0.040

第三章　防腐蚀涂料工程

说　明

一、本章定额适用于设备、管道、金属结构等各种防腐涂料工程。

二、本章定额不包括除锈工作内容。

三、涂料配合比与实际设计配合比不同时,可根据设计要求进行换算,其人工、机械消耗量不变。

四、本章定额聚合热固化是采用蒸汽及红外线间接聚合固化考虑的,如采用其他方法,应按施工方案另行计算。

五、如采用本章定额未包括的新品种涂料,应按相近定额项目执行,其人工、机械消耗量不变。

一、漆酚醛树脂漆

工作内容：运料、过筛、填料干燥、表面清洗、调配、涂刷。　　　　单位：$10m^2$

定额编号				8-3-1	8-3-2	8-3-3	8-3-4	8-3-5	8-3-6
项目				设备					
				底漆		中间漆		面漆	
				两遍	每增一遍	两遍	每增一遍	两遍	每增一遍
基价（元）				**158.58**	**75.97**	**113.39**	**56.80**	**97.98**	**51.78**
其中	人工费（元）			64.80	34.40	50.40	25.60	44.80	22.40
	材料费（元）			70.66	27.87	43.30	21.35	35.63	17.82
	机械费（元）			23.12	13.70	19.69	9.85	17.55	11.56
名称		单位	单价(元)	数量					
人工	综合工日	工日	80.00	0.810	0.430	0.630	0.320	0.560	0.280
材料	酚醛树脂漆	kg	17.50	2.000	0.990	1.750	0.850	1.640	0.800
	汽油 93 号	kg	10.05	2.400	0.520	0.730	0.380	0.690	0.380
	石英粉	kg	0.50	1.120	0.550	0.590	0.280	–	–
	破布	kg	4.50	0.200	–	–	–	–	–
	铁砂布 0～2 号	张	1.68	6.000	3.000	3.000	1.500	–	–
机械	轴流风机 7.5kW	台班	42.81	0.540	0.320	0.460	0.230	0.410	0.270

工作内容:同前　　　　单位:$10m^2$

定额编号				8-3-7	8-3-8	8-3-9	8-3-10	8-3-11	8-3-12
项目				管道					
				底漆		中间漆		面漆	
				两遍	每增一遍	两遍	每增一遍	两遍	每增一遍
基价（元）				**171.37**	**76.03**	**7572.40**	**63.75**	**117.39**	**58.47**
其中	人工费（元）			96.00	46.40	7520.00	38.40	68.00	34.40
	材料费（元）			75.37	29.63	52.40	25.35	49.39	24.07
	机械费（元）			–	–	–	–	–	–
	名称	单位	单价(元)	数量					
人工	综合工日	工日	80.00	1.200	0.580	94.000	0.480	0.850	0.430
材料	酚醛树脂漆	kg	17.50	2.630	1.300	2.450	1.180	2.340	1.140
	汽油 93 号	kg	10.05	2.720	0.630	0.870	0.430	0.840	0.410
	石英粉	kg	0.50	1.470	0.720	0.820	0.390	–	–
	破布	kg	4.50	0.200	–	–	–	–	–
	铁砂布 0～2 号	张	1.68	0.220	0.110	0.220	0.110	–	–

工作内容:同前　　单位:100kg

定额编号				8-3-13	8-3-14	8-3-15	8-3-16	8-3-17	8-3-18
项目				一般钢结构					
				底漆		中间漆		面漆	
				两遍	每增一遍	两遍	每增一遍	两遍	每增一遍
基价(元)				**80.32**	**37.64**	**56.16**	**28.54**	**49.07**	**24.99**
其中	人工费(元)			41.60	21.60	32.00	16.00	28.80	14.40
	材料费(元)			37.29	14.61	22.73	11.11	18.84	9.16
	机械费(元)			1.43	1.43	1.43	1.43	1.43	1.43
名称		单位	单价(元)	数量					
人工	综合工日	工日	80.00	0.520	0.270	0.400	0.200	0.360	0.180
材料	酚醛树脂漆	kg	17.50	1.060	0.520	0.920	0.440	0.870	0.420
	汽油 93 号	kg	10.05	1.260	0.270	0.380	0.200	0.360	0.180
	石英粉	kg	0.50	0.590	0.290	0.311	0.148	–	–
	破布	kg	4.50	0.105	–	–	–	–	–
	铁砂布 0~2 号	张	1.68	3.160	1.580	1.580	0.791	–	–
机械	桥式吊车 10t	台班	237.66	0.006	0.006	0.006	0.006	0.006	0.006

工作内容：同前　　单位：100kg

定额编号				8-3-19	8-3-20	8-3-21	8-3-22	8-3-23	8-3-24
项目				管廊钢结构					
				底漆		中间漆		面漆	
				两遍	每增一遍	两遍	每增一遍	两遍	每增一遍
基价（元）				**55.09**	**25.52**	**38.43**	**19.96**	**33.34**	**17.91**
其中	人工费（元）			28.00	14.40	21.60	11.20	19.20	10.40
	材料费（元）			26.14	10.17	15.88	7.81	13.19	6.56
	机械费（元）			0.95	0.95	0.95	0.95	0.95	0.95
	名称	单位	单价(元)	数量					
人工	综合工日	工日	80.00	0.350	0.180	0.270	0.140	0.240	0.130
材料	酚醛树脂漆	kg	17.50	0.740	0.360	0.640	0.310	0.610	0.300
	汽油 93 号	kg	10.05	0.890	0.190	0.270	0.140	0.250	0.130
	石英粉	kg	0.50	0.412	0.202	0.217	0.103	–	–
	破布	kg	4.50	0.074	–	–	–	–	–
	铁砂布 0~2 号	张	1.68	2.208	1.104	1.104	0.552	–	–
机械	桥式吊车 10t	台班	237.66	0.004	0.004	0.004	0.004	0.004	0.004

工作内容:同前　　　　单位:$10m^2$

定额编号				8-3-25	8-3-26	8-3-27	8-3-28	8-3-29	8-3-30
项目				H 型钢制钢结构					
				底漆		中间漆		面漆	
				两遍	每增一遍	两遍	每增一遍	两遍	每增一遍
基价(元)				**156.15**	**74.82**	**110.15**	**57.73**	**96.21**	**49.99**
其中	人工费(元)			77.60	40.80	60.00	30.40	53.60	26.40
	材料费(元)			72.93	28.40	44.53	21.71	36.99	17.97
	机械费(元)			5.62	5.62	5.62	5.62	5.62	5.62
名称		单位	单价(元)	数量					
人工	综合工日	工日	80.00	0.970	0.510	0.750	0.380	0.670	0.330
材料	酚醛树脂漆	kg	17.50	2.070	1.000	1.800	0.860	1.700	0.820
	汽油 93 号	kg	10.05	2.470	0.540	0.750	0.390	0.720	0.360
	石英粉	kg	0.50	1.154	0.567	0.608	0.288	–	–
	破布	kg	4.50	0.206	–	–	–	–	–
	铁砂布 0~2 号	张	1.68	6.180	3.090	3.090	1.545	–	–
机械	桥式吊车 20t	台班	468.55	0.012	0.012	0.012	0.012	0.012	0.012

二、聚氨酯漆

工作内容：运料、过筛、填料干燥、表面清洗、调配、涂刷。 单位：$10m^2$

定额编号				8-3-31	8-3-32	8-3-33	8-3-34	8-3-35
项目				设备				
				底漆		中间漆		面漆
				两遍	每增一遍	一遍	每增一遍	每一遍
基价（元）				**159.16**	**81.73**	**66.33**	**65.79**	**71.49**
其中	人工费（元）			62.40	39.20	28.80	28.80	28.80
	材料费（元）			73.64	28.83	27.68	27.14	32.84
	机械费（元）			23.12	13.70	9.85	9.85	9.85
名称		单位	单价(元)	数量				
人工	综合工日	工日	80.00	0.780	0.490	0.360	0.360	0.360
材料	弹性聚氨酯底漆	kg	22.00	1.800	0.900	–	–	–
	聚氨酯磁漆	kg	27.00	–	–	0.780	0.760	1.060
	二甲苯	kg	11.40	0.700	0.350	0.360	0.360	0.370
	汽油 93 号	kg	10.05	1.500	–	–	–	–
	破布	kg	4.50	0.200	–	–	–	–
	铁砂布 0~2 号	张	1.68	6.000	3.000	1.500	1.500	–
机械	轴流风机 7.5kW	台班	42.81	0.540	0.320	0.230	0.230	0.230

工作内容:同前

单位:10m²

定额编号				8-3-36	8-3-37	8-3-38	8-3-39	8-3-40
项目				管道				
				底漆		中间漆		面漆
				两遍	每增一遍	一遍	每增一遍	每一遍
基价(元)				**162.38**	**89.81**	**72.57**	**67.17**	**85.93**
其中	人工费(元)			84.00	59.20	43.20	43.20	43.20
	材料费(元)			78.38	30.61	29.37	23.97	42.73
	机械费(元)			–	–	–	–	–
名称		单位	单价(元)	数量				
人工	综合工日	工日	80.00	1.050	0.740	0.540	0.540	0.540
材料	弹性聚氨酯底漆	kg	22.00	2.290	1.150	–	–	–
	聚氨酯磁漆	kg	27.00	–	–	0.870	0.670	1.380
	二甲苯	kg	11.40	0.890	0.450	0.500	0.500	0.480
	汽油 93 号	kg	10.05	1.650	–	–	–	–
	破布	kg	4.50	0.200	–	–	–	–
	铁砂布 0~2 号	张	1.68	0.220	0.110	0.110	0.110	–

工作内容:同前　　单位:100kg

定　额　编　号				8-3-41	8-3-42	8-3-43	8-3-44	8-3-45
项　目				一般钢结构				
				底漆		中间漆		面漆
				两遍	每增一遍	一遍	每增一遍	每一遍
基　价（元）				**76.27**	**39.74**	**32.79**	**32.52**	**30.44**
其中	人　工　费（元）			36.00	23.20	16.80	16.80	16.80
	材　料　费（元）			38.84	15.11	14.56	14.29	12.21
	机　械　费（元）			1.43	1.43	1.43	1.43	1.43
名　称		单位	单价(元)	数　量				
人工	综合工日	工日	80.00	0.450	0.290	0.210	0.210	0.210
材料	弹性聚氨酯底漆	kg	22.00	0.950	0.470	–	–	–
	聚氨酯磁漆	kg	27.00	–	–	0.410	0.400	0.370
	二甲苯	kg	11.40	0.369	0.185	0.190	0.190	0.195
	汽油 93 号	kg	10.05	0.791	–	–	–	–
	破布	kg	4.50	0.105	–	–	–	–
	铁砂布 0~2 号	张	1.68	3.162	1.581	0.791	0.791	–
机械	桥式吊车 10t	台班	237.66	0.006	0.006	0.006	0.006	0.006

工作内容：同前　　　　　　　　　　　　　　　　　　　　　　单位：$10m^2$

定额编号				8-3-46	8-3-47	8-3-48	8-3-49	8-3-50
项目				H 型钢制钢结构				
				底漆		中间漆		面漆
				两遍	每增一遍	一遍	每增一遍	每一遍
基价（元）				**147.78**	**78.59**	**66.05**	**65.78**	**61.40**
其中	人工费（元）			66.40	43.20	32.00	32.00	32.00
	材料费（元）			75.76	29.77	28.43	28.16	23.78
	机械费（元）			5.62	5.62	5.62	5.62	5.62
名称		单位	单价(元)	数量				
人工	综合工日	工日	80.00	0.830	0.540	0.400	0.400	0.400
材料	弹性聚氨酯底漆	kg	22.00	1.850	0.930	–	–	–
	聚氨酯磁漆	kg	27.00	–	–	0.800	0.790	0.720
	二甲苯	kg	11.40	0.721	0.361	0.371	0.371	0.381
	汽油 93 号	kg	10.05	1.545	–	–	–	–
	破布	kg	4.50	0.206	–	–	–	–
	铁砂布 0~2 号	张	1.68	6.180	3.090	1.545	1.545	–
机械	桥式吊车 20t	台班	468.55	0.012	0.012	0.012	0.012	0.012

工作内容:同前　　　　　　　　　　　　　　　　　　单位:100kg

定额编号				8-3-51	8-3-52	8-3-53	8-3-54	8-3-55
项目				管廊钢结构				
				底漆		中间漆		面漆
				两遍	每增一遍	一遍	每增一遍	每一遍
基价(元)				**55.42**	**29.14**	**23.25**	**22.71**	**21.52**
其中	人工费(元)			27.20	17.60	12.00	12.00	12.00
	材料费(元)			27.27	10.59	10.30	9.76	8.57
	机械费(元)			0.95	0.95	0.95	0.95	0.95
名称		单位	单价(元)	数量				
人工	综合工日	工日	80.00	0.340	0.220	0.150	0.150	0.150
材料	弹性聚氨酯底漆	kg	22.00	0.670	0.330	–	–	–
	聚氨酯磁漆	kg	27.00	–	–	0.290	0.270	0.260
	二甲苯	kg	11.40	0.258	0.129	0.135	0.135	0.136
	汽油 93 号	kg	10.05	0.552	–	–	–	–
	破布	kg	4.50	0.074	–	–	–	–
	铁砂布 0 ~ 2 号	张	1.68	2.208	1.104	0.552	0.552	–
机械	桥式吊车 10t	台班	237.66	0.004	0.004	0.004	0.004	0.004

三、环氧、酚醛树脂漆

工作内容：运料、过筛、填料干燥、表面清洗、调配、涂刷。　　　　单位：$10m^2$

定额编号				8-3-56	8-3-57	8-3-58	8-3-59
项目				设备			
				底漆		面漆	
				两遍	每增一遍	两遍	每增一遍
基价（元）				**192.68**	**90.04**	**145.72**	**71.73**
其中	人工费（元）			62.40	33.60	44.00	22.40
	材料费（元）			107.16	43.17	84.17	40.34
	机械费（元）			23.12	13.27	17.55	8.99
名称		单位	单价(元)	数量			
人工	综合工日	工日	80.00	0.780	0.420	0.550	0.280
材料	环氧树脂（各种规格）	kg	28.60	1.730	0.810	1.870	0.890
	酚醛树脂	kg	16.83	0.740	0.350	0.800	0.380
	丙酮 95%	kg	10.80	1.000	0.480	0.760	0.380
	邻苯二甲酸二丁酯	kg	17.42	0.240	0.110	0.260	0.130
	石英粉	kg	0.50	0.360	0.170	–	–
	乙二胺	kg	23.60	0.170	0.080	0.190	0.090
	汽油 93 号	kg	10.05	1.500	–	–	–
	破布	kg	4.50	0.200	–	–	–
	铁砂布 0～2 号	张	1.68	6.000	3.000	–	–
机械	轴流风机 7.5kW	台班	42.81	0.540	0.310	0.410	0.210

工作内容:同前　　　　单位:$10m^2$

定额编号				8-3-60	8-3-61	8-3-62	8-3-63
项目				管道			
				底漆		面漆	
				两遍	每增一遍	两遍	每增一遍
基价（元）				**216.15**	**97.09**	**172.97**	**84.15**
其中	人工费（元）			91.20	45.60	65.60	32.80
	材料费（元）			124.95	51.49	107.37	51.35
	机械费（元）			–	–	–	–
名称		单位	单价(元)	数量			
人工	综合工日	工日	80.00	1.140	0.570	0.820	0.410
材料	环氧树脂（各种规格）	kg	28.60	2.210	1.050	2.420	1.150
	酚醛树脂	kg	16.83	0.950	0.450	1.040	0.500
	丙酮 95%	kg	10.80	1.140	0.560	0.840	0.410
	邻苯二甲酸二丁酯	kg	17.42	0.310	0.150	0.340	0.160
	石英粉	kg	0.50	0.660	0.220	–	–
	乙二胺	kg	23.60	0.220	0.110	0.240	0.120
	汽油 93 号	kg	10.05	1.650	–	–	–
	破布	kg	4.50	0.200	–	–	–
	铁砂布 0～2 号	张	1.68	3.000	1.500	–	–

工作内容:同前

单位:100kg

定额编号				8-3-64	8-3-65	8-3-66	8-3-67
项目				一般钢结构			
				底漆		面漆	
				两遍	每增一遍	两遍	每增一遍
基价(元)				**94.15**	**43.58**	**72.65**	**35.55**
其中	人工费(元)			36.00	19.20	26.40	12.80
	材料费(元)			56.72	22.95	44.82	21.32
	机械费(元)			1.43	1.43	1.43	1.43
名称		单位	单价(元)	数量			
人工	综合工日	工日	80.00	0.450	0.240	0.330	0.160
材料	环氧树脂(各种规格)	kg	28.60	0.912	0.427	0.985	0.469
	酚醛树脂	kg	16.83	0.390	0.185	0.422	0.200
	丙酮 95%	kg	10.80	0.527	0.253	0.401	0.200
	邻苯二甲酸二丁酯	kg	17.42	0.126	0.058	0.137	0.069
	石英粉	kg	0.50	0.190	0.090	–	–
	乙二胺	kg	23.60	0.100	0.050	0.120	0.050
	汽油 93 号	kg	10.05	0.791	–	–	–
	破布	kg	4.50	0.105	–	–	–
	铁砂布 0~2 号	张	1.68	3.162	1.581	–	–
机械	桥式吊车 10t	台班	237.66	0.006	0.006	0.006	0.006

工作内容：同前　　　　单位：$10m^2$

定额编号				8-3-68	8-3-69	8-3-70	8-3-71
项目				H 型钢制钢结构			
				底漆		面漆	
				两遍	每增一遍	两遍	每增一遍
基价（元）				**190.98**	**90.49**	**145.91**	**74.78**
其中	人工费（元）			74.40	40.00	52.80	27.20
	材料费（元）			110.96	44.87	87.49	41.96
	机械费（元）			5.62	5.62	5.62	5.62
名称		单位	单价(元)	数量			
人工	综合工日	工日	80.00	0.930	0.500	0.660	0.340
材料	环氧树脂（各种规格）	kg	28.60	1.782	0.834	1.926	0.917
	酚醛树脂	kg	16.83	0.762	0.361	0.824	0.391
	丙酮 95%	kg	10.80	1.030	0.494	0.783	0.391
	邻苯二甲酸二丁酯	kg	17.42	0.247	0.113	0.267	0.134
	石英粉	kg	0.50	0.371	0.175	–	–
	乙二胺	kg	23.60	0.200	0.100	0.230	0.110
	汽油 93 号	kg	10.05	1.545	–	–	–
	破布	kg	4.50	0.206	–	–	–
	铁砂布 0~2 号	张	1.68	6.180	3.090	–	–
机械	桥式吊车 20t	台班	468.55	0.012	0.012	0.012	0.012

工作内容:同前　　　　单位:100kg

定额编号				8-3-72	8-3-73	8-3-74	8-3-75
项目				管廊钢结构			
				底漆		面漆	
				两遍	每增一遍	两遍	每增一遍
基价(元)				**67.75**	**32.29**	**53.67**	**25.58**
其中	人工费(元)			27.20	15.20	20.80	9.60
	材料费(元)			39.60	16.14	31.92	15.03
	机械费(元)			0.95	0.95	0.95	0.95
	名称	单位	单价(元)	数量			
人工	综合工日	工日	80.00	0.340	0.190	0.260	0.120
材料	环氧树脂(各种规格)	kg	28.60	0.637	0.298	0.688	0.328
	酚醛树脂	kg	16.83	0.272	0.129	0.294	0.140
	丙酮 95%	kg	10.80	0.368	0.177	0.280	0.140
	邻苯二甲酸二丁酯	kg	17.42	0.088	0.041	0.096	0.048
	石英粉	kg	0.50	0.132	0.063	–	–
	乙二胺	kg	23.60	0.070	0.040	0.110	0.040
	汽油 93 号	kg	10.05	0.552	–	–	–
	破布	kg	4.50	0.074	–	–	–
	铁砂布 0~2 号	张	1.68	2.200	1.100	–	–
机械	桥式吊车 10t	台班	237.66	0.004	0.004	0.004	0.004

四、冷固环氧树脂漆

工作内容：运料、过筛、填料干燥、表面清洗、调配、涂刷。 单位：$10m^2$

定额编号				8-3-76	8-3-77	8-3-78	8-3-79
项目				管道			
				底漆		面漆	
				两遍	每增一遍	两遍	每增一遍
基价（元）				**233.76**	**99.50**	**190.22**	**93.08**
其中	人工费（元）			92.00	45.60	65.60	33.60
	材料费（元）			141.76	53.90	124.62	59.48
	机械费（元）			–	–	–	–
名称		单位	单价(元)	数量			
人工	综合工日	工日	80.00	1.150	0.570	0.820	0.420
材料	环氧树脂（各种规格）	kg	28.60	3.160	1.480	3.460	1.650
	丙酮 95%	kg	10.80	1.130	0.550	1.200	0.580
	邻苯二甲酸二丁酯	kg	17.42	0.320	0.150	0.350	0.170
	石英粉	kg	0.50	0.290	0.370	–	–
	乙二胺	kg	23.60	0.250	0.120	0.280	0.130
	汽油 93 号	kg	10.05	1.650	–	–	–
	破布	kg	4.50	0.200	–	–	–
	铁砂布 0～2 号	张	1.68	6.000	–	–	–

工作内容:同前

单位:$10m^2$

定额编号				8-3-80	8-3-81	8-3-82	8-3-83
项目				设备			
				底漆		面漆	
				两遍	每增一遍	两遍	每增一遍
基价(元)				**203.49**	**94.63**	**155.89**	**76.44**
其中	人工费(元)			63.20	33.60	44.00	22.40
	材料费(元)			117.17	47.76	94.34	45.05
	机械费(元)			23.12	13.27	17.55	8.99
名称		单位	单价(元)	数量			
人工	综合工日	工日	80.00	0.790	0.420	0.550	0.280
材料	环氧树脂(各种规格)	kg	28.60	2.480	1.160	2.670	1.270
	丙酮 95%	kg	10.80	1.000	0.480	0.770	0.380
	邻苯二甲酸二丁酯	kg	17.42	0.250	0.120	0.270	0.130
	石英粉	kg	0.50	0.620	0.290	–	–
	乙二胺	kg	23.60	0.200	0.090	0.210	0.100
	汽油 93 号	kg	10.05	1.500	–	–	–
	破布	kg	4.50	0.200	–	–	–
	铁砂布 0~2 号	张	1.68	6.000	3.000	–	–
机械	轴流风机 7.5kW	台班	42.81	0.540	0.310	0.410	0.210

工作内容：同前　　单位：100kg

定额编号				8-3-84	8-3-85	8-3-86	8-3-87
项目				一般钢结构			
				底漆		面漆	
				两遍	每增一遍	两遍	每增一遍
基价（元）				**100.33**	**46.88**	**76.63**	**38.17**
其中	人工费（元）			36.80	20.00	24.80	12.80
	材料费（元）			62.10	25.45	50.40	23.94
	机械费（元）			1.43	1.43	1.43	1.43
名称		单位	单价（元）	数量			
人工	综合工日	工日	80.00	0.460	0.250	0.310	0.160
材料	环氧树脂（各种规格）	kg	28.60	1.307	0.611	1.407	0.670
	丙酮 95%	kg	10.80	0.527	0.253	0.406	0.200
	邻苯二甲酸二丁酯	kg	17.42	0.132	0.063	0.142	0.069
	石英粉	kg	0.50	0.328	0.154	–	–
	乙二胺	kg	23.60	0.120	0.060	0.140	0.060
	汽油 93 号	kg	10.05	0.791	–	–	–
	破布	kg	4.50	0.105	–	–	–
	铁砂布 0~2 号	张	1.68	3.162	1.581	–	–
机械	桥式吊车 10t	台班	237.66	0.006	0.006	0.006	0.006

工作内容:同前

单位:$10m^2$

定额编号				8-3-88	8-3-89	8-3-90	8-3-91
项目				H 型钢制钢结构			
				底漆		面漆	
				两遍	每增一遍	两遍	每增一遍
基价(元)				**202.80**	**95.23**	**156.38**	**79.62**
其中	人工费(元)			76.00	40.00	52.80	27.20
	材料费(元)			121.18	49.61	97.96	46.80
	机械费(元)			5.62	5.62	5.62	5.62
名称		单位	单价(元)	数量			
人工	综合工日	工日	80.00	0.950	0.500	0.660	0.340
材料	环氧树脂(各种规格)	kg	28.60	2.554	1.195	2.750	1.308
	丙酮 95%	kg	10.80	1.030	0.494	0.793	0.391
	邻苯二甲酸二丁酯	kg	17.42	0.258	0.124	0.278	0.134
	石英粉	kg	0.50	0.639	0.299	–	–
	乙二胺	kg	23.60	0.240	0.110	0.250	0.120
	汽油 93 号	kg	10.05	1.515	–	–	–
	破布	kg	4.50	0.206	–	–	–
	铁砂布 0~2 号	张	1.68	6.180	3.090	–	–
机械	桥式吊车 20t	台班	468.55	0.012	0.012	0.012	0.012

工作内容：同前　　　　单位：100kg

定额编号				8-3-92	8-3-93	8-3-94	8-3-95
项目				管廊钢结构			
				底漆		面漆	
				两遍	每增一遍	两遍	每增一遍
基价（元）				**72.53**	**34.13**	**55.64**	**27.63**
其中	人工费（元）			28.00	15.20	19.20	10.40
	材料费（元）			43.58	17.98	35.49	16.28
	机械费（元）			0.95	0.95	0.95	0.95
名称		单位	单价（元）	数量			
人工	综合工日	工日	80.00	0.350	0.190	0.240	0.130
材料	环氧树脂（各种规格）	kg	28.60	0.913	0.427	0.983	0.446
	丙酮 95%	kg	10.80	0.368	0.177	0.283	0.140
	邻苯二甲酸二丁酯	kg	17.42	0.092	0.044	0.099	0.048
	石英粉	kg	0.50	0.228	0.107	–	–
	乙二胺	kg	23.60	0.090	0.050	0.110	0.050
	汽油 93 号	kg	10.05	0.558	–	–	–
	破布	kg	4.50	0.074	–	–	–
	铁砂布 0～2 号	张	1.68	2.208	1.104	–	–
机械	桥式吊车 10t	台班	237.66	0.004	0.004	0.004	0.004

五、环氧呋喃树脂漆

工作内容：运料、过筛、填料干燥、表面清洗、调配、涂刷。

单位：10m²

定额编号				8-3-96	8-3-97	8-3-98	8-3-99
项目				设备			
				底漆		面漆	
				两遍	每增一遍	两遍	每增一遍
基价（元）				**193.86**	**90.14**	**148.82**	**73.19**
其中	人工费（元）			63.20	33.60	44.00	22.40
	材料费（元）			107.54	43.27	87.27	41.80
	机械费（元）			23.12	13.27	17.55	8.99
名称		单位	单价(元)	数量			
人工	综合工日	工日	80.00	0.790	0.420	0.550	0.280
材料	环氧树脂（各种规格）	kg	28.60	1.750	0.820	1.890	0.900
	糠醇树脂	kg	15.80	0.750	0.350	0.810	0.390
	丙酮 95%	kg	10.80	1.000	0.480	1.040	0.510
	邻苯二甲酸二丁酯	kg	17.42	0.250	0.120	0.270	0.130
	石英粉	kg	0.50	0.360	0.170	–	–
	乙二胺	kg	23.60	0.180	0.080	0.190	0.090
	汽油 93 号	kg	10.05	1.500	–	–	–
	破布	kg	4.50	0.200	–	–	–
	铁砂布 0～2 号	张	1.68	6.000	3.000	–	–
机械	轴流风机 7.5kW	台班	42.81	0.540	0.310	0.410	0.210

工作内容:同前　　　　单位:$10m^2$

定额编号				8-3-100	8-3-101	8-3-102	8-3-103
项目				管道			
				底漆		面漆	
				两遍	每增一遍	两遍	每增一遍
基价（元）				**212.11**	**94.18**	**177.22**	**87.02**
其中	人工费（元）			92.00	45.60	65.60	33.60
	材料费（元）			120.11	48.58	111.62	53.42
	机械费（元）			–	–	–	–
名称		单位	单价(元)	数量			
人工	综合工日	工日	80.00	1.150	0.570	0.820	0.420
材料	环氧树脂（各种规格）	kg	28.60	2.230	1.050	2.450	1.170
	糠醇树脂	kg	15.80	0.960	0.450	1.050	0.500
	丙酮 95%	kg	10.80	1.140	0.550	1.200	0.580
	邻苯二甲酸二丁酯	kg	17.42	0.320	0.150	0.350	0.170
	石英粉	kg	0.50	0.460	0.220	–	–
	乙二胺	kg	23.60	0.220	0.110	0.250	0.120
	汽油 93 号	kg	10.05	1.650	–	–	–
	破布	kg	4.50	0.200	–	–	–
	铁砂布 0~2 号	张	1.68	0.220	0.110	–	–

工作内容:同前　　　　单位:100kg

定额编号				8-3-104	8-3-105	8-3-106	8-3-107
项目				一般钢结构			
				底漆		面漆	
				两遍	每增一遍	两遍	每增一遍
基价(元)				**95.02**	**44.41**	**74.31**	**36.63**
其中	人工费(元)			36.80	20.00	26.40	12.80
	材料费(元)			56.79	22.98	46.48	22.40
	机械费(元)			1.43	1.43	1.43	1.43
名称		单位	单价(元)	数量			
人工	综合工日	工日	80.00	0.460	0.250	0.330	0.160
材料	环氧树脂(各种规格)	kg	28.60	0.922	0.432	0.996	0.474
	糠醇树脂	kg	15.80	0.395	0.185	0.427	0.210
	丙酮 95%	kg	10.80	0.527	0.252	0.550	0.269
	邻苯二甲酸二丁酯	kg	17.42	0.132	0.063	0.142	0.069
	石英粉	kg	0.50	0.190	0.090	–	–
	乙二胺	kg	23.60	0.100	0.050	0.120	0.060
	汽油 93 号	kg	10.05	0.791	–	–	–
	破布	kg	4.50	0.105	–	–	–
	铁砂布 0~2 号	张	1.68	3.162	1.581	–	–
机械	桥式吊车 10t	台班	237.66	0.006	0.006	0.006	0.006

工作内容：同前　　　　单位：$10m^2$

定额编号				8-3-108	8-3-109	8-3-110	8-3-111
项目				H型钢制钢结构			
				底漆		面漆	
				两遍	每增一遍	两遍	每增一遍
基价（元）				**193.23**	**90.58**	**149.12**	**76.28**
其中	人工费（元）			76.00	40.00	52.80	27.20
	材料费（元）			111.61	44.96	90.70	43.46
	机械费（元）			5.62	5.62	5.62	5.62
名称		单位	单价(元)	数量			
人工	综合工日	工日	80.00	0.950	0.500	0.660	0.340
材料	环氧树脂（各种规格）	kg	28.60	1.803	0.845	1.947	0.927
	糠醇树脂	kg	15.80	0.773	0.361	0.834	0.402
	丙酮 95%	kg	10.80	1.030	0.490	1.071	0.525
	邻苯二甲酸二丁酯	kg	17.42	0.257	0.124	0.278	0.134
	石英粉	kg	0.50	0.371	0.175	–	–
	乙二胺	kg	23.60	0.220	0.100	0.230	0.110
	汽油 93 号	kg	10.05	1.545	–	–	–
	破布	kg	4.50	0.210	–	–	–
	铁砂布 0～2 号	张	1.68	6.180	3.090	–	–
机械	桥式吊车 20t	台班	468.55	0.012	0.012	0.012	0.012

工作内容:同前　　　　单位:100kg

定额编号				8-3-112	8-3-113	8-3-114	8-3-115
项目				管廊钢结构			
				底漆		面漆	
				两遍	每增一遍	两遍	每增一遍
基价(元)				**68.54**	**32.35**	**51.74**	**27.14**
其中	人工费(元)			28.00	15.20	19.20	10.40
	材料费(元)			39.59	16.20	31.59	15.79
	机械费(元)			0.95	0.95	0.95	0.95
名称		单位	单价(元)	数量			
人工	综合工日	工日	80.00	0.350	0.190	0.240	0.130
材料	环氧树脂(各种规格)	kg	28.60	0.644	0.302	0.696	0.331
	糠醇树脂	kg	15.80	0.276	0.130	0.298	0.144
	丙酮 95%	kg	10.80	0.368	0.177	0.283	0.188
	邻苯二甲酸二丁酯	kg	17.42	0.092	0.044	0.103	0.048
	石英粉	kg	0.50	0.132	0.063	–	–
	乙二胺	kg	23.60	0.080	0.040	0.090	0.050
	汽油 93 号	kg	10.05	0.552	–	–	–
	破布	kg	4.50	0.074	–	–	–
	铁砂布 0~2 号	张	1.68	2.021	1.104	–	–
机械	桥式吊车 10t	台班	237.66	0.004	0.004	0.004	0.004

六、酚醛树脂漆

工作内容：运料、过筛、填料干燥、表面清洗、调配、涂刷。　　单位：10m²

定额编号				8-3-116	8-3-117	8-3-118	8-3-119	8-3-120	8-3-121
项目				设备					
				底漆		中间漆		面漆	
				两层	每增一层	两层	每增一层	两层	每增一层
基价（元）				**173.81**	**81.89**	**135.60**	**67.15**	**121.45**	**59.57**
其中	人工费（元）			74.40	40.00	64.00	32.80	53.60	26.40
	材料费（元）			76.29	28.62	49.77	23.22	50.30	24.18
	机械费（元）			23.12	13.27	21.83	11.13	17.55	8.99
名称		单位	单价(元)	数量					
人工	综合工日	工日	80.00	0.930	0.500	0.800	0.410	0.670	0.330
材料	酚醛树脂	kg	16.83	2.360	1.100	2.180	1.000	2.540	1.210
	工业酒精 99.5%	kg	8.20	0.970	0.470	0.720	0.350	0.630	0.320
	石英粉	kg	0.50	0.590	0.280	0.220	0.100	–	–
	苯磺酰氯	kg	11.92	0.190	0.090	0.170	0.080	0.200	0.100
	汽油 93 号	kg	10.05	1.500	–	–	–	–	–
	破布	kg	4.50	0.200	–	–	–	–	–
	铁砂布 0~2 号	张	1.68	6.000	3.000	3.000	1.500	–	–
机械	轴流风机 7.5kW	台班	42.81	0.540	0.310	0.510	0.260	0.410	0.210

工作内容：同前　　　　单位：10m²

定额编号				8-3-122	8-3-123	8-3-124	8-3-125	8-3-126	8-3-127
项目				管道					
				底漆		中间漆		面漆	
				两层	每增一层	两层	每增一层	两层	每增一层
基价（元）				**191.17**	**84.78**	**141.10**	**68.62**	**143.16**	**70.68**
其中	人工费（元）			110.40	55.20	86.40	43.20	79.20	40.00
	材料费（元）			80.77	29.58	54.70	25.42	63.96	30.68
	机械费（元）			–	–	–	–	–	–
名称		单位	单价(元)	数量					
人工	综合工日	工日	80.00	1.380	0.690	1.080	0.540	0.990	0.500
材料	酚醛树脂	kg	16.83	3.010	1.400	2.640	1.220	3.290	1.570
	工业酒精 99.5%	kg	8.20	1.100	0.530	0.900	0.430	0.670	0.330
	石英粉	kg	0.50	0.750	0.350	0.400	0.180	–	–
	苯磺酰氯	kg	11.92	0.240	0.110	0.210	0.100	0.260	0.130
	汽油 93 号	kg	10.05	1.650	–	–	–	–	–
	破布	kg	4.50	0.200	–	–	–	–	–
	铁砂布 0～2 号	张	1.68	0.220	0.110	0.110	0.050	–	–

工作内容:同前 单位:100kg

定额编号				8-3-128	8-3-129	8-3-130	8-3-131	8-3-132	8-3-133
项目				一般钢结构					
				底漆		中间漆		面漆	
				两层	每增一层	两层	每增一层	两层	每增一层
基价(元)				**77.38**	**40.53**	**62.15**	**31.87**	**59.14**	**30.19**
其中	人工费(元)			43.20	24.00	37.60	19.20	31.20	16.00
	材料费(元)			32.75	15.10	23.12	11.24	26.51	12.76
	机械费(元)			1.43	1.43	1.43	1.43	1.43	1.43
名称		单位	单价(元)	数量					
人工	综合工日	工日	80.00	0.540	0.300	0.470	0.240	0.390	0.200
材料	酚醛树脂	kg	16.83	1.244	0.580	1.028	0.474	1.339	0.638
	工业酒精 99.5%	kg	8.20	0.571	0.248	0.416	0.206	0.332	0.169
	石英粉	kg	0.50	0.311	0.148	0.153	0.074	–	–
	苯磺酰氯	kg	11.92	0.100	0.048	0.084	0.017	0.105	0.053
	破布	kg	4.50	0.105	–	–	–	–	–
	铁砂布 0~2 号	张	1.68	3.162	1.581	0.791	0.791	–	–
机械	桥式吊车 10t	台班	237.66	0.006	0.006	0.006	0.006	0.006	0.006

工作内容：同前　　　　　　　　　　　　　　　　　　　　　　　　　　　　单位：100kg

定额编号				8-3-134	8-3-135	8-3-136	8-3-137	8-3-138	8-3-139
项目				管廊钢结构					
				底漆		中间漆		面漆	
				两层	每增一层	两层	每增一层	两层	每增一层
基价（元）				**62.98**	**29.88**	**46.04**	**22.90**	**43.47**	**21.85**
其中	人工费（元）			32.80	18.40	28.80	14.40	24.00	12.00
	材料费（元）			29.23	10.53	16.29	7.55	18.52	8.90
	机械费（元）			0.95	0.95	0.95	0.95	0.95	0.95
名称		单位	单价(元)	数量					
人工	综合工日	工日	80.00	0.410	0.230	0.360	0.180	0.300	0.150
材料	酚醛树脂	kg	16.83	0.868	0.405	0.718	0.331	0.935	0.445
	工业酒精 99.5%	kg	8.20	0.357	0.173	0.307	0.144	0.232	0.118
	石英粉	kg	0.50	0.217	0.103	0.110	0.052	–	–
	苯磺酰氯	kg	11.92	0.070	0.033	0.059	0.026	0.074	0.037
	汽油 93 号	kg	10.05	0.660	–	–	–	–	–
	破布	kg	4.50	0.090	–	–	–	–	–
	铁砂布 0~2 号	张	1.68	2.208	1.104	0.552	0.276	–	–
机械	桥式吊车 10t	台班	237.66	0.004	0.004	0.004	0.004	0.004	0.004

工作内容:同前　　单位:$10m^2$

定额编号				8-3-140	8-3-141	8-3-142	8-3-143	8-3-144	8-3-145
项目				H 型钢制钢结构					
				底漆		中间漆		面漆	
				两层	每增一层	两层	每增一层	两层	每增一层
基价(元)				**158.28**	**83.10**	**131.01**	**67.24**	**122.30**	**62.59**
其中	人工费(元)			89.60	48.00	77.60	39.20	64.80	32.00
	材料费(元)			63.06	29.48	47.79	22.42	51.88	24.97
	机械费(元)			5.62	5.62	5.62	5.62	5.62	5.62
名称		单位	单价(元)	数量					
人工	综合工日	工日	80.00	1.120	0.600	0.970	0.490	0.810	0.400
材料	酚醛树脂	kg	16.83	2.431	1.133	2.009	0.927	2.620	1.250
	工业酒精 99.5%	kg	8.20	0.999	0.484	0.814	0.402	0.650	0.330
	石英粉	kg	0.50	0.610	0.288	0.300	0.144	–	–
	苯磺酰氯	kg	11.92	0.196	0.093	0.165	0.072	0.206	0.103
	破布	kg	4.50	0.206	–	–	–	–	–
	铁砂布 0~2 号	张	1.68	6.180	3.090	3.090	1.545	–	–
机械	桥式吊车 20t	台班	468.55	0.012	0.012	0.012	0.012	0.012	0.012

七、氯磺化聚乙烯漆

工作内容：运料、表面清洗、调配、涂刷。　　　　单位：$10m^2$

定额编号				8-3-146	8-3-147	8-3-148	8-3-149
项目				设备			
				底漆	中间漆		面漆
				一遍		每增一遍	一遍
基价（元）				**136.81**	**102.94**	**99.07**	**90.76**
其中	人工费（元）			55.20	44.80	44.80	40.00
	材料费（元）			54.64	35.02	31.15	31.50
	机械费（元）			26.97	23.12	23.12	19.26
名称		单位	单价(元)	数量			
人工	综合工日	工日	80.00	0.690	0.560	0.560	0.500
材料	氯磺化聚乙烯底漆	kg	16.13	1.760	1.600	1.360	1.360
	氯磺化聚乙烯漆稀释剂	kg	17.17	0.540	0.520	0.520	0.540
	汽油 93 号	kg	10.05	1.500	–	–	–
	破布	kg	4.50	0.200	–	–	–
	铁砂布 0~2 号	张	1.68	0.220	–	–	–
	其他材料费	元	–	0.637	0.281	0.281	0.292
机械	轴流风机 7.5kW	台班	42.81	0.630	0.540	0.540	0.450

工作内容:同前　　　　单位:$10m^2$

定额编号				8-3-150	8-3-151	8-3-152	8-3-153
项目				管道			
				底漆	中间漆		面漆
				一遍		每增一遍	一遍
基价（元）				129.55	95.02	91.15	85.10
其中	人工费（元）			72.80	60.00	60.00	53.60
	材料费（元）			56.75	35.02	31.15	31.50
	机械费（元）			–	–	–	–
名称		单位	单价(元)	数量			
人工	综合工日	工日	80.00	0.910	0.750	0.750	0.670
材料	氯磺化聚乙烯底漆	kg	16.13	1.880	1.600	1.360	1.360
	氯磺化聚乙烯漆稀释剂	kg	17.17	0.550	0.520	0.520	0.540
	汽油 93 号	kg	10.05	1.500	–	–	–
	破布	kg	4.50	0.200	–	–	–
	铁砂布 0~2 号	张	1.68	0.220	–	–	–
	其他材料费	元	–	0.642	0.281	0.281	0.292

工作内容:同前　　　　单位:100kg

定额编号				8-3-154	8-3-155	8-3-156	8-3-157
项目				一般钢结构			
				底漆	中间漆		面漆
				一遍		每增一遍	一遍
基价(元)				**63.73**	**46.96**	**45.03**	**42.02**
其中	人工费(元)			33.60	27.20	27.20	24.00
	材料费(元)			28.70	18.33	16.40	16.59
	机械费(元)			1.43	1.43	1.43	1.43
名称		单位	单价(元)	数量			
人工	综合工日	工日	80.00	0.420	0.340	0.340	0.300
材料	氯磺化聚乙烯底漆	kg	16.13	0.930	0.840	0.720	0.720
	氯磺化聚乙烯漆稀释剂	kg	17.17	0.285	0.274	0.274	0.285
	汽油 93 号	kg	10.05	0.791	–	–	–
	破布	kg	4.50	0.105	–	–	–
	铁砂布 0~2 号	张	1.68	0.116	–	–	–
	其他材料费	元	–	0.185	0.081	0.081	0.084
机械	桥式吊车 10t	台班	237.66	0.006	0.006	0.006	0.006

工作内容：同前　　　　单位：$10m^2$

定额编号				8-3-158	8-3-159	8-3-160	8-3-161
项目				H型钢制钢结构			
				底漆	中间漆		面漆
				一遍		每增一遍	一遍
基价（元）				**127.22**	**94.41**	**90.54**	**85.51**
其中	人工费（元）			65.60	52.80	52.80	48.00
	材料费（元）			56.00	35.99	32.12	31.89
	机械费（元）			5.62	5.62	5.62	5.62
名称		单位	单价(元)	数量			
人工	综合工日	工日	80.00	0.820	0.660	0.660	0.600
材料	氯磺化聚乙烯底漆	kg	16.13	1.810	1.640	1.400	1.400
	氯磺化聚乙烯漆稀释剂	kg	17.17	0.536	0.536	0.536	0.536
	汽油 93 号	kg	10.05	1.545	–	–	–
	破布	kg	4.50	0.206	–	–	–
	铁砂布 0～2 号	张	1.68	0.227	–	–	–
	其他材料费	元	–	0.765	0.335	0.335	0.103
机械	桥式吊车 20t	台班	468.55	0.012	0.012	0.012	0.012

工作内容:同前 单位:100kg

定额编号				8-3-162	8-3-163	8-3-164	8-3-165
项目				管廊钢结构			
				底漆	中间漆		面漆
				一遍		每增一遍	一遍
基价(元)				44.21	33.78	32.49	30.10
其中	人工费(元)			23.20	20.00	20.00	17.60
	材料费(元)			20.06	12.83	11.54	11.55
	机械费(元)			0.95	0.95	0.95	0.95
名称		单位	单价(元)	数量			
人工	综合工日	工日	80.00	0.290	0.250	0.250	0.220
材料	氯磺化聚乙烯底漆	kg	16.13	0.650	0.580	0.500	0.500
	氯磺化聚乙烯漆稀释剂	kg	17.17	0.199	0.199	0.199	0.199
	汽油 93 号	kg	10.05	0.552	–	–	–
	破布	kg	4.50	0.074	–	–	–
	铁砂布 0~2 号	张	1.68	0.081	–	–	–
	其他材料费	元	–	0.141	0.062	0.062	0.065
机械	桥式吊车 10t	台班	237.66	0.004	0.004	0.004	0.004

八、无机富锌漆

工作内容:运料、表面清洗、冲洗、调配、涂刷。　　　　单位:10m²

定额编号				8-3-166	8-3-167	8-3-168	8-3-169
项目				设备			
				底漆	磷酸水	水	环氧银粉面漆
				两遍			
基价(元)				**119.07**	**70.72**	**46.00**	**149.94**
其中	人工费(元)			63.20	36.00	36.00	44.00
	材料费(元)			32.75	11.60	10.00	88.39
	机械费(元)			23.12	23.12	-	17.55
	名称	单位	单价(元)	数量			
人工	综合工日	工日	80.00	0.790	0.450	0.450	0.550
材料	锌粉	kg	-	(5.200)	-	-	-
	环氧树脂(各种规格)	kg	28.60	-	-	-	2.000
	水	t	4.00	1.200	2.100	2.500	-
	水玻璃	kg	1.10	1.200	-	-	-
	一氧化铅	kg	9.54	0.060	-	-	-
	汽油 93 号	kg	10.05	1.500	-	-	-
	破布	kg	4.50	0.200	0.200	-	0.020
	铁砂布 0~2 号	张	1.68	6.000	-	-	-
	磷酸 85%	kg	5.91	-	0.390	-	-
	丙酮 95%	kg	10.80	-	-	-	2.000
	银粉	kg	19.00	-	-	-	0.500
机械	轴流风机 7.5kW	台班	42.81	0.540	0.540	-	0.410

工作内容:同前　　　　单位:10m²

定额编号				8-3-170	8-3-171	8-3-172	8-3-173
项目				管道			
				底漆	磷酸水	水	环氧银粉面漆
				两遍			
基价(元)				**120.02**	**68.39**	**67.40**	**180.80**
其中	人工费(元)			93.60	53.60	53.60	66.40
	材料费(元)			26.42	14.79	13.80	114.40
	机械费(元)			–	–	–	–
名称		单位	单价(元)	数量			
人工	综合工日	工日	80.00	1.170	0.670	0.670	0.830
材料	锌粉	kg	–	(6.630)	–	–	–
	环氧树脂(各种规格)	kg	28.60	–	–	–	2.590
	水	t	4.00	1.530	2.900	3.450	–
	水玻璃	kg	1.10	1.530	–	–	–
	一氧化铅	kg	9.54	0.080	–	–	–
	汽油 93 号	kg	10.05	1.650	–	–	–
	破布	kg	4.50	0.200	–	–	–
	铁砂布 0~2 号	张	1.68	0.220	–	–	–
	磷酸 85%	kg	5.91	–	0.540	–	–
	丙酮 95%	kg	10.80	–	–	–	2.590
	银粉	kg	19.00	–	–	–	0.650

工作内容:同前　　　　单位:100kg

定额编号				8-3-174	8-3-175	8-3-176	8-3-177
项目				一般钢结构			
				底漆	磷酸水	水	环氧银粉面漆
				两遍			
基价(元)				**55.19**	**28.31**	**27.39**	**73.17**
其中	人工费(元)			36.80	20.80	20.80	25.60
	材料费(元)			16.96	6.08	5.16	46.14
	机械费(元)			1.43	1.43	1.43	1.43
名称		单位	单价(元)	数量			
人工	综合工日	工日	80.00	0.460	0.260	0.260	0.320
材料	锌粉	kg	–	(2.688)	–	–	–
	环氧树脂(各种规格)	kg	28.60	–	–	–	1.032
	水	t	4.00	0.623	1.086	1.290	–
	水玻璃	kg	1.10	0.623	–	–	–
	一氧化铅	kg	9.54	0.036	–	–	–
	汽油 93 号	kg	10.05	0.774	–	–	–
	破布	kg	4.50	0.105	0.105	–	0.090
	铁砂布 0~2 号	张	1.68	3.087	–	–	–
	磷酸 85%	kg	5.91	–	0.214	–	–
	丙酮 95%	kg	10.80	–	–	–	1.032
	银粉	kg	19.00	–	–	–	0.267
机械	桥式吊车 10t	台班	237.66	0.006	0.006	0.006	0.006

工作内容:同前

单位:$10m^2$

定额编号				8-3-178	8-3-179	8-3-180	8-3-181
项目				H 型钢制钢结构			
				底漆	磷酸水	水	环氧银粉面漆
				两遍			
基价(元)				**115.36**	**62.27**	**60.82**	**97.31**
其中	人工费(元)			76.00	43.20	43.20	52.80
	材料费(元)			33.74	13.45	12.00	38.89
	机械费(元)			5.62	5.62	5.62	5.62
名称		单位	单价(元)	数量			
人工	综合工日	工日	80.00	0.950	0.540	0.540	0.660
材料	锌粉	kg	–	(5.366)	–	–	–
	环氧树脂(各种规格)	kg	28.60	–	–	–	0.206
	水	t	4.00	1.238	2.540	3.000	–
	水玻璃	kg	1.10	1.238	–	–	–
	一氧化铅	kg	9.54	0.060	–	–	–
	汽油 93 号	kg	10.05	1.545	–	–	–
	破布	kg	4.50	0.206	0.206	–	0.206
	铁砂布 0~2 号	张	1.68	6.192	–	–	–
	磷酸 85%	kg	5.91	–	0.400	–	–
	丙酮 95%	kg	10.80	–	–	–	2.064
	银粉	kg	19.00	–	–	–	0.515
机械	桥式吊车 20t	台班	468.55	0.012	0.012	0.012	0.012

工作内容:同前　　　　单位:100kg

定额编号				8-3-182	8-3-183	8-3-184	8-3-185
项目				管廊钢结构			
				底漆	磷酸水	水	环氧银粉面漆
				两遍			
基价(元)				**40.96**	**20.09**	**19.80**	**53.84**
其中	人工费(元)			28.00	15.20	15.20	20.00
	材料费(元)			12.01	3.94	3.65	32.89
	机械费(元)			0.95	0.95	0.95	0.95
名称		单位	单价(元)	数量			
人工	综合工日	工日	80.00	0.350	0.190	0.190	0.250
材料	锌粉	kg	–	(1.900)	–	–	–
	环氧树脂(各种规格)	kg	28.60	–	–	–	0.747
	水	t	4.00	0.440	0.680	0.913	–
	水玻璃	kg	1.10	0.440	–	–	–
	一氧化铅	kg	9.54	0.025	–	–	–
	汽油 93 号	kg	10.05	0.548	–	–	–
	破布	kg	4.50	0.075	0.075	–	0.008
	铁砂布 0~2 号	张	1.68	2.190	–	–	–
	磷酸 85%	kg	5.91	–	0.149	–	–
	丙酮 95%	kg	10.80	–	–	–	0.747
	银粉	kg	19.00	–	–	–	0.180
机械	桥式吊车 10t	台班	237.66	0.004	0.004	0.004	0.004

九、过氯乙烯漆

工作内容:运料、表面清洗、刷涂和喷涂。 单位:10m²

定额编号				8-3-186	8-3-187	8-3-188	8-3-189	8-3-190	8-3-191	8-3-192
项目				设备						
				磷化底漆	喷底漆		喷中间漆		喷面漆	
				一遍	两遍	每增一遍	两遍	每增一遍	两遍	每增一遍
基价(元)				**109.34**	**103.83**	**52.31**	**165.10**	**82.55**	**70.95**	**37.82**
其中	人工费(元)			45.60	13.60	7.20	20.80	10.40	10.40	4.80
	材料费(元)			49.18	51.84	25.92	83.98	41.99	33.13	16.57
	机械费(元)			14.56	38.39	19.19	60.32	30.16	27.42	16.45
	名称	单位	单价(元)	数量						
人工	综合工日	工日	80.00	0.570	0.170	0.090	0.260	0.130	0.130	0.060
材料	磷化底漆 X06-1	kg	19.63	1.320	–	–	–	–	–	–
	过氯乙烯底漆 G06-4 铁红	kg	16.89	–	1.540	0.770	–	–	–	–
	过氯乙烯漆稀释剂 X3	kg	13.50	–	1.540	0.770	2.640	1.320	1.100	0.550
	过氯乙烯磁漆 G52-1	kg	18.31	–	–	–	2.640	1.320	–	–
	过氯乙烯清漆	kg	16.62	–	–	–	–	–	1.100	0.550
	丁醇 95%	kg	8.00	0.210	–	–	–	–	–	–
	工业酒精 99.5%	kg	8.20	0.070	–	–	–	–	–	–
	汽油 93 号	kg	10.05	1.500	–	–	–	–	–	–
	破布	kg	4.50	0.200	–	–	–	–	–	–
	铁砂布 0~2 号	张	1.68	3.000	3.000	1.500	–	–	–	–
机械	轴流风机 7.5kW	台班	42.81	0.340	0.140	0.070	0.220	0.110	0.100	0.060
	电动空气压缩机 $3m^3/min$	台班	231.38	–	0.140	0.070	0.220	0.110	0.100	0.060

工作内容:同前

单位:10m²

定额编号				8-3-193	8-3-194	8-3-195	8-3-196	8-3-197	8-3-198	8-3-199
项目				管道						
				磷化底漆	喷底漆		喷中间漆		喷面漆	
				一遍	两遍	每增一遍	两遍	每增一遍	两遍	每增一遍
基价(元)				**104.93**	**112.77**	**56.29**	**199.95**	**99.97**	**82.84**	**42.77**
其中	人工费(元)			51.20	16.00	8.00	24.00	12.00	12.00	7.20
	材料费(元)			53.73	59.75	29.78	115.79	57.89	43.07	21.69
	机械费(元)			–	37.02	18.51	60.16	30.08	27.77	13.88
名称		单位	单价(元)	数量						
人工	综合工日	工日	80.00	0.640	0.200	0.100	0.300	0.150	0.150	0.090
材料	磷化底漆 X06-1	kg	19.63	1.680	–	–	–	–	–	–
	过氯乙烯底漆 G06-4 铁红	kg	16.89	–	1.960	0.980	–	–	–	–
	过氯乙烯漆稀释剂 X3	kg	13.50	–	1.960	0.980	3.640	1.820	1.430	0.720
	过氯乙烯磁漆 G52-1	kg	18.31	–	–	–	3.640	1.820	–	–
	过氯乙烯清漆	kg	16.62	–	–	–	–	–	1.430	0.720
	丁醇 95%	kg	8.00	0.270	–	–	–	–	–	–
	工业酒精 99.5%	kg	8.20	0.090	–	–	–	–	–	–
	汽油 93 号	kg	10.05	1.650	–	–	–	–	–	–
	破布	kg	4.50	0.200	–	–	–	–	–	–
	铁砂布 0~2 号	张	1.68	0.220	0.110	–	–	–	–	–
机械	电动空气压缩机 $3m^3/min$	台班	231.38	–	0.160	0.080	0.260	0.130	0.120	0.060

工作内容:同前　　　　　　　　　　　　　　　　　　　　　　　　　　　　　　　单位:100kg

定额编号				8-3-200	8-3-201	8-3-202	8-3-203	8-3-204	8-3-205	8-3-206
项目				一般钢结构						
				磷化底漆	喷底漆		喷中间漆		喷面漆	
				一遍	两遍	每增一遍	两遍	每增一遍	两遍	每增一遍
基价(元)				**53.43**	**55.18**	**26.22**	**81.68**	**42.11**	**37.49**	**20.15**
其中	人工费(元)			26.40	8.80	4.00	12.00	6.40	6.40	3.20
	材料费(元)			25.60	26.91	12.46	43.26	21.79	17.17	8.58
	机械费(元)			1.43	19.47	9.76	26.42	13.92	13.92	8.37
名称		单位	单价(元)	数量						
人工	综合工日	工日	80.00	0.330	0.110	0.050	0.150	0.080	0.080	0.040
材料	磷化底漆 X06-1	kg	19.63	0.685	–	–	–	–	–	–
	过氯乙烯底漆 G06-4 铁红	kg	16.89	–	0.800	0.410	–	–	–	–
	过氯乙烯漆稀释剂 X3	kg	13.50	–	0.800	0.410	1.360	0.685	0.570	0.285
	过氯乙烯磁漆 G52-1	kg	18.31	–	–	–	1.360	0.685	–	–
	过氯乙烯清漆	kg	16.62	–	–	–	–	–	0.570	0.285
	丁醇 95%	kg	8.00	0.105	–	–	–	–	–	–
	工业酒精 99.5%	kg	8.20	0.036	–	–	–	–	–	–
	汽油 93 号	kg	10.05	0.791	–	–	–	–	–	–
	破布	kg	4.50	0.105	–	–	–	–	–	–
	铁砂布 0~2 号	张	1.68	1.548	1.548	–	–	–	–	–
机械	桥式吊车 10t	台班	237.66	0.006	0.006	0.006	0.006	0.006	0.006	0.006
	电动空气压缩机 $3m^3$/min	台班	231.38	–	0.078	0.036	0.108	0.054	0.054	0.030

工作内容:同前

单位:100kg

定额编号				8-3-207	8-3-208	8-3-209	8-3-210	8-3-211	8-3-212	8-3-213
项目				管廊钢结构						
				磷化底漆	喷底漆		喷中间漆		喷面漆	
				一遍	两遍	每增一遍	两遍	每增一遍	两遍	每增一遍
基价(元)				**38.11**	**39.05**	**18.21**	**57.75**	**29.35**	**26.13**	**14.00**
其中	人工费(元)			19.20	7.20	3.20	9.60	4.80	4.80	2.40
	材料费(元)			17.96	18.87	8.51	30.54	15.27	12.05	6.02
	机械费(元)			0.95	12.98	6.50	17.61	9.28	9.28	5.58
	名称	单位	单价(元)	数量						
人工	综合工日	工日	80.00	0.240	0.090	0.040	0.120	0.060	0.060	0.030
材料	磷化底漆 X06-1	kg	19.63	0.480	–	–	–	–	–	–
	过氯乙烯底漆 G06-4 铁红	kg	16.89	–	0.560	0.280	–	–	–	–
	过氯乙烯漆稀释剂 X3	kg	13.50	–	0.560	0.280	0.960	0.480	0.400	0.200
	过氯乙烯磁漆 G52-1	kg	18.31	–	–	–	0.960	0.480	–	–
	过氯乙烯清漆	kg	16.62	–	–	–	–	–	0.400	0.200
	丁醇 95%	kg	8.00	0.075	–	–	–	–	–	–
	工业酒精 99.5%	kg	8.20	0.025	–	–	–	–	–	–
	汽油 93 号	kg	10.05	0.552	–	–	–	–	–	–
	破布	kg	4.50	0.075	–	–	–	–	–	–
	铁砂布 0~2 号	张	1.68	1.100	1.100	–	–	–	–	–
机械	桥式吊车 10t	台班	237.66	0.004	0.004	0.004	0.004	0.004	0.004	0.004
	电动空气压缩机 $3m^3/min$	台班	231.38	–	0.052	0.024	0.072	0.036	0.036	0.020

工作内容:同前

单位:10m²

定额编号				8-3-214	8-3-215	8-3-216	8-3-217	8-3-218	8-3-219	8-3-220
项目				H 型钢制钢结构						
				磷化底漆	喷底漆		喷中间漆		喷面漆	
				一遍	两遍	每增一遍	两遍	每增一遍	两遍	每增一遍
基价(元)				**110.65**	**109.59**	**58.74**	**174.18**	**93.29**	**79.58**	**44.53**
其中	人工费(元)			54.40	16.00	8.00	24.00	12.00	12.00	5.60
	材料费(元)			50.63	50.95	26.61	86.71	40.96	34.19	17.11
	机械费(元)			5.62	42.64	24.13	63.47	40.33	33.39	21.82
	名称	单位	单价(元)	数量						
人工	综合工日	工日	80.00	0.680	0.200	0.100	0.300	0.150	0.150	0.070
材料	磷化底漆 X06-1	kg	19.63	1.359	–	–	–	–	–	–
	过氯乙烯底漆 G06-4 铁红	kg	16.89	–	1.591	0.790	–	–	–	–
	过氯乙烯漆稀释剂 X3	kg	13.50	–	1.591	0.790	2.726	1.360	1.135	0.568
	过氯乙烯磁漆 G52-1	kg	18.31	–	–	–	2.726	–	–	–
	过氯乙烯清漆	kg	16.62	–	–	–	–	1.360	1.135	0.568
	丁醇 95%	kg	8.00	0.215	–	–	–	–	–	–
	工业酒精 99.5%	kg	8.20	0.069	–	–	–	–	–	–
	汽油 93 号	kg	10.05	1.545	–	–	–	–	–	–
	破布	kg	4.50	0.206	–	–	–	–	–	–
	铁砂布 0~2 号	张	1.68	3.100	1.550	1.550	–	–	–	–
机械	桥式吊车 20t	台班	468.55	0.012	0.012	0.012	0.012	0.012	0.012	0.012
	电动空气压缩机 $3m^3/min$	台班	231.38	–	0.160	0.080	0.250	0.150	0.120	0.070

十、环氧银粉漆

工作内容：运料、表面清洗、配制、涂刷。　　　　单位：10m²

定额编号				8-3-221	8-3-222	8-3-223	8-3-224
项目				设备		管道	
				面漆			
				两遍	每增一遍	两遍	每增一遍
基价（元）				**188.31**	**85.82**	**217.56**	**98.62**
其中	人工费（元）			44.00	22.40	65.60	33.60
	材料费（元）			121.19	50.15	151.96	65.02
	机械费（元）			23.12	13.27	–	–
名称		单位	单价（元）	数量			
人工	综合工日	工日	80.00	0.550	0.280	0.820	0.420
材料	环氧树脂（各种规格）	kg	28.60	2.670	1.270	3.460	1.650
	丙酮 95%	kg	10.80	0.770	0.380	0.840	0.420
	邻苯二甲酸二丁酯	kg	17.42	0.270	0.120	0.340	0.170
	银粉	kg	19.00	0.620	0.290	0.780	0.370
	乙二胺	kg	23.60	0.210	0.090	0.280	0.140
	汽油 93 号	kg	10.05	1.500	–	1.650	–
机械	轴流风机 7.5kW	台班	42.81	0.540	0.310	–	–

工作内容:同前

单位:100kg

定额编号				8-3-225	8-3-226	8-3-227	8-3-228	8-3-229	8-3-230
项目				一般钢结构		管廊钢结构		H 钢制钢结构	
				面漆				面漆 $10m^2$	
				两遍	每增一遍	两遍	每增一遍	两遍	每增一遍
基价(元)				**90.97**	**40.68**	**66.23**	**29.52**	**183.29**	**84.64**
其中	人工费(元)			26.40	12.80	20.80	9.60	52.80	27.20
	材料费(元)			63.14	26.45	44.48	18.97	124.87	51.82
	机械费(元)			1.43	1.43	0.95	0.95	5.62	5.62
名称		单位	单价(元)	数量					
人工	综合工日	工日	80.00	0.330	0.160	0.260	0.120	0.660	0.340
材料	环氧树脂(各种规格)	kg	28.60	1.380	0.660	0.970	0.470	2.750	1.310
	丙酮 95%	kg	10.80	0.400	0.200	0.280	0.140	0.800	0.400
	邻苯二甲酸二丁酯	kg	17.42	0.140	0.072	0.100	0.050	0.275	0.120
	银粉	kg	19.00	0.340	0.153	0.240	0.116	0.640	0.300
	乙二胺	kg	23.60	0.115	0.053	0.080	0.040	0.215	0.095
	汽油 93 号	kg	10.05	0.770	–	0.550	–	1.548	–
机械	桥式吊车 10t	台班	237.66	0.006	0.006	0.004	0.004	–	–
	桥式吊车 20t	台班	468.55	–	–	–	–	0.012	0.012

十一、KJ－130涂料

工作内容：运料、表面清洗、配制、涂刷。　　　　单位：$10m^2$

定额编号				8-3-231	8-3-232	8-3-233	8-3-234	8-3-235
项目				设备			管道	
				底漆		面漆	底漆	
				一遍	每增一遍	每一遍	一遍	每增一遍
基价（元）				**102.96**	**77.65**	**72.95**	**118.73**	**96.15**
其中	人工费（元）			36.00	34.40	26.40	56.00	53.60
	材料费（元）			57.54	33.83	37.56	62.73	42.55
	机械费（元）			9.42	9.42	8.99	–	–
	名称	单位	单价(元)	数量				
人工	综合工日	工日	80.00	0.450	0.430	0.330	0.700	0.670
材料	涂料 KJ－130 ABCD	kg	23.24	1.200	1.200	1.500	1.530	1.530
	丙酮 95%	kg	10.80	0.800	0.550	0.250	0.880	0.630
	汽油 93 号	kg	10.05	1.500	–	–	1.650	–
	破布	kg	4.50	0.200	–	–	0.200	–
	铁砂布 0～2 号	张	1.68	3.000	–	–	0.110	0.110
机械	轴流风机 7.5kW	台班	42.81	0.220	0.220	0.210	–	–

工作内容:同前　　　　单位:$10m^2$

定额编号				8-3-236	8-3-237	8-3-238	8-3-239
项目				管道	一般钢结构(100kg)		
				面漆	底漆		面漆
				每一遍	一遍	每增一遍	每一遍
基价(元)				**86.99**	**52.55**	**42.71**	**38.14**
其中	人工费(元)			39.20	20.80	20.80	15.20
	材料费(元)			47.79	30.32	20.48	21.51
	机械费(元)			–	1.43	1.43	1.43
名称		单位	单价(元)	数量			
人工	综合工日	工日	80.00	0.490	0.260	0.260	0.190
材料	涂料 KJ－130 ABCD	kg	23.24	1.940	0.632	0.632	0.791
	丙酮 95%	kg	10.80	0.250	0.422	0.290	0.290
	汽油 93 号	kg	10.05	–	0.791	–	–
	破布	kg	4.50	–	0.105	–	–
	铁砂布 0～2 号	张	1.68	–	1.581	1.581	–
机械	桥式吊车 10t	台班	237.66	–	0.006	0.006	0.006

十二、红丹环氧防锈漆、环氧磁漆

工作内容：运料、表面清洗、配制、涂刷。　　　　单位：$10m^2$

定额编号				8-3-240	8-3-241	8-3-242	8-3-243
项目				设备			
				底漆		面漆	
				两遍	每增一遍	两遍	每增一遍
基价（元）				**218.65**	**111.12**	**171.48**	**85.07**
其中	人工费（元）			64.00	33.60	45.60	23.20
	材料费（元）			131.53	64.25	108.33	52.88
	机械费（元）			23.12	13.27	17.55	8.99
名称		单位	单价(元)	数量			
人工	综合工日	工日	80.00	0.800	0.420	0.570	0.290
材料	环氧防锈漆 红丹	kg	26.68	3.460	1.700	–	–
	环氧磁漆	kg	31.50	–	–	3.060	1.500
	乙二胺	kg	23.60	0.100	0.050	0.140	0.060
	汽油 93 号	kg	10.05	1.500	0.700	–	–
	破布	kg	4.50	0.200	0.100	–	–
	铁砂布 0～2 号	张	1.68	6.000	3.000	–	–
	丙酮 95%	kg	10.80	1.000	0.480	0.800	0.390
机械	轴流风机 7.5kW	台班	42.81	0.540	0.310	0.410	0.210

工作内容:同前　　单位:$10m^2$

定额编号				8-3-244	8-3-245	8-3-246	8-3-247
项目				管道			
				底漆		面漆	
				两遍	每增一遍	两遍	每增一遍
基价(元)				**241.79**	**121.95**	**207.89**	**99.14**
其中	人工费(元)			92.80	45.60	67.20	32.00
	材料费(元)			148.99	76.35	140.69	67.14
	机械费(元)			–	–	–	–
名称		单位	单价(元)	数量			
人工	综合工日	工日	80.00	1.160	0.570	0.840	0.400
材料	环氧防锈漆 红丹	kg	26.68	3.970	2.070	–	–
	环氧磁漆	kg	31.50	–	–	3.950	1.880
	乙二胺	kg	23.60	0.140	0.070	0.140	0.070
	汽油 93 号	kg	10.05	1.650	0.800	–	–
	破布	kg	4.50	0.200	0.100	–	–
	铁砂布 0~2 号	张	1.68	6.000	3.000	–	–
	丙酮 95%	kg	10.80	1.130	0.550	1.200	0.580

工作内容:同前　　　　单位:100kg

定额编号				8-3-248	8-3-249	8-3-250	8-3-251
项目				一般钢结构			
				底漆		面漆	
				两遍	每增一遍	两遍	每增一遍
基价(元)				**109.10**	**52.31**	**83.77**	**43.39**
其中	人工费(元)			37.60	19.20	25.60	13.60
	材料费(元)			70.07	31.68	56.74	28.36
	机械费(元)			1.43	1.43	1.43	1.43
名称		单位	单价(元)	数量			
人工	综合工日	工日	80.00	0.470	0.240	0.320	0.170
材料	环氧防锈漆 红丹	kg	26.68	1.823	0.900	–	–
	环氧磁漆	kg	31.50	–	–	1.613	0.791
	乙二胺	kg	23.60	0.070	0.045	0.036	0.027
	汽油 93 号	kg	10.05	0.791	0.369	–	–
	破布	kg	4.50	0.105	0.053	–	–
	铁砂布 0~2 号	张	1.68	3.162	1.581	–	–
	丙酮 95%	kg	10.80	0.560	–	0.470	0.260
机械	桥式吊车 10t	台班	237.66	0.006	0.006	0.006	0.006

工作内容:同前

单位:10m²

定额编号				8-3-252	8-3-253	8-3-254	8-3-255
项目				H 型钢制钢结构			
				底漆		面漆	
				两遍	每增一遍	两遍	每增一遍
基价(元)				**217.85**	**111.81**	**170.05**	**88.35**
其中	人工费(元)			76.80	40.00	52.80	28.00
	材料费(元)			135.43	66.19	111.63	54.73
	机械费(元)			5.62	5.62	5.62	5.62
名称		单位	单价(元)	数量			
人工	综合工日	工日	80.00	0.960	0.500	0.660	0.350
材料	环氧防锈漆 红丹	kg	26.68	3.564	1.751	–	–
	环氧磁漆	kg	31.50	–	–	3.152	1.545
	乙二胺	kg	23.60	0.100	0.050	0.146	0.073
	汽油 93 号	kg	10.05	1.545	0.721	–	–
	破布	kg	4.50	0.206	0.103	–	–
	铁砂布 0~2 号	张	1.68	6.180	3.090	–	–
	丙酮 95%	kg	10.80	1.032	0.499	0.824	0.402
机械	桥式吊车 20t	台班	468.55	0.012	0.012	0.012	0.012

工作内容:同前　　单位:100kg

定额编号				8-3-256	8-3-257	8-3-258	8-3-259
项目				管廊钢结构			
				底漆		面漆	
				两遍	每增一遍	两遍	每增一遍
基价(元)				**78.80**	**38.06**	**60.57**	**30.28**
其中	人工费(元)			28.80	15.20	20.00	9.60
	材料费(元)			49.05	21.91	39.62	19.73
	机械费(元)			0.95	0.95	0.95	0.95
名称		单位	单价(元)	数量			
人工	综合工日	工日	80.00	0.360	0.190	0.250	0.120
材料	环氧防锈漆 红丹	kg	26.68	1.273	0.626	–	–
	环氧磁漆	kg	31.50	–	–	1.126	0.552
	乙二胺	kg	23.60	0.050	0.025	0.025	0.017
	汽油 93 号	kg	10.05	0.552	0.258	–	–
	破布	kg	4.50	0.074	0.037	–	–
	铁砂布 0~2 号	张	1.68	2.208	1.104	–	–
	丙酮 95%	kg	10.80	0.400	–	0.330	0.180
机械	桥式吊车 10t	台班	237.66	0.004	0.004	0.004	0.004

十三、弹性聚氨酯漆

工作内容:运料、表面清洗、配制、涂刷。 单位:$10m^2$

定额编号				8-3-260	8-3-261	8-3-262	8-3-263
项目				设备			
				底漆		中间漆	面漆
				两遍	每增一遍	每一遍	
基价(元)				211.82	99.87	107.52	105.40
其中	人工费(元)			102.40	45.60	38.40	38.40
	材料费(元)			86.30	42.71	59.27	57.15
	机械费(元)			23.12	11.56	9.85	9.85
名称		单位	单价(元)	数量			
人工	综合工日	工日	80.00	1.280	0.570	0.480	0.480
材料	弹性聚氨酯底漆	kg	22.00	2.730	1.370	–	–
	弹性聚氨酯磁漆(甲组)	kg	21.72	–	–	1.280	1.260
	弹性聚氨酯磁漆(乙组)	kg	21.50	–	–	0.130	0.130
	滑石粉	kg	0.40	0.460	0.120	0.050	0.050
	汽油 93 号	kg	10.05	1.500	0.700	–	–
	破布	kg	4.50	0.200	0.100	0.110	0.110
	铁砂布 0~2 号	张	1.68	6.000	3.000	1.000	–
	醋酸乙酯	kg	17.65	–	–	1.500	1.500
机械	轴流风机 7.5kW	台班	42.81	0.540	0.270	0.230	0.230

工作内容:同前　　单位:10m²

定额编号				8-3-264	8-3-265	8-3-266	8-3-267
项目				管道			
				底漆		中间漆	面漆
				两遍	每增一遍	每一遍	
基价(元)				**258.53**	**126.32**	**138.15**	**135.07**
其中	人工费(元)			126.40	60.00	52.80	52.80
	材料费(元)			109.01	54.76	75.50	72.42
	机械费(元)			23.12	11.56	9.85	9.85
名称		单位	单价(元)	数量			
人工	综合工日	工日	80.00	1.580	0.750	0.660	0.660
材料	弹性聚氨酯底漆	kg	22.00	3.490	1.750	–	–
	弹性聚氨酯磁漆(甲组)	kg	21.72	–	–	1.630	1.590
	弹性聚氨酯磁漆(乙组)	kg	21.50	–	–	0.170	0.170
	滑石粉	kg	0.40	0.590	0.120	0.060	0.060
	汽油 93 号	kg	10.05	1.910	0.900	–	–
	破布	kg	4.50	0.230	0.100	0.110	0.110
	铁砂布 0~2 号	张	1.68	7.000	4.000	1.000	–
	醋酸乙酯	kg	17.65	–	–	1.940	1.910
机械	轴流风机 7.5kW	台班	42.81	0.540	0.270	0.230	0.230

工作内容:同前　　　　单位:100kg

定额编号				8-3-268	8-3-269	8-3-270	8-3-271
项目				一般钢结构			
				底漆		中间漆	面漆
				两遍	每增一遍	每一遍	
基价(元)				**106.92**	**50.27**	**54.56**	**51.86**
其中	人工费(元)			60.00	26.40	21.60	21.60
	材料费(元)			45.49	22.44	31.53	28.83
	机械费(元)			1.43	1.43	1.43	1.43
名称		单位	单价(元)	数量			
人工	综合工日	工日	80.00	0.750	0.330	0.270	0.270
材料	弹性聚氨酯底漆	kg	22.00	1.439	0.722	–	–
	弹性聚氨酯磁漆(甲组)	kg	21.72	–	–	0.675	0.604
	弹性聚氨酯磁漆(乙组)	kg	21.50	–	–	0.069	0.069
	滑石粉	kg	0.40	0.242	0.063	0.026	0.026
	汽油 93 号	kg	10.05	0.791	0.362	–	–
	破布	kg	4.50	0.105	0.053	0.058	0.058
	铁砂布 0~2 号	张	1.68	3.162	1.581	0.527	–
	醋酸乙酯	kg	17.65	–	–	0.806	0.791
机械	桥式吊车 10t	台班	237.66	0.006	0.006	0.006	0.006

工作内容：同前

单位：10m²

定额编号				8-3-272	8-3-273	8-3-274	8-3-275
项目				H 型钢制钢结构			
				底漆		中间漆	面漆
				两遍	每增一遍	每一遍	
基价（元）				217.71	105.21	111.96	110.09
其中	人工费（元）			123.20	54.40	45.60	45.60
	材料费（元）			88.89	45.19	60.74	58.87
	机械费（元）			5.62	5.62	5.62	5.62
名称		单位	单价(元)	数量			
人工	综合工日	工日	80.00	1.540	0.680	0.570	0.570
材料	弹性聚氨酯底漆	kg	22.00	2.812	1.411	–	–
	弹性聚氨酯磁漆(甲组)	kg	21.72	–	–	1.318	1.298
	弹性聚氨酯磁漆(乙组)	kg	21.50	–	–	0.134	0.134
	滑石粉	kg	0.40	0.474	0.124	0.052	0.052
	汽油 93 号	kg	10.05	1.545	0.840	–	–
	破布	kg	4.50	0.206	0.103	0.113	0.113
	铁砂布 0～2 号	张	1.68	6.180	3.090	0.527	–
	醋酸乙酯	kg	17.65	–	–	1.576	1.545
机械	桥式吊车 20t	台班	468.55	0.012	0.012	0.012	0.012

工作内容:同前　　　　　　　　　　　　　　　　　　　　　　　　　　　　　　　　　　　单位:100kg

定额编号				8-3-276	8-3-277	8-3-278	8-3-279
项目				管廊钢结构			
				底漆		中间漆	面漆
				两遍	每增一遍	每一遍	
基价（元）				**80.53**	**37.49**	**39.76**	**38.79**
其中	人工费（元）			44.80	20.80	16.80	16.80
	材料费（元）			34.78	15.74	22.01	21.04
	机械费（元）			0.95	0.95	0.95	0.95
名称		单位	单价(元)	数量			
人工	综合工日	工日	80.00	0.560	0.260	0.210	0.210
材料	弹性聚氨酯底漆	kg	22.00	1.005	0.504	–	–
	弹性聚氨酯磁漆(甲组)	kg	21.72	–	–	0.471	0.464
	弹性聚氨酯磁漆(乙组)	kg	21.50	–	–	0.048	0.048
	滑石粉	kg	0.40	0.169	0.044	0.030	0.030
	汽油 93 号	kg	10.05	0.554	0.260	–	–
	破布	kg	4.50	0.740	0.037	0.040	0.040
	铁砂布 0～2 号	张	1.68	2.208	1.104	0.368	–
	醋酸乙酯	kg	17.65	–	–	0.563	0.552
机械	桥式吊车 10t	台班	237.66	0.004	0.004	0.004	0.004

十四、H87 防腐涂料

工作内容：运料、表面清洗、配制、喷涂。

单位：$10m^2$

定额编号				8-3-280	8-3-281	8-3-282	8-3-283	8-3-284
项目				管道				
				底漆		中间漆		面漆
				一遍	每增一遍	两遍	每增一遍	两遍
基价（元）				**52.36**	**52.22**	**154.08**	**72.98**	**79.94**
其中	人工费（元）			8.80	8.80	24.80	11.20	11.20
	材料费（元）			21.62	21.48	57.99	28.88	35.84
	机械费（元）			21.94	21.94	71.29	32.90	32.90
名称		单位	单价(元)	数量				
人工	综合工日	工日	80.00	0.110	0.110	0.310	0.140	0.140
材料	涂料 H8701	kg	14.20	1.210	1.200	4.050	2.000	2.490
	H87 涂料稀释剂	kg	–	(0.600)	(0.600)	(2.020)	(1.000)	(1.200)
	破布	kg	4.50	0.200	0.200	0.100	0.100	0.100
	铁砂布 0~2 号	张	1.68	2.000	2.000	–	–	–
	其他材料费	元	–	0.181	0.181	0.032	0.032	0.032
机械	轴流风机 7.5kW	台班	42.81	0.080	0.080	0.260	0.120	0.120
	电动空气压缩机 $3m^3/min$	台班	231.38	0.080	0.080	0.260	0.120	0.120

十五、H8701 防腐涂料

工作内容:运料、表面清洗、配制、喷涂。　　　　单位:10m²

定额编号				8-3-285	8-3-286	8-3-287
项目				管道		
				底漆	中间漆	面漆
				两遍		
基价(元)				**105.86**	**152.81**	**65.19**
其中	人工费(元)			16.00	24.00	11.20
	材料费(元)			43.25	57.52	34.80
	机械费(元)			46.61	71.29	19.19
名称		单位	单价(元)	数量		
人工	综合工日	工日	80.00	0.200	0.300	0.140
材料	涂料 H8701	kg	14.20	2.420	4.000	2.400
	H8701 涂料稀释剂	kg	–	(1.200)	(2.000)	(1.200)
	破布	kg	4.50	0.400	0.150	0.150
	铁砂布 0~2 号	张	1.68	4.000	–	–
	其他材料费	元	–	0.368	0.049	0.049
机械	轴流风机 7.5kW	台班	42.81	0.170	0.260	0.070
	电动空气压缩机 $3m^3/min$	台班	231.38	0.170	0.260	0.070

十六、硅酸锌防腐涂料

工作内容:运料、表面清洗、配制、喷涂。　　单位:$10m^2$

定额编号				8-3-288	8-3-289	8-3-290	8-3-291	8-3-292
项目				管道				
				底漆	中间漆		面漆	
				两遍		每增一遍	两遍	每增一遍
基价(元)				**204.25**	**199.42**	**100.11**	**195.76**	**94.51**
其中	人工费(元)			156.00	130.40	64.00	124.00	58.40
	材料费(元)			4.38	0.47	0.47	0.47	0.47
	机械费(元)			43.87	68.55	35.64	71.29	35.64
名称		单位	单价(元)	数量				
人工	综合工日	工日	80.00	1.950	1.630	0.800	1.550	0.730
材料	硅酸锌涂料	kg	–	(4.620)	(4.020)	(1.800)	(3.460)	(1.700)
	破布	kg	4.50	0.200	0.100	0.100	0.100	0.100
	铁砂布 0~2 号	张	1.68	2.000	–	–	–	–
	其他材料费	元	–	0.116	0.020	0.020	0.020	0.020
机械	轴流风机 7.5kW	台班	42.81	0.160	0.250	0.130	0.260	0.130
	电动空气压缩机 $3m^3/min$	台班	231.38	0.160	0.250	0.130	0.260	0.130

十七、NSJ 特种防腐涂料

工作内容:运料、表面清洗、配制、喷涂。　　　　单位:$10m^2$

定额编号				8-3-293	8-3-294	8-3-295	8-3-296
项目				设备			
				底漆		面漆	
				两遍	一遍	两遍	一遍
基价(元)				**155.34**	**83.29**	**146.25**	**75.79**
其中	人工费(元)			66.40	36.00	63.20	32.00
	材料费(元)			65.39	35.30	59.50	31.80
	机械费(元)			23.55	11.99	23.55	11.99
名称		单位	单价(元)	数量			
人工	综合工日	工日	80.00	0.830	0.450	0.790	0.400
材料	特种涂料 NSJ－Ⅱ	kg	14.02	4.360	2.230	4.060	2.100
	NSJ 稀释剂	kg	–	(0.500)	(0.250)	(0.500)	(0.250)
	破布	kg	4.50	0.200	0.150	0.200	0.150
	铁砂布 0～2 号	张	1.68	2.000	2.000	1.000	1.000
机械	轴流风机 7.5kW	台班	42.81	0.550	0.280	0.550	0.280

十八、NSJ－Ⅱ特种涂料

工作内容：运料、表面清洗、配制、喷涂。　　单位：$10m^2$

定额编号				8-3-297	8-3-298	8-3-299
项目				管道		
				底漆	中间漆	面漆
				一遍	两遍	一遍
基价（元）				73.76	135.27	65.68
其中	人工费（元）			36.00	64.00	29.60
	材料费（元）			25.77	47.72	24.09
	机械费（元）			11.99	23.55	11.99
名称		单位	单价（元）	数量		
人工	综合工日	工日	80.00	0.450	0.800	0.370
材料	特种涂料 NSJ－Ⅱ	kg	14.02	1.550	3.100	1.550
	NSJ－Ⅱ稀释剂	kg	－	(0.160)	(0.310)	(0.160)
	破布	kg	4.50	0.150	0.200	0.150
	铁砂布 0～2 号	张	1.68	2.000	2.000	1.000
机械	轴流风机 7.5kW	台班	42.81	0.280	0.550	0.280

十九、通用型仿瓷涂料

工作内容:运料、表面清洗、配制、涂刷。 单位:10m²

定额编号				8-3-300	8-3-301	8-3-302	8-3-303	8-3-304	8-3-305
项目				设备			管道		
				底漆	中间漆	面漆	底漆	中间漆	面漆
				一遍					
基价(元)				**99.94**	**91.14**	**90.34**	**80.00**	**67.20**	**65.60**
其中	人工费(元)			70.40	61.60	60.80	80.00	67.20	65.60
	材料费(元)			–	–	–	–	–	–
	机械费(元)			29.54	29.54	29.54	–	–	–
名称		单位	单价(元)	数量					
人工	综合工日	工日	80.00	0.880	0.770	0.760	1.000	0.840	0.820
材料	仿瓷涂料	kg	–	(2.000)	(1.900)	(1.800)	(2.200)	(1.900)	(1.900)
	固化剂	kg	–	(1.000)	(0.950)	(0.900)	(1.100)	(0.950)	(0.950)
机械	轴流风机 7.5kW	台班	42.81	0.690	0.690	0.690	–	–	–

二十、TO 树脂漆涂料

工作内容:运料、表面清洗、搅拌、配制、涂刷。

单位:$10m^2$

	定额编号			8-3-306	8-3-307	8-3-308	8-3-309
项目				设备			
				底漆		面漆	
				第一遍	第二遍	第一遍	第二遍
基价(元)				47.96	43.51	42.71	42.71
其中	人工费(元)			35.20	35.20	34.40	34.40
	材料费(元)			2.20	1.97	1.97	1.97
	机械费(元)			10.56	6.34	6.34	6.34
	名称	单位	单价(元)	数量			
人工	综合工日	工日	80.00	0.440	0.440	0.430	0.430
材料	TO 树脂底漆	kg	–	(1.650)	(1.450)	–	–
	TO 树脂面漆	kg	–	–	–	(1.450)	(1.450)
	TO 固化剂	kg	–	(0.170)	(0.150)	(0.150)	(0.150)
	氧化铁红	kg	7.60	0.170	0.150	0.150	0.150
	动力苯	kg	3.57	0.240	0.220	0.220	0.220
	其他材料费	元	–	0.051	0.046	0.046	0.046
机械	混凝土搅拌机(机动) 400L 以内	台班	301.75	0.035	0.021	0.021	0.021

工作内容:同前　　　　单位:$10m^2$

定额编号				8-3-310	8-3-311	8-3-312	8-3-313
项目				管道			
				底漆		面漆	
				第一遍	第二遍	第一遍	第二遍
基价(元)				**52.15**	**43.55**	**43.55**	**43.55**
其中	人工费(元)			39.20	35.20	35.20	35.20
	材料费(元)			2.39	2.01	2.01	2.01
	机械费(元)			10.56	6.34	6.34	6.34
名称		单位	单价(元)	数量			
人工	综合工日	工日	80.00	0.490	0.440	0.440	0.440
材料	TO 树脂底漆	kg	–	(1.800)	(1.500)	–	–
	TO 树脂面漆	kg	–	–	–	(1.500)	(1.500)
	TO 固化剂	kg	–	(0.180)	(0.150)	(0.150)	(0.150)
	氧化铁红	kg	7.60	0.180	0.150	0.150	0.150
	动力苯	kg	3.57	0.270	0.230	0.230	0.230
	其他材料费	元	–	0.056	0.047	0.047	0.047
机械	混凝土搅拌机(机动) 400L 以内	台班	301.75	0.035	0.021	0.021	0.021

工作内容:同前　　　　单位:100kg

定额编号				8-3-314	8-3-315	8-3-316	8-3-317
项目				一般钢结构			
				底漆		面漆	
				第一遍	第二遍	第一遍	第二遍
基价(元)				25.64	24.72	24.56	24.56
其中	人工费(元)			20.80	20.00	20.00	20.00
	材料费(元)			1.30	1.18	1.02	1.02
	机械费(元)			3.54	3.54	3.54	3.54
名称		单位	单价(元)	数量			
人工	综合工日	工日	80.00	0.260	0.250	0.250	0.250
材料	TO 树脂底漆	kg	–	(1.000)	(0.860)	–	–
	TO 树脂面漆	kg	–	–	–	(0.764)	(0.764)
	TO 固化剂	kg	–	(0.100)	(0.090)	(0.079)	(0.079)
	氧化铁红	kg	7.60	0.100	0.090	0.079	0.079
	动力苯	kg	3.57	0.140	0.130	0.110	0.110
	其他材料费	元	–	0.036	0.033	0.028	0.028
机械	桥式吊车 10t	台班	237.66	0.006	0.006	0.006	0.006
	混凝土搅拌机(机动) 400L 以内	台班	301.75	0.007	0.007	0.007	0.007

工作内容:同前　　单位:$10m^2$

定额编号				8-3-318	8-3-319	8-3-320	8-3-321
项目				H 型钢制钢结构			
				底漆		面漆	
				第一遍	第二遍	第一遍	第二遍
基价(元)				63.05	56.94	56.94	56.94
其中	人工费(元)			42.40	40.80	40.80	40.80
	材料费(元)			2.35	2.07	2.07	2.07
	机械费(元)			18.30	14.07	14.07	14.07
名称		单位	单价(元)	数量			
人工	综合工日	工日	80.00	0.530	0.510	0.510	0.510
材料	TO 树脂底漆	kg	–	(1.700)	(1.494)	–	–
	TO 树脂面漆	kg	–	–	–	(1.494)	(1.494)
	TO 固化剂	kg	–	(0.174)	(0.155)	(0.155)	(0.155)
	氧化铁红	kg	7.60	0.178	0.155	0.155	0.155
	动力苯	kg	3.57	0.258	0.230	0.230	0.230
	其他材料费	元	–	0.073	0.066	0.066	0.066
机械	混凝土搅拌机(机动) 400L 以内	台班	301.75	0.042	0.028	0.028	0.028
	桥式吊车 20t	台班	468.55	0.012	0.012	0.012	0.012

工作内容：同前　　　单位：100kg

定额编号					8-3-322	8-3-323	8-3-324	8-3-325
项目					管廊钢结构			
					底漆		面漆	
					第一遍	第二遍	第一遍	第二遍
基价（元）					**24.08**	**18.95**	**18.95**	**18.95**
其中	人工费（元）				16.00	15.20	15.20	15.20
	材料费（元）				0.79	0.69	0.69	0.69
	机械费（元）				7.29	3.06	3.06	3.06
名称		单位	单价（元）		数量			
人工	综合工日	工日	80.00		0.200	0.190	0.190	0.190
材料	TO 树脂底漆	kg	–		(0.607)	(0.534)	–	–
	TO 树脂面漆	kg	–		–	–	(0.534)	(0.534)
	TO 固化剂	kg	–		(0.063)	(0.055)	(0.055)	(0.055)
	氧化铁红	kg	7.60		0.063	0.055	0.055	0.055
	动力苯	kg	3.57		0.080	0.070	0.070	0.070
	其他材料费	元	–		0.029	0.025	0.025	0.025
机械	桥式吊车 10t	台班	237.66		0.004	0.004	0.004	0.004
	混凝土搅拌机（机动）400L 以内	台班	301.75		0.021	0.007	0.007	0.007

二十一、防静电涂料

工作内容：运料、表面清洗、配制、刷涂。

单位：$10m^2$

定额编号				8-3-326	8-3-327	8-3-328	8-3-329
项目				金属油罐内壁			
				底漆		面漆	
				两遍	每增一遍	两遍	每增一遍
基价（元）				**117.98**	**55.54**	**69.41**	**35.50**
其中	人工费（元）			68.80	36.80	48.00	24.80
	材料费（元）			26.06	5.04	–	–
	机械费（元）			23.12	13.70	21.41	10.70
名称		单位	单价(元)	数量			
人工	综合工日	工日	80.00	0.860	0.460	0.600	0.310
材料	HFL－1 型耐油防静电底漆	kg	–	(0.810)	(0.400)	–	–
	HFL－1 型耐油防静电面漆	kg	–	–	–	(3.190)	(1.520)
	防静电涂料固化剂	kg	–	(0.270)	(0.140)	(0.800)	(0.380)
	锌粉	kg	–	(1.870)	(0.930)	–	–
	汽油 93 号	kg	10.05	1.500	–	–	–
	破布	kg	4.50	0.200	–	–	–
	铁砂布 0～2 号	张	1.68	6.000	3.000	–	–
机械	轴流风机 7.5kW	台班	42.81	0.540	0.320	0.500	0.250

二十二、涂料聚合一次

工作内容：安装卸灯、调节、检查。　　　　单位：见表

定额编号				8-3-330	8-3-331	8-3-332	8-3-333	8-3-334	8-3-335
项目				蒸汽			红外线		
				设备	管道	钢结构	设备	管道	钢结构
单位				$10m^2$		100kg	$10m^2$		100kg
基价（元）				**1229.00**	**743.27**	**294.16**	**152.70**	**137.50**	**80.35**
其中	人工费（元）			442.40	269.60	107.20	152.00	136.80	80.00
	材料费（元）			786.60	473.67	186.96	0.70	0.70	0.35
	机械费（元）			–	–	–	–	–	–
名称		单位	单价(元)	数量					
人工	综合工日	工日	80.00	5.530	3.370	1.340	1.900	1.710	1.000
材料	蒸汽	t	57.00	13.800	8.310	3.280	–	–	–
	其他材料费	元	–	–	–	–	0.700	0.700	0.350

二十三、FVC 防腐涂料

工作内容：配制、拌匀、涂刷。　　　　单位：10m²

定额编号				8-3-336	8-3-337	8-3-338	8-3-339	8-3-340	8-3-341	8-3-342	8-3-343
项目				设备				管道			
				底漆		面漆		底漆		面漆	
				一遍	每增一遍	一遍	每增一遍	一遍	每增一遍	一遍	每增一遍
基价（元）				**82.34**	**80.57**	**85.32**	**84.08**	**80.85**	**79.54**	**83.34**	**81.30**
其中	人工费（元）			44.00	42.40	40.80	40.00	52.80	52.00	48.80	47.20
	材料费（元）			25.50	25.33	31.68	31.24	28.05	27.54	34.54	34.10
	机械费（元）			12.84	12.84	12.84	12.84	–	–	–	–
名称		单位	单价(元)	数量							
人工	综合工日	工日	80.00	0.550	0.530	0.510	0.500	0.660	0.650	0.610	0.590
材料	FVC 防腐底漆	kg	17.00	1.500	1.490	–	–	1.650	1.620	–	–
	FVC 防腐面漆	kg	22.00	–	–	1.440	1.420	–	–	1.570	1.550
机械	轴流风机 7.5kW	台班	42.81	0.300	0.300	0.300	0.300	–	–	–	–

工作内容：配制、拌匀、涂刷。　　　　单位：100kg

定额编号				8-3-344	8-3-345	8-3-346	8-3-347
项目				一般钢结构			
				底漆		面漆	
				一遍	每增一遍	一遍	每增一遍
基价（元）				**38.42**	**37.52**	**40.07**	**39.03**
其中	人工费（元）			24.80	24.00	23.20	22.40
	材料费（元）			13.45	13.35	16.70	16.46
	机械费（元）			0.17	0.17	0.17	0.17
名称		单位	单价(元)	数量			
人工	综合工日	工日	80.00	0.310	0.300	0.290	0.280
材料	FVC 防腐底漆	kg	17.00	0.791	0.785	–	–
	FVC 防腐面漆	kg	22.00	–	–	0.759	0.748
机械	轴流风机 7.5kW	台班	42.81	0.004	0.004	0.004	0.004

二十四、环氧玻璃鳞片防锈漆

工作内容：配制、拌匀、涂刷。　　　　　　　　单位：$10m^2$

定额编号				8-3-348	8-3-349	8-3-350	8-3-351	8-3-352	8-3-353
项目				设备		管道		一般钢结构	
				底漆					
				一遍	每增一遍	一遍	每增一遍	一遍	每增一遍
基价（元）				**186.01**	**181.23**	**189.61**	**185.10**	**94.57**	**92.12**
其中	人工费（元）			36.80	36.00	44.80	43.20	21.60	20.80
	材料费（元）			135.72	132.64	144.81	141.90	71.54	69.89
	机械费（元）			13.49	12.59	–	–	1.43	1.43
名称		单位	单价(元)	数量					
人工	综合工日	工日	80.00	0.460	0.450	0.560	0.540	0.270	0.260
材料	环氧玻璃鳞片防锈漆	kg	30.00	4.400	4.300	4.700	4.600	2.319	2.266
	环氧稀释剂	kg	8.66	0.430	0.420	0.440	0.450	0.227	0.221
机械	轴流风机 7.5kW	台班	42.81	0.315	0.294	–	–	–	–
	桥式吊车 10t	台班	237.66	–	–	–	–	0.006	0.006

二十五、氯化橡胶类厚浆型防锈漆

工作内容：运料、表面法理、配制、拌匀、涂刷。　　　　单位：$10m^2$

定额编号				8-3-354	8-3-355	8-3-356	8-3-357
项目				管道			
				氯化橡胶			
				铝粉厚浆		铁红厚浆	
				型防锈漆			
				一遍	每增一遍	一遍	每增一遍
基价（元）				**128.40**	**125.60**	**131.68**	**130.16**
其中	人工费（元）			62.40	60.80	64.00	63.20
	材料费（元）			66.00	64.80	67.68	66.96
	机械费（元）			–	–	–	–
名称		单位	单价（元）	数量			
人工	综合工日	工日	80.00	0.780	0.760	0.800	0.790
材料	氯化橡胶铝粉厚浆型防锈漆	kg	24.00	2.750	2.700	–	–
	氯化橡胶铁红厚浆型防锈漆	kg	24.00	–	–	2.820	2.790

工作内容:运料、表面法理、配制、拌匀、涂刷。 单位:$10m^2$

定额编号				8-3-358	8-3-359	8-3-360	8-3-361
项目				管道			
				氯化橡胶			
				云铁厚浆		沥青厚浆	
				型防锈漆			
				一遍	每增一遍	一遍	每增一遍
基价(元)				**111.12**	**108.56**	**97.68**	**94.88**
其中	人工费(元)			55.20	53.60	48.00	46.40
	材料费(元)			55.92	54.96	49.68	48.48
	机械费(元)			–	–	–	–
名称		单位	单价(元)	数量			
人工	综合工日	工日	80.00	0.690	0.670	0.600	0.580
材料	氯化橡胶沥青厚浆型防锈漆	kg	24.00	2.330	2.290	–	–
	氯化橡胶云铁防锈底漆	kg	24.00	–	–	2.070	2.020

二十六、环氧富锌、云铁中间漆

工作内容:运料、配制、拌匀、涂刷。　　　　单位:10m²

定额编号				8-3-362	8-3-363	8-3-364	8-3-365
项目				设备			
				环氧富锌底漆		云铁中间漆	
				一遍	每增一遍	一遍	每增一遍
基价(元)				122.03	115.36	173.05	153.53
其中	人工费(元)			28.00	27.20	36.80	36.00
	材料费(元)			80.54	75.75	123.84	105.12
	机械费(元)			13.49	12.41	12.41	12.41
名称		单位	单价(元)	数量			
人工	综合工日	工日	80.00	0.350	0.340	0.460	0.450
材料	环氧富锌漆	kg	30.00	2.500	2.350	–	–
	固化剂	kg	–	(0.500)	(0.460)	–	–
	稀释剂	kg	11.00	0.504	0.477	–	–
	氯化橡胶云铁防锈底漆	kg	24.00	–	–	5.160	4.380
机械	轴流风机 7.5kW	台班	42.81	0.315	0.290	0.290	0.290

工作内容:运料、配制、拌匀、涂刷。 单位:10m²

定额编号				8-3-366	8-3-367	8-3-368	8-3-369
项目				管道			
				环氧富锌底漆		云铁中间漆	
				一遍	每增一遍	一遍	每增一遍
基价(元)				**124.96**	**116.03**	**187.92**	**177.20**
其中	人工费(元)			36.00	35.20	45.60	44.00
	材料费(元)			88.96	80.83	142.32	133.20
	机械费(元)			–	–	–	–
名称		单位	单价(元)	数量			
人工	综合工日	工日	80.00	0.450	0.440	0.570	0.550
材料	环氧富锌漆	kg	30.00	2.760	2.500	–	–
	固化剂	kg	–	(0.550)	(0.510)	–	–
	稀释剂	kg	11.00	0.560	0.530	–	–
	氯化橡胶云铁防锈底漆	kg	24.00	–	–	5.930	5.550

工作内容：运料、配制、拌匀、涂刷。　　　　　　　　　　　　　　　　　　　　　　　单位：100kg

定额编号				8-3-370	8-3-371	8-3-372	8-3-373
项目				一般钢结构			
				环氧富锌底漆		云铁中间漆	
				一遍	每增一遍	一遍	每增一遍
基价（元）				**59.89**	**56.54**	**88.29**	**77.62**
其中	人工费（元）			16.00	15.20	21.60	20.80
	材料费（元）			42.46	39.91	65.26	55.39
	机械费（元）			1.43	1.43	1.43	1.43
名称		单位	单价(元)	数量			
人工	综合工日	工日	80.00	0.200	0.190	0.270	0.260
材料	环氧富锌漆	kg	30.00	1.318	1.238	–	–
	固化剂	kg	–	(0.264)	(0.242)	–	–
	稀释剂	kg	11.00	0.265	0.252	–	–
	氯化橡胶云铁防锈底漆	kg	24.00	–	–	2.719	2.308
机械	桥式吊车 10t	台班	237.66	0.006	0.006	0.006	0.006

工作内容：运料、配制、拌匀、涂刷。　　单位：100kg

定额编号				8-3-374	8-3-375	8-3-376	8-3-377
项目				管廊钢结构			
				环氧富锌底漆		云铁中间漆	
				一遍	每增一遍	一遍	每增一遍
基价（元）				**41.79**	**40.04**	**59.94**	**53.20**
其中	人工费（元）			11.20	11.20	14.40	14.40
	材料费（元）			29.64	27.89	44.59	37.85
	机械费（元）			0.95	0.95	0.95	0.95
名称		单位	单价(元)	数量			
人工	综合工日	工日	80.00	0.140	0.140	0.180	0.180
材料	环氧富锌漆	kg	30.00	0.920	0.865	–	–
	固化剂	kg	–	(0.184)	(0.176)	–	–
	稀释剂	kg	11.00	0.185	0.176	–	–
	氯化橡胶云铁防锈底漆	kg	24.00	–	–	1.858	1.577
机械	桥式吊车 10t	台班	237.66	0.004	0.004	0.004	0.004

二十七、环氧煤沥青防腐漆

工作内容：配制、拌匀、涂刷。

单位：$10m^2$

定额编号				8-3-378	8-3-379	8-3-380
项目				管道		
				普通级	加强级	特加强级
基价（元）				**211.33**	**300.33**	**369.62**
其中	人工费（元）			98.40	113.60	125.60
	材料费（元）			112.93	186.73	244.02
	机械费（元）			–	–	–
名称		单位	单价(元)	数量		
人工	综合工日	工日	80.00	1.230	1.420	1.570
材料	环氧煤沥青底漆	kg	17.00	0.796	0.795	0.796
	环氧煤沥青面漆	kg	17.00	5.333	7.680	9.340
	玻璃布	m^2	2.20	–	14.000	28.000
	煤油	kg	4.20	0.325	0.325	0.325
	固化剂	kg	–	(0.528)	(0.796)	(0.935)
	稀释剂	kg	11.00	0.670	0.954	0.795

二十八、DT－22 型凉隔热胶

工作内容：运料、表面处理、配制、涂刷。

单位：$10m^2$

定额编号				8-3-381	8-3-382	8-3-383	8-3-384	8-3-385	8-3-386
项目				设备外壁			管道外壁		
				底漆	中间漆	面漆	底漆	中间漆	面漆
				两遍	一遍	三遍	两遍	一遍	三遍
				70μm	40μm	90μm	70μm	40μm	90μm
基价（元）				**164.60**	**87.84**	**223.68**	**212.48**	**113.12**	**288.64**
其中	人工费（元）			73.60	26.40	83.20	96.00	34.40	108.80
	材料费（元）			91.00	61.44	140.48	116.48	78.72	179.84
	机械费（元）			–	–	–	–	–	–
名称		单位	单价(元)	数量					
人工	综合工日	工日	80.00	0.920	0.330	1.040	1.200	0.430	1.360
材料	凉隔热胶底漆	kg	28.00	3.250	–	–	4.160	–	–
	凉隔热胶中间漆	kg	32.00	–	1.920	–	–	2.460	–
	凉隔热胶面漆	kg	32.00	–	–	4.390	–	–	5.620

第四章　手工糊衬玻璃钢工程

说　　明

一、本章定额适用于碳钢设备手工糊衬玻璃钢和塑料管道玻璃钢增强工程。

二、施工工序:材料运输、填料干燥过筛、设备表面清洗、塑料管道表面打毛、清洗、胶液配制、刷涂、腻子配制、刮涂、玻璃丝布脱脂、下料、贴衬。

三、本章定额施工工序不包括金属表面除锈。发生时应根据其工程量执行本册定额第一章“除锈工程”相应项目。

四、如因设计要求或施工条件不同,所用胶液配合比、材料品种与本章定额不同时,可以本章定额各种胶液中树脂用量为基数进行换算。

五、塑料管道玻璃钢增强所用玻璃布幅宽是按200~250mm考虑的。

六、玻璃钢聚合是按间接聚合法考虑的,如因需要采用其他方法聚合时,应按施工方案另行计算。

一、环氧树脂玻璃钢

工作内容:见说明。　　　　单位:$10m^2$

定额编号				8-4-1	8-4-2	8-4-3	8-4-4
项目				碳钢设备			
				底漆一遍	刮涂腻子	衬布一层	面漆一遍
基价(元)				**96.40**	**33.53**	**445.56**	**72.82**
其中	人工费(元)			25.60	9.60	307.20	20.80
	材料费(元)			57.31	17.94	100.26	43.46
	机械费(元)			13.49	5.99	38.10	8.56
名称		单位	单价(元)	数量			
人工	综合工日	工日	80.00	0.320	0.120	3.840	0.260
材料	环氧树脂(各种规格)	kg	28.60	1.170	0.230	1.760	1.170
	乙二胺	kg	23.60	0.090	0.020	0.140	0.090
	丙酮 95%	kg	10.80	0.530	0.300	0.700	0.530
	邻苯二甲酸二丁酯	kg	17.42	0.180	0.040	0.180	0.120
	石英粉	kg	0.50	0.230	0.460	0.260	0.120
	玻璃丝布 $\delta=0.2$	m^2	2.82	–	–	11.500	–
	工业酒精 99.5%	kg	8.20	1.500	–	–	–
	破布	kg	4.50	0.100	–	–	–
	铁砂布 0~2 号	张	1.68	–	4.000	2.000	–
机械	轴流风机 7.5kW	台班	42.81	0.315	0.140	0.890	0.200

工作内容:同前　　单位:10m²

定额编号				8-4-5	8-4-6	8-4-7	8-4-8
项目				塑料管道增强			
				底漆一遍	缠布一层	缠布两层	面漆一遍
基价(元)				**153.81**	**410.16**	**626.81**	**71.50**
其中	人工费(元)			108.80	302.40	464.80	28.80
	材料费(元)			45.01	107.76	162.01	42.70
	机械费(元)			–	–	–	–
	名称	单位	单价(元)	数量			
人工	综合工日	工日	80.00	1.360	3.780	5.810	0.360
材料	环氧树脂(各种规格)	kg	28.60	1.170	1.760	2.640	1.170
	乙二胺	kg	23.60	0.090	0.140	0.210	0.090
	丙酮 95%	kg	10.80	0.530	0.700	1.050	0.460
	邻苯二甲酸二丁酯	kg	17.42	0.180	0.180	0.270	0.120
	石英粉	kg	0.50	0.230	0.260	0.390	0.120
	玻璃丝布 $\delta=0.2$	m²	2.82	–	14.000	23.000	–
	破布	kg	4.50	0.100	0.100	0.100	–
	铁砂布 0~2 号	张	1.68	–	2.000	–	–

二、环氧、酚醛玻璃钢

工作内容：见说明。

单位：$10m^2$

定额编号				8-4-9	8-4-10	8-4-11	8-4-12
项目				碳钢设备			
				底漆一遍	刮涂腻子	衬布一层	面漆一遍
基价（元）				**84.10**	**33.18**	**438.99**	**67.56**
其中	人工费（元）			25.60	9.60	307.20	20.80
	材料费（元）			45.01	17.59	93.69	38.20
	机械费（元）			13.49	5.99	38.10	8.56
名称		单位	单价（元）	数量			
人工	综合工日	工日	80.00	0.320	0.120	3.840	0.260
材料	环氧树脂（各种规格）	kg	28.60	1.170	0.230	1.230	0.820
	酚醛树脂	kg	16.83	–	–	0.530	0.350
	乙二胺	kg	23.60	0.090	0.020	0.110	0.070
	丙酮 95%	kg	10.80	0.530	0.300	0.790	0.530
	邻苯二甲酸二丁酯	kg	17.42	0.180	0.020	0.120	0.080
	石英粉	kg	0.50	0.230	0.460	0.260	0.180
	玻璃丝布 $\delta=0.2$	m^2	2.82	–	–	11.500	–
	破布	kg	4.50	0.100	–	0.100	–
	铁砂布 0~2 号	张	1.68	–	4.000	2.000	–
机械	轴流风机 7.5kW	台班	42.81	0.315	0.140	0.890	0.200

工作内容:同前　　　　　　　　　　　　　　　　　　　　　　　　　　　　　　　单位:$10m^2$

定额编号				8-4-13	8-4-14	8-4-15	8-4-16
项目				塑料管道增强			
				底漆一遍	缠布一层	缠布两层	面漆一遍
基价（元）				**153.81**	**403.14**	**617.13**	**67.00**
其中	人工费（元）			108.80	302.40	464.80	28.80
	材料费（元）			45.01	100.74	152.33	38.20
	机械费（元）			–	–	–	–
名称		单位	单价(元)	数量			
人工	综合工日	工日	80.00	1.360	3.780	5.810	0.360
材料	环氧树脂（各种规格）	kg	28.60	1.170	1.230	1.850	0.820
	酚醛树脂	kg	16.83	–	0.530	0.800	0.350
	乙二胺	kg	23.60	0.090	0.110	0.170	0.070
	丙酮 95%	kg	10.80	0.530	0.790	1.190	0.530
	邻苯二甲酸二丁酯	kg	17.42	0.180	0.120	0.180	0.080
	石英粉	kg	0.50	0.230	0.260	0.390	0.180
	玻璃丝布 $\delta=0.2$	m^2	2.82	–	14.000	23.000	–
	破布	kg	4.50	0.100	0.100	0.200	–
	铁砂布 0~2 号	张	1.68	–	2.000	–	–

三、环氧、呋喃玻璃钢

工作内容:见说明。

单位:10m²

定额编号				8-4-17	8-4-18	8-4-19	8-4-20
项目				碳钢设备			
				底漆一遍	刮涂腻子	衬布一层	面漆一遍
基价(元)				**84.10**	**33.18**	**437.99**	**66.40**
其中	人工费(元)			25.60	9.60	307.20	20.00
	材料费(元)			45.01	17.59	92.69	37.84
	机械费(元)			13.49	5.99	38.10	8.56
	名称	单位	单价(元)	数量			
人工	综合工日	工日	80.00	0.320	0.120	3.840	0.250
材料	环氧树脂(各种规格)	kg	28.60	1.170	0.230	1.230	0.820
	糠醇树脂	kg	15.80	–	–	0.530	0.350
	乙二胺	kg	23.60	0.090	0.020	0.110	0.070
	丙酮 95%	kg	10.80	0.530	0.300	0.790	0.530
	邻苯二甲酸二丁酯	kg	17.42	0.180	0.020	0.120	0.080
	石英粉	kg	0.50	0.230	0.460	0.260	0.180
	玻璃丝布 $\delta=0.2$	m²	2.82	–	–	11.500	–
	破布	kg	4.50	0.100	–	–	–
	铁砂布 0~2 号	张	1.68	–	4.000	2.000	–
机械	轴流风机 7.5kW	台班	42.81	0.315	0.140	0.890	0.200

工作内容:同前

单位:$10m^2$

定额编号				8-4-21	8-4-22	8-4-23	8-4-24
项目				塑料管道增强			
				底漆一遍	缠布一层	缠布两层	面漆一遍
基价(元)				**153.81**	**401.38**	**614.79**	**67.36**
其中	人工费(元)			108.80	302.40	464.80	28.80
	材料费(元)			45.01	98.98	149.99	38.56
	机械费(元)			–	–	–	–
	名称	单位	单价(元)	数量			
人工	综合工日	工日	80.00	1.360	3.780	5.810	0.360
材料	环氧树脂(各种规格)	kg	28.60	1.170	1.230	1.850	0.820
	糠醇树脂	kg	15.80	–	0.530	0.800	0.350
	乙二胺	kg	23.60	0.090	0.100	0.170	0.070
	丙酮 95%	kg	10.80	0.530	0.700	1.050	0.530
	邻苯二甲酸二丁酯	kg	17.42	0.180	0.120	0.180	0.120
	石英粉	kg	0.50	0.230	0.260	0.390	0.230
	玻璃丝布 $\delta=0.2$	m^2	2.82	–	14.000	23.000	–
	破布	kg	4.50	0.100	0.100	0.200	–
	铁砂布 0~2 号	张	1.68	–	2.000	–	–

四、酚醛树脂玻璃钢

工作内容：见说明。　　　　单位：10m²

定额编号				8-4-25	8-4-26	8-4-27	8-4-28
项目				碳钢设备			
				底漆一遍	刮涂腻子	衬布一层	面漆一遍
基价（元）				**96.40**	**33.18**	**427.37**	**68.05**
其中	人工费（元）			25.60	9.60	307.20	28.80
	材料费（元）			57.31	17.59	82.07	30.69
	机械费（元）			13.49	5.99	38.10	8.56
名称		单位	单价(元)	数量			
人工	综合工日	工日	80.00	0.320	0.120	3.840	0.360
材料	环氧树脂（各种规格）	kg	28.60	1.170	0.230	–	–
	酚醛树脂	kg	16.83	–	–	1.760	1.170
	苯磺酰氯	kg	11.92	–	–	0.180	0.120
	乙二胺	kg	23.60	0.090	0.020	–	–
	丙酮 95%	kg	10.80	0.530	0.300	–	–
	桐油钙松香	kg	7.70	–	–	0.180	0.120
	工业酒精 99.5%	kg	8.20	1.500	–	0.790	0.530
	邻苯二甲酸二丁酯	kg	17.42	0.180	0.020	–	–
	石英粉	kg	0.50	0.230	0.460	–	–
	瓷粉	kg	23.86	–	–	0.260	0.180
	玻璃丝布 $\delta=0.2$	m²	2.82	–	–	11.500	–
	破布	kg	4.50	0.100	–	0.100	–
	铁砂布 0~2 号	张	1.68	–	4.000	2.000	–
机械	轴流风机 7.5kW	台班	42.81	0.315	0.140	0.890	0.200

工作内容:同前　　　　单位:$10m^2$

定额编号				8-4-29	8-4-30	8-4-31	8-4-32
项目				塑料管道增强			
				底漆一遍	缠布一层	缠布两层	面漆一遍
基价(元)				**153.81**	**391.52**	**618.95**	**59.49**
其中	人工费(元)			108.80	302.40	464.80	28.80
	材料费(元)			45.01	89.12	154.15	30.69
	机械费(元)			–	–	–	–
名称		单位	单价(元)	数量			
人工	综合工日	工日	80.00	1.360	3.780	5.810	0.360
材料	环氧树脂(各种规格)	kg	28.60	1.170	–	–	–
	酚醛树脂	kg	16.83	–	1.760	2.640	1.170
	苯磺酰氯	kg	11.92	–	0.180	0.270	0.120
	乙二胺	kg	23.60	0.090	–	–	–
	丙酮 95%	kg	10.80	0.530	–	–	–
	桐油钙松香	kg	7.70	–	0.180	0.270	0.120
	工业酒精 99.5%	kg	8.20	–	0.790	1.860	0.530
	邻苯二甲酸二丁酯	kg	17.42	0.180	–	–	–
	石英粉	kg	0.50	0.230	–	–	–
	瓷粉	kg	23.86	–	0.260	0.390	0.180
	玻璃丝布 $\delta=0.2$	m^2	2.82	–	14.000	28.000	–
	破布	kg	4.50	0.100	0.100	0.200	–
	铁砂布 0~2 号	张	1.68	–	2.000	–	–

五、环氧煤焦油玻璃钢

工作内容：见说明。

单位：$10m^2$

定额编号				8-4-33	8-4-34	8-4-35	8-4-36
项目				碳钢设备			
				底漆一遍	刮涂腻子	衬布一层	面漆一遍
基价（元）				**84.10**	**33.18**	**412.07**	**49.49**
其中	人工费（元）			25.60	9.60	307.20	20.80
	材料费（元）			45.01	17.59	66.77	20.13
	机械费（元）			13.49	5.99	38.10	8.56
名称		单位	单价（元）	数量			
人工	综合工日	工日	80.00	0.320	0.120	3.840	0.260
材料	环氧树脂（各种规格）	kg	28.60	1.170	0.230	0.880	0.590
	煤焦油	kg	2.00	–	–	0.880	0.590
	丙酮 95%	kg	10.80	0.530	0.300	–	–
	甲苯 国产	kg	7.00	–	–	0.260	0.120
	乙二胺	kg	23.60	0.090	0.020	0.070	0.050
	邻苯二甲酸二丁酯	kg	17.42	0.180	0.020	–	–
	石英粉	kg	0.50	0.230	0.460	0.260	0.120
	玻璃丝布 $\delta=0.2$	m^2	2.82	–	–	11.500	–
	破布	kg	4.50	0.100	–	0.100	–
	铁砂布 0～2 号	张	1.68	–	4.000	2.000	–
机械	轴流风机 7.5kW	台班	42.81	0.315	0.140	0.890	0.200

工作内容:同前　　　　　　　　　　　　　　　　　　　　　　　　　　　　单位:10m²

定额编号				8-4-37	8-4-38	8-4-39	8-4-40
项目				塑料管道增强			
				底漆一遍	缠布一层	缠布两层	面漆一遍
基价（元）				**154.93**	**376.22**	**590.57**	**48.90**
其中	人工费（元）			108.80	302.40	464.80	28.80
	材料费（元）			46.13	73.82	125.77	20.10
	机械费（元）			–	–	–	–
名称		单位	单价(元)	数量			
人工	综合工日	工日	80.00	1.360	3.780	5.810	0.360
材料	环氧树脂（各种规格）	kg	28.60	1.170	0.880	1.320	0.590
	煤焦油	kg	2.00	0.560	0.880	1.320	0.560
	丙酮 95%	kg	10.80	0.530	–	–	–
	甲苯 国产	kg	7.00	–	0.260	0.390	0.120
	乙二胺	kg	23.60	0.090	0.070	0.110	0.050
	邻苯二甲酸二丁酯	kg	17.42	0.180	–	–	–
	石英粉	kg	0.50	0.230	0.260	0.390	0.180
	玻璃丝布 $\delta=0.2$	m²	2.82	–	14.000	28.000	–
	破布	kg	4.50	0.100	0.100	0.200	–
	铁砂布 0~2 号	张	1.68	–	2.000	–	–

六、酚醛呋喃玻璃钢

工作内容:见说明。 单位:10m²

定额编号				8-4-41	8-4-42	8-4-43	8-4-44
项目				碳钢设备			
				底漆一遍	刮涂腻子	衬布一层	面漆一遍
基价(元)				**96.85**	**33.53**	**421.58**	**57.03**
其中	人工费(元)			25.60	9.60	307.20	20.80
	材料费(元)			57.76	17.94	76.28	27.67
	机械费(元)			13.49	5.99	38.10	8.56
名称		单位	单价(元)	数量			
人工	综合工日	工日	80.00	0.320	0.120	3.840	0.260
材料	环氧树脂(各种规格)	kg	28.60	1.170	0.230	–	–
	酚醛树脂	kg	16.83	–	–	0.530	0.350
	糠醇树脂	kg	15.80	–	–	1.230	0.820
	乙二胺	kg	23.60	0.090	0.020	–	–
	丙酮 95%	kg	10.80	0.530	0.300	0.700	0.530
	苯磺酰氯	kg	11.92	–	–	0.110	0.080
	邻苯二甲酸二丁酯	kg	17.42	0.180	0.040	0.180	0.120
	石英粉	kg	0.50	0.230	0.460	0.260	0.120
	玻璃丝布 $\delta=0.2$	m²	2.82	–	–	11.500	–
	工业酒精 99.5%	kg	8.20	1.500	–	–	–
	破布	kg	4.50	0.200	–	–	–
	铁砂布 0~2号	张	1.68	–	4.000	2.000	–
机械	轴流风机 7.5kW	台班	42.81	0.315	0.140	0.890	0.200

工作内容:同前　　　　　　　　　　　　　　　　　　　　　　　　　　　　　　　　　　　单位:$10m^2$

定额编号				8-4-45	8-4-46	8-4-47	8-4-48
项目				塑料管道增强			
				底漆一遍	缠布一层	缠布两层	面漆一遍
基价（元）				**160.98**	**385.73**	**620.00**	**55.88**
其中	人工费（元）			108.80	302.40	464.80	28.80
	材料费（元）			52.18	83.33	155.20	27.08
	机械费（元）			–	–	–	–
名称		单位	单价(元)	数量			
人工	综合工日	工日	80.00	1.360	3.780	5.810	0.360
材料	环氧树脂（各种规格）	kg	28.60	1.170	–	–	–
	酚醛树脂	kg	16.83	–	0.530	0.790	0.350
	糠醇树脂	kg	15.80	–	1.230	1.850	0.820
	乙二胺	kg	23.60	0.090	–	–	–
	丙酮 95%	kg	10.80	0.530	0.700	1.050	0.470
	苯磺酰氯	kg	11.92	–	0.110	1.170	0.080
	邻苯二甲酸二丁酯	kg	17.42	0.180	0.180	0.280	0.120
	石英粉	kg	0.50	0.230	0.260	0.390	0.230
	玻璃丝布 $\delta=0.2$	m^2	2.82	–	14.000	28.000	–
	破布	kg	4.50	0.200	–	–	–
	铁砂布 0~2 号	张	1.68	4.000	2.000	2.000	–

七、YJ 型呋喃树脂玻璃钢

工作内容:见说明。　　　　单位:$10m^2$

定额编号				8-4-49	8-4-50	8-4-51	8-4-52
项目				碳钢设备			
				底漆一遍	刮涂腻子	衬布一层	面漆一遍
基价(元)				**96.85**	**33.53**	**381.09**	**29.36**
其中	人工费(元)			25.60	9.60	307.20	20.80
	材料费(元)			57.76	17.94	35.79	–
	机械费(元)			13.49	5.99	38.10	8.56
名称		单位	单价(元)	数量			
人工	综合工日	工日	80.00	0.320	0.120	3.840	0.260
材料	环氧树脂(各种规格)	kg	28.60	1.170	0.230	–	–
	YJ 型呋喃树脂	kg	–	–	–	(2.500)	(1.500)
	YJ 型呋喃粉	kg	–	–	–	(1.300)	(0.700)
	乙二胺	kg	23.60	0.090	0.020	–	–
	丙酮 95%	kg	10.80	0.530	0.300	–	–
	邻苯二甲酸二丁酯	kg	17.42	0.180	0.040	–	–
	石英粉	kg	0.50	0.230	0.460	–	–
	玻璃丝布 $\delta=0.2$	m^2	2.82	–	–	11.500	–
	工业酒精 99.5%	kg	8.20	1.500	–	–	–
	破布	kg	4.50	0.200	–	–	–
	铁砂布 0~2 号	张	1.68	–	4.000	2.000	–
机械	轴流风机 7.5kW	台班	42.81	0.315	0.140	0.890	0.200

工作内容:同前　　单位:10m²

定额编号				8-4-53	8-4-54	8-4-55	8-4-56
项目				塑料管道增强			
				底漆一遍	缠布一层	缠布两层	面漆一遍
基价(元)				**160.98**	**345.24**	**547.12**	**28.80**
其中	人工费(元)			108.80	302.40	464.80	28.80
	材料费(元)			52.18	42.84	82.32	–
	机械费(元)			–	–	–	–
名称		单位	单价(元)	数量			
人工	综合工日	工日	80.00	1.360	3.780	5.810	0.360
材料	环氧树脂(各种规格)	kg	28.60	1.170	–	–	–
	YJ型呋喃树脂	kg	–	–	(2.500)	(3.750)	(1.500)
	YJ型呋喃粉	kg	–	–	(1.300)	(1.950)	(0.700)
	乙二胺	kg	23.60	0.090	–	–	–
	丙酮95%	kg	10.80	0.530	–	–	–
	邻苯二甲酸二丁酯	kg	17.42	0.180	–	–	–
	石英粉	kg	0.50	0.230	–	–	–
	玻璃丝布 $\delta=0.2$	m²	2.82	–	14.000	28.000	–
	破布	kg	4.50	0.200	–	–	–
	铁砂布0~2号	张	1.68	4.000	2.000	2.000	–

八、聚酯树脂玻璃钢

工作内容:见说明。

单位:10m²

定额编号				8-4-57	8-4-58	8-4-59	8-4-60
项目				碳钢设备			
				底漆一遍	刮涂腻子	衬布一层	面漆一遍
基价(元)				**96.85**	**33.53**	**442.39**	**70.14**
其中	人工费(元)			25.60	9.60	307.20	20.80
	材料费(元)			57.76	17.94	97.09	40.78
	机械费(元)			13.49	5.99	38.10	8.56
	名称	单位	单价(元)	数量			
人工	综合工日	工日	80.00	0.320	0.120	3.840	0.260
材料	环氧树脂(各种规格)	kg	28.60	1.170	0.230	–	–
	双酚A型不饱和聚酯树脂	kg	33.45	–	–	1.760	1.170
	乙二胺	kg	23.60	0.090	0.020	–	–
	丙酮 95%	kg	10.80	0.530	0.300	–	–
	邻苯二甲酸二丁酯	kg	17.42	0.180	0.040	–	–
	过氧化环乙酮糊液 50% 固	kg	28.90	–	–	0.070	0.050
	环烷酸钴苯乙烯溶液	kg	6.89	–	–	0.040	0.020
	石英粉	kg	0.50	0.230	0.460	0.260	0.120
	玻璃丝布 $\delta=0.2$	m²	2.82	–	–	11.500	–
	工业酒精 99.5%	kg	8.20	1.500	–	–	–
	破布	kg	4.50	0.200	–	–	–
	铁砂布 0~2 号	张	1.68	–	4.000	2.000	–
机械	轴流风机 7.5kW	台班	42.81	0.315	0.140	0.890	0.200

工作内容:同前　　　　单位:$10m^2$

定额编号				8-4-61	8-4-62	8-4-63	8-4-64
项目				塑料管道增强			
				底漆一遍	缠布一层	缠布两层	面漆一遍
基价(元)				**160.98**	**406.54**	**639.22**	**69.58**
其中	人工费(元)			108.80	302.40	464.80	28.80
	材料费(元)			52.18	104.14	174.42	40.78
	机械费(元)			–	–	–	–
名称		单位	单价(元)	数量			
人工	综合工日	工日	80.00	1.360	3.780	5.810	0.360
材料	环氧树脂(各种规格)	kg	28.60	1.170	–	–	–
	双酚A型不饱和聚酯树脂	kg	33.45	–	1.760	2.640	1.170
	乙二胺	kg	23.60	0.090	–	–	–
	丙酮 95%	kg	10.80	0.530	–	–	–
	邻苯二甲酸二丁酯	kg	17.42	0.180	–	–	–
	过氧化环乙酮糊液 50% 固	kg	28.90	–	0.070	0.110	0.050
	环烷酸钴苯乙烯溶液	kg	6.89	–	0.040	0.060	0.020
	石英粉	kg	0.50	0.230	0.260	0.390	0.120
	玻璃丝布 $\delta=0.2$	m^2	2.82	–	14.000	28.000	–
	破布	kg	4.50	0.200	–	–	–
	铁砂布 0~2 号	张	1.68	4.000	2.000	2.000	–

九、漆酚醛树脂玻璃钢

工作内容：见说明。　　　　　　　　　　　　　　　　　　　　　　　　　　单位：$10m^2$

定额编号				8-4-65	8-4-66	8-4-67	8-4-68	8-4-69
项目				碳钢设备				
				底漆一遍	刮涂腻子	衬布一层	面漆一遍	面漆增一遍
基价（元）				**116.12**	**42.78**	**428.70**	**58.01**	**56.66**
其中	人工费（元）			33.60	11.20	315.20	24.00	23.20
	材料费（元）			69.03	25.59	75.40	25.45	24.90
	机械费（元）			13.49	5.99	38.10	8.56	8.56
名称		单位	单价(元)	数			量	
人工	综合工日	工日	80.00	0.420	0.140	3.940	0.300	0.290
材料	酚醛树脂漆	kg	17.50	1.180	0.240	1.770	1.180	1.160
	瓷粉	kg	23.86	0.590	0.480	0.530	0.020	0.020
	汽油 93 号	kg	10.05	2.100	0.320	0.600	0.430	0.410
	玻璃布	m^2	2.20	–	–	11.500	–	–
	工业酒精 99.5%	kg	8.20	1.500	–	–	–	–
	破布	kg	4.50	0.200	–	0.100	–	–
	铁砂布 0～2 号	张	1.68	–	4.000	–	–	–
机械	轴流风机 7.5kW	台班	42.81	0.315	0.140	0.890	0.200	0.200

十、TO 树脂玻璃钢

工作内容：玻璃布脱脂、下料、补贴。　　单位：10m²

定额编号				8-4-70	8-4-71	8-4-72	8-4-73	8-4-74
项目				碳钢设备				
				底漆一层	底漆　每增一层	刮腻子	衬布一层	面漆一遍
基价（元）				**39.09**	**38.29**	**9.60**	**370.60**	**30.53**
其中	人工费（元）			25.60	24.80	9.60	307.20	20.80
	材料费（元）			–	–	–	25.30	1.17
	机械费（元）			13.49	13.49	–	38.10	8.56
名称		单位	单价(元)	数量				
人工	综合工日	工日	80.00	0.320	0.310	0.120	3.840	0.260
材料	TO 树脂底漆	kg	–	(1.700)	(0.320)	(0.230)	–	–
	TO 树脂面漆	kg	–	–	–	–	(1.230)	(0.270)
	TO 固化剂	kg	–	(0.100)	(1.680)	(0.200)	(0.040)	(0.750)
	玻璃布	m²	2.20	–	–	–	11.500	0.530
机械	轴流风机 7.5kW	台班	42.81	0.315	0.315	–	0.890	0.200

工作内容：玻璃布脱脂、下料、补贴。　　　　单位：10m²

定额编号				8-4-75	8-4-76	8-4-77	8-4-78	8-4-79	8-4-80
项目				塑料管加强					
				底漆一层	底漆　每增一层	刮腻子	缠布两层	缠布一层	面漆
基价（元）				**108.80**	**107.20**	**11.20**	**526.40**	**333.20**	**28.80**
其中	人工费（元）			108.80	107.20	11.20	464.80	302.40	28.80
	材料费（元）			–	–	–	61.60	30.80	–
	机械费（元）			–	–	–	–	–	–
名称		单位	单价(元)	数量					
人工	综合工日	工日	80.00	1.360	1.340	0.140	5.810	3.780	0.360
材料	TO 树脂底漆	kg	–	(1.700)	(1.680)	(0.230)	–	–	–
	TO 树脂面漆	kg	–	–	–	–	(2.450)	(1.230)	(0.750)
	TO 固化剂	kg	–	(0.100)	(0.090)	(0.020)	(0.090)	(0.040)	(0.070)
	玻璃布	m²	2.20	–	–	–	28.000	14.000	–

十一、FVC 玻璃钢

工作内容：玻璃布脱脂、下料、补贴。　　　　单位：$10m^2$

定额编号				8-4-81	8-4-82	8-4-83	8-4-84	8-4-85
项目				碳钢设备				
				底漆一层	底漆　每增一层	刮腻子	衬布一层	面漆一遍
基价（元）				56.79	55.65	12.36	370.60	62.17
其中	人工费（元）			14.40	13.60	9.60	307.20	12.80
	材料费（元）			28.90	28.56	2.76	25.30	36.96
	机械费（元）			13.49	13.49	–	38.10	12.41
名称		单位	单价(元)	数量				
人工	综合工日	工日	80.00	0.180	0.170	0.120	3.840	0.160
材料	FVC 防腐底漆	kg	17.00	1.700	1.680	–	–	–
	FVC 防腐面漆	kg	22.00	–	–	–	–	1.680
	FVC 腻子	kg	12.00	–	–	0.230	–	–
	玻璃布	m^2	2.20	–	–	–	11.500	–
机械	轴流风机 7.5kW	台班	42.81	0.315	0.315	–	0.890	0.290

工作内容:玻璃布脱脂、下料、补贴。　　　　单位:10m²

定额编号				8-4-86	8-4-87	8-4-88	8-4-89	8-4-90
项目				塑料管加强				
				底漆一层	底漆　每增一层	缠布两层	缠布一层	面漆
基价(元)				**136.00**	**134.06**	**568.20**	**353.72**	**64.00**
其中	人工费(元)			108.80	107.20	464.80	302.40	28.80
	材料费(元)			27.20	26.86	103.40	51.32	35.20
	机械费(元)			–	–	–	–	–
名称		单位	单价(元)	数量				
人工	综合工日	工日	80.00	1.360	1.340	5.810	3.780	0.360
材料	FVC 防腐底漆	kg	17.00	1.600	1.580	–	–	–
	FVC 防腐面漆	kg	22.00	–	–	–	–	1.600
	底涂料	kg	7.60	–	–	5.500	2.700	–
	玻璃布	m²	2.20	–	–	28.000	14.000	–

十二、各种玻璃钢聚合

工作内容：见说明。　　　　　　　　　　　　　　　　　　　　　　　　　　　　单位：$10m^2$

定额编号				8-4-91
项目				各种玻璃钢聚合一次
基价（元）				**1600.80**
其中	人工费（元）			552.00
	材料费（元）			1048.80
	机械费（元）			-
名称		单位	单价(元)	数量
人工	综合工日	工日	80.00	6.900
材料	蒸汽	t	57.00	18.400

第五章　橡胶板及塑料板衬里工程

说 明

一、本章定额适用于金属管道、管件、阀门、多孔板、设备的橡胶板衬里和金属表面的软聚氯乙烯塑料板衬里工程。

二、本章定额橡胶板及塑料板用量包括：

1. 有效面积需用量(不扣除人孔)；

2. 搭接面积需用量；

3. 法兰翻边及下料时的合理损耗量。

三、热硫化橡胶板的硫化方法，按间接硫化处理考虑，需要直接硫化处理时，其人工乘以系数 1.25，所需材料和机械费用按施工方案另行计算。

四、带有超过总面积 15% 衬里零件的贮槽、塔类设备，其人工乘以系数 1.4。

五、本章定额中塑料板衬里工程，搭接缝均按胶接考虑，若采用焊接时，其人工乘以系数 1.8，胶浆用量乘以系数 0.5，聚氯乙烯塑料焊条用量为 5.19kg/10m^2。

六、本章定额不包括除锈工作内容。

一、热硫化硬橡胶衬里

工作内容：运料、配浆、下料削边、表面清洗、刷浆贴衬、火花检查、硫化、硬度检查。　　　　单位：$10m^2$

定额编号				8-5-1	8-5-2	8-5-3	8-5-4
项目				塔、槽类设备			
				φ1.5m 以下		φ1.5m 以上	
				一层	两层	一层	两层
基价（元）				**1167.39**	**2362.22**	**1101.79**	**1616.45**
其中	人工费（元）			789.60	1228.00	724.00	1106.40
	材料费（元）			280.74	391.17	280.74	391.17
	机械费（元）			97.05	743.05	97.05	118.88
名称		单位	单价(元)	数量			
人工	综合工日	工日	80.00	9.870	15.350	9.050	13.830
材料	硬橡胶板	m^2	–	(11.240)	(22.480)	(11.200)	(22.400)
	胶料 S1002	kg	–	(1.990)	(3.580)	(1.990)	(3.580)
	橡胶溶解剂油	kg	7.10	19.100	34.360	19.100	34.360
	白布 0.9m	m^2	8.54	0.300	0.300	0.300	0.300
	丝绸绝缘布	m^2	45.00	0.500	0.500	0.500	0.500
	电	kW·h	0.85	2.450	4.900	2.450	4.900
	蒸汽	t	57.00	2.070	2.070	2.070	2.070
机械	轴流风机 7.5kW	台班	42.81	1.130	16.200	1.130	1.620
	电动空气压缩机 $10m^3/min$	台班	519.44	0.090	0.090	0.090	0.090
	火花检测仪	台班	21.38	0.090	0.130	0.090	0.130

工作内容:同前　　　　　　　　　　　　　　　　　　　　　　　　　　　　　　　　　　　单位:$10m^2$

定额编号				8-5-5	8-5-6	8-5-7	8-5-8	8-5-9	8-5-10
项目				锥形设备				多孔板	
				φ1.5m 以下		φ1.5m 以上		一层	两层
				一层	两层	一层	两层		
基价(元)				**1208.19**	**1858.85**	**1132.19**	**1700.45**	**4319.45**	**6883.11**
其中	人工费(元)			830.40	1348.80	754.40	1190.40	3920.00	6338.40
	材料费(元)			280.74	391.17	280.74	391.17	301.33	424.12
	机械费(元)			97.05	118.88	97.05	118.88	98.12	120.59
名称		单位	单价(元)	数量					
人工	综合工日	工日	80.00	10.380	16.860	9.430	14.880	49.000	79.230
材料	硬橡胶板	m^2	-	(11.260)	(22.520)	(11.220)	(22.440)	(11.780)	(23.560)
	胶料 S1002	kg	-	(1.990)	(3.580)	(1.990)	(3.580)	(2.000)	(3.600)
	橡胶溶解剂油	kg	7.10	19.100	34.360	19.100	34.360	22.000	39.000
	白布 0.9m	m^2	8.54	0.300	0.300	0.300	0.300	0.300	0.300
	丝绸绝缘布	m^2	45.00	0.500	0.500	0.500	0.500	0.500	0.500
	电	kW·h	0.85	2.450	4.900	2.450	4.900	2.450	4.900
	蒸汽	t	57.00	2.070	2.070	2.070	2.070	2.070	2.070
机械	轴流风机 7.5kW	台班	42.81	1.130	1.620	1.130	1.620	1.130	1.620
	电动空气压缩机 $10m^3$/min	台班	519.44	0.090	0.090	0.090	0.090	0.090	0.090
	火花检测仪	台班	21.38	0.090	0.130	0.090	0.130	0.140	0.210

工作内容:同前　　　　　　　　　　　　　　　　　　　　　　　单位:$10m^2$

定额编号				8-5-11	8-5-12	8-5-13	8-5-14	8-5-15	8-5-16
项目				管道				阀门	
				φ108 以下		φ426 以下		φ76 以下	
				一层	两层	一层	两层	一层	两层
基价（元）				**1423.92**	**2404.85**	**1096.72**	**1692.85**	**1456.66**	**2137.50**
其中	人工费（元）			1068.80	1889.60	741.60	1177.60	1100.80	1620.00
	材料费（元）			256.25	394.66	256.25	394.66	256.25	394.66
	机械费（元）			98.87	120.59	98.87	120.59	99.61	122.84
名称		单位	单价(元)	数量					
人工	综合工日	工日	80.00	13.360	23.620	9.270	14.720	13.760	20.250
材料	硬橡胶板	m^2	–	(11.640)	(22.960)	(11.280)	(22.560)	(10.830)	(21.640)
	胶料 S1002	kg	–	(2.000)	(3.600)	(2.000)	(3.600)	(2.000)	(3.600)
	橡胶溶解剂油	kg	7.10	24.000	43.200	24.000	43.200	24.000	43.200
	白布 0.9m	m^2	8.54	0.300	0.300	0.300	0.300	0.300	0.300
	丝绸绝缘布	m^2	45.00	0.500	0.500	0.500	0.500	0.500	0.500
	电	kW·h	0.85	2.450	4.900	2.450	4.900	2.450	4.900
	蒸汽	t	57.00	1.030	1.030	1.030	1.030	1.030	1.030
机械	轴流风机 7.5kW	台班	42.81	1.130	1.620	1.130	1.620	1.130	1.620
	电动空气压缩机 $10m^3/min$	台班	519.44	0.090	0.090	0.090	0.090	0.090	0.090
	火花检测仪	台班	21.38	0.175	0.210	0.175	0.210	0.210	0.315

工作内容：同前

单位：10m²

定额编号				8-5-17	8-5-18	8-5-19	8-5-20	8-5-21	8-5-22
项目				阀门		弯头			
				ϕ133 以下				ϕ426 以下	
				一层	两层	一层	两层	一层	两层
基价（元）				**1384.46**	**1929.88**	**1401.26**	**1962.10**	**1107.66**	**1651.70**
其中	人工费（元）			1040.00	1453.60	1056.80	1456.00	763.20	1145.60
	材料费（元）			244.85	353.44	244.85	383.26	244.85	383.26
	机械费（元）			99.61	122.84	99.61	122.84	99.61	122.84
名称		单位	单价(元)	数量					
人工	综合工日	工日	80.00	13.000	18.170	13.210	18.200	9.540	14.320
材料	硬橡胶板	m²	–	(11.220)	(22.440)	(13.270)	(26.540)	(12.430)	(24.860)
	胶料 S1002	kg	–	(2.000)	(3.600)	(2.200)	(3.960)	(2.000)	(3.960)
	橡胶溶解剂油	kg	7.10	24.000	39.000	24.000	43.200	24.000	43.200
	白布 0.9m	m²	8.54	0.300	0.300	0.300	0.300	0.300	0.300
	丝绸绝缘布	m²	45.00	0.500	0.500	0.500	0.500	0.500	0.500
	电	kW·h	0.85	2.450	4.900	2.450	4.900	2.450	4.900
	蒸汽	t	57.00	0.830	0.830	0.830	0.830	0.830	0.830
机械	轴流风机 7.5kW	台班	42.81	1.130	1.620	1.130	1.620	1.130	1.620
	电动空气压缩机 10m³/min	台班	519.44	0.090	0.090	0.090	0.090	0.090	0.090
	火花检测仪	台班	21.38	0.210	0.315	0.210	0.315	0.210	0.315

工作内容:同前　　　　单位:$10m^2$

定额编号				8-5-23	8-5-24	8-5-25	8-5-26
项目				管件			
				φ108 以下		φ426 以下	
				一层	两层	一层	两层
基价(元)				**1243.66**	**1767.70**	**1067.66**	**1558.90**
其中	人工费(元)			899.20	1261.60	723.20	1052.80
	材料费(元)			244.85	383.26	244.85	383.26
	机械费(元)			99.61	122.84	99.61	122.84
名称		单位	单价(元)	数量			
人工	综合工日	工日	80.00	11.240	15.770	9.040	13.160
材料	硬橡胶板	m^2	–	(12.090)	(24.180)	(11.270)	(22.540)
	胶料 S1002	kg	–	(2.000)	(3.600)	(2.000)	(3.600)
	橡胶溶解剂油	kg	7.10	24.000	43.200	24.000	43.200
	白布 0.9m	m^2	8.54	0.300	0.300	0.300	0.300
	丝绸绝缘布	m^2	45.00	0.500	0.500	0.500	0.500
	电	kW·h	0.85	2.450	4.900	2.450	4.900
	蒸汽	t	57.00	0.830	0.830	0.830	0.830
机械	轴流风机 7.5kW	台班	42.81	1.130	1.620	1.130	1.620
	电动空气压缩机 $10m^3/min$	台班	519.44	0.090	0.090	0.090	0.090
	火花检测仪	台班	21.38	0.210	0.315	0.210	0.315

二、热硫化软橡胶衬里

工作内容：运料、配浆、下料削边、表面清洗、刷浆贴衬、火花检查、硫化、硬度检查。 单位：$10m^2$

定额编号				8-5-27	8-5-28	8-5-29	8-5-30	8-5-31
项目				塔、槽类设备				锥形设备
				φ1.5m 以下		φ1.5m 以上		φ1.5m 以下
				一层	两层	一层	两层	一层
基价（元）				**1256.71**	**1897.95**	**1191.11**	**1776.35**	**1297.51**
其中	人工费（元）			789.60	1228.00	724.00	1106.40	830.40
	材料费（元）			370.06	551.07	370.06	551.07	370.06
	机械费（元）			97.05	118.88	97.05	118.88	97.05
	名称	单位	单价(元)	数量				
人工	综合工日	工日	80.00	9.870	15.350	9.050	13.830	10.380
材料	软橡胶板	m^2	–	(11.200)	(22.540)	(11.100)	(22.200)	(11.250)
	胶料 4508 号	kg	–	(1.320)	(2.370)	(1.320)	(2.370)	(1.320)
	橡胶溶解剂油	kg	7.10	31.680	56.880	31.680	56.880	31.680
	白布 0.9m	m^2	8.54	0.300	0.300	0.300	0.300	0.300
	丝绸绝缘布	m^2	45.00	0.500	0.500	0.500	0.500	0.500
	电	kW·h	0.85	2.450	4.900	2.450	4.900	2.450
	蒸汽	t	57.00	2.070	2.070	2.070	2.070	2.070
机械	轴流风机 7.5kW	台班	42.81	1.130	1.620	1.130	1.620	1.130
	电动空气压缩机 $10m^3/min$	台班	519.44	0.090	0.090	0.090	0.090	0.090
	火花检测仪	台班	21.38	0.090	0.130	0.090	0.130	0.090

工作内容:同前

单位:$10m^2$

定额编号				8-5-32	8-5-33	8-5-34	8-5-35	8-5-36
项目				锥形设备			多孔板	多孔板
				ϕ1.5m 以下	ϕ1.5m 以上		一层	塔、槽类设备
				两层	一层	两层		两层
基价(元)				2006.75	1221.51	2484.52	4255.38	7634.23
其中	人工费(元)			1336.80	754.40	1190.40	3787.20	6338.40
	材料费(元)			551.07	370.06	551.07	370.06	551.07
	机械费(元)			118.88	97.05	743.05	98.12	744.76
	名称	单位	单价(元)	数量				
人工	综合工日	工日	80.00	16.710	9.430	14.880	47.340	79.230
材料	软橡胶板	m^2	–	(22.420)	(11.210)	(22.540)	(11.210)	(22.420)
	胶料 4508 号	kg	–	(2.370)	(1.320)	(2.370)	(1.320)	(2.370)
	橡胶溶解剂油	kg	7.10	56.880	31.680	56.880	31.680	56.880
	白布 0.9m	m^2	8.54	0.300	0.300	0.300	0.300	0.300
	丝绸绝缘布	m^2	45.00	0.500	0.500	0.500	0.500	0.500
	电	kW·h	0.85	4.900	2.450	4.900	2.450	4.900
	蒸汽	t	57.00	2.070	2.070	2.070	2.070	2.070
机械	轴流风机 7.5kW	台班	42.81	1.620	1.130	16.200	1.130	16.200
	电动空气压缩机 $10m^3/min$	台班	519.44	0.090	0.090	0.090	0.090	0.090
	火花检测仪	台班	21.38	0.130	0.090	0.130	0.140	0.210

三、热硫化软、硬胶板复合衬里

工作内容：运料、配浆、下料削边、表面清洗、刷浆贴衬、火花检查、硫化、硬度检查。　　单位：$10m^2$

定额编号				8-5-37	8-5-38	8-5-39	8-5-40	8-5-41
项目				塔、槽类设备		锥形设备		多孔板
				ϕ1.5m 以下	ϕ1.5m 以上	ϕ1.5m 以下	ϕ1.5m 以上	两层
				两层				
基价（元）				**1808.63**	**1687.03**	**1917.43**	**1771.03**	**6920.74**
其中	人工费（元）			1228.00	1106.40	1336.80	1190.40	6338.40
	材料费（元）			461.75	461.75	461.75	461.75	461.75
	机械费（元）			118.88	118.88	118.88	118.88	120.59
名称		单位	单价（元）	数量				
人工	综合工日	工日	80.00	15.350	13.830	16.710	14.880	79.230
材料	硬橡胶板	m^2	–	(11.240)	(11.200)	(11.260)	(11.220)	(11.780)
	软橡胶板	m^2	–	(11.240)	(11.200)	(11.260)	(11.220)	(11.780)
	胶料 S1002	kg	–	(2.000)	(2.000)	(2.000)	(2.000)	(2.000)
	胶料 4508 号	kg	–	(1.040)	(1.040)	(1.040)	(1.040)	(1.040)
	橡胶溶解剂油	kg	7.10	44.300	44.300	44.300	44.300	44.300
	白布 0.9m	m^2	8.54	0.300	0.300	0.300	0.300	0.300
	丝绸绝缘布	m^2	45.00	0.500	0.500	0.500	0.500	0.500
	电	kW·h	0.85	4.900	4.900	4.900	4.900	4.900
	蒸汽	t	57.00	2.070	2.070	2.070	2.070	2.070
机械	轴流风机 7.5kW	台班	42.81	1.620	1.620	1.620	1.620	1.620
	电动空气压缩机 $10m^3/min$	台班	519.44	0.090	0.090	0.090	0.090	0.090
	火花检测仪	台班	21.38	0.130	0.130	0.130	0.130	0.210

四、预硫化橡胶衬里

工作内容：运料、配浆、下料削边、表面清洗、胶板打毛、刷浆贴衬、粘贴盖。

单位：$10m^2$

定额编号				8-5-42	8-5-43
项目				设备	
				一层	两层
基价（元）				**1438.28**	**2174.63**
其中	人工费（元）			1076.80	1537.60
	材料费（元）			290.53	524.76
	机械费（元）			70.95	112.27
名称		单位	单价(元)	数	量
人工	综合工日	工日	80.00	13.460	19.220
材料	预硫化橡胶板	m^2	–	(11.500)	(23.000)
	盖胶板	m^2	–	(0.700)	(0.700)
	底涂料	kg	7.60	4.400	4.400
	固化剂	kg	–	(1.400)	(2.800)
	工业酒精 99.5%	kg	8.20	0.800	1.600
	三氯乙烯	kg	9.00	2.000	4.000
	胶接剂 JHF	kg	13.71	14.000	28.000
	丝绸绝缘布	m^2	45.00	0.500	0.500
	溶剂	kg	12.50	1.360	2.700
	其他材料费	元	–	1.087	2.073
机械	轴流风机 7.5kW	台班	42.81	1.130	1.620
	火花检测仪	台班	21.38	0.210	0.315
	电动卷扬机(单筒快速) 10kN	台班	129.21	0.140	0.280

五、自然硫化橡胶衬里

工作内容:同前　　　　单位:$10m^2$

定额编号				8-5-44
项目				设备 一层
基价(元)				**2130.39**
其中	人工费(元)			802.40
	材料费(元)			1257.04
	机械费(元)			70.95
名称		单位	单价(元)	数量
人工	综合工日	工日	80.00	10.030
材料	底涂料	kg	7.60	3.200
	橡胶板 $\delta=5$	m^2	72.60	12.000
	环氧粘接剂	kg	43.70	7.000
	甲苯 国产	kg	7.00	4.000
	白布 0.9m	m^2	8.54	0.300
	丝绸绝缘布	m^2	45.00	0.500
	电	kW·h	0.85	2.450
	其他材料费	元	-	0.479
机械	轴流风机 7.5kW	台班	42.81	1.130
	火花检测仪	台班	21.38	0.210
	电动卷扬机(单筒快速) 10kN	台班	129.21	0.140

六、五米长管段热硫化橡胶衬里

工作内容:运料、配浆、下料削边、表面清洗、卷筒、刷浆衬贴、法兰翻边。

单位:$10m^2$

定额编号				8-5-45	8-5-46
项目				ϕ108 以下	ϕ426 以下
				一层	
基价(元)				**1653.89**	**1240.86**
其中	人工费(元)			1229.60	853.60
	材料费(元)			346.72	346.72
	机械费(元)			77.57	40.54
	名称	单位	单价(元)	数量	
人工	综合工日	工日	80.00	15.370	10.670
材料	硬橡胶板	m^2	–	(11.640)	(11.280)
	胶料 S1002	kg	–	(2.000)	(2.000)
	橡胶溶解剂油	kg	7.10	24.000	24.000
	丝绸绝缘布	m^2	45.00	1.250	1.250
	电	kW·h	0.85	2.450	2.450
	蒸汽	t	57.00	2.070	2.070
机械	轴流风机 7.5kW	台班	42.81	0.650	0.250
	电动空气压缩机 $10m^3/min$	台班	519.44	0.090	0.036
	桥式吊车 5t	台班	145.41	–	0.056
	火花检测仪	台班	21.38	0.140	0.140

七、软聚氯乙烯板衬里

工作内容：运料、配料、下料刨边、表面清洗、刷胶贴衬、火花检查。　　单位：10m^2

				8-5-47	8-5-48
定额编号				8-5-47	8-5-48
项目				金属表面	
				一层	两层
基价（元）				806.18	1564.76
其中	人工费（元）			619.20	1181.60
	材料费（元）			172.00	353.19
	机械费（元）			14.98	29.97
名称		单位	单价(元)	数量	
人工	综合工日	工日	80.00	7.740	14.770
材料	软聚氯乙烯板 $\delta=2\sim8$	m^2	-	(11.100)	(22.200)
	二氯乙烷	kg	6.30	20.010	40.020
	过氯乙烯树脂	kg	6.96	2.990	5.980
	丙酮 95%	kg	10.80	1.000	2.000
	铁砂布 0~2 号	张	1.68	7.000	21.000
	白布 0.9m	m^2	8.54	0.300	0.300
机械	轴流风机 7.5kW	台班	42.81	0.350	0.700

第六章　衬铅及搪铅工程

说　明

一、本章定额适用于金属设备、型钢等表面衬铅、搪铅工程。

二、铅板焊接采用氢-氧焰;搪铅采用氧-乙炔焰。

三、设备衬铅不分直径大小,均按卧放在滚动器上施工,对已经安装好的设备进行挂衬铅板施工时,其人工乘以系数1.39,材料、机械消耗量不得调整。

四、设备、型钢表面衬铅,铅板厚度按3mm考虑,若铅板厚度大于3mm时,其人工乘以系数1.29,材料按实际进行计算。

五、本章定额不包括金属表面除锈,发生时按本册定额第一章“除锈工程”相应项目计算。

一、衬铅

工作内容：搪钉法：运料、化制焊条、除锈搪钉、衬铅、氨气检查；压板法：运料、清洗、化制焊条、下料、钻孔、铺铅板、把螺栓、包衬铅板、氧气检查；螺栓固定法：运料、焊接螺栓、化制焊条、铺铅板、焊接及板、包焊螺栓、氧气检查。

单位：$10m^2$

定额编号				8-6-1	8-6-2	8-6-3	8-6-4
项目				设备			型钢及支架包铅
				压板法	螺栓固定法	搪钉法	
基价（元）				**10790.43**	**9924.14**	**15259.19**	**11122.90**
其中	人工费（元）			1445.60	1296.00	2296.00	3062.40
	材料费（元）			9072.02	8318.34	12753.66	7934.15
	机械费（元）			272.81	309.80	209.53	126.35
名称		单位	单价(元)	数量			
人工	综合工日	工日	80.00	18.070	16.200	28.700	38.280
材料	铅板 各种规格	kg	17.70	436.370	436.370	436.370	436.370
	铅焊条	kg	30.00	16.000	16.000	107.000	5.500
	氧气	m^3	3.60	3.000	3.000	19.720	2.650
	氢气	m^3	5.25	3.400	3.400	3.400	3.000
	垫圈 10～20	10个	0.20	13.000	6.000	–	–
	钢板综合	kg	3.75	187.200	–	–	–
	平头圆颈带帽螺栓 M10×14	套	0.89	120.000	60.000	–	–
	水	t	4.00	0.100	0.100	0.200	0.100
	氨气	m^3	3.30	1.600	1.600	1.600	1.060

续前

单位:$10m^2$

定额编号				8-6-1	8-6-2	8-6-3	8-6-4
项目				设备			型钢及支架包铅
				压板法	螺栓固定法	搪钉法	
材料	工业酒精 99.5%	kg	8.20	0.300	0.300	0.300	0.300
	焦炭	kg	1.50	6.400	6.400	42.800	6.400
	木柴	kg	0.95	1.600	1.600	10.700	1.600
	冲击钻头 $\phi12$	个	10.75	0.100	–	–	–
	电焊条 结422 $\phi3.2$	kg	6.70	–	1.600	–	–
	乙炔气	m^3	25.20	–	–	7.270	–
	锌 99.99%	kg	16.40	–	–	0.800	–
	锡 各种规格	kg	65.00	–	–	22.200	–
	盐酸 31% 合成	kg	1.09	–	–	1.100	–
	纯碱 99%	kg	1.60	–	–	0.800	–
	电	kW·h	0.85	0.800	0.080	0.800	0.800
	尼龙砂轮片 $\phi150$	片	7.60	0.100	0.100	0.100	0.100
	其他材料费	元	–	6.441	0.536	4.916	1.194
机械	磁力电钻	台班	36.16	1.750	–	–	–
	轴流风机 7.5kW	台班	42.81	0.630	0.630	0.630	0.630
	桥式吊车 10t	台班	237.66	0.700	0.700	0.700	0.350
	直流弧焊机 40kW	台班	238.74	–	0.420	–	–
	电动空气压缩机 $3m^3/min$	台班	231.38	0.070	0.070	0.070	0.070

二、搪铅

工作内容:运料、化制焊条、配焊药、焊铅、质量检查。　　　　单位:$10m^2$

定额编号				8-6-5	8-6-6
项目				设备封头、底	搅拌叶轮、轴类
				搪层 $\delta=4$	
基价(元)				**28073.99**	**30972.20**
其中	人工费(元)			4841.60	8104.80
	材料费(元)			22773.89	22775.73
	机械费(元)			458.50	91.67
名称		单位	单价(元)	数	量
人工	综合工日	工日	80.00	60.520	101.310
材料	铅焊条	kg	30.00	683.050	683.050
	氧气	m^3	3.60	117.000	117.000
	乙炔气	m^3	25.20	51.000	51.000
	水	t	4.00	2.540	2.540
	氯化锌	kg	9.98	5.600	5.600
	氯化锡	kg	9.78	2.800	2.800
	石棉保温板	kg	3.68	0.500	1.000
	硫酸 38%	kg	0.91	5.000	5.000
	焦炭	kg	1.50	273.220	273.220
	木柴	kg	0.95	68.310	68.310
	电	kW·h	0.85	0.800	0.800
	尼龙砂轮片 $\phi150$	片	7.60	0.100	0.100
机械	桥式吊车 10t	台班	237.66	–	0.220
	轴流风机 7.5kW	台班	42.81	10.710	0.920

第七章　喷镀(涂)工程

说　　明

一、本章定额适用于金属管道、设备、型钢等表面气喷镀工程及塑料和水泥砂浆的喷涂工程。

二、施工工具：喷镀采用国产 SQP－1（高速、中速）气喷枪；喷塑采用塑料粉末喷枪。

三、喷镀和喷塑采用氧-乙炔焰。

四、本章定额不包括除锈工作内容。

一、喷铝

工作内容:运料、铝丝和钢丝脱脂、喷镀、质量检查。

单位:10m²

定额编号				8-7-1	8-7-2	8-7-3	8-7-4	8-7-5
项目				喷铝				
				设备		管道		型钢(100kg)
				0.3	0.15	0.3	0.15	0.3
基价(元)				**1072.46**	**804.51**	**1124.84**	**886.66**	**559.93**
其中	人工费(元)			492.00	400.00	528.00	436.80	308.00
	材料费(元)			173.30	124.41	173.30	124.41	51.35
	机械费(元)			407.16	280.10	423.54	325.45	200.58
名称		单位	单价(元)	数量				
人工	综合工日	工日	80.00	6.150	5.000	6.600	5.460	3.850
材料	铝丝 ϕ2mm	kg	–	(9.700)	(5.000)	(9.700)	(5.000)	(4.656)
	氧气	m³	3.60	6.800	3.600	6.800	3.600	3.264
	乙炔气	m³	25.20	5.040	3.570	5.040	3.570	–
	醇酸底漆 C06-1 铁红	kg	11.50	–	–	–	–	2.419
	氧气胶管	m	15.00	1.000	1.000	1.000	1.000	0.480
	其他材料费	元	–	6.811	6.485	6.811	6.485	4.581
机械	轴流风机 7.5kW	台班	42.81	1.260	0.840	1.400	1.050	0.560
	电动空气压缩机 10m³/min	台班	519.44	0.680	0.470	0.700	0.540	0.340

二、喷钢

工作内容:运料、铝丝和钢丝脱脂、喷镀、质量检查。 单位:$10m^2$

定额编号				8-7-6	8-7-7	8-7-8
项目				喷钢		
				设备		零部件(100kg)
				0.1	0.05	0.1
基价(元)				**1424.19**	**1112.27**	**1012.24**
其中	人工费(元)			860.00	688.80	500.00
	材料费(元)			183.00	120.51	88.70
	机械费(元)			381.19	302.96	423.54
名称		单位	单价(元)	数量		
人工	综合工日	工日	80.00	10.750	8.610	6.250
材料	钢丝 ϕ2mm	kg	6.28	10.000	6.000	4.800
	氧气	m^3	3.60	7.000	4.000	3.360
	醇酸底漆 C06－1 铁红	kg	11.50	6.220	3.970	2.986
	氧气胶管	m	15.00	1.000	1.000	0.480
	其他材料费	元	–	8.474	7.773	4.918
机械	轴流风机 7.5kW	台班	42.81	1.260	1.010	1.400
	电动空气压缩机 $10m^3/min$	台班	519.44	0.630	0.500	0.700

三、喷锌

工作内容：运料、锌丝脱脂、喷镀、质量检查。　　　　单位：$10m^2$

定额编号				8-7-9	8-7-10	8-7-11	8-7-12
项目				喷锌			
				设备			管道
				0.15	0.2	0.3	0.15mm
基价（元）				**764.70**	**906.11**	**1036.39**	**800.70**
其中	人工费（元）			389.60	451.20	482.40	425.60
	材料费（元）			92.01	116.08	166.81	92.01
	机械费（元）			283.09	338.83	387.18	283.09
名称		单位	单价(元)	数量			
人工	综合工日	工日	80.00	4.870	5.640	6.030	5.320
材料	锌丝 ϕ2mm	kg	–	(13.200)	(17.100)	(25.600)	(13.200)
	氧气	m^3	3.60	3.400	4.500	6.700	3.400
	乙炔气	m^3	25.20	2.500	3.300	5.000	2.500
	氧气胶管	m	15.00	1.000	1.000	1.000	1.000
	其他材料费	元	–	1.771	1.716	1.688	1.771
机械	轴流风机 7.5kW	台班	42.81	0.910	1.120	1.400	0.910
	电动空气压缩机 $10m^3$/min	台班	519.44	0.470	0.560	0.630	0.470

工作内容:同前　　单位:10m²

定额编号				8-7-13	8-7-14	8-7-15	8-7-16	8-7-17
项目				喷锌				
				管道		型钢(100kg)		
				0.2	0.3	0.15	0.2	0.3
基价(元)				**897.21**	**1042.97**	**368.23**	**434.37**	**505.10**
其中	人工费(元)			487.20	520.80	207.20	236.80	252.00
	材料费(元)			71.18	98.63	27.92	34.20	47.38
	机械费(元)			338.83	423.54	133.11	163.37	205.72
名称		单位	单价(元)	数量				
人工	综合工日	工日	80.00	6.090	6.510	2.590	2.960	3.150
材料	锌丝 ϕ2mm	kg	–	(17.100)	(25.600)	(6.336)	(8.208)	(12.288)
	氧气	m^3	3.60	4.500	6.700	1.632	2.160	3.216
	醇酸底漆 C06－1 铁红	kg	11.50	3.300	5.000	1.200	1.584	2.400
	氧气胶管	m	15.00	1.000	1.000	0.480	0.480	0.480
	其他材料费	元	–	2.031	2.006	1.047	1.006	1.002
机械	轴流风机 7.5kW	台班	42.81	1.120	1.400	0.440	0.540	0.680
	电动空气压缩机 $10m^3$/min	台班	519.44	0.560	0.700	0.220	0.270	0.340

四、喷铜

工作内容：运料、铜丝脱脂、喷镀、质量检查。

单位：10m²

定额编号				8-7-18	8-7-19	8-7-20	8-7-21
项目				喷铜			
				设备			
				0.05	0.1	0.15	0.2
基价（元）				**1097.27**	**1375.91**	**1712.54**	**2088.87**
其中	人工费（元）			680.80	850.40	1020.00	1181.60
	材料费（元）			80.63	144.32	196.28	250.58
	机械费（元）			335.84	381.19	496.26	656.69
名称		单位	单价(元)	数量			
人工	综合工日	工日	80.00	8.510	10.630	12.750	14.770
材料	铜丝 $\phi2\sim3$mm	kg	–	(6.800)	(11.350)	(17.500)	(22.700)
	氧气	m^3	3.60	3.000	6.000	8.500	11.000
	乙炔气	m^3	25.20	2.100	4.200	5.900	7.700
	氧气胶管	m	15.00	1.000	1.000	1.000	1.000
	其他材料费	元	–	1.906	1.880	2.002	1.939
机械	轴流风机 7.5kW	台班	42.81	1.050	1.260	1.400	1.750
	电动空气压缩机 10m³/min	台班	519.44	0.560	0.630	0.840	1.120

工作内容：同前

单位：$10m^2$

定额编号				8-7-22	8-7-23	8-7-24	8-7-25
项目				喷铜			
				型钢(100kg)			
				0.05	0.1	0.15	0.2
基价（元）				**584.36**	**733.17**	**859.84**	**1015.10**
其中	人工费（元）			397.60	479.20	561.60	628.00
	材料费（元）			25.11	42.06	56.16	70.21
	机械费（元）			161.65	211.91	242.08	316.89
名称		单位	单价(元)	数量			
人工	综合工日	工日	80.00	4.970	5.990	7.020	7.850
材料	铜丝 $\phi2\sim3mm$	kg	-	(3.280)	(5.480)	(8.450)	(10.960)
	氧气	m^3	3.60	1.450	2.900	4.110	5.310
	醇酸底漆 C06－1 铁红	kg	11.50	1.010	2.030	2.870	3.720
	氧气胶管	m	15.00	0.480	0.480	0.480	0.480
	其他材料费	元	-	1.078	1.076	1.155	1.114
机械	轴流风机 7.5kW	台班	42.81	0.500	1.310	0.680	0.850
	电动空气压缩机 $10m^3/min$	台班	519.44	0.270	0.300	0.410	0.540

五、喷塑

工作内容:运料、粉料烘干、预热、喷涂。　　　　单位:10m²

定额编号				8-7-26	8-7-27	8-7-28
项目				喷塑		
				设备	管道	一般钢结构(100kg)
基价(元)				**217.83**	**237.87**	**127.90**
其中	人工费(元)			100.00	108.80	59.20
	材料费(元)			9.06	9.94	5.25
	机械费(元)			108.77	119.13	63.45
名称		单位	单价(元)	数量		
人工	综合工日	工日	80.00	1.250	1.360	0.740
材料	粉料100~250目	kg	-	(2.500)	(2.750)	(1.450)
	氧气	m^3	3.60	0.300	0.330	0.170
	乙炔气	m^3	25.20	0.310	0.340	0.180
	其他材料费	元	-	0.171	0.188	0.099
机械	电动空气压缩机 $3m^3/min$	台班	231.38	0.420	0.460	0.245
	塑料粉末喷枪	台班	27.59	0.420	0.460	0.245

第八章　耐酸砖、板衬里工程

说　明

一、本章定额适用于各种金属设备的耐酸砖、板衬里工程。

二、树脂耐酸胶泥包括环氧树脂、酚醛树脂、呋喃树脂、环氧酚醛树脂、环氧呋喃树脂耐酸胶泥等。

三、硅质耐酸胶泥衬砌块材需要勾缝时，其勾缝材料按相应项目树脂胶泥消耗量的10%计算，人工按相应项目人工消耗量的10%计算。

四、调制胶泥不分机械和手工操作，均执行本定额。

五、定额工序中不包括金属设备表面除锈，发生时应执行本册定额第一章相应项目。

六、衬砌砖、板按规范进行自然养护考虑，若采用其他方法养护，其工程量应按施工方案另行计算。

七、立式设备人孔等部位发生旋拱施工时，每$10m^2$应增加木材$0.01m^3$、铁钉0.20kg。

一、硅质胶泥砌块材

1. 耐酸砖 230×113×65(230mm 厚)

工作内容:运料、选砖板、洗砖板、调制胶泥、刷底胶浆、衬砌、养生、酸洗。　　单位:10m²

定额编号				8-8-1	8-8-2	8-8-3	8-8-4
项目				圆形立式		圆形卧式	
				1.5m 以下	1.5m 以上	1.5m 以下	1.5m 以上
基价(元)				**6255.21**	**6064.01**	**6425.61**	**6309.61**
其中	人工费(元)			2381.60	2190.40	2552.00	2436.00
	材料费(元)			3736.54	3736.54	3736.54	3736.54
	机械费(元)			137.07	137.07	137.07	137.07
名称		单位	单价(元)	数量			
人工	综合工日	工日	80.00	29.770	27.380	31.900	30.450
材料	硅质耐酸胶泥	m^3	–	(0.208)	(0.208)	(0.208)	(0.208)
	耐酸砖 230×113×65	块	2.80	1331.000	1331.000	1331.000	1331.000
	硫酸 38%	kg	0.91	2.000	2.000	2.000	2.000
	水	t	4.00	1.620	1.620	1.620	1.620
	尼龙砂轮片 ϕ150	片	7.60	0.100	0.100	0.100	0.100
	电	kW·h	0.85	0.800	0.800	0.800	0.800
机械	滚筒式混凝土搅拌机(内燃)250L	台班	202.65	0.350	0.350	0.350	0.350
	轴流风机 7.5kW	台班	42.81	0.420	0.420	0.420	0.420
	电动卷扬机(单筒慢速)30kN	台班	137.62	0.350	0.350	0.350	0.350

工作内容:同前　　单位:10m²

定额编号				8-8-5	8-8-6	8-8-7	8-8-8
项目				矩形		锥(塔)形	
				1.5m 以下	1.5m 以上	1.5m 以下	1.5m 以上
基价(元)				**6081.61**	**5918.41**	**6812.81**	**6537.61**
其中	人工费(元)			2208.00	2044.80	2939.20	2664.00
	材料费(元)			3736.54	3736.54	3736.54	3736.54
	机械费(元)			137.07	137.07	137.07	137.07
名称		单位	单价(元)	数量			
人工	综合工日	工日	80.00	27.600	25.560	36.740	33.300
材料	硅质耐酸胶泥	m^3	–	(0.208)	(0.208)	(0.208)	(0.208)
	耐酸砖 230×113×65	块	2.80	1331.000	1331.000	1331.000	1331.000
	硫酸 38%	kg	0.91	2.000	2.000	2.000	2.000
	水	t	4.00	1.620	1.620	1.620	1.620
	尼龙砂轮片 φ150	片	7.60	0.100	0.100	0.100	0.100
	电	kW·h	0.85	0.800	0.800	0.800	0.800
机械	滚筒式混凝土搅拌机(内燃) 250L	台班	202.65	0.350	0.350	0.350	0.350
	轴流风机 7.5kW	台班	42.81	0.420	0.420	0.420	0.420
	电动卷扬机(单筒慢速) 30kN	台班	137.62	0.350	0.350	0.350	0.350

2. 耐酸砖 230×113×65(113mm 厚)

工作内容:运料、选砖板、洗砖板、调制胶泥、刷底胶浆、衬砌、养生、酸洗。

单位:10m²

定额编号				8-8-9	8-8-10	8-8-11	8-8-12
项目				圆形立式		圆形卧式	
				1.5m 以下	1.5m 以上	1.5m 以下	1.5m 以上
基价(元)				**3455.13**	**3337.53**	**3516.73**	**3354.33**
其中	人工费(元)			1455.20	1337.60	1516.80	1354.40
	材料费(元)			1862.86	1862.86	1862.86	1862.86
	机械费(元)			137.07	137.07	137.07	137.07
名称		单位	单价(元)	数量			
人工	综合工日	工日	80.00	18.190	16.720	18.960	16.930
材料	硅质耐酸胶泥	m^3	–	(0.141)	(0.141)	(0.141)	(0.141)
	耐酸砖 230×113×65	块	2.80	663.000	663.000	663.000	663.000
	硫酸 38%	kg	0.91	2.000	2.000	2.000	2.000
	水	t	4.00	0.800	0.800	0.800	0.800
	尼龙砂轮片 ϕ150	片	7.60	0.100	0.100	0.100	0.100
	电	kW·h	0.85	0.800	0.800	0.800	0.800
机械	滚筒式混凝土搅拌机(内燃) 250L	台班	202.65	0.350	0.350	0.350	0.350
	轴流风机 7.5kW	台班	42.81	0.420	0.420	0.420	0.420
	电动卷扬机(单筒慢速) 30kN	台班	137.62	0.350	0.350	0.350	0.350

工作内容:同前　　　　单位:$10m^2$

定额编号				8-8-13	8-8-14	8-8-15	8-8-16
项目				矩形		锥(塔)形	
				1.5m 以下	1.5m 以上	1.5m 以下	1.5m 以上
基价(元)				**3284.73**	**3191.93**	**3607.13**	**3473.53**
其中	人工费(元)			1284.80	1192.00	1607.20	1473.60
	材料费(元)			1862.86	1862.86	1862.86	1862.86
	机械费(元)			137.07	137.07	137.07	137.07
名称		单位	单价(元)	数量			
人工	综合工日	工日	80.00	16.060	14.900	20.090	18.420
材料	硅质耐酸胶泥	m^3	–	(0.141)	(0.141)	(0.141)	(0.141)
	耐酸砖 230×113×65	块	2.80	663.000	663.000	663.000	663.000
	硫酸 38%	kg	0.91	2.000	2.000	2.000	2.000
	水	t	4.00	0.800	0.800	0.800	0.800
	尼龙砂轮片 φ150	片	7.60	0.100	0.100	0.100	0.100
	电	kW·h	0.85	0.800	0.800	0.800	0.800
机械	滚筒式混凝土搅拌机(内燃) 250L	台班	202.65	0.350	0.350	0.350	0.350
	轴流风机 7.5kW	台班	42.81	0.420	0.420	0.420	0.420
	电动卷扬机(单筒慢速) 30kN	台班	137.62	0.350	0.350	0.350	0.350

3. 耐酸砖 230×113×65（65mm 厚）

工作内容：运料、选砖板、洗砖板、调制胶泥、刷底胶浆、衬砌、养生、酸洗。　　　　单位：$10m^2$

定额编号				8-8-17	8-8-18	8-8-19	8-8-20
项目				圆形立式		圆形卧式	
				1.5m 以下	1.5m 以上	1.5m 以下	1.5m 以上
基价（元）				**2157.81**	**2101.24**	**2208.21**	**2118.61**
其中	人工费（元）			926.40	871.20	976.80	887.20
	材料费（元）			1094.34	1094.34	1094.34	1094.34
	机械费（元）			137.07	135.70	137.07	137.07
名称		单位	单价（元）	数量			
人工	综合工日	工日	80.00	11.580	10.890	12.210	11.090
材料	硅质耐酸胶泥	m^3	–	(0.112)	(0.112)	(0.112)	(0.112)
	耐酸砖 230×113×65	块	2.80	389.000	389.000	389.000	389.000
	硫酸 38%	kg	0.91	2.000	2.000	2.000	2.000
	水	t	4.00	0.470	0.470	0.470	0.470
	尼龙砂轮片 ϕ150	片	7.60	0.100	0.100	0.100	0.100
	电	kW·h	0.85	0.800	0.800	0.800	0.800
机械	滚筒式混凝土搅拌机（内燃）250L	台班	202.65	0.350	0.350	0.350	0.350
	轴流风机 7.5kW	台班	42.81	0.420	0.420	0.420	0.420
	电动卷扬机（单筒慢速）30kN	台班	137.62	0.350	0.340	0.350	0.350

工作内容：同前　　　　单位：$10m^2$

定额编号				8-8-21	8-8-22	8-8-23	8-8-24
项目				矩形		锥(塔)形	
				1.5m 以下	1.5m 以上	1.5m 以下	1.5m 以上
基价（元）				**2066.61**	**2020.21**	**2260.21**	**2169.81**
其中	人工费（元）			835.20	788.80	1028.80	938.40
	材料费（元）			1094.34	1094.34	1094.34	1094.34
	机械费（元）			137.07	137.07	137.07	137.07
名称		单位	单价(元)	数量			
人工	综合工日	工日	80.00	10.440	9.860	12.860	11.730
材料	硅质耐酸胶泥	m^3	–	(0.112)	(0.112)	(0.112)	(0.112)
	耐酸砖 230×113×65	块	2.80	389.000	389.000	389.000	389.000
	硫酸 38%	kg	0.91	2.000	2.000	2.000	2.000
	水	t	4.00	0.470	0.470	0.470	0.470
	尼龙砂轮片 ϕ150	片	7.60	0.100	0.100	0.100	0.100
	电	kW·h	0.85	0.800	0.800	0.800	0.800
机械	滚筒式混凝土搅拌机(内燃) 250L	台班	202.65	0.350	0.350	0.350	0.350
	轴流风机 7.5kW	台班	42.81	0.420	0.420	0.420	0.420
	电动卷扬机(单筒慢速) 30kN	台班	137.62	0.350	0.350	0.350	0.350

4. 耐酸板 100×50×10

工作内容：运料、选砖板、洗砖板、调制胶泥、刷底胶浆、衬砌、养生、酸洗。　　单位：10m²

定额编号				8-8-25	8-8-26	8-8-27	8-8-28
项目				圆形立式		圆形卧式	
				1.5m 以下	1.5m 以上	1.5m 以下	1.5m 以上
基价（元）				**1374.73**	**1267.53**	**1550.73**	**1421.13**
其中	人工费（元）			1232.00	1124.80	1408.00	1278.40
	材料费（元）			5.66	5.66	5.66	5.66
	机械费（元）			137.07	137.07	137.07	137.07
名称		单位	单价(元)	数量			
人工	综合工日	工日	80.00	15.400	14.060	17.600	15.980
材料	硅质耐酸胶泥	m³	–	(0.095)	(0.095)	(0.095)	(0.095)
	耐酸板 100×50×10	块	–	(1980.000)	(1980.000)	(1980.000)	(1980.000)
	硫酸 38%	kg	0.91	2.000	2.000	2.000	2.000
	水	t	4.00	0.600	0.600	0.600	0.600
	尼龙砂轮片 φ150	片	7.60	0.100	0.100	0.100	0.100
	电	kW·h	0.85	0.800	0.800	0.800	0.800
机械	滚筒式混凝土搅拌机(内燃) 250L	台班	202.65	0.350	0.350	0.350	0.350
	轴流风机 7.5kW	台班	42.81	0.420	0.420	0.420	0.420
	电动卷扬机(单筒慢速) 30kN	台班	137.62	0.350	0.350	0.350	0.350

工作内容:同前　　单位:$10m^2$

定额编号				8-8-29	8-8-30	8-8-31	8-8-32
项目				矩形		锥(塔)形	
				1.5m 以下	1.5m 以上	1.5m 以下	1.5m 以上
基价(元)				1228.33	1146.73	1756.33	1593.13
其中	人工费(元)			1085.60	1004.00	1613.60	1450.40
	材料费(元)			5.66	5.66	5.66	5.66
	机械费(元)			137.07	137.07	137.07	137.07
名称		单位	单价(元)	数量			
人工	综合工日	工日	80.00	13.570	12.550	20.170	18.130
材料	硅质耐酸胶泥	m^3	–	(0.095)	(0.095)	(0.095)	(0.095)
	耐酸板 100×50×10	块	–	(1980.000)	(1980.000)	(1980.000)	(1980.000)
	硫酸 38%	kg	0.91	2.000	2.000	2.000	2.000
	水	t	4.00	0.600	0.600	0.600	0.600
	尼龙砂轮片 ϕ150	片	7.60	0.100	0.100	0.100	0.100
	电	kW·h	0.85	0.800	0.800	0.800	0.800
机械	滚筒式混凝土搅拌机(内燃)250L	台班	202.65	0.350	0.350	0.350	0.350
	轴流风机 7.5kW	台班	42.81	0.420	0.420	0.420	0.420
	电动卷扬机(单筒慢速)30kN	台班	137.62	0.350	0.350	0.350	0.350

5. 耐酸板 75×75×10

工作内容:运料、选砖板、洗砖板、调制胶泥、刷底胶浆、衬砌、养生、酸洗。

单位:$10m^2$

定额编号				8-8-33	8-8-34	8-8-35	8-8-36
项目				圆形立式		圆形卧式	
				1.5m 以下	1.5m 以上	1.5m 以下	1.5m 以上
基价(元)				**1356.89**	**1252.09**	**1529.69**	**1402.49**
其中	人工费(元)			1214.40	1109.60	1387.20	1260.00
	材料费(元)			5.42	5.42	5.42	5.42
	机械费(元)			137.07	137.07	137.07	137.07
名称		单位	单价(元)	数量			
人工	综合工日	工日	80.00	15.180	13.870	17.340	15.750
材料	硅质耐酸胶泥	m^3	–	(0.087)	(0.087)	(0.087)	(0.087)
	耐酸板 75×75×10	块	–	(1771.000)	(1771.000)	(1771.000)	(1771.000)
	硫酸 38%	kg	0.91	2.000	2.000	2.000	2.000
	水	t	4.00	0.540	0.540	0.540	0.540
	尼龙砂轮片 φ150	片	7.60	0.100	0.100	0.100	0.100
	电	kW·h	0.85	0.800	0.800	0.800	0.800
机械	滚筒式混凝土搅拌机(内燃) 250L	台班	202.65	0.350	0.350	0.350	0.350
	轴流风机 7.5kW	台班	42.81	0.420	0.420	0.420	0.420
	电动卷扬机(单筒慢速) 30kN	台班	137.62	0.350	0.350	0.350	0.350

工作内容:同前　　　　单位:$10m^2$

定额编号				8-8-37	8-8-38	8-8-39	8-8-40
项目				矩形		锥(塔)形	
				1.5m 以下	1.5m 以上	1.5m 以下	1.5m 以上
基价(元)				**1252.09**	**1133.69**	**1732.09**	**1571.29**
其中	人工费(元)			1109.60	991.20	1589.60	1428.80
	材料费(元)			5.42	5.42	5.42	5.42
	机械费(元)			137.07	137.07	137.07	137.07
名称		单位	单价(元)	数量			
人工	综合工日	工日	80.00	13.870	12.390	19.870	17.860
材料	硅质耐酸胶泥	m^3	–	(0.087)	(0.087)	(0.087)	(0.087)
	耐酸板 75×75×10	块	–	(1771.000)	(1771.000)	(1771.000)	(1771.000)
	硫酸 38%	kg	0.91	2.000	2.000	2.000	2.000
	水	t	4.00	0.540	0.540	0.540	0.540
	尼龙砂轮片 ϕ150	片	7.60	0.100	0.100	0.100	0.100
	电	kW·h	0.85	0.800	0.800	0.800	0.800
机械	滚筒式混凝土搅拌机(内燃) 250L	台班	202.65	0.350	0.350	0.350	0.350
	轴流风机 7.5kW	台班	42.81	0.420	0.420	0.420	0.420
	电动卷扬机(单筒慢速) 30kN	台班	137.62	0.350	0.350	0.350	0.350

6. 耐酸板 100×100×10

工作内容:运料、选砖板、洗砖板、调制胶泥、刷底胶浆、衬砌、养生、酸洗。 单位:10m²

定额编号				8-8-41	8-8-42	8-8-43	8-8-44
项目				圆形立式		圆形卧式	
				1.5m 以下	1.5m 以上	1.5m 以下	1.5m 以上
基价(元)				**1347.17**	**1223.17**	**1551.17**	**1333.57**
其中	人工费(元)			1204.80	1080.80	1408.80	1191.20
	材料费(元)			5.30	5.30	5.30	5.30
	机械费(元)			137.07	137.07	137.07	137.07
名称		单位	单价(元)	数量			
人工	综合工日	工日	80.00	15.060	13.510	17.610	14.890
材料	硅质耐酸胶泥	m^3	–	(0.092)	(0.092)	(0.092)	(0.092)
	耐酸板 100×100×10	块	–	(1009.000)	(1009.000)	(1009.000)	(1009.000)
	硫酸 38%	kg	0.91	2.000	2.000	2.000	2.000
	水	t	4.00	0.510	0.510	0.510	0.510
	尼龙砂轮片 ϕ150	片	7.60	0.100	0.100	0.100	0.100
	电	kW·h	0.85	0.800	0.800	0.800	0.800
机械	滚筒式混凝土搅拌机(内燃) 250L	台班	202.65	0.350	0.350	0.350	0.350
	轴流风机 7.5kW	台班	42.81	0.420	0.420	0.420	0.420
	电动卷扬机(单筒慢速) 30kN	台班	137.62	0.350	0.350	0.350	0.350

工作内容：同前

单位：$10m^2$

定额编号				8-8-45	8-8-46	8-8-47	8-8-48
项目				矩形		锥（塔）形	
				1.5m 以下	1.5m 以上	1.5m 以下	1.5m 以上
基价（元）				**1227.17**	**1121.57**	**1692.77**	**1476.77**
其中	人工费（元）			1084.80	979.20	1550.40	1334.40
	材料费（元）			5.30	5.30	5.30	5.30
	机械费（元）			137.07	137.07	137.07	137.07
名称		单位	单价（元）	数量			
人工	综合工日	工日	80.00	13.560	12.240	19.380	16.680
材料	硅质耐酸胶泥	m^3	–	（0.092）	（0.092）	（0.092）	（0.092）
	耐酸板 100×100×10	块	–	（1009.000）	（1009.000）	（1009.000）	（1009.000）
	硫酸 38%	kg	0.91	2.000	2.000	2.000	2.000
	水	t	4.00	0.510	0.510	0.510	0.510
	尼龙砂轮片 φ150	片	7.60	0.100	0.100	0.100	0.100
	电	kW·h	0.85	0.800	0.800	0.800	0.800
机械	滚筒式混凝土搅拌机（内燃）250L	台班	202.65	0.350	0.350	0.350	0.350
	轴流风机 7.5kW	台班	42.81	0.420	0.420	0.420	0.420
	电动卷扬机（单筒慢速）30kN	台班	137.62	0.350	0.350	0.350	0.350

7. 耐酸板 150×70×10

工作内容：运料、选砖板、洗砖板、调制胶泥、刷底胶浆、衬砌、养生、酸洗。　　单位：$10m^2$

定额编号				8-8-49	8-8-50	8-8-51	8-8-52
项目				圆形立式		圆形卧式	
				1.5m 以下	1.5m 以上	1.5m 以下	1.5m 以上
基价（元）				**1221.05**	**1093.85**	**1387.45**	**1231.45**
其中	人工费（元）			1078.40	951.20	1244.80	1088.80
	材料费（元）			5.58	5.58	5.58	5.58
	机械费（元）			137.07	137.07	137.07	137.07
名称		单位	单价(元)	数量			
人工	综合工日	工日	80.00	13.480	11.890	15.560	13.610
材料	硅质耐酸胶泥	m^3	–	(0.092)	(0.092)	(0.092)	(0.092)
	耐酸板 150×70×10	块	–	(959.000)	(959.000)	(959.000)	(959.000)
	硫酸 38%	kg	0.91	2.000	2.000	2.000	2.000
	水	t	4.00	0.580	0.580	0.580	0.580
	尼龙砂轮片 φ150	片	7.60	0.100	0.100	0.100	0.100
	电	kW·h	0.85	0.800	0.800	0.800	0.800
机械	滚筒式混凝土搅拌机(内燃) 250L	台班	202.65	0.350	0.350	0.350	0.350
	轴流风机 7.5kW	台班	42.81	0.420	0.420	0.420	0.420
	电动卷扬机(单筒慢速) 30kN	台班	137.62	0.350	0.350	0.350	0.350

工作内容:同前　　单位:$10m^2$

定额编号				8-8-53	8-8-54	8-8-55	8-8-56
项目				矩形		锥(塔)形	
				1.5m 以下	1.5m 以上	1.5m 以下	1.5m 以上
基价(元)				**1116.25**	**1034.65**	**1531.45**	**1340.25**
其中	人工费(元)			973.60	892.00	1388.80	1197.60
	材料费(元)			5.58	5.58	5.58	5.58
	机械费(元)			137.07	137.07	137.07	137.07
名称		单位	单价(元)	数量			
人工	综合工日	工日	80.00	12.170	11.150	17.360	14.970
材料	硅质耐酸胶泥	m^3	–	(0.092)	(0.092)	(0.092)	(0.092)
	耐酸板 150×70×10	块	–	(959.000)	(959.000)	(959.000)	(959.000)
	硫酸 38%	kg	0.91	2.000	2.000	2.000	2.000
	水	t	4.00	0.580	0.580	0.580	0.580
	尼龙砂轮片 ϕ150	片	7.60	0.100	0.100	0.100	0.100
	电	kW·h	0.85	0.800	0.800	0.800	0.800
机械	滚筒式混凝土搅拌机(内燃) 250L	台班	202.65	0.350	0.350	0.350	0.350
	轴流风机 7.5kW	台班	42.81	0.420	0.420	0.420	0.420
	电动卷扬机(单筒慢速) 30kN	台班	137.62	0.350	0.350	0.350	0.350

8. 耐酸板 150×75×10

工作内容：运料、选砖板、洗砖板、调制胶泥、刷底胶浆、衬砌、养生、酸洗。　　单位：10m²

定额编号				8-8-57	8-8-58	8-8-59	8-8-60
项目				圆形立式		圆形卧式	
				1.5m 以下	1.5m 以上	1.5m 以下	1.5m 以上
基价（元）				1191.33	1065.73	1359.33	1201.73
其中	人工费（元）			1048.80	923.20	1216.80	1059.20
	材料费（元）			5.46	5.46	5.46	5.46
	机械费（元）			137.07	137.07	137.07	137.07
名称		单位	单价（元）	数量			
人工	综合工日	工日	80.00	13.110	11.540	15.210	13.240
材料	硅质耐酸胶泥	m^3	–	(0.092)	(0.092)	(0.092)	(0.092)
	耐酸板 150×75×10	块	–	(897.000)	(897.000)	(897.000)	(897.000)
	硫酸 38%	kg	0.91	2.000	2.000	2.000	2.000
	水	t	4.00	0.550	0.550	0.550	0.550
	尼龙砂轮片 ϕ150	片	7.60	0.100	0.100	0.100	0.100
	电	kW·h	0.85	0.800	0.800	0.800	0.800
机械	滚筒式混凝土搅拌机(内燃) 250L	台班	202.65	0.350	0.350	0.350	0.350
	轴流风机 7.5kW	台班	42.81	0.420	0.420	0.420	0.420
	电动卷扬机(单筒慢速) 30kN	台班	137.62	0.350	0.350	0.350	0.350

工作内容:同前　　单位:$10m^2$

定额编号				8-8-61	8-8-62	8-8-63	8-8-64
项目				矩形		锥(塔)形	
				1.5m 以下	1.5m 以上	1.5m 以下	1.5m 以上
基价(元)				**1087.33**	**1005.73**	**1502.53**	**1312.13**
其中	人工费(元)			944.80	863.20	1360.00	1169.60
	材料费(元)			5.46	5.46	5.46	5.46
	机械费(元)			137.07	137.07	137.07	137.07
名称		单位	单价(元)	数量			
人工	综合工日	工日	80.00	11.810	10.790	17.000	14.620
材料	硅质耐酸胶泥	m^3	–	(0.092)	(0.092)	(0.092)	(0.092)
	耐酸板 150×75×10	块	–	(897.000)	(897.000)	(897.000)	(897.000)
	硫酸 38%	kg	0.91	2.000	2.000	2.000	2.000
	水	t	4.00	0.550	0.550	0.550	0.550
	尼龙砂轮片 φ150	片	7.60	0.100	0.100	0.100	0.100
	电	kW·h	0.85	0.800	0.800	0.800	0.800
机械	滚筒式混凝土搅拌机(内燃) 250L	台班	202.65	0.350	0.350	0.350	0.350
	轴流风机 7.5kW	台班	42.81	0.420	0.420	0.420	0.420
	电动卷扬机(单筒慢速) 30kN	台班	137.62	0.350	0.350	0.350	0.350

9. 耐酸板 150×75×15

工作内容：运料、选砖板、洗砖板、调制胶泥、刷底胶浆、衬砌、养生、酸洗。

单位：10m²

定额编号				8-8-65	8-8-66	8-8-67	8-8-68
项目				圆形立式		圆形卧式	
				1.5m 以下	1.5m 以上	1.5m 以下	1.5m 以上
基价（元）				**1193.73**	**1066.53**	**1360.93**	**1203.33**
其中	人工费（元）			1051.20	924.00	1218.40	1060.80
	材料费（元）			5.46	5.46	5.46	5.46
	机械费（元）			137.07	137.07	137.07	137.07
名称		单位	单价(元)	数量			
人工	综合工日	工日	80.00	13.140	11.550	15.230	13.260
材料	硅质耐酸胶泥	m^3	–	(0.095)	(0.095)	(0.095)	(0.095)
	耐酸板 150×75×15	块	–	(897.000)	(897.000)	(897.000)	(897.000)
	硫酸 38%	kg	0.91	2.000	2.000	2.000	2.000
	水	t	4.00	0.550	0.550	0.550	0.550
	尼龙砂轮片 ϕ150	片	7.60	0.100	0.100	0.100	0.100
	电	kW·h	0.85	0.800	0.800	0.800	0.800
机械	滚筒式混凝土搅拌机(内燃) 250L	台班	202.65	0.350	0.350	0.350	0.350
	轴流风机 7.5kW	台班	42.81	0.420	0.420	0.420	0.420
	电动卷扬机(单筒慢速) 30kN	台班	137.62	0.350	0.350	0.350	0.350

工作内容：同前

单位：10m²

定额编号				8-8-69	8-8-70	8-8-71	8-8-72
项目				矩形		锥(塔)形	
				1.5m 以下	1.5m 以上	1.5m 以下	1.5m 以上
基价（元）				**1089.73**	**1008.13**	**1504.93**	**1313.73**
其中	人工费（元）			947.20	865.60	1362.40	1171.20
	材料费（元）			5.46	5.46	5.46	5.46
	机械费（元）			137.07	137.07	137.07	137.07
名称		单位	单价(元)	数量			
人工	综合工日	工日	80.00	11.840	10.820	17.030	14.640
材料	硅质耐酸胶泥	m^3	–	(0.095)	(0.095)	(0.095)	(0.095)
	耐酸板 150×75×15	块	–	(897.000)	(897.000)	(897.000)	(897.000)
	硫酸 38%	kg	0.91	2.000	2.000	2.000	2.000
	水	t	4.00	0.550	0.550	0.550	0.550
	尼龙砂轮片 ϕ150	片	7.60	0.100	0.100	0.100	0.100
	电	kW·h	0.85	0.800	0.800	0.800	0.800
机械	滚筒式混凝土搅拌机(内燃) 250L	台班	202.65	0.350	0.350	0.350	0.350
	轴流风机 7.5kW	台班	42.81	0.420	0.420	0.420	0.420
	电动卷扬机(单筒慢速) 30kN	台班	137.62	0.350	0.350	0.350	0.350

10. 耐酸板 150×75×20

工作内容：运料、选砖板、洗砖板、调制胶泥、刷底胶浆、衬砌、养生、酸洗。　　　　单位：$10m^2$

定额编号				8-8-73	8-8-74	8-8-75	8-8-76
项目				圆形立式		圆形卧式	
				1.5m 以下	1.5m 以上	1.5m 以下	1.5m 以上
基价（元）				**1198.53**	**1071.33**	**1365.73**	**1208.13**
其中	人工费（元）			1056.00	928.80	1223.20	1065.60
	材料费（元）			5.46	5.46	5.46	5.46
	机械费（元）			137.07	137.07	137.07	137.07
名称		单位	单价（元）	数量			
人工	综合工日	工日	80.00	13.200	11.610	15.290	13.320
材料	硅质耐酸胶泥	m^3	–	(0.098)	(0.098)	(0.098)	(0.098)
	耐酸板 150×75×20	块	–	(897.000)	(897.000)	(897.000)	(897.000)
	硫酸 38%	kg	0.91	2.000	2.000	2.000	2.000
	水	t	4.00	0.550	0.550	0.550	0.550
	尼龙砂轮片 $\phi150$	片	7.60	0.100	0.100	0.100	0.100
	电	kW·h	0.85	0.800	0.800	0.800	0.800
机械	滚筒式混凝土搅拌机（内燃）250L	台班	202.65	0.350	0.350	0.350	0.350
	轴流风机 7.5kW	台班	42.81	0.420	0.420	0.420	0.420
	电动卷扬机（单筒慢速）30kN	台班	137.62	0.350	0.350	0.350	0.350

工作内容:同前

单位:$10m^2$

定额编号				8-8-77	8-8-78	8-8-79	8-8-80
项目				矩形		锥(塔)形	
				1.5m 以下	1.5m 以上	1.5m 以下	1.5m 以上
基价(元)				**1093.73**	**1012.93**	**1509.73**	**1317.73**
其中	人工费(元)			951.20	870.40	1367.20	1175.20
	材料费(元)			5.46	5.46	5.46	5.46
	机械费(元)			137.07	137.07	137.07	137.07
名称		单位	单价(元)	数量			
人工	综合工日	工日	80.00	11.890	10.880	17.090	14.690
材料	硅质耐酸胶泥	m^3	–	(0.098)	(0.098)	(0.098)	(0.098)
	耐酸板 150×75×20	块	–	(897.000)	(897.000)	(897.000)	(897.000)
	硫酸 38%	kg	0.91	2.000	2.000	2.000	2.000
	水	t	4.00	0.550	0.550	0.550	0.550
	尼龙砂轮片 $\phi150$	片	7.60	0.100	0.100	0.100	0.100
	电	kW·h	0.85	0.800	0.800	0.800	0.800
机械	滚筒式混凝土搅拌机(内燃) 250L	台班	202.65	0.350	0.350	0.350	0.350
	轴流风机 7.5kW	台班	42.81	0.420	0.420	0.420	0.420
	电动卷扬机(单筒慢速) 30kN	台班	137.62	0.350	0.350	0.350	0.350

11. 耐酸板 150×75×25

工作内容：运料、选砖板、洗砖板、调制胶泥、刷底胶浆、衬砌、养生、酸洗。　　　　单位：10m²

定额编号				8-8-81	8-8-82	8-8-83	8-8-84
项目				圆形立式		圆形卧式	
				1.5m 以下	1.5m 以上	1.5m 以下	1.5m 以上
基价（元）				1202.53	1075.33	1368.93	1211.33
其中	人工费（元）			1060.00	932.80	1226.40	1068.80
	材料费（元）			5.46	5.46	5.46	5.46
	机械费（元）			137.07	137.07	137.07	137.07
名称		单位	单价（元）	数量			
人工	综合工日	工日	80.00	13.250	11.660	15.330	13.360
材料	硅质耐酸胶泥	m^3	–	(0.102)	(0.102)	(0.102)	(0.102)
	耐酸板 150×75×25	块	–	(897.000)	(897.000)	(897.000)	(897.000)
	硫酸 38%	kg	0.91	2.000	2.000	2.000	2.000
	水	t	4.00	0.550	0.550	0.550	0.550
	尼龙砂轮片 ϕ150	片	7.60	0.100	0.100	0.100	0.100
	电	kW·h	0.85	0.800	0.800	0.800	0.800
机械	滚筒式混凝土搅拌机（内燃）250L	台班	202.65	0.350	0.350	0.350	0.350
	轴流风机 7.5kW	台班	42.81	0.420	0.420	0.420	0.420
	电动卷扬机（单筒慢速）30kN	台班	137.62	0.350	0.350	0.350	0.350

工作内容:同前

单位:$10m^2$

定额编号				8-8-85	8-8-86	8-8-87	8-8-88
项目				矩形		锥(塔)形	
				1.5m 以下	1.5m 以上	1.5m 以下	1.5m 以上
基价(元)				**1097.73**	**1016.13**	**1513.73**	**1321.73**
其中	人工费(元)			955.20	873.60	1371.20	1179.20
	材料费(元)			5.46	5.46	5.46	5.46
	机械费(元)			137.07	137.07	137.07	137.07
名称		单位	单价(元)	数量			
人工	综合工日	工日	80.00	11.940	10.920	17.140	14.740
材料	硅质耐酸胶泥	m^3	–	(0.102)	(0.102)	(0.102)	(0.102)
	耐酸板 150×75×25	块	–	(897.000)	(897.000)	(897.000)	(897.000)
	硫酸 38%	kg	0.91	2.000	2.000	2.000	2.000
	水	t	4.00	0.550	0.550	0.550	0.550
	尼龙砂轮片 $\phi150$	片	7.60	0.100	0.100	0.100	0.100
	电	kW·h	0.85	0.800	0.800	0.800	0.800
机械	滚筒式混凝土搅拌机(内燃) 250L	台班	202.65	0.350	0.350	0.350	0.350
	轴流风机 7.5kW	台班	42.81	0.420	0.420	0.420	0.420
	电动卷扬机(单筒慢速) 30kN	台班	137.62	0.350	0.350	0.350	0.350

12. 耐酸板 180×90×20

工作内容：运料、选砖板、洗砖板、调制胶泥、刷底胶浆、衬砌、养生、酸洗。

单位：$10m^2$

定额编号				8-8-89	8-8-90	8-8-91	8-8-92
项目				圆形立式		圆形卧式	
				1.5m 以下	1.5m 以上	1.5m 以下	1.5m 以上
基价（元）				**1064.33**	**973.13**	**1185.93**	**1104.33**
其中	人工费（元）			921.60	830.40	1043.20	961.60
	材料费（元）			5.66	5.66	5.66	5.66
	机械费（元）			137.07	137.07	137.07	137.07
名称		单位	单价(元)	数量			
人工	综合工日	工日	80.00	11.520	10.380	13.040	12.020
材料	硅质耐酸胶泥	m^3	–	(0.096)	(0.096)	(0.096)	(0.096)
	耐酸板 180×90×20	块	–	(627.000)	(627.000)	(627.000)	(627.000)
	硫酸 38%	kg	0.91	2.000	2.000	2.000	2.000
	水	t	4.00	0.600	0.600	0.600	0.600
	尼龙砂轮片 φ150	片	7.60	0.100	0.100	0.100	0.100
	电	kW·h	0.85	0.800	0.800	0.800	0.800
机械	滚筒式混凝土搅拌机(内燃) 250L	台班	202.65	0.350	0.350	0.350	0.350
	轴流风机 7.5kW	台班	42.81	0.420	0.420	0.420	0.420
	电动卷扬机(单筒慢速) 30kN	台班	137.62	0.350	0.350	0.350	0.350

工作内容：同前　　　　　　　　　　　　　　　　　　　　　　　　　单位：10m²

定额编号				8-8-93	8-8-94	8-8-95	8-8-96
项目				矩形		锥(塔)形	
				1.5m 以下	1.5m 以上	1.5m 以下	1.5m 以上
基价（元）				**946.73**	**876.33**	**1329.93**	**1209.13**
其中	人工费（元）			804.00	733.60	1187.20	1066.40
	材料费（元）			5.66	5.66	5.66	5.66
	机械费（元）			137.07	137.07	137.07	137.07
名称		单位	单价(元)	数量			
人工	综合工日	工日	80.00	10.050	9.170	14.840	13.330
材料	硅质耐酸胶泥	m^3	–	(0.096)	(0.096)	(0.096)	(0.096)
	耐酸板 180×90×20	块	–	(627.000)	(627.000)	(627.000)	(627.000)
	硫酸 38%	kg	0.91	2.000	2.000	2.000	2.000
	水	t	4.00	0.600	0.600	0.600	0.600
	尼龙砂轮片 ϕ150	片	7.60	0.100	0.100	0.100	0.100
	电	kW·h	0.85	0.800	0.800	0.800	0.800
机械	滚筒式混凝土搅拌机(内燃) 250L	台班	202.65	0.350	0.350	0.350	0.350
	轴流风机 7.5kW	台班	42.81	0.420	0.420	0.420	0.420
	电动卷扬机(单筒慢速) 30kN	台班	137.62	0.350	0.350	0.350	0.350

13. 耐酸板 180×110×10

工作内容：运料、选砖板、洗砖板、调制胶泥、刷底胶浆、衬砌、养生、酸洗。　　　　单位：$10m^2$

定额编号				8-8-97	8-8-98	8-8-99	8-8-100
项目				圆形立式		圆形卧式	
				1.5m 以下	1.5m 以上	1.5m 以下	1.5m 以上
基价（元）				**1072.81**	**984.81**	**1197.61**	**1114.41**
其中	人工费（元）			930.40	842.40	1055.20	972.00
	材料费（元）			5.34	5.34	5.34	5.34
	机械费（元）			137.07	137.07	137.07	137.07
名称		单位	单价（元）	数量			
人工	综合工日	工日	80.00	11.630	10.530	13.190	12.150
材料	硅质耐酸胶泥	m^3	–	(0.091)	(0.091)	(0.091)	(0.091)
	耐酸板 180×110×10	块	–	(515.000)	(515.000)	(515.000)	(515.000)
	硫酸 38%	kg	0.91	2.000	2.000	2.000	2.000
	水	t	4.00	0.520	0.520	0.520	0.520
	尼龙砂轮片 φ150	片	7.60	0.100	0.100	0.100	0.100
	电	kW·h	0.85	0.800	0.800	0.800	0.800
机械	滚筒式混凝土搅拌机（内燃）250L	台班	202.65	0.350	0.350	0.350	0.350
	轴流风机 7.5kW	台班	42.81	0.420	0.420	0.420	0.420
	电动卷扬机（单筒慢速）30kN	台班	137.62	0.350	0.350	0.350	0.350

工作内容:同前　　　　单位:$10m^2$

定额编号				8-8-101	8-8-102	8-8-103	8-8-104
项目				矩形		锥(塔)形	
				1.5m 以下	1.5m 以上	1.5m 以下	1.5m 以上
基价(元)				**971.21**	**904.81**	**1352.01**	**1228.81**
其中	人工费(元)			828.80	762.40	1209.60	1086.40
	材料费(元)			5.34	5.34	5.34	5.34
	机械费(元)			137.07	137.07	137.07	137.07
名称		单位	单价(元)	数量			
人工	综合工日	工日	80.00	10.360	9.530	15.120	13.580
材料	硅质耐酸胶泥	m^3	–	(0.091)	(0.091)	(0.091)	(0.091)
	耐酸板 180×110×10	块	–	(515.000)	(515.000)	(515.000)	(515.000)
	硫酸 38%	kg	0.91	2.000	2.000	2.000	2.000
	水	t	4.00	0.520	0.520	0.520	0.520
	尼龙砂轮片 ϕ150	片	7.60	0.100	0.100	0.100	0.100
	电	kW·h	0.85	0.800	0.800	0.800	0.800
机械	滚筒式混凝土搅拌机(内燃) 250L	台班	202.65	0.350	0.350	0.350	0.350
	轴流风机 7.5kW	台班	42.81	0.420	0.420	0.420	0.420
	电动卷扬机(单筒慢速) 30kN	台班	137.62	0.350	0.350	0.350	0.350

14. 耐酸板 180×110×15

工作内容：运料、选砖板、洗砖板、调制胶泥、刷底胶浆、衬砌、养生、酸洗。 单位：10m²

定额编号				8-8-105	8-8-106	8-8-107	8-8-108
项目				圆形立式		圆形卧式	
				1.5m 以下	1.5m 以上	1.5m 以下	1.5m 以上
基价（元）				**1073.61**	**986.41**	**1199.21**	**1116.81**
其中	人工费（元）			931.20	844.00	1056.80	974.40
	材料费（元）			5.34	5.34	5.34	5.34
	机械费（元）			137.07	137.07	137.07	137.07
名称		单位	单价（元）	数量			
人工	综合工日	工日	80.00	11.640	10.550	13.210	12.180
材料	硅质耐酸胶泥	m^3	–	(0.093)	(0.093)	(0.093)	(0.093)
	耐酸板 180×110×15	块	–	(515.000)	(515.000)	(515.000)	(515.000)
	硫酸 38%	kg	0.91	2.000	2.000	2.000	2.000
	水	t	4.00	0.520	0.520	0.520	0.520
	尼龙砂轮片 ϕ150	片	7.60	0.100	0.100	0.100	0.100
	电	kW·h	0.85	0.800	0.800	0.800	0.800
机械	滚筒式混凝土搅拌机（内燃）250L	台班	202.65	0.350	0.350	0.350	0.350
	轴流风机 7.5kW	台班	42.81	0.420	0.420	0.420	0.420
	电动卷扬机（单筒慢速）30kN	台班	137.62	0.350	0.350	0.350	0.350

工作内容:同前

单位:$10m^2$

定额编号				8-8-109	8-8-110	8-8-111	8-8-112
项目				矩形		锥(塔)形	
				1.5m 以下	1.5m 以上	1.5m 以下	1.5m 以上
基价(元)				**972.81**	**907.21**	**1354.41**	**1230.41**
其中	人工费(元)			830.40	764.80	1212.00	1088.00
	材料费(元)			5.34	5.34	5.34	5.34
	机械费(元)			137.07	137.07	137.07	137.07
名称		单位	单价(元)	数量			
人工	综合工日	工日	80.00	10.380	9.560	15.150	13.600
材料	硅质耐酸胶泥	m^3	–	(0.093)	(0.093)	(0.093)	(0.093)
	耐酸板 180×110×15	块	–	(515.000)	(515.000)	(515.000)	(515.000)
	硫酸 38%	kg	0.91	2.000	2.000	2.000	2.000
	水	t	4.00	0.520	0.520	0.520	0.520
	尼龙砂轮片 ϕ150	片	7.60	0.100	0.100	0.100	0.100
	电	kW·h	0.85	0.800	0.800	0.800	0.800
机械	滚筒式混凝土搅拌机(内燃) 250L	台班	202.65	0.350	0.350	0.350	0.350
	轴流风机 7.5kW	台班	42.81	0.420	0.420	0.420	0.420
	电动卷扬机(单筒慢速) 30kN	台班	137.62	0.350	0.350	0.350	0.350

15. 耐酸板 180 × 110 × 20

工作内容：运料、选砖板、洗砖板、调制胶泥、刷底胶浆、衬砌、养生、酸洗。　　　　单位：10m²

定额编号				8-8-113	8-8-114	8-8-115	8-8-116
项目				圆形立式		圆形卧式	
				1.5m 以下	1.5m 以上	1.5m 以下	1.5m 以上
基价（元）				**1077.61**	**988.81**	**1202.41**	**1119.21**
其中	人工费（元）			935.20	846.40	1060.00	976.80
	材料费（元）			5.34	5.34	5.34	5.34
	机械费（元）			137.07	137.07	137.07	137.07
名称		单位	单价(元)	数量			
人工	综合工日	工日	80.00	11.690	10.580	13.250	12.210
材料	硅质耐酸胶泥	m^3	–	(0.095)	(0.095)	(0.095)	(0.095)
	耐酸板 180 × 110 × 20	块	–	(515.000)	(515.000)	(515.000)	(515.000)
	硫酸 38%	kg	0.91	2.000	2.000	2.000	2.000
	水	t	4.00	0.520	0.520	0.520	0.520
	尼龙砂轮片 φ150	片	7.60	0.100	0.100	0.100	0.100
	电	kW·h	0.85	0.800	0.800	0.800	0.800
机械	滚筒式混凝土搅拌机(内燃) 250L	台班	202.65	0.350	0.350	0.350	0.350
	轴流风机 7.5kW	台班	42.81	0.420	0.420	0.420	0.420
	电动卷扬机(单筒慢速) 30kN	台班	137.62	0.350	0.350	0.350	0.350

工作内容:同前　　单位:$10m^2$

定额编号				8-8-117	8-8-118	8-8-119	8-8-120
项目				矩形		锥(塔)形	
				1.5m 以下	1.5m 以上	1.5m 以下	1.5m 以上
基价(元)				**976.01**	**909.61**	**1356.81**	**1233.61**
其中	人工费(元)			833.60	767.20	1214.40	1091.20
	材料费(元)			5.34	5.34	5.34	5.34
	机械费(元)			137.07	137.07	137.07	137.07
名称		单位	单价(元)	数量			
人工	综合工日	工日	80.00	10.420	9.590	15.180	13.640
材料	硅质耐酸胶泥	m^3	–	(0.095)	(0.095)	(0.095)	(0.095)
	耐酸板 180×110×20	块	–	(515.000)	(515.000)	(515.000)	(515.000)
	硫酸 38%	kg	0.91	2.000	2.000	2.000	2.000
	水	t	4.00	0.520	0.520	0.520	0.520
	尼龙砂轮片 φ150	片	7.60	0.100	0.100	0.100	0.100
	电	kW·h	0.85	0.800	0.800	0.800	0.800
机械	滚筒式混凝土搅拌机(内燃) 250L	台班	202.65	0.350	0.350	0.350	0.350
	轴流风机 7.5kW	台班	42.81	0.420	0.420	0.420	0.420
	电动卷扬机(单筒慢速) 30kN	台班	137.62	0.350	0.350	0.350	0.350

16. 耐酸板 180×110×25

工作内容：运料、选砖板、洗砖板、调制胶泥、刷底胶浆、衬砌、养生、酸洗。　　单位：$10m^2$

定额编号				8-8-121	8-8-122	8-8-123	8-8-124
项目				圆形立式		圆形卧式	
				1.5m 以下	1.5m 以上	1.5m 以下	1.5m 以上
基价（元）				**1081.61**	**993.61**	**1207.21**	**1124.01**
其中	人工费（元）			939.20	851.20	1064.80	981.60
	材料费（元）			5.34	5.34	5.34	5.34
	机械费（元）			137.07	137.07	137.07	137.07
名称		单位	单价(元)	数量			
人工	综合工日	工日	80.00	11.740	10.640	13.310	12.270
材料	硅质耐酸胶泥	m^3	–	(0.097)	(0.097)	(0.097)	(0.097)
	耐酸板 180×110×25	块	–	(515.000)	(515.000)	(515.000)	(515.000)
	硫酸 38%	kg	0.91	2.000	2.000	2.000	2.000
	水	t	4.00	0.520	0.520	0.520	0.520
	尼龙砂轮片 $\phi150$	片	7.60	0.100	0.100	0.100	0.100
	电	kW·h	0.85	0.800	0.800	0.800	0.800
机械	滚筒式混凝土搅拌机(内燃) 250L	台班	202.65	0.350	0.350	0.350	0.350
	轴流风机 7.5kW	台班	42.81	0.420	0.420	0.420	0.420
	电动卷扬机(单筒慢速) 30kN	台班	137.62	0.350	0.350	0.350	0.350

工作内容:同前

单位:$10m^2$

定额编号				8-8-125	8-8-126	8-8-127	8-8-128
项目				矩形		锥(塔)形	
				1.5m 以下	1.5m 以上	1.5m 以下	1.5m 以上
基价(元)				**978.41**	**914.41**	**1361.61**	**1238.41**
其中	人工费(元)			836.00	772.00	1219.20	1096.00
	材料费(元)			5.34	5.34	5.34	5.34
	机械费(元)			137.07	137.07	137.07	137.07
名称		单位	单价(元)	数量			
人工	综合工日	工日	80.00	10.450	9.650	15.240	13.700
材料	硅质耐酸胶泥	m^3	–	(0.097)	(0.097)	(0.097)	(0.097)
	耐酸板 180×110×25	块	–	(515.000)	(515.000)	(515.000)	(515.000)
	硫酸 38%	kg	0.91	2.000	2.000	2.000	2.000
	水	t	4.00	0.520	0.520	0.520	0.520
	尼龙砂轮片 φ150	片	7.60	0.100	0.100	0.100	0.100
	电	kW·h	0.85	0.800	0.800	0.800	0.800
机械	滚筒式混凝土搅拌机(内燃) 250L	台班	202.65	0.350	0.350	0.350	0.350
	轴流风机 7.5kW	台班	42.81	0.420	0.420	0.420	0.420
	电动卷扬机(单筒慢速) 30kN	台班	137.62	0.350	0.350	0.350	0.350

17. 耐酸板 180×110×30

工作内容:运料、选砖板、洗砖板、调制胶泥、刷底胶浆、衬砌、养生、酸洗。　　单位:10m²

定额编号				8-8-129	8-8-130	8-8-131	8-8-132
项目				圆形立式		圆形卧式	
				1.5m 以下	1.5m 以上	1.5m 以下	1.5m 以上
基价(元)				**1085.61**	**998.41**	**1211.21**	**1128.81**
其中	人工费(元)			943.20	856.00	1068.80	986.40
	材料费(元)			5.34	5.34	5.34	5.34
	机械费(元)			137.07	137.07	137.07	137.07
名称		单位	单价(元)	数量			
人工	综合工日	工日	80.00	11.790	10.700	13.360	12.330
材料	硅质耐酸胶泥	m^3	–	(0.100)	(0.100)	(0.100)	(0.100)
	耐酸板 180×110×30	块	–	(515.000)	(515.000)	(515.000)	(515.000)
	硫酸 38%	kg	0.91	2.000	2.000	2.000	2.000
	水	t	4.00	0.520	0.520	0.520	0.520
	尼龙砂轮片 $\phi150$	片	7.60	0.100	0.100	0.100	0.100
	电	kW·h	0.85	0.800	0.800	0.800	0.800
机械	滚筒式混凝土搅拌机(内燃) 250L	台班	202.65	0.350	0.350	0.350	0.350
	轴流风机 7.5kW	台班	42.81	0.420	0.420	0.420	0.420
	电动卷扬机(单筒慢速) 30kN	台班	137.62	0.350	0.350	0.350	0.350

工作内容:同前

单位:$10m^2$

定额编号				8-8-133	8-8-134	8-8-135	8-8-136
项目				矩形		锥(塔)形	
				1.5m 以下	1.5m 以上	1.5m 以下	1.5m 以上
基价(元)				**984.81**	**919.21**	**1366.41**	**1242.41**
其中	人工费(元)			842.40	776.80	1224.00	1100.00
	材料费(元)			5.34	5.34	5.34	5.34
	机械费(元)			137.07	137.07	137.07	137.07
名称		单位	单价(元)	数量			
人工	综合工日	工日	80.00	10.530	9.710	15.300	13.750
材料	硅质耐酸胶泥	m^3	–	(0.100)	(0.100)	(0.100)	(0.100)
	耐酸板 180×110×30	块	–	(515.000)	(515.000)	(515.000)	(515.000)
	硫酸 38%	kg	0.91	2.000	2.000	2.000	2.000
	水	t	4.00	0.520	0.520	0.520	0.520
	尼龙砂轮片 φ150	片	7.60	0.100	0.100	0.100	0.100
	电	kW·h	0.85	0.800	0.800	0.800	0.800
机械	滚筒式混凝土搅拌机(内燃) 250L	台班	202.65	0.350	0.350	0.350	0.350
	轴流风机 7.5kW	台班	42.81	0.420	0.420	0.420	0.420
	电动卷扬机(单筒慢速) 30kN	台班	137.62	0.350	0.350	0.350	0.350

18. 耐酸板 180×110×35

工作内容：运料、选砖板、洗砖板、调制胶泥、刷底胶浆、衬砌、养生、酸洗。　　单位：$10m^2$

定额编号				8-8-137	8-8-138	8-8-139	8-8-140
项目				圆形立式		圆形卧式	
				1.5m 以下	1.5m 以上	1.5m 以下	1.5m 以上
基价（元）				**1088.81**	**1000.81**	**1214.41**	**1131.21**
其中	人工费（元）			946.40	858.40	1072.00	988.80
	材料费（元）			5.34	5.34	5.34	5.34
	机械费（元）			137.07	137.07	137.07	137.07
名称		单位	单价(元)	数量			
人工	综合工日	工日	80.00	11.830	10.730	13.400	12.360
材料	硅质耐酸胶泥	m^3	–	(0.102)	(0.102)	(0.102)	(0.102)
	耐酸板 180×110×35	块	–	(515.000)	(515.000)	(515.000)	(515.000)
	硫酸 38%	kg	0.91	2.000	2.000	2.000	2.000
	水	t	4.00	0.520	0.520	0.520	0.520
	尼龙砂轮片 $\phi150$	片	7.60	0.100	0.100	0.100	0.100
	电	kW·h	0.85	0.800	0.800	0.800	0.800
机械	滚筒式混凝土搅拌机(内燃) 250L	台班	202.65	0.350	0.350	0.350	0.350
	轴流风机 7.5kW	台班	42.81	0.420	0.420	0.420	0.420
	电动卷扬机(单筒慢速) 30kN	台班	137.62	0.350	0.350	0.350	0.350

工作内容:同前

单位:$10m^2$

定额编号				8-8-141	8-8-142	8-8-143	8-8-144
项目				矩形		锥(塔)形	
				1.5m 以下	1.5m 以上	1.5m 以下	1.5m 以上
基价(元)				**988.01**	**921.61**	**1368.81**	**1245.61**
其中	人工费(元)			845.60	779.20	1226.40	1103.20
	材料费(元)			5.34	5.34	5.34	5.34
	机械费(元)			137.07	137.07	137.07	137.07
名称		单位	单价(元)	数量			
人工	综合工日	工日	80.00	10.570	9.740	15.330	13.790
材料	硅质耐酸胶泥	m^3	–	(0.102)	(0.102)	(0.102)	(0.102)
	耐酸板 180×110×35	块	–	(515.000)	(515.000)	(515.000)	(515.000)
	硫酸 38%	kg	0.91	2.000	2.000	2.000	2.000
	水	t	4.00	0.520	0.520	0.520	0.520
	尼龙砂轮片 ϕ150	片	7.60	0.100	0.100	0.100	0.100
	电	kW·h	0.85	0.800	0.800	0.800	0.800
机械	滚筒式混凝土搅拌机(内燃) 250L	台班	202.65	0.350	0.350	0.350	0.350
	轴流风机 7.5kW	台班	42.81	0.420	0.420	0.420	0.420
	电动卷扬机(单筒慢速) 30kN	台班	137.62	0.350	0.350	0.350	0.350

19. 耐酸板 200×100×15

工作内容:运料、选砖板、洗砖板、调制胶泥、刷底胶浆、衬砌、养生、酸洗。　　　　单位:$10m^2$

定额编号				8-8-145	8-8-146	8-8-147	8-8-148
项目				圆形立式		圆形卧式	
				1.5m 以下	1.5m 以上	1.5m 以下	1.5m 以上
基价(元)				**1071.17**	**983.97**	**1195.97**	**1113.57**
其中	人工费(元)			928.80	841.60	1053.60	971.20
	材料费(元)			5.30	5.30	5.30	5.30
	机械费(元)			137.07	137.07	137.07	137.07
名称		单位	单价(元)	数		量	
人工	综合工日	工日	80.00	11.610	10.520	13.170	12.140
材料	硅质耐酸胶泥	m^3	–	(0.093)	(0.093)	(0.093)	(0.093)
	耐酸板 200×100×15	块	–	(510.000)	(510.000)	(510.000)	(510.000)
	硫酸 38%	kg	0.91	2.000	2.000	2.000	2.000
	水	t	4.00	0.510	0.510	0.510	0.510
	尼龙砂轮片 φ150	片	7.60	0.100	0.100	0.100	0.100
	电	kW·h	0.85	0.800	0.800	0.800	0.800
机械	滚筒式混凝土搅拌机(内燃) 250L	台班	202.65	0.350	0.350	0.350	0.350
	轴流风机 7.5kW	台班	42.81	0.420	0.420	0.420	0.420
	电动卷扬机(单筒慢速) 30kN	台班	137.62	0.350	0.350	0.350	0.350

工作内容:同前　　单位:$10m^2$

定额编号				8-8-149	8-8-150	8-8-151	8-8-152
项目				矩形		锥(塔)形	
				1.5m 以下	1.5m 以上	1.5m 以下	1.5m 以上
基价(元)				**969.57**	**903.97**	**1351.97**	**1227.17**
其中	人工费(元)			827.20	761.60	1209.60	1084.80
	材料费(元)			5.30	5.30	5.30	5.30
	机械费(元)			137.07	137.07	137.07	137.07
名称		单位	单价(元)	数量			
人工	综合工日	工日	80.00	10.340	9.520	15.120	13.560
材料	硅质耐酸胶泥	m^3	–	(0.093)	(0.093)	(0.093)	(0.093)
	耐酸板 200×100×15	块	–	(510.000)	(510.000)	(510.000)	(510.000)
	硫酸 38%	kg	0.91	2.000	2.000	2.000	2.000
	水	t	4.00	0.510	0.510	0.510	0.510
	尼龙砂轮片 $\phi150$	片	7.60	0.100	0.100	0.100	0.100
	电	kW·h	0.85	0.800	0.800	0.800	0.800
机械	滚筒式混凝土搅拌机(内燃) 250L	台班	202.65	0.350	0.350	0.350	0.350
	轴流风机 7.5kW	台班	42.81	0.420	0.420	0.420	0.420
	电动卷扬机(单筒慢速) 30kN	台班	137.62	0.350	0.350	0.350	0.350

20. 耐酸板 200×100×20

工作内容：运料、选砖板、洗砖板、调制胶泥、刷底胶浆、衬砌、养生、酸洗。　　单位：$10m^2$

定额编号				8-8-153	8-8-154	8-8-155	8-8-156
项目				圆形立式		圆形卧式	
				1.5m 以下	1.5m 以上	1.5m 以下	1.5m 以上
基价（元）				**1073.57**	**986.37**	**1198.37**	**1115.97**
其中	人工费（元）			931.20	844.00	1056.00	973.60
	材料费（元）			5.30	5.30	5.30	5.30
	机械费（元）			137.07	137.07	137.07	137.07
名称		单位	单价(元)	数量			
人工	综合工日	工日	80.00	11.640	10.550	13.200	12.170
材料	硅质耐酸胶泥	m^3	–	(0.095)	(0.095)	(0.095)	(0.095)
	耐酸板 200×100×20	块	–	(510.000)	(510.000)	(510.000)	(510.000)
	硫酸 38%	kg	0.91	2.000	2.000	2.000	2.000
	水	t	4.00	0.510	0.510	0.510	0.510
	尼龙砂轮片 φ150	片	7.60	0.100	0.100	0.100	0.100
	电	kW·h	0.85	0.800	0.800	0.800	0.800
机械	滚筒式混凝土搅拌机(内燃) 250L	台班	202.65	0.350	0.350	0.350	0.350
	轴流风机 7.5kW	台班	42.81	0.420	0.420	0.420	0.420
	电动卷扬机(单筒慢速) 30kN	台班	137.62	0.350	0.350	0.350	0.350

工作内容：同前

单位：10m²

定额编号				8-8-157	8-8-158	8-8-159	8-8-160
项目				矩形		锥(塔)形	
				1.5m 以下	1.5m 以上	1.5m 以下	1.5m 以上
基价（元）				**972.77**	**906.37**	**1354.37**	**1230.37**
其中	人工费（元）			830.40	764.00	1212.00	1088.00
	材料费（元）			5.30	5.30	5.30	5.30
	机械费（元）			137.07	137.07	137.07	137.07
名称		单位	单价(元)	数量			
人工	综合工日	工日	80.00	10.380	9.550	15.150	13.600
材料	硅质耐酸胶泥	m^3	–	(0.095)	(0.095)	(0.095)	(0.095)
	耐酸板 200×100×20	块	–	(510.000)	(510.000)	(510.000)	(510.000)
	硫酸 38%	kg	0.91	2.000	2.000	2.000	2.000
	水	t	4.00	0.510	0.510	0.510	0.510
	尼龙砂轮片 φ150	片	7.60	0.100	0.100	0.100	0.100
	电	kW·h	0.85	0.800	0.800	0.800	0.800
机械	滚筒式混凝土搅拌机(内燃) 250L	台班	202.65	0.350	0.350	0.350	0.350
	轴流风机 7.5kW	台班	42.81	0.420	0.420	0.420	0.420
	电动卷扬机(单筒慢速) 30kN	台班	137.62	0.350	0.350	0.350	0.350

21. 耐酸板 200×100×25

工作内容: 运料、选砖板、洗砖板、调制胶泥、刷底胶浆、衬砌、养生、酸洗。

单位:$10m^2$

定额编号				8-8-161	8-8-162	8-8-163	8-8-164
项目				圆形立式		圆形卧式	
				1.5m 以下	1.5m 以上	1.5m 以下	1.5m 以上
基价(元)				**1078.37**	**973.19**	**2983.21**	**1120.77**
其中	人工费(元)			936.00	848.80	1060.80	978.40
	材料费(元)			5.30	5.30	5.30	5.30
	机械费(元)			137.07	119.09	1917.11	137.07
名称		单位	单价(元)	数量			
人工	综合工日	工日	80.00	11.700	10.610	13.260	12.230
材料	硅质耐酸胶泥	m^3	–	(0.092)	(0.092)	(0.092)	(0.092)
	耐酸板 200×100×25	块	–	(510.000)	(510.000)	(510.000)	(510.000)
	硫酸 38%	kg	0.91	2.000	2.000	2.000	2.000
	水	t	4.00	0.510	0.510	0.510	0.510
	尼龙砂轮片 ϕ150	片	7.60	0.100	0.100	0.100	0.100
	电	kW·h	0.85	0.800	0.800	0.800	0.800
机械	滚筒式混凝土搅拌机(内燃) 250L	台班	202.65	0.350	0.350	0.350	0.350
	轴流风机 7.5kW	台班	42.81	0.420	–	42.000	0.420
	电动卷扬机(单筒慢速) 30kN	台班	137.62	0.350	0.350	0.350	0.350

工作内容:同前　　　　单位:$10m^2$

定额编号				8-8-165	8-8-166	8-8-167	8-8-168
项目				矩形		锥(塔)形	
				1.5m 以下	1.5m 以上	1.5m 以下	1.5m 以上
基价(元)				**976.77**	**911.17**	**1359.17**	**1234.37**
其中	人工费(元)			834.40	768.80	1216.80	1092.00
	材料费(元)			5.30	5.30	5.30	5.30
	机械费(元)			137.07	137.07	137.07	137.07
名称		单位	单价(元)	数量			
人工	综合工日	工日	80.00	10.430	9.610	15.210	13.650
材料	硅质耐酸胶泥	m^3	–	(0.092)	(0.092)	(0.092)	(0.092)
	耐酸板 200×100×25	块	–	(510.000)	(510.000)	(510.000)	(510.000)
	硫酸 38%	kg	0.91	2.000	2.000	2.000	2.000
	水	t	4.00	0.510	0.510	0.510	0.510
	尼龙砂轮片 ϕ150	片	7.60	0.100	0.100	0.100	0.100
	电	kW·h	0.85	0.800	0.800	0.800	0.800
机械	滚筒式混凝土搅拌机(内燃) 250L	台班	202.65	0.350	0.350	0.350	0.350
	轴流风机 7.5kW	台班	42.81	0.420	0.420	0.420	0.420
	电动卷扬机(单筒慢速) 30kN	台班	137.62	0.350	0.350	0.350	0.350

22. 耐酸板 200×100×30

工作内容：运料、选砖板、洗砖板、调制胶泥、刷底胶浆、衬砌、养生、酸洗。

单位：10m²

定额编号				8-8-169	8-8-170	8-8-171	8-8-172
项目				圆形立式		圆形卧式	
				1.5m 以下	1.5m 以上	1.5m 以下	1.5m 以上
基价（元）				**1083.17**	**995.97**	**1207.97**	**1125.57**
其中	人工费（元）			940.80	853.60	1065.60	983.20
	材料费（元）			5.30	5.30	5.30	5.30
	机械费（元）			137.07	137.07	137.07	137.07
名称		单位	单价（元）	数量			
人工	综合工日	工日	80.00	11.760	10.670	13.320	12.290
材料	硅质耐酸胶泥	m^3	–	(0.100)	(0.100)	(0.100)	(0.100)
	耐酸板 200×100×30	块	–	(510.000)	(510.000)	(510.000)	(510.000)
	硫酸 38%	kg	0.91	2.000	2.000	2.000	2.000
	水	t	4.00	0.510	0.510	0.510	0.510
	尼龙砂轮片 ϕ150	片	7.60	0.100	0.100	0.100	0.100
	电	kW·h	0.85	0.800	0.800	0.800	0.800
机械	滚筒式混凝土搅拌机（内燃）250L	台班	202.65	0.350	0.350	0.350	0.350
	轴流风机 7.5kW	台班	42.81	0.420	0.420	0.420	0.420
	电动卷扬机（单筒慢速）30kN	台班	137.62	0.350	0.350	0.350	0.350

工作内容:同前　　　　单位:$10m^2$

定额编号				8-8-173	8-8-174	8-8-175	8-8-176
项目				矩形		锥(塔)形	
				1.5m 以下	1.5m 以上	1.5m 以下	1.5m 以上
基价(元)				**981.57**	**915.17**	**1363.97**	**1239.17**
其中	人工费(元)			839.20	772.80	1221.60	1096.80
	材料费(元)			5.30	5.30	5.30	5.30
	机械费(元)			137.07	137.07	137.07	137.07
名称		单位	单价(元)	数量			
人工	综合工日	工日	80.00	10.490	9.660	15.270	13.710
材料	硅质耐酸胶泥	m^3	–	(0.100)	(0.100)	(0.100)	(0.100)
	耐酸板 200×100×30	块	–	(510.000)	(510.000)	(510.000)	(510.000)
	硫酸 38%	kg	0.91	2.000	2.000	2.000	2.000
	水	t	4.00	0.510	0.510	0.510	0.510
	尼龙砂轮片 ϕ150	片	7.60	0.100	0.100	0.100	0.100
	电	kW·h	0.85	0.800	0.800	0.800	0.800
机械	滚筒式混凝土搅拌机(内燃) 250L	台班	202.65	0.350	0.350	0.350	0.350
	轴流风机 7.5kW	台班	42.81	0.420	0.420	0.420	0.420
	电动卷扬机(单筒慢速) 30kN	台班	137.62	0.350	0.350	0.350	0.350

23. 耐酸板 150×150×15

工作内容：运料、选砖板、洗砖板、调制胶泥、刷底胶浆、衬砌、养生、酸洗。

单位：$10m^2$

定额编号				8-8-177	8-8-178	8-8-179	8-8-180
项目				圆形立式		圆形卧式	
				1.5m 以下	1.5m 以上	1.5m 以下	1.5m 以上
基价（元）				**1056.73**	**966.33**	**1182.33**	**1081.53**
其中	人工费（元）			914.40	824.00	1040.00	939.20
	材料费（元）			5.26	5.26	5.26	5.26
	机械费（元）			137.07	137.07	137.07	137.07
名称		单位	单价(元)	数		量	
人工	综合工日	工日	80.00	11.430	10.300	13.000	11.740
材料	硅质耐酸胶泥	m^3	–	(0.092)	(0.092)	(0.092)	(0.099)
	耐酸板 150×150×15	块	–	(455.000)	(455.000)	(455.000)	(455.000)
	硫酸 38%	kg	0.91	2.000	2.000	2.000	2.000
	水	t	4.00	0.500	0.500	0.500	0.500
	尼龙砂轮片 ϕ150	片	7.60	0.100	0.100	0.100	0.100
	电	kW·h	0.85	0.800	0.800	0.800	0.800
机械	滚筒式混凝土搅拌机(内燃) 250L	台班	202.65	0.350	0.350	0.350	0.350
	轴流风机 7.5kW	台班	42.81	0.420	0.420	0.420	0.420
	电动卷扬机(单筒慢速) 30kN	台班	137.62	0.350	0.350	0.350	0.350

工作内容:同前　　　　单位:10m²

定额编号				8-8-181	8-8-182	8-8-183	8-8-184
项目				矩形		锥(塔)形	
				1.5m 以下	1.5m 以上	1.5m 以下	1.5m 以上
基价(元)				**951.13**	**879.93**	**1346.33**	**1211.93**
其中	人工费(元)			808.80	737.60	1204.00	1069.60
	材料费(元)			5.26	5.26	5.26	5.26
	机械费(元)			137.07	137.07	137.07	137.07
名称		单位	单价(元)	数量			
人工	综合工日	工日	80.00	10.110	9.220	15.050	13.370
材料	硅质耐酸胶泥	m^3	–	(0.092)	(0.092)	(0.092)	(0.099)
	耐酸板 150×150×15	块	–	(455.000)	(455.000)	(455.000)	(455.000)
	硫酸 38%	kg	0.91	2.000	2.000	2.000	2.000
	水	t	4.00	0.500	0.500	0.500	0.500
	尼龙砂轮片 φ150	片	7.60	0.100	0.100	0.100	0.100
	电	kW·h	0.85	0.800	0.800	0.800	0.800
机械	滚筒式混凝土搅拌机(内燃) 250L	台班	202.65	0.350	0.350	0.350	0.350
	轴流风机 7.5kW	台班	42.81	0.420	0.420	0.420	0.420
	电动卷扬机(单筒慢速) 30kN	台班	137.62	0.350	0.350	0.350	0.350

24. 耐酸板 150×150×20

工作内容：运料、选砖板、洗砖板、调制胶泥、刷底胶浆、衬砌、养生、酸洗。　　单位：$10m^2$

定额编号				8-8-185	8-8-186	8-8-187	8-8-188
项目				圆形立式		圆形卧式	
				1.5m 以下	1.5m 以上	1.5m 以下	1.5m 以上
基价（元）				**1060.73**	**971.13**	**1187.13**	**1085.53**
其中	人工费（元）			918.40	828.80	1044.80	943.20
	材料费（元）			5.26	5.26	5.26	5.26
	机械费（元）			137.07	137.07	137.07	137.07
名称		单位	单价(元)	数量			
人工	综合工日	工日	80.00	11.480	10.360	13.060	11.790
材料	硅质耐酸胶泥	m^3	–	(0.094)	(0.094)	(0.094)	(0.094)
	耐酸板 150×150×20	块	–	(455.000)	(455.000)	(455.000)	(455.000)
	硫酸 38%	kg	0.91	2.000	2.000	2.000	2.000
	水	t	4.00	0.500	0.500	0.500	0.500
	尼龙砂轮片 $\phi150$	片	7.60	0.100	0.100	0.100	0.100
	电	kW·h	0.85	0.800	0.800	0.800	0.800
机械	滚筒式混凝土搅拌机(内燃) 250L	台班	202.65	0.350	0.350	0.350	0.350
	轴流风机 7.5kW	台班	42.81	0.420	0.420	0.420	0.420
	电动卷扬机(单筒慢速) 30kN	台班	137.62	0.350	0.350	0.350	0.350

工作内容：同前

单位：10m²

定额编号				8-8-189	8-8-190	8-8-191	8-8-192
项目				矩形		锥(塔)形	
				1.5m以下	1.5m以上	1.5m以下	1.5m以上
基价（元）				**955.93**	**884.73**	**1351.13**	**1216.73**
其中	人工费（元）			813.60	742.40	1208.80	1074.40
	材料费（元）			5.26	5.26	5.26	5.26
	机械费（元）			137.07	137.07	137.07	137.07
名称		单位	单价(元)	数量			
人工	综合工日	工日	80.00	10.170	9.280	15.110	13.430
材料	硅质耐酸胶泥	m^3	–	(0.094)	(0.094)	(0.094)	(0.094)
	耐酸板 150×150×20	块	–	(455.000)	(455.000)	(455.000)	(455.000)
	硫酸 38%	kg	0.91	2.000	2.000	2.000	2.000
	水	t	4.00	0.500	0.500	0.500	0.500
	尼龙砂轮片 ϕ150	片	7.60	0.100	0.100	0.100	0.100
	电	kW·h	0.85	0.800	0.800	0.800	0.800
机械	滚筒式混凝土搅拌机(内燃) 250L	台班	202.65	0.350	0.350	0.350	0.350
	轴流风机 7.5kW	台班	42.81	0.420	0.420	0.420	0.420
	电动卷扬机(单筒慢速) 30kN	台班	137.62	0.350	0.350	0.350	0.350

25. 耐酸板 150×150×25

工作内容: 运料、选砖板、洗砖板、调制胶泥、刷底胶浆、衬砌、养生、酸洗。　　　　单位:10m²

定额编号				8-8-193	8-8-194	8-8-195	8-8-196
项目				圆形立式		圆形卧式	
				1.5m 以下	1.5m 以上	1.5m 以下	1.5m 以上
基价(元)				**1064.73**	**974.33**	**1191.13**	**1089.53**
其中	人工费(元)			922.40	832.00	1048.80	947.20
	材料费(元)			5.26	5.26	5.26	5.26
	机械费(元)			137.07	137.07	137.07	137.07
名称		单位	单价(元)	数量			
人工	综合工日	工日	80.00	11.530	10.400	13.110	11.840
材料	硅质耐酸胶泥	m^3	-	(0.096)	(0.096)	(0.096)	(0.096)
	耐酸板 150×150×25	块	-	(455.000)	(455.000)	(455.000)	(455.000)
	硫酸 38%	kg	0.91	2.000	2.000	2.000	2.000
	水	t	4.00	0.500	0.500	0.500	0.500
	尼龙砂轮片 ϕ150	片	7.60	0.100	0.100	0.100	0.100
	电	kW·h	0.85	0.800	0.800	0.800	0.800
机械	滚筒式混凝土搅拌机(内燃) 250L	台班	202.65	0.350	0.350	0.350	0.350
	轴流风机 7.5kW	台班	42.81	0.420	0.420	0.420	0.420
	电动卷扬机(单筒慢速) 30kN	台班	137.62	0.350	0.350	0.350	0.350

工作内容：同前

单位：$10m^2$

定额编号				8-8-197	8-8-198	8-8-199	8-8-200
项目				矩形		锥(塔)形	
				1.5m 以下	1.5m 以上	1.5m 以下	1.5m 以上
基价(元)				**959.13**	**888.73**	**1355.13**	**1219.93**
其中	人工费(元)			816.80	746.40	1212.80	1077.60
	材料费(元)			5.26	5.26	5.26	5.26
	机械费(元)			137.07	137.07	137.07	137.07
名称		单位	单价(元)	数量			
人工	综合工日	工日	80.00	10.210	9.330	15.160	13.470
材料	硅质耐酸胶泥	m^3	–	(0.096)	(0.096)	(0.096)	(0.096)
	耐酸板 150×150×25	块	–	(455.000)	(455.000)	(455.000)	(455.000)
	硫酸 38%	kg	0.91	2.000	2.000	2.000	2.000
	水	t	4.00	0.500	0.500	0.500	0.500
	尼龙砂轮片 ϕ150	片	7.60	0.100	0.100	0.100	0.100
	电	kW·h	0.85	0.800	0.800	0.800	0.800
机械	滚筒式混凝土搅拌机(内燃) 250L	台班	202.65	0.350	0.350	0.350	0.350
	轴流风机 7.5kW	台班	42.81	0.420	0.420	0.420	0.420
	电动卷扬机(单筒慢速) 30kN	台班	137.62	0.350	0.350	0.350	0.350

26. 耐酸板 150×150×30

工作内容：运料、选砖板、洗砖板、调制胶泥、刷底胶浆、衬砌、养生、酸洗。　　　　单位：10m²

	定额编号			8-8-201	8-8-202	8-8-203	8-8-204
	项目			圆形立式		圆形卧式	
				1.5m 以下	1.5m 以上	1.5m 以下	1.5m 以上
	基价（元）			**915.93**	**842.33**	**1022.33**	**937.53**
其中	人工费（元）			773.60	700.00	880.00	795.20
	材料费（元）			5.26	5.26	5.26	5.26
	机械费（元）			137.07	137.07	137.07	137.07
	名称	单位	单价(元)	数量			
人工	综合工日	工日	80.00	9.670	8.750	11.000	9.940
材料	硅质耐酸胶泥	m^3	–	(0.099)	(0.099)	(0.099)	(0.099)
	耐酸板 150×150×30	块	–	(455.000)	(455.000)	(455.000)	(455.000)
	硫酸 38%	kg	0.91	2.000	2.000	2.000	2.000
	水	t	4.00	0.500	0.500	0.500	0.500
	尼龙砂轮片 ϕ150	片	7.60	0.100	0.100	0.100	0.100
	电	kW·h	0.85	0.800	0.800	0.800	0.800
机械	滚筒式混凝土搅拌机（内燃）250L	台班	202.65	0.350	0.350	0.350	0.350
	轴流风机 7.5kW	台班	42.81	0.420	0.420	0.420	0.420
	电动卷扬机（单筒慢速）30kN	台班	137.62	0.350	0.350	0.350	0.350

工作内容:同前　　　　　　　　　　　　　　　　　　　　　　　　　　　　　　单位:$10m^2$

定额编号				8-8-205	8-8-206	8-8-207	8-8-208
项目				矩形		锥(塔)形	
				1.5m 以下	1.5m 以上	1.5m 以下	1.5m 以上
基价(元)				**964.73**	**894.33**	**1359.93**	**1226.33**
其中	人工费(元)			822.40	752.00	1217.60	1084.00
	材料费(元)			5.26	5.26	5.26	5.26
	机械费(元)			137.07	137.07	137.07	137.07
名称		单位	单价(元)	数量			
人工	综合工日	工日	80.00	10.280	9.400	15.220	13.550
材料	硅质耐酸胶泥	m^3	–	(0.099)	(0.099)	(0.099)	(0.099)
	耐酸板 150×150×30	块	–	(455.000)	(455.000)	(455.000)	(455.000)
	硫酸 38%	kg	0.91	2.000	2.000	2.000	2.000
	水	t	4.00	0.500	0.500	0.500	0.500
	尼龙砂轮片 φ150	片	7.60	0.100	0.100	0.100	0.100
	电	kW·h	0.85	0.800	0.800	0.800	0.800
机械	滚筒式混凝土搅拌机(内燃) 250L	台班	202.65	0.350	0.350	0.350	0.350
	轴流风机 7.5kW	台班	42.81	0.420	0.420	0.420	0.420
	电动卷扬机(单筒慢速) 30kN	台班	137.62	0.350	0.350	0.350	0.350

27. 耐酸板 150×150×35

工作内容：运料、选砖板、洗砖板、调制胶泥、刷底胶浆、衬砌、养生、酸洗。　　单位：10m²

定额编号				8-8-209	8-8-210	8-8-211	8-8-212
项目				圆形立式		圆形卧式	
				1.5m 以下	1.5m 以上	1.5m 以下	1.5m 以上
基价（元）				**1074.33**	**984.73**	**1201.53**	**1099.93**
其中	人工费（元）			932.00	842.40	1059.20	957.60
	材料费（元）			5.26	5.26	5.26	5.26
	机械费（元）			137.07	137.07	137.07	137.07
名称		单位	单价(元)	数量			
人工	综合工日	工日	80.00	11.650	10.530	13.240	11.970
材料	硅质耐酸胶泥	m^3	–	(0.100)	(0.100)	(0.100)	(0.100)
	耐酸板 150×150×35	块	–	(455.000)	(455.000)	(455.000)	(455.000)
	硫酸 38%	kg	0.91	2.000	2.000	2.000	2.000
	水	t	4.00	0.500	0.500	0.500	0.500
	尼龙砂轮片 φ150	片	7.60	0.100	0.100	0.100	0.100
	电	kW·h	0.85	0.800	0.800	0.800	0.800
机械	滚筒式混凝土搅拌机(内燃) 250L	台班	202.65	0.350	0.350	0.350	0.350
	轴流风机 7.5kW	台班	42.81	0.420	0.420	0.420	0.420
	电动卷扬机(单筒慢速) 30kN	台班	137.62	0.350	0.350	0.350	0.350

工作内容:同前

单位:$10m^2$

定额编号				8-8-213	8-8-214	8-8-215	8-8-216
项目				矩形		锥(塔)形	
				1.5m 以下	1.5m 以上	1.5m 以下	1.5m 以上
基价(元)				**969.53**	**899.13**	**1364.73**	**1230.33**
其中	人工费(元)			827.20	756.80	1222.40	1088.00
	材料费(元)			5.26	5.26	5.26	5.26
	机械费(元)			137.07	137.07	137.07	137.07
名称		单位	单价(元)	数量			
人工	综合工日	工日	80.00	10.340	9.460	15.280	13.600
材料	硅质耐酸胶泥	m^3	–	(0.100)	(0.100)	(0.100)	(0.100)
	耐酸板 150×150×35	块	–	(455.000)	(455.000)	(455.000)	(455.000)
	硫酸 38%	kg	0.91	2.000	2.000	2.000	2.000
	水	t	4.00	0.500	0.500	0.500	0.500
	尼龙砂轮片 ϕ150	片	7.60	0.100	0.100	0.100	0.100
	电	kW·h	0.85	0.800	0.800	0.800	0.800
机械	滚筒式混凝土搅拌机(内燃) 250L	台班	202.65	0.350	0.350	0.350	0.350
	轴流风机 7.5kW	台班	42.81	0.420	0.420	0.420	0.420
	电动卷扬机(单筒慢速) 30kN	台班	137.62	0.350	0.350	0.350	0.350

二、树脂胶泥砌块材

1. 耐酸砖 230×113×65(230mm 厚)

工作内容:运料、选砖板、洗砖板、调制胶泥、刷底胶浆、衬砌、养生。

单位:$10m^2$

定额编号				8-8-217	8-8-218	8-8-219	8-8-220
项目				圆形立式		圆形卧式	
				1.5m 以下	1.5m 以上	1.5m 以下	1.5m 以上
基价(元)				**9669.27**	**9478.87**	**9840.47**	**9724.47**
其中	人工费(元)			2359.20	2168.80	2530.40	2414.40
	材料费(元)			7173.00	7173.00	7173.00	7173.00
	机械费(元)			137.07	137.07	137.07	137.07
名称		单位	单价(元)	数量			
人工	综合工日	工日	80.00	29.490	27.110	31.630	30.180
材料	树脂耐酸胶泥	m^3	16530.20	0.208	0.208	0.208	0.208
	耐酸砖 230×113×65	块	2.80	1331.000	1331.000	1331.000	1331.000
	水	t	4.00	1.620	1.620	1.620	1.620
	尼龙砂轮片 $\phi150$	片	7.60	0.100	0.100	0.100	0.100
	电	kW·h	0.85	0.800	0.800	0.800	0.800
机械	滚筒式混凝土搅拌机(内燃) 250L	台班	202.65	0.350	0.350	0.350	0.350
	轴流风机 7.5kW	台班	42.81	0.420	0.420	0.420	0.420
	电动卷扬机(单筒慢速) 30kN	台班	137.62	0.350	0.350	0.350	0.350

工作内容:同前　　　　单位:$10m^2$

定额编号				8-8-221	8-8-222	8-8-223	8-8-224
项目				矩形		锥(塔)形	
				1.5m 以下	1.5m 以上	1.5m 以下	1.5m 以上
基价(元)				**9496.47**	**42653.27**	**10226.87**	**9952.47**
其中	人工费(元)			2186.40	2023.20	2916.80	2642.40
	材料费(元)			7173.00	40493.00	7173.00	7173.00
	机械费(元)			137.07	137.07	137.07	137.07
名称		单位	单价(元)	数量			
人工	综合工日	工日	80.00	27.330	25.290	36.460	33.030
材料	树脂耐酸胶泥	m^3	16530.20	0.208	0.208	0.208	0.208
	耐酸砖 230×113×65	块	2.80	1331.000	1331.000	1331.000	1331.000
	水	t	4.00	1.620	1.620	1.620	1.620
	尼龙砂轮片 ϕ150	片	7.60	0.100	0.100	0.100	0.100
	电	kW·h	0.85	0.800	0.800	0.800	0.800
机械	滚筒式混凝土搅拌机(内燃) 250L	台班	202.65	0.350	0.350	0.350	0.350
	轴流风机 7.5kW	台班	42.81	0.420	0.420	0.420	0.420
	电动卷扬机(单筒慢速) 30kN	台班	137.62	0.350	0.350	0.350	0.350

2. 耐酸砖 230×113×65(113mm 厚)

工作内容:运料、选砖板、洗砖板、调制胶泥、刷底胶浆、衬砌、养生。　　　　单位:$10m^2$

定额编号				8-8-225	8-8-226	8-8-227	8-8-228
项目				圆形立式		圆形卧式	
				1.5m 以下	1.5m 以上	1.5m 以下	1.5m 以上
基价(元)				**5745.14**	**5627.54**	**5806.74**	**5645.14**
其中	人工费(元)			1432.80	1315.20	1494.40	1332.80
	材料费(元)			4175.27	4175.27	4175.27	4175.27
	机械费(元)			137.07	137.07	137.07	137.07
名称		单位	单价(元)	数量			
人工	综合工日	工日	80.00	17.910	16.440	18.680	16.660
材料	树脂耐酸胶泥	m^3	16530.20	0.140	0.140	0.140	0.140
	耐酸砖 230×113×65	块	2.80	663.000	663.000	663.000	663.000
	水	t	4.00	0.800	0.800	0.800	0.800
	尼龙砂轮片 $\phi150$	片	7.60	0.100	0.100	0.100	0.100
	电	kW·h	0.85	0.800	0.800	0.800	0.800
机械	滚筒式混凝土搅拌机(内燃)250L	台班	202.65	0.350	0.350	0.350	0.350
	轴流风机 7.5kW	台班	42.81	0.420	0.420	0.420	0.420
	电动卷扬机(单筒慢速)30kN	台班	137.62	0.350	0.350	0.350	0.350

工作内容:同前　　　　单位:$10m^2$

定额编号				8-8-229	8-8-230	8-8-231	8-8-232
项目				矩形		锥(塔)形	
				1.5m 以下	1.5m 以上	1.5m 以下	1.5m 以上
基价(元)				**5575.54**	**5482.74**	**5897.94**	**5765.14**
其中	人工费(元)			1263.20	1170.40	1585.60	1452.80
	材料费(元)			4175.27	4175.27	4175.27	4175.27
	机械费(元)			137.07	137.07	137.07	137.07
名称		单位	单价(元)	数量			
人工	综合工日	工日	80.00	15.790	14.630	19.820	18.160
材料	树脂耐酸胶泥	m^3	16530.20	0.140	0.140	0.140	0.140
	耐酸砖 230×113×65	块	2.80	663.000	663.000	663.000	663.000
	水	t	4.00	0.800	0.800	0.800	0.800
	尼龙砂轮片 ϕ150	片	7.60	0.100	0.100	0.100	0.100
	电	kW·h	0.85	0.800	0.800	0.800	0.800
机械	滚筒式混凝土搅拌机(内燃) 250L	台班	202.65	0.350	0.350	0.350	0.350
	轴流风机 7.5kW	台班	42.81	0.420	0.420	0.420	0.420
	电动卷扬机(单筒慢速) 30kN	台班	137.62	0.350	0.350	0.350	0.350

3. 耐酸砖 230×113×65(65mm 厚)

工作内容:运料、选砖板、洗砖板、调制胶泥、刷底胶浆、衬砌、养生。

单位:10m²

定额编号				8-8-233	8-8-234	8-8-235	8-8-236
项目				圆形立式		圆形卧式	
				1.5m 以下	1.5m 以上	1.5m 以下	1.5m 以上
基价(元)				**3984.97**	**3930.57**	**4036.17**	**3947.37**
其中	人工费(元)			904.00	849.60	955.20	866.40
	材料费(元)			2943.90	2943.90	2943.90	2943.90
	机械费(元)			137.07	137.07	137.07	137.07
名称		单位	单价(元)	数量			
人工	综合工日	工日	80.00	11.300	10.620	11.940	10.830
材料	树脂耐酸胶泥	m^3	16530.20	0.112	0.112	0.112	0.112
	耐酸砖 230×113×65	块	2.80	389.000	389.000	389.000	389.000
	水	t	4.00	0.470	0.470	0.470	0.470
	尼龙砂轮片 φ150	片	7.60	0.100	0.100	0.100	0.100
	电	kW·h	0.85	0.800	0.800	0.800	0.800
机械	滚筒式混凝土搅拌机(内燃)250L	台班	202.65	0.350	0.350	0.350	0.350
	轴流风机 7.5kW	台班	42.81	0.420	0.420	0.420	0.420
	电动卷扬机(单筒慢速)30kN	台班	137.62	0.350	0.350	0.350	0.350

工作内容:同前

单位:$10m^2$

定额编号				8-8-237	8-8-238	8-8-239	8-8-240
项目				矩形		锥(塔)形	
				1.5m 以下	1.5m 以上	1.5m 以下	1.5m 以上
基价(元)				**3895.37**	**3848.17**	**4088.97**	**3997.77**
其中	人工费(元)			814.40	767.20	1008.00	916.80
	材料费(元)			2943.90	2943.90	2943.90	2943.90
	机械费(元)			137.07	137.07	137.07	137.07
名称		单位	单价(元)	数量			
人工	综合工日	工日	80.00	10.180	9.590	12.600	11.460
材料	树脂耐酸胶泥	m^3	16530.20	0.112	0.112	0.112	0.112
	耐酸砖 230×113×65	块	2.80	389.000	389.000	389.000	389.000
	水	t	4.00	0.470	0.470	0.470	0.470
	尼龙砂轮片 φ150	片	7.60	0.100	0.100	0.100	0.100
	电	kW·h	0.85	0.800	0.800	0.800	0.800
机械	滚筒式混凝土搅拌机(内燃)250L	台班	202.65	0.350	0.350	0.350	0.350
	轴流风机 7.5kW	台班	42.81	0.420	0.420	0.420	0.420
	电动卷扬机(单筒慢速)30kN	台班	137.62	0.350	0.350	0.350	0.350

4. 耐酸板 100×50×10

工作内容：运料、选砖板、洗砖板、调制胶泥、刷底胶浆、衬砌、养生。

单位：$10m^2$

定额编号				8-8-241	8-8-242	8-8-243	8-8-244
项目				圆形立式		圆形卧式	
				1.5m 以下	1.5m 以上	1.5m 以下	1.5m 以上
基价（元）				**2920.88**	**2815.28**	**3097.68**	**2968.88**
其中	人工费（元）			1209.60	1104.00	1386.40	1257.60
	材料费（元）			1574.21	1574.21	1574.21	1574.21
	机械费（元）			137.07	137.07	137.07	137.07
名称		单位	单价(元)	数量			
人工	综合工日	工日	80.00	15.120	13.800	17.330	15.720
材料	树脂耐酸胶泥	m^3	16530.20	0.095	0.095	0.095	0.095
	耐酸板 100×50×10	块	–	(1980.000)	(1980.000)	(1980.000)	(1980.000)
	水	t	4.00	0.600	0.600	0.600	0.600
	尼龙砂轮片 $\phi150$	片	7.60	0.100	0.100	0.100	0.100
	电	kW·h	0.85	0.800	0.800	0.800	0.800
机械	滚筒式混凝土搅拌机(内燃) 250L	台班	202.65	0.350	0.350	0.350	0.350
	轴流风机 7.5kW	台班	42.81	0.420	0.420	0.420	0.420
	电动卷扬机(单筒慢速) 30kN	台班	137.62	0.350	0.350	0.350	0.350

工作内容:同前　　单位:$10m^2$

定额编号				8-8-245	8-8-246	8-8-247	8-8-248
项目				矩形		锥(塔)形	
				1.5m以下	1.5m以上	1.5m以下	1.5m以上
基价(元)				**2775.28**	**2693.68**	**3254.48**	**3140.08**
其中	人工费(元)			1064.00	982.40	1543.20	1428.80
	材料费(元)			1574.21	1574.21	1574.21	1574.21
	机械费(元)			137.07	137.07	137.07	137.07
名称		单位	单价(元)	数量			
人工	综合工日	工日	80.00	13.300	12.280	19.290	17.860
材料	树脂耐酸胶泥	m^3	16530.20	0.095	0.095	0.095	0.095
	耐酸板 100×50×10	块	–	(1980.000)	(1980.000)	(1980.000)	(1980.000)
	水	t	4.00	0.600	0.600	0.600	0.600
	尼龙砂轮片 ϕ150	片	7.60	0.100	0.100	0.100	0.100
	电	kW·h	0.85	0.800	0.800	0.800	0.800
机械	滚筒式混凝土搅拌机(内燃) 250L	台班	202.65	0.350	0.350	0.350	0.350
	轴流风机 7.5kW	台班	42.81	0.420	0.420	0.420	0.420
	电动卷扬机(单筒慢速) 30kN	台班	137.62	0.350	0.350	0.350	0.350

5. 耐酸板 75×75×10

工作内容:运料、选砖板、洗砖板、调制胶泥、刷底胶浆、衬砌、养生。　　　　单位:10m²

定额编号				8-8-249	8-8-250	8-8-251	8-8-252
项目				圆形立式		圆形卧式	
				1.5m 以下	1.5m 以上	1.5m 以下	1.5m 以上
基价（元）				**2772.40**	**2666.80**	**2944.40**	**2817.20**
其中	人工费（元）			1193.60	1088.00	1365.60	1238.40
	材料费（元）			1441.73	1441.73	1441.73	1441.73
	机械费（元）			137.07	137.07	137.07	137.07
名称		单位	单价(元)	数量			
人工	综合工日	工日	80.00	14.920	13.600	17.070	15.480
材料	树脂耐酸胶泥	m^3	16530.20	0.087	0.087	0.087	0.087
	耐酸板 75×75×10	块	–	(1771.000)	(1771.000)	(1771.000)	(1771.000)
	水	t	4.00	0.540	0.540	0.540	0.540
	尼龙砂轮片 φ150	片	7.60	0.100	0.100	0.100	0.100
	电	kW·h	0.85	0.800	0.800	0.800	0.800
机械	滚筒式混凝土搅拌机(内燃) 250L	台班	202.65	0.350	0.350	0.350	0.350
	轴流风机 7.5kW	台班	42.81	0.420	0.420	0.420	0.420
	电动卷扬机(单筒慢速) 30kN	台班	137.62	0.350	0.350	0.350	0.350

工作内容:同前

单位:$10m^2$

定额编号				8-8-253	8-8-254	8-8-255	8-8-256
项目				矩形		锥(塔)形	
				1.5m 以下	1.5m 以上	1.5m 以下	1.5m 以上
基价(元)				**2666.80**	**2547.60**	**3146.80**	**2986.80**
其中	人工费(元)			1088.00	968.80	1568.00	1408.00
	材料费(元)			1441.73	1441.73	1441.73	1441.73
	机械费(元)			137.07	137.07	137.07	137.07
名称		单位	单价(元)	数量			
人工	综合工日	工日	80.00	13.600	12.110	19.600	17.600
材料	树脂耐酸胶泥	m^3	16530.20	0.087	0.087	0.087	0.087
	耐酸板 75×75×10	块	–	(1771.000)	(1771.000)	(1771.000)	(1771.000)
	水	t	4.00	0.540	0.540	0.540	0.540
	尼龙砂轮片 ϕ150	片	7.60	0.100	0.100	0.100	0.100
	电	kW·h	0.85	0.800	0.800	0.800	0.800
机械	滚筒式混凝土搅拌机(内燃)250L	台班	202.65	0.350	0.350	0.350	0.350
	轴流风机 7.5kW	台班	42.81	0.420	0.420	0.420	0.420
	电动卷扬机(单筒慢速)30kN	台班	137.62	0.350	0.350	0.350	0.350

6. 耐酸板 100×100×10

工作内容：运料、选砖板、洗砖板、调制胶泥、刷底胶浆、衬砌、养生。

单位：10m²

定额编号				8-8-257	8-8-258	8-8-259	8-8-260
项目				圆形立式		圆形卧式	
				1.5m 以下	1.5m 以上	1.5m 以下	1.5m 以上
基价（元）				**2844.53**	**2720.53**	**3048.53**	**2830.93**
其中	人工费（元）			1183.20	1059.20	1387.20	1169.60
	材料费（元）			1524.26	1524.26	1524.26	1524.26
	机械费（元）			137.07	137.07	137.07	137.07
名称		单位	单价（元）	数量			
人工	综合工日	工日	80.00	14.790	13.240	17.340	14.620
材料	树脂耐酸胶泥	m^3	16530.20	0.092	0.092	0.092	0.092
	耐酸板 100×100×10	块	–	(1009.000)	(1009.000)	(1009.000)	(1009.000)
	水	t	4.00	0.510	0.510	0.510	0.510
	尼龙砂轮片 ϕ150	片	7.60	0.100	0.100	0.100	0.100
	电	kW·h	0.85	0.800	0.800	0.800	0.800
机械	滚筒式混凝土搅拌机（内燃）250L	台班	202.65	0.350	0.350	0.350	0.350
	轴流风机 7.5kW	台班	42.81	0.420	0.420	0.420	0.420
	电动卷扬机（单筒慢速）30kN	台班	137.62	0.350	0.350	0.350	0.350

工作内容:同前　　　　单位:$10m^2$

定额编号				8-8-261	8-8-262	8-8-263	8-8-264
项目				矩形		锥(塔)形	
				1.5m 以下	1.5m 以上	1.5m 以下	1.5m 以上
基价(元)				**2725.33**	**2623.73**	**3190.93**	**2973.33**
其中	人工费(元)			1064.00	962.40	1529.60	1312.00
	材料费(元)			1524.26	1524.26	1524.26	1524.26
	机械费(元)			137.07	137.07	137.07	137.07
名称		单位	单价(元)	数量			
人工	综合工日	工日	80.00	13.300	12.030	19.120	16.400
材料	树脂耐酸胶泥	m^3	16530.20	0.092	0.092	0.092	0.092
	耐酸板 100×100×10	块	–	(1009.000)	(1009.000)	(1009.000)	(1009.000)
	水	t	4.00	0.510	0.510	0.510	0.510
	尼龙砂轮片 ϕ150	片	7.60	0.100	0.100	0.100	0.100
	电	kW·h	0.85	0.800	0.800	0.800	0.800
机械	滚筒式混凝土搅拌机(内燃) 250L	台班	202.65	0.350	0.350	0.350	0.350
	轴流风机 7.5kW	台班	42.81	0.420	0.420	0.420	0.420
	电动卷扬机(单筒慢速) 30kN	台班	137.62	0.350	0.350	0.350	0.350

7. 耐酸板 150×70×10

工作内容:运料、选砖板、洗砖板、调制胶泥、刷底胶浆、衬砌、养生。 单位:10m²

定额编号				8-8-265	8-8-266	8-8-267	8-8-268
项目				圆形立式		圆形卧式	
				1.5m 以下	1.5m 以上	1.5m 以下	1.5m 以上
基价(元)				**2717.61**	**2592.01**	**2884.01**	**2728.01**
其中	人工费(元)			1056.00	930.40	1222.40	1066.40
	材料费(元)			1524.54	1524.54	1524.54	1524.54
	机械费(元)			137.07	137.07	137.07	137.07
名称		单位	单价(元)	数		量	
人工	综合工日	工日	80.00	13.200	11.630	15.280	13.330
材料	树脂耐酸胶泥	m^3	16530.20	0.092	0.092	0.092	0.092
	耐酸板 150×70×10	块	–	(959.000)	(959.000)	(959.000)	(959.000)
	水	t	4.00	0.580	0.580	0.580	0.580
	尼龙砂轮片 ϕ150	片	7.60	0.100	0.100	0.100	0.100
	电	kW·h	0.85	0.800	0.800	0.800	0.800
机械	滚筒式混凝土搅拌机(内燃) 250L	台班	202.65	0.350	0.350	0.350	0.350
	轴流风机 7.5kW	台班	42.81	0.420	0.420	0.420	0.420
	电动卷扬机(单筒慢速) 30kN	台班	137.62	0.350	0.350	0.350	0.350

工作内容:同前

单位:10m²

定额编号				8-8-269	8-8-270	8-8-271	8-8-272
项目				矩形		锥(塔)形	
				1.5m 以下	1.5m 以上	1.5m 以下	1.5m 以上
基价(元)				**2613.61**	**2532.01**	**3029.61**	**2838.41**
其中	人工费(元)			952.00	870.40	1368.00	1176.80
	材料费(元)			1524.54	1524.54	1524.54	1524.54
	机械费(元)			137.07	137.07	137.07	137.07
名称		单位	单价(元)	数量			
人工	综合工日	工日	80.00	11.900	10.880	17.100	14.710
材料	树脂耐酸胶泥	m^3	16530.20	0.092	0.092	0.092	0.092
	耐酸板 150×70×10	块	–	(959.000)	(959.000)	(959.000)	(959.000)
	水	t	4.00	0.580	0.580	0.580	0.580
	尼龙砂轮片 ϕ150	片	7.60	0.100	0.100	0.100	0.100
	电	kW·h	0.85	0.800	0.800	0.800	0.800
机械	滚筒式混凝土搅拌机(内燃) 250L	台班	202.65	0.350	0.350	0.350	0.350
	轴流风机 7.5kW	台班	42.81	0.420	0.420	0.420	0.420
	电动卷扬机(单筒慢速) 30kN	台班	137.62	0.350	0.350	0.350	0.350

8. 耐酸板 150×75×10

工作内容：运料、选砖板、洗砖板、调制胶泥、刷底胶浆、衬砌、养生。

单位：10m²

定额编号				8-8-273	8-8-274	8-8-275	8-8-276
项目				圆形立式		圆形卧式	
				1.5m 以下	1.5m 以上	1.5m 以下	1.5m 以上
基价（元）				**2689.49**	**2562.29**	**2855.89**	**2699.09**
其中	人工费（元）			1028.00	900.80	1194.40	1037.60
	材料费（元）			1524.42	1524.42	1524.42	1524.42
	机械费（元）			137.07	137.07	137.07	137.07
名称		单位	单价(元)	数量			
人工	综合工日	工日	80.00	12.850	11.260	14.930	12.970
材料	树脂耐酸胶泥	m^3	16530.20	0.092	0.092	0.092	0.092
	耐酸板 150×75×10	块	–	(897.000)	(897.000)	(897.000)	(897.000)
	水	t	4.00	0.550	0.550	0.550	0.550
	尼龙砂轮片 ϕ150	片	7.60	0.100	0.100	0.100	0.100
	电	kW·h	0.85	0.800	0.800	0.800	0.800
机械	滚筒式混凝土搅拌机(内燃) 250L	台班	202.65	0.350	0.350	0.350	0.350
	轴流风机 7.5kW	台班	42.81	0.420	0.420	0.420	0.420
	电动卷扬机(单筒慢速) 30kN	台班	137.62	0.350	0.350	0.350	0.350

工作内容:同前　　单位:$10m^2$

定额编号				8-8-277	8-8-278	8-8-279	8-8-280
项目				矩形		锥(塔)形	
				1.5m 以下	1.5m 以上	1.5m 以下	1.5m 以上
基价(元)				**2584.69**	**2503.09**	**3000.69**	**2809.49**
其中	人工费(元)			923.20	841.60	1339.20	1148.00
	材料费(元)			1524.42	1524.42	1524.42	1524.42
	机械费(元)			137.07	137.07	137.07	137.07
名称		单位	单价(元)	数量			
人工	综合工日	工日	80.00	11.540	10.520	16.740	14.350
材料	树脂耐酸胶泥	m^3	16530.20	0.092	0.092	0.092	0.092
	耐酸板 150×75×10	块	–	(897.000)	(897.000)	(897.000)	(897.000)
	水	t	4.00	0.550	0.550	0.550	0.550
	尼龙砂轮片 φ150	片	7.60	0.100	0.100	0.100	0.100
	电	kW·h	0.85	0.800	0.800	0.800	0.800
机械	滚筒式混凝土搅拌机(内燃) 250L	台班	202.65	0.350	0.350	0.350	0.350
	轴流风机 7.5kW	台班	42.81	0.420	0.420	0.420	0.420
	电动卷扬机(单筒慢速) 30kN	台班	137.62	0.350	0.350	0.350	0.350

9. 耐酸板 150×75×15

工作内容:运料、选砖板、洗砖板、调制胶泥、刷底胶浆、衬砌、养生。　　　　单位:$10m^2$

定额编号				8-8-281	8-8-282	8-8-283	8-8-284
项目				圆形立式		圆形卧式	
				1.5m 以下	1.5m 以上	1.5m 以下	1.5m 以上
基价(元)				2740.68	2613.48	2907.08	2751.08
其中	人工费(元)			1029.60	902.40	1196.00	1040.00
	材料费(元)			1574.01	1574.01	1574.01	1574.01
	机械费(元)			137.07	137.07	137.07	137.07
名称		单位	单价(元)	数		量	
人工	综合工日	工日	80.00	12.870	11.280	14.950	13.000
材料	树脂耐酸胶泥	m^3	16530.20	0.095	0.095	0.095	0.095
	耐酸板 150×75×15	块	–	(897.000)	(897.000)	(897.000)	(897.000)
	水	t	4.00	0.550	0.550	0.550	0.550
	尼龙砂轮片 $\phi150$	片	7.60	0.100	0.100	0.100	0.100
	电	kW·h	0.85	0.800	0.800	0.800	0.800
机械	滚筒式混凝土搅拌机(内燃) 250L	台班	202.65	0.350	0.350	0.350	0.350
	轴流风机 7.5kW	台班	42.81	0.420	0.420	0.420	0.420
	电动卷扬机(单筒慢速) 30kN	台班	137.62	0.350	0.350	0.350	0.350

工作内容：同前　　　　单位：$10m^2$

定额编号				8-8-285	8-8-286	8-8-287	8-8-288
项目				矩形		锥(塔)形	
				1.5m 以下	1.5m 以上	1.5m 以下	1.5m 以上
基价（元）				**2636.68**	**2555.08**	**3051.88**	**2860.68**
其中	人工费（元）			925.60	844.00	1340.80	1149.60
	材料费（元）			1574.01	1574.01	1574.01	1574.01
	机械费（元）			137.07	137.07	137.07	137.07
名称		单位	单价(元)	数量			
人工	综合工日	工日	80.00	11.570	10.550	16.760	14.370
材料	树脂耐酸胶泥	m^3	16530.20	0.095	0.095	0.095	0.095
	耐酸板 150×75×15	块	–	(897.000)	(897.000)	(897.000)	(897.000)
	水	t	4.00	0.550	0.550	0.550	0.550
	尼龙砂轮片 ϕ150	片	7.60	0.100	0.100	0.100	0.100
	电	kW·h	0.85	0.800	0.800	0.800	0.800
机械	滚筒式混凝土搅拌机(内燃) 250L	台班	202.65	0.350	0.350	0.350	0.350
	轴流风机 7.5kW	台班	42.81	0.420	0.420	0.420	0.420
	电动卷扬机(单筒慢速) 30kN	台班	137.62	0.350	0.350	0.350	0.350

10. 耐酸板 150×75×20

工作内容：运料、选砖板、洗砖板、调制胶泥、刷底胶浆、衬砌、养生。

单位：$10m^2$

定额编号				8-8-289	8-8-290	8-8-291	8-8-292
项目				圆形立式		圆形卧式	
				1.5m 以下	1.5m 以上	1.5m 以下	1.5m 以上
基价（元）				**2795.07**	**2667.87**	**2960.67**	**2804.67**
其中	人工费（元）			1034.40	907.20	1200.00	1044.00
	材料费（元）			1623.60	1623.60	1623.60	1623.60
	机械费（元）			137.07	137.07	137.07	137.07
名称		单位	单价(元)	数量			
人工	综合工日	工日	80.00	12.930	11.340	15.000	13.050
材料	树脂耐酸胶泥	m^3	16530.20	0.098	0.098	0.098	0.098
	耐酸板 150×75×20	块	–	(897.000)	(897.000)	(897.000)	(897.000)
	水	t	4.00	0.550	0.550	0.550	0.550
	尼龙砂轮片 φ150	片	7.60	0.100	0.100	0.100	0.100
	电	kW·h	0.85	0.800	0.800	0.800	0.800
机械	滚筒式混凝土搅拌机(内燃) 250L	台班	202.65	0.350	0.350	0.350	0.350
	轴流风机 7.5kW	台班	42.81	0.420	0.420	0.420	0.420
	电动卷扬机(单筒慢速) 30kN	台班	137.62	0.350	0.350	0.350	0.350

工作内容:同前　　　　　　　　　　　　　　　　　　　　　　　　　　　单位:$10m^2$

定额编号				8-8-293	8-8-294	8-8-295	8-8-296
项目				矩形		锥(塔)形	
				1.5m 以下	1.5m 以上	1.5m 以下	1.5m 以上
基价(元)				**2690.27**	**2609.47**	**3106.27**	**2914.27**
其中	人工费(元)			929.60	848.80	1345.60	1153.60
	材料费(元)			1623.60	1623.60	1623.60	1623.60
	机械费(元)			137.07	137.07	137.07	137.07
名称		单位	单价(元)	数量			
人工	综合工日	工日	80.00	11.620	10.610	16.820	14.420
材料	树脂耐酸胶泥	m^3	16530.20	0.098	0.098	0.098	0.098
	耐酸板 150×75×20	块	–	(897.000)	(897.000)	(897.000)	(897.000)
	水	t	4.00	0.550	0.550	0.550	0.550
	尼龙砂轮片 $\phi150$	片	7.60	0.100	0.100	0.100	0.100
	电	kW·h	0.85	0.800	0.800	0.800	0.800
机械	滚筒式混凝土搅拌机(内燃) 250L	台班	202.65	0.350	0.350	0.350	0.350
	轴流风机 7.5kW	台班	42.81	0.420	0.420	0.420	0.420
	电动卷扬机(单筒慢速) 30kN	台班	137.62	0.350	0.350	0.350	0.350

11. 耐酸板 150×75×25

工作内容：运料、选砖板、洗砖板、调制胶泥、刷底胶浆、衬砌、养生。

单位：$10m^2$

定额编号				8-8-297	8-8-298	8-8-299	8-8-300
项目				圆形立式		圆形卧式	
				1.5m 以下	1.5m 以上	1.5m 以下	1.5m 以上
基价（元）				**2864.39**	**2737.99**	**3031.59**	**2874.79**
其中	人工费（元）			1037.60	911.20	1204.80	1048.00
	材料费（元）			1689.72	1689.72	1689.72	1689.72
	机械费（元）			137.07	137.07	137.07	137.07
名称		单位	单价(元)	数量			
人工	综合工日	工日	80.00	12.970	11.390	15.060	13.100
材料	树脂耐酸胶泥	m^3	16530.20	0.102	0.102	0.102	0.102
	耐酸板 150×75×25	块	–	(897.000)	(897.000)	(897.000)	(897.000)
	水	t	4.00	0.550	0.550	0.550	0.550
	尼龙砂轮片 ϕ150	片	7.60	0.100	0.100	0.100	0.100
	电	kW·h	0.85	0.800	0.800	0.800	0.800
机械	滚筒式混凝土搅拌机(内燃) 250L	台班	202.65	0.350	0.350	0.350	0.350
	轴流风机 7.5kW	台班	42.81	0.420	0.420	0.420	0.420
	电动卷扬机(单筒慢速) 30kN	台班	137.62	0.350	0.350	0.350	0.350

工作内容：同前

单位：$10m^2$

定额编号				8-8-301	8-8-302	8-8-303	8-8-304
项目				矩形		锥(塔)形	
				1.5m 以下	1.5m 以上	1.5m 以下	1.5m 以上
基价（元）				**2760.39**	**2678.79**	**3175.59**	**2984.39**
其中	人工费（元）			933.60	852.00	1348.80	1157.60
	材料费（元）			1689.72	1689.72	1689.72	1689.72
	机械费（元）			137.07	137.07	137.07	137.07
名称		单位	单价(元)	数量			
人工	综合工日	工日	80.00	11.670	10.650	16.860	14.470
材料	树脂耐酸胶泥	m^3	16530.20	0.102	0.102	0.102	0.102
	耐酸板 150×75×25	块	–	(897.000)	(897.000)	(897.000)	(897.000)
	水	t	4.00	0.550	0.550	0.550	0.550
	尼龙砂轮片 φ150	片	7.60	0.100	0.100	0.100	0.100
	电	kW·h	0.85	0.800	0.800	0.800	0.800
机械	滚筒式混凝土搅拌机(内燃) 250L	台班	202.65	0.350	0.350	0.350	0.350
	轴流风机 7.5kW	台班	42.81	0.420	0.420	0.420	0.420
	电动卷扬机(单筒慢速) 30kN	台班	137.62	0.350	0.350	0.350	0.350

12. 耐酸板 180×90×20

工作内容:运料、选砖板、洗砖板、调制胶泥、刷底胶浆、衬砌、养生。

单位:10m²

定额编号				8-8-305	8-8-306	8-8-307	8-8-308
项目				圆形立式		圆形卧式	
				1.5m 以下	1.5m 以上	1.5m 以下	1.5m 以上
基价(元)				2627.81	2537.41	2749.41	2667.01
其中	人工费(元)			900.00	809.60	1021.60	939.20
	材料费(元)			1590.74	1590.74	1590.74	1590.74
	机械费(元)			137.07	137.07	137.07	137.07
名称		单位	单价(元)	数量			
人工	综合工日	工日	80.00	11.250	10.120	12.770	11.740
材料	树脂耐酸胶泥	m^3	16530.20	0.096	0.096	0.096	0.096
	耐酸板 180×90×20	块	–	(627.000)	(627.000)	(627.000)	(627.000)
	水	t	4.00	0.600	0.600	0.600	0.600
	尼龙砂轮片 ϕ150	片	7.60	0.100	0.100	0.100	0.100
	电	kW·h	0.85	0.800	0.800	0.800	0.800
机械	滚筒式混凝土搅拌机(内燃) 250L	台班	202.65	0.350	0.350	0.350	0.350
	轴流风机 7.5kW	台班	42.81	0.420	0.420	0.420	0.420
	电动卷扬机(单筒慢速) 30kN	台班	137.62	0.350	0.350	0.350	0.350

工作内容:同前　　　　单位:$10m^2$

定额编号				8-8-309	8-8-310	8-8-311	8-8-312
项目				矩形		锥(塔)形	
				1.5m 以下	1.5m 以上	1.5m 以下	1.5m 以上
基价(元)				2510.21	2440.61	2891.81	2771.81
其中	人工费(元)			782.40	712.80	1164.00	1044.00
	材料费(元)			1590.74	1590.74	1590.74	1590.74
	机械费(元)			137.07	137.07	137.07	137.07
名称		单位	单价(元)	数量			
人工	综合工日	工日	80.00	9.780	8.910	14.550	13.050
材料	树脂耐酸胶泥	m^3	16530.20	0.096	0.096	0.096	0.096
	耐酸板 180×90×20	块	–	(627.000)	(627.000)	(627.000)	(627.000)
	水	t	4.00	0.600	0.600	0.600	0.600
	尼龙砂轮片 ϕ150	片	7.60	0.100	0.100	0.100	0.100
	电	kW·h	0.85	0.800	0.800	0.800	0.800
机械	滚筒式混凝土搅拌机(内燃) 250L	台班	202.65	0.350	0.350	0.350	0.350
	轴流风机 7.5kW	台班	42.81	0.420	0.420	0.420	0.420
	电动卷扬机(单筒慢速) 30kN	台班	137.62	0.350	0.350	0.350	0.350

13. 耐酸板 180×110×10

工作内容:运料、选砖板、洗砖板、调制胶泥、刷底胶浆、衬砌、养生。

单位:10m²

定额编号				8-8-313	8-8-314	8-8-315	8-8-316
项目				圆形立式		圆形卧式	
				1.5m 以下	1.5m 以上	1.5m 以下	1.5m 以上
基价(元)				**2552.84**	**2465.64**	**2678.44**	**2596.04**
其中	人工费(元)			908.00	820.80	1033.60	951.20
	材料费(元)			1507.77	1507.77	1507.77	1507.77
	机械费(元)			137.07	137.07	137.07	137.07
名称		单位	单价(元)	数量			
人工	综合工日	工日	80.00	11.350	10.260	12.920	11.890
材料	树脂耐酸胶泥	m^3	16530.20	0.091	0.091	0.091	0.091
	耐酸板 180×110×10	块	–	(515.000)	(515.000)	(515.000)	(515.000)
	水	t	4.00	0.520	0.520	0.520	0.520
	尼龙砂轮片 ϕ150	片	7.60	0.100	0.100	0.100	0.100
	电	kW·h	0.85	0.800	0.800	0.800	0.800
机械	滚筒式混凝土搅拌机(内燃) 250L	台班	202.65	0.350	0.350	0.350	0.350
	轴流风机 7.5kW	台班	42.81	0.420	0.420	0.420	0.420
	电动卷扬机(单筒慢速) 30kN	台班	137.62	0.350	0.350	0.350	0.350

工作内容：同前　　　　单位：$10m^2$

定额编号				8-8-317	8-8-318	8-8-319	8-8-320
项目				矩形		锥(塔)形	
				1.5m 以下	1.5m 以上	1.5m 以下	1.5m 以上
基价（元）				**2452.04**	**2385.64**	**2833.64**	**2709.64**
其中	人工费（元）			807.20	740.80	1188.80	1064.80
	材料费（元）			1507.77	1507.77	1507.77	1507.77
	机械费（元）			137.07	137.07	137.07	137.07
名称		单位	单价(元)	数量			
人工	综合工日	工日	80.00	10.090	9.260	14.860	13.310
材料	树脂耐酸胶泥	m^3	16530.20	0.091	0.091	0.091	0.091
	耐酸板 180×110×10	块	–	(515.000)	(515.000)	(515.000)	(515.000)
	水	t	4.00	0.520	0.520	0.520	0.520
	尼龙砂轮片 $\phi150$	片	7.60	0.100	0.100	0.100	0.100
	电	kW·h	0.85	0.800	0.800	0.800	0.800
机械	滚筒式混凝土搅拌机(内燃) 250L	台班	202.65	0.350	0.350	0.350	0.350
	轴流风机 7.5kW	台班	42.81	0.420	0.420	0.420	0.420
	电动卷扬机(单筒慢速) 30kN	台班	137.62	0.350	0.350	0.350	0.350

14. 耐酸板 180×110×15

工作内容：运料、选砖板、洗砖板、调制胶泥、刷底胶浆、衬砌、养生。　　单位：10m²

定额编号				8-8-321	8-8-322	8-8-323	8-8-324
项目				圆形立式		圆形卧式	
				1.5m 以下	1.5m 以上	1.5m 以下	1.5m 以上
基价（元）				**2588.30**	**2500.30**	**2713.90**	**2629.90**
其中	人工费（元）			910.40	822.40	1036.00	952.00
	材料费（元）			1540.83	1540.83	1540.83	1540.83
	机械费（元）			137.07	137.07	137.07	137.07
名称		单位	单价（元）	数量			
人工	综合工日	工日	80.00	11.380	10.280	12.950	11.900
材料	树脂耐酸胶泥	m³	16530.20	0.093	0.093	0.093	0.093
	耐酸板 180×110×15	块	–	(515.000)	(515.000)	(515.000)	(515.000)
	水	t	4.00	0.520	0.520	0.520	0.520
	尼龙砂轮片 ϕ150	片	7.60	0.100	0.100	0.100	0.100
	电	kW·h	0.85	0.800	0.800	0.800	0.800
机械	滚筒式混凝土搅拌机（内燃）250L	台班	202.65	0.350	0.350	0.350	0.350
	轴流风机 7.5kW	台班	42.81	0.420	0.420	0.420	0.420
	电动卷扬机（单筒慢速）30kN	台班	137.62	0.350	0.350	0.350	0.350

工作内容:同前

单位:10m²

定额编号				8-8-325	8-8-326	8-8-327	8-8-328
项目				矩形		锥(塔)形	
				1.5m 以下	1.5m 以上	1.5m 以下	1.5m 以上
基价(元)				**2486.70**	**2421.10**	**2868.30**	**2745.10**
其中	人工费(元)			808.80	743.20	1190.40	1067.20
	材料费(元)			1540.83	1540.83	1540.83	1540.83
	机械费(元)			137.07	137.07	137.07	137.07
名称		单位	单价(元)	数量			
人工	综合工日	工日	80.00	10.110	9.290	14.880	13.340
材料	树脂耐酸胶泥	m^3	16530.20	0.093	0.093	0.093	0.093
	耐酸板 180×110×15	块	–	(515.000)	(515.000)	(515.000)	(515.000)
	水	t	4.00	0.520	0.520	0.520	0.520
	尼龙砂轮片 ϕ150	片	7.60	0.100	0.100	0.100	0.100
	电	kW·h	0.85	0.800	0.800	0.800	0.800
机械	滚筒式混凝土搅拌机(内燃)250L	台班	202.65	0.350	0.350	0.350	0.350
	轴流风机 7.5kW	台班	42.81	0.420	0.420	0.420	0.420
	电动卷扬机(单筒慢速)30kN	台班	137.62	0.350	0.350	0.350	0.350

15. 耐酸板 180×110×20

工作内容:运料、选砖板、洗砖板、调制胶泥、刷底胶浆、衬砌、养生。

单位:10m²

定额编号				8-8-329	8-8-330	8-8-331	8-8-332
项目				圆形立式		圆形卧式	
				1.5m 以下	1.5m 以上	1.5m 以下	1.5m 以上
基价(元)				**2623.76**	**2536.56**	**2749.36**	**2666.16**
其中	人工费(元)			912.80	825.60	1038.40	955.20
	材料费(元)			1573.89	1573.89	1573.89	1573.89
	机械费(元)			137.07	137.07	137.07	137.07
名称		单位	单价(元)	数量			
人工	综合工日	工日	80.00	11.410	10.320	12.980	11.940
材料	树脂耐酸胶泥	m^3	16530.20	0.095	0.095	0.095	0.095
	耐酸板 180×110×20	块	-	(515.000)	(515.000)	(515.000)	(515.000)
	水	t	4.00	0.520	0.520	0.520	0.520
	尼龙砂轮片 ϕ150	片	7.60	0.100	0.100	0.100	0.100
	电	kW·h	0.85	0.800	0.800	0.800	0.800
机械	滚筒式混凝土搅拌机(内燃) 250L	台班	202.65	0.350	0.350	0.350	0.350
	轴流风机 7.5kW	台班	42.81	0.420	0.420	0.420	0.420
	电动卷扬机(单筒慢速) 30kN	台班	137.62	0.350	0.350	0.350	0.350

工作内容:同前 单位:$10m^2$

定额编号				8-8-333	8-8-334	8-8-335	8-8-336
项目				矩形		锥(塔)形	
				1.5m 以下	1.5m 以上	1.5m 以下	1.5m 以上
基价(元)				2522.16	2456.56	2904.56	2780.56
其中	人工费(元)			811.20	745.60	1193.60	1069.60
	材料费(元)			1573.89	1573.89	1573.89	1573.89
	机械费(元)			137.07	137.07	137.07	137.07
名称		单位	单价(元)	数量			
人工	综合工日	工日	80.00	10.140	9.320	14.920	13.370
材料	树脂耐酸胶泥	m^3	16530.20	0.095	0.095	0.095	0.095
	耐酸板 180×110×20	块	–	(515.000)	(515.000)	(515.000)	(515.000)
	水	t	4.00	0.520	0.520	0.520	0.520
	尼龙砂轮片 φ150	片	7.60	0.100	0.100	0.100	0.100
	电	kW·h	0.85	0.800	0.800	0.800	0.800
机械	滚筒式混凝土搅拌机(内燃) 250L	台班	202.65	0.350	0.350	0.350	0.350
	轴流风机 7.5kW	台班	42.81	0.420	0.420	0.420	0.420
	电动卷扬机(单筒慢速) 30kN	台班	137.62	0.350	0.350	0.350	0.350

16. 耐酸板 180×110×25

工作内容：运料、选砖板、洗砖板、调制胶泥、刷底胶浆、衬砌、养生。　　　　单位：$10m^2$

定额编号				8-8-337	8-8-338	8-8-339	8-8-340
项目				圆形立式		圆形卧式	
				1.5m 以下	1.5m 以上	1.5m 以下	1.5m 以上
基价（元）				**2661.62**	**2574.42**	**2787.22**	**2704.02**
其中	人工费（元）			917.60	830.40	1043.20	960.00
	材料费（元）			1606.95	1606.95	1606.95	1606.95
	机械费（元）			137.07	137.07	137.07	137.07
名称		单位	单价(元)	数量			
人工	综合工日	工日	80.00	11.470	10.380	13.040	12.000
材料	树脂耐酸胶泥	m^3	16530.20	0.097	0.097	0.097	0.097
	耐酸板 180×110×25	块	–	(515.000)	(515.000)	(515.000)	(515.000)
	水	t	4.00	0.520	0.520	0.520	0.520
	尼龙砂轮片 ϕ150	片	7.60	0.100	0.100	0.100	0.100
	电	kW·h	0.85	0.800	0.800	0.800	0.800
机械	滚筒式混凝土搅拌机(内燃) 250L	台班	202.65	0.350	0.350	0.350	0.350
	轴流风机 7.5kW	台班	42.81	0.420	0.420	0.420	0.420
	电动卷扬机(单筒慢速) 30kN	台班	137.62	0.350	0.350	0.350	0.350

工作内容:同前　　单位:$10m^2$

定额编号				8-8-341	8-8-342	8-8-343	8-8-344
项目				矩形		锥(塔)形	
				1.5m 以下	1.5m 以上	1.5m 以下	1.5m 以上
基价(元)				2560.02	2494.42	2942.42	2818.42
其中	人工费(元)			816.00	750.40	1198.40	1074.40
	材料费(元)			1606.95	1606.95	1606.95	1606.95
	机械费(元)			137.07	137.07	137.07	137.07
名称		单位	单价(元)	数量			
人工	综合工日	工日	80.00	10.200	9.380	14.980	13.430
材料	树脂耐酸胶泥	m^3	16530.20	0.097	0.097	0.097	0.097
	耐酸板 180×110×25	块	–	(515.000)	(515.000)	(515.000)	(515.000)
	水	t	4.00	0.520	0.520	0.520	0.520
	尼龙砂轮片 $\phi150$	片	7.60	0.100	0.100	0.100	0.100
	电	kW·h	0.85	0.800	0.800	0.800	0.800
机械	滚筒式混凝土搅拌机(内燃) 250L	台班	202.65	0.350	0.350	0.350	0.350
	轴流风机 7.5kW	台班	42.81	0.420	0.420	0.420	0.420
	电动卷扬机(单筒慢速) 30kN	台班	137.62	0.350	0.350	0.350	0.350

17. 耐酸板 180×110×30

工作内容:运料、选砖板、洗砖板、调制胶泥、刷底胶浆、衬砌、养生。　　　　单位:$10m^2$

定额编号				8-8-345	8-8-346	8-8-347	8-8-348
项目				圆形立式		圆形卧式	
				1.5m 以下	1.5m 以上	1.5m 以下	1.5m 以上
基价(元)				2716.01	2628.01	2840.81	2757.61
其中	人工费(元)			922.40	834.40	1047.20	964.00
	材料费(元)			1656.54	1656.54	1656.54	1656.54
	机械费(元)			137.07	137.07	137.07	137.07
名称		单位	单价(元)	数量			
人工	综合工日	工日	80.00	11.530	10.430	13.090	12.050
材料	树脂耐酸胶泥	m^3	16530.20	0.100	0.100	0.100	0.100
	耐酸板 180×110×30	块	–	(515.000)	(515.000)	(515.000)	(515.000)
	水	t	4.00	0.520	0.520	0.520	0.520
	尼龙砂轮片 ϕ150	片	7.60	0.100	0.100	0.100	0.100
	电	kW·h	0.85	0.800	0.800	0.800	0.800
机械	滚筒式混凝土搅拌机(内燃) 250L	台班	202.65	0.350	0.350	0.350	0.350
	轴流风机 7.5kW	台班	42.81	0.420	0.420	0.420	0.420
	电动卷扬机(单筒慢速) 30kN	台班	137.62	0.350	0.350	0.350	0.350

工作内容：同前

单位：$10m^2$

定额编号				8-8-349	8-8-350	8-8-351	8-8-352
项目				矩形		锥(塔)形	
				1.5m 以下	1.5m 以上	1.5m 以下	1.5m 以上
基价（元）				**2614.41**	**2548.81**	**2996.01**	**2872.81**
其中	人工费（元）			820.80	755.20	1202.40	1079.20
	材料费（元）			1656.54	1656.54	1656.54	1656.54
	机械费（元）			137.07	137.07	137.07	137.07
名称		单位	单价(元)	数量			
人工	综合工日	工日	80.00	10.260	9.440	15.030	13.490
材料	树脂耐酸胶泥	m^3	16530.20	0.100	0.100	0.100	0.100
	耐酸板 180×110×30	块	-	(515.000)	(515.000)	(515.000)	(515.000)
	水	t	4.00	0.520	0.520	0.520	0.520
	尼龙砂轮片 $\phi150$	片	7.60	0.100	0.100	0.100	0.100
	电	kW·h	0.85	0.800	0.800	0.800	0.800
机械	滚筒式混凝土搅拌机(内燃) 250L	台班	202.65	0.350	0.350	0.350	0.350
	轴流风机 7.5kW	台班	42.81	0.420	0.420	0.420	0.420
	电动卷扬机(单筒慢速) 30kN	台班	137.62	0.350	0.350	0.350	0.350

18. 耐酸板 180×110×35

工作内容：运料、选砖板、洗砖板、调制胶泥、刷底胶浆、衬砌、养生。　　　　单位：10m²

定额编号				8-8-353	8-8-354	8-8-355	8-8-356
项目				圆形立式		圆形卧式	
				1.5m 以下	1.5m 以上	1.5m 以下	1.5m 以上
基价（元）				**2751.47**	**2665.07**	**2877.07**	**2793.87**
其中	人工费（元）			924.80	838.40	1050.40	967.20
	材料费（元）			1689.60	1689.60	1689.60	1689.60
	机械费（元）			137.07	137.07	137.07	137.07
名称		单位	单价(元)	数量			
人工	综合工日	工日	80.00	11.560	10.480	13.130	12.090
材料	树脂耐酸胶泥	m^3	16530.20	0.102	0.102	0.102	0.102
	耐酸板 180×110×35	块	-	(515.000)	(515.000)	(515.000)	(515.000)
	水	t	4.00	0.520	0.520	0.520	0.520
	尼龙砂轮片 ϕ150	片	7.60	0.100	0.100	0.100	0.100
	电	kW·h	0.85	0.800	0.800	0.800	0.800
机械	滚筒式混凝土搅拌机(内燃) 250L	台班	202.65	0.350	0.350	0.350	0.350
	轴流风机 7.5kW	台班	42.81	0.420	0.420	0.420	0.420
	电动卷扬机(单筒慢速) 30kN	台班	137.62	0.350	0.350	0.350	0.350

工作内容:同前　　　　单位:10m²

定额编号				8-8-357	8-8-358	8-8-359	8-8-360
项目				矩形		锥(塔)形	
				1.5m 以下	1.5m 以上	1.5m 以下	1.5m 以上
基价(元)				**2649.87**	**2584.27**	**3032.27**	**2908.27**
其中	人工费(元)			823.20	757.60	1205.60	1081.60
	材料费(元)			1689.60	1689.60	1689.60	1689.60
	机械费(元)			137.07	137.07	137.07	137.07
名称		单位	单价(元)	数量			
人工	综合工日	工日	80.00	10.290	9.470	15.070	13.520
材料	树脂耐酸胶泥	m^3	16530.20	0.102	0.102	0.102	0.102
	耐酸板 180×110×35	块	–	(515.000)	(515.000)	(515.000)	(515.000)
	水	t	4.00	0.520	0.520	0.520	0.520
	尼龙砂轮片 $\phi150$	片	7.60	0.100	0.100	0.100	0.100
	电	kW·h	0.85	0.800	0.800	0.800	0.800
机械	滚筒式混凝土搅拌机(内燃) 250L	台班	202.65	0.350	0.350	0.350	0.350
	轴流风机 7.5kW	台班	42.81	0.420	0.420	0.420	0.420
	电动卷扬机(单筒慢速) 30kN	台班	137.62	0.350	0.350	0.350	0.350

19. 耐酸板 200×100×15

工作内容:运料、选砖板、洗砖板、调制胶泥、刷底胶浆、衬砌、养生。

单位:10m²

定额编号				8-8-361	8-8-362	8-8-363	8-8-364
项目				圆形立式		圆形卧式	
				1.5m 以下	1.5m 以上	1.5m 以下	1.5m 以上
基价(元)				**2585.86**	**2497.86**	**2709.86**	**2628.26**
其中	人工费(元)			908.00	820.00	1032.00	950.40
	材料费(元)			1540.79	1540.79	1540.79	1540.79
	机械费(元)			137.07	137.07	137.07	137.07
名称		单位	单价(元)	数量			
人工	综合工日	工日	80.00	11.350	10.250	12.900	11.880
材料	树脂耐酸胶泥	m³	16530.20	0.093	0.093	0.093	0.093
	耐酸板 200×100×15	块	–	(510.000)	(510.000)	(510.000)	(510.000)
	水	t	4.00	0.510	0.510	0.510	0.510
	尼龙砂轮片 φ150	片	7.60	0.100	0.100	0.100	0.100
	电	kW·h	0.85	0.800	0.800	0.800	0.800
机械	滚筒式混凝土搅拌机(内燃)250L	台班	202.65	0.350	0.350	0.350	0.350
	轴流风机 7.5kW	台班	42.81	0.420	0.420	0.420	0.420
	电动卷扬机(单筒慢速)30kN	台班	137.62	0.350	0.350	0.350	0.350

工作内容：同前　　　　单位：10m²

定额编号				8-8-365	8-8-366	8-8-367	8-8-368
项目				矩形		锥(塔)形	
				1.5m 以下	1.5m 以上	1.5m 以下	1.5m 以上
基价(元)				2483.46	2418.66	2865.86	2741.86
其中	人工费(元)			805.60	740.80	1188.00	1064.00
	材料费(元)			1540.79	1540.79	1540.79	1540.79
	机械费(元)			137.07	137.07	137.07	137.07
名称		单位	单价(元)	数量			
人工	综合工日	工日	80.00	10.070	9.260	14.850	13.300
材料	树脂耐酸胶泥	m^3	16530.20	0.093	0.093	0.093	0.093
	耐酸板 200×100×15	块	–	(510.000)	(510.000)	(510.000)	(510.000)
	水	t	4.00	0.510	0.510	0.510	0.510
	尼龙砂轮片 ϕ150	片	7.60	0.100	0.100	0.100	0.100
	电	kW·h	0.85	0.800	0.800	0.800	0.800
机械	滚筒式混凝土搅拌机(内燃) 250L	台班	202.65	0.350	0.350	0.350	0.350
	轴流风机 7.5kW	台班	42.81	0.420	0.420	0.420	0.420
	电动卷扬机(单筒慢速) 30kN	台班	137.62	0.350	0.350	0.350	0.350

20. 耐酸板 200×100×20

工作内容：运料、选砖板、洗砖板、调制胶泥、刷底胶浆、衬砌、养生。

单位：$10m^2$

定额编号				8-8-369	8-8-370	8-8-371	8-8-372
项目				圆形立式		圆形卧式	
				1.5m 以下	1.5m 以上	1.5m 以下	1.5m 以上
基价（元）				2622.12	2533.32	2746.12	2663.72
其中	人工费（元）			911.20	822.40	1035.20	952.80
	材料费（元）			1573.85	1573.85	1573.85	1573.85
	机械费（元）			137.07	137.07	137.07	137.07
名称		单位	单价（元）	数量			
人工	综合工日	工日	80.00	11.390	10.280	12.940	11.910
材料	树脂耐酸胶泥	m^3	16530.20	0.095	0.095	0.095	0.095
	耐酸板 200×100×20	块	–	(510.000)	(510.000)	(510.000)	(510.000)
	水	t	4.00	0.510	0.510	0.510	0.510
	尼龙砂轮片 $\phi150$	片	7.60	0.100	0.100	0.100	0.100
	电	kW·h	0.85	0.800	0.800	0.800	0.800
机械	滚筒式混凝土搅拌机（内燃）250L	台班	202.65	0.350	0.350	0.350	0.350
	轴流风机 7.5kW	台班	42.81	0.420	0.420	0.420	0.420
	电动卷扬机（单筒慢速）30kN	台班	137.62	0.350	0.350	0.350	0.350

工作内容:同前　　　　　　　　　　　　　　　　　　　　　　　　　　　　　　单位:$10m^2$

定额编号				8-8-373	8-8-374	8-8-375	8-8-376
项目				矩形		锥(塔)形	
				1.5m 以下	1.5m 以上	1.5m 以下	1.5m 以上
基价(元)				**2519.72**	**2454.12**	**2902.12**	**2778.12**
其中	人工费(元)			808.80	743.20	1191.20	1067.20
	材料费(元)			1573.85	1573.85	1573.85	1573.85
	机械费(元)			137.07	137.07	137.07	137.07
名称		单位	单价(元)	数量			
人工	综合工日	工日	80.00	10.110	9.290	14.890	13.340
材料	树脂耐酸胶泥	m^3	16530.20	0.095	0.095	0.095	0.095
	耐酸板 200×100×20	块	–	(510.000)	(510.000)	(510.000)	(510.000)
	水	t	4.00	0.510	0.510	0.510	0.510
	尼龙砂轮片 φ150	片	7.60	0.100	0.100	0.100	0.100
	电	kW·h	0.85	0.800	0.800	0.800	0.800
机械	滚筒式混凝土搅拌机(内燃) 250L	台班	202.65	0.350	0.350	0.350	0.350
	轴流风机 7.5kW	台班	42.81	0.420	0.420	0.420	0.420
	电动卷扬机(单筒慢速) 30kN	台班	137.62	0.350	0.350	0.350	0.350

21. 耐酸板 200×100×25

工作内容:运料、选砖板、洗砖板、调制胶泥、刷底胶浆、衬砌、养生。

单位:10m²

定额编号				8-8-377	8-8-378	8-8-379	8-8-380
项目				圆形立式		圆形卧式	
				1.5m 以下	1.5m 以上	1.5m 以下	1.5m 以上
基价(元)				**2659.18**	**2571.18**	**2783.98**	**2701.58**
其中	人工费(元)			915.20	827.20	1040.00	957.60
	材料费(元)			1606.91	1606.91	1606.91	1606.91
	机械费(元)			137.07	137.07	137.07	137.07
名称		单位	单价(元)	数量			
人工	综合工日	工日	80.00	11.440	10.340	13.000	11.970
材料	树脂耐酸胶泥	m^3	16530.20	0.097	0.097	0.097	0.097
	耐酸板 200×100×25	块	-	(510.000)	(510.000)	(510.000)	(510.000)
	水	t	4.00	0.510	0.510	0.510	0.510
	尼龙砂轮片 ϕ150	片	7.60	0.100	0.100	0.100	0.100
	电	kW·h	0.85	0.800	0.800	0.800	0.800
机械	滚筒式混凝土搅拌机(内燃)250L	台班	202.65	0.350	0.350	0.350	0.350
	轴流风机 7.5kW	台班	42.81	0.420	0.420	0.420	0.420
	电动卷扬机(单筒慢速)30kN	台班	137.62	0.350	0.350	0.350	0.350

工作内容：同前

单位：$10m^2$

定额编号				8-8-381	8-8-382	8-8-383	8-8-384
项目				矩形		锥(塔)形	
				1.5m 以下	1.5m 以上	1.5m 以下	1.5m 以上
基价（元）				**2557.58**	**2491.98**	**2939.98**	**2815.18**
其中	人工费（元）			813.60	748.00	1196.00	1071.20
	材料费（元）			1606.91	1606.91	1606.91	1606.91
	机械费（元）			137.07	137.07	137.07	137.07
名称		单位	单价(元)	数量			
人工	综合工日	工日	80.00	10.170	9.350	14.950	13.390
材料	树脂耐酸胶泥	m^3	16530.20	0.097	0.097	0.097	0.097
	耐酸板 200×100×25	块	–	(510.000)	(510.000)	(510.000)	(510.000)
	水	t	4.00	0.510	0.510	0.510	0.510
	尼龙砂轮片 $\phi150$	片	7.60	0.100	0.100	0.100	0.100
	电	kW·h	0.85	0.800	0.800	0.800	0.800
机械	滚筒式混凝土搅拌机(内燃) 250L	台班	202.65	0.350	0.350	0.350	0.350
	轴流风机 7.5kW	台班	42.81	0.420	0.420	0.420	0.420
	电动卷扬机(单筒慢速) 30kN	台班	137.62	0.350	0.350	0.350	0.350

22. 耐酸板 200×100×30

工作内容：运料、选砖板、洗砖板、调制胶泥、刷底胶浆、衬砌、养生。

单位：10m²

定额编号				8-8-385	8-8-386	8-8-387	8-8-388
项目				圆形立式		圆形卧式	
				1.5m 以下	1.5m 以上	1.5m 以下	1.5m 以上
基价（元）				2712.77	2625.57	2837.57	2755.97
其中	人工费（元）			919.20	832.00	1044.00	962.40
	材料费（元）			1656.50	1656.50	1656.50	1656.50
	机械费（元）			137.07	137.07	137.07	137.07
名称		单位	单价(元)	数量			
人工	综合工日	工日	80.00	11.490	10.400	13.050	12.030
材料	树脂耐酸胶泥	m^3	16530.20	0.100	0.100	0.100	0.100
	耐酸板 200×100×30	块	-	(510.000)	(510.000)	(510.000)	(510.000)
	水	t	4.00	0.510	0.510	0.510	0.510
	尼龙砂轮片 ϕ150	片	7.60	0.100	0.100	0.100	0.100
	电	kW·h	0.85	0.800	0.800	0.800	0.800
机械	滚筒式混凝土搅拌机(内燃) 250L	台班	202.65	0.350	0.350	0.350	0.350
	轴流风机 7.5kW	台班	42.81	0.420	0.420	0.420	0.420
	电动卷扬机(单筒慢速) 30kN	台班	137.62	0.350	0.350	0.350	0.350

工作内容:同前　　单位:10m²

定额编号				8-8-389	8-8-390	8-8-391	8-8-392
项目				矩形		锥(塔)形	
				1.5m 以下	1.5m 以上	1.5m 以下	1.5m 以上
基价(元)				**2611.97**	**2545.57**	**2993.57**	**2869.57**
其中	人工费(元)			818.40	752.00	1200.00	1076.00
	材料费(元)			1656.50	1656.50	1656.50	1656.50
	机械费(元)			137.07	137.07	137.07	137.07
名称		单位	单价(元)	数量			
人工	综合工日	工日	80.00	10.230	9.400	15.000	13.450
材料	树脂耐酸胶泥	m^3	16530.20	0.100	0.100	0.100	0.100
	耐酸板 200×100×30	块	–	(510.000)	(510.000)	(510.000)	(510.000)
	水	t	4.00	0.510	0.510	0.510	0.510
	尼龙砂轮片 ϕ150	片	7.60	0.100	0.100	0.100	0.100
	电	kW·h	0.85	0.800	0.800	0.800	0.800
机械	滚筒式混凝土搅拌机(内燃) 250L	台班	202.65	0.350	0.350	0.350	0.350
	轴流风机 7.5kW	台班	42.81	0.420	0.420	0.420	0.420
	电动卷扬机(单筒慢速) 30kN	台班	137.62	0.350	0.350	0.350	0.350

23. 耐酸板 150×150×15

工作内容:运料、选砖板、洗砖板、调制胶泥、刷底胶浆、衬砌、养生。　　　　单位:$10m^2$

定额编号				8-8-393	8-8-394	8-8-395	8-8-396
项目				圆形立式		圆形卧式	
				1.5m 以下	1.5m 以上	1.5m 以下	1.5m 以上
基价(元)				**2553.29**	**2463.69**	**2680.49**	**2579.69**
其中	人工费(元)			892.00	802.40	1019.20	918.40
	材料费(元)			1524.22	1524.22	1524.22	1524.22
	机械费(元)			137.07	137.07	137.07	137.07
名称		单位	单价(元)	数量			
人工	综合工日	工日	80.00	11.150	10.030	12.740	11.480
材料	树脂耐酸胶泥	m^3	16530.20	0.092	0.092	0.092	0.092
	耐酸板 150×150×15	块	–	(455.000)	(455.000)	(455.000)	(455.000)
	水	t	4.00	0.500	0.500	0.500	0.500
	尼龙砂轮片 $\phi150$	片	7.60	0.100	0.100	0.100	0.100
	电	kW·h	0.85	0.800	0.800	0.800	0.800
机械	滚筒式混凝土搅拌机(内燃) 250L	台班	202.65	0.350	0.350	0.350	0.350
	轴流风机 7.5kW	台班	42.81	0.420	0.420	0.420	0.420
	电动卷扬机(单筒慢速) 30kN	台班	137.62	0.350	0.350	0.350	0.350

工作内容:同前

单位:$10m^2$

定额编号				8-8-397	8-8-398	8-8-399	8-8-400
项目				矩形		锥(塔)形	
				1.5m 以下	1.5m 以上	1.5m 以下	1.5m 以上
基价(元)				**2447.69**	**2378.09**	**2842.89**	**2709.29**
其中	人工费(元)			786.40	716.80	1181.60	1048.00
	材料费(元)			1524.22	1524.22	1524.22	1524.22
	机械费(元)			137.07	137.07	137.07	137.07
名称		单位	单价(元)	数量			
人工	综合工日	工日	80.00	9.830	8.960	14.770	13.100
材料	树脂耐酸胶泥	m^3	16530.20	0.092	0.092	0.092	0.092
	耐酸板 150×150×15	块	–	(455.000)	(455.000)	(455.000)	(455.000)
	水	t	4.00	0.500	0.500	0.500	0.500
	尼龙砂轮片 ϕ150	片	7.60	0.100	0.100	0.100	0.100
	电	kW·h	0.85	0.800	0.800	0.800	0.800
机械	滚筒式混凝土搅拌机(内燃)250L	台班	202.65	0.350	0.350	0.350	0.350
	轴流风机 7.5kW	台班	42.81	0.420	0.420	0.420	0.420
	电动卷扬机(单筒慢速)30kN	台班	137.62	0.350	0.350	0.350	0.350

24. 耐酸板 150 × 150 × 20

工作内容:运输、选砖板、洗砖板、调制胶泥、刷底胶浆、衬砌、养生。 单位:$10m^2$

定额编号				8-8-401	8-8-402	8-8-403	8-8-404
项目				圆形立式		圆形卧式	
				1.5m 以下	1.5m 以上	1.5m 以下	1.5m 以上
基价(元)				**2591.15**	**2501.55**	**2718.35**	**2617.55**
其中	人工费(元)			896.80	807.20	1024.00	923.20
	材料费(元)			1557.28	1557.28	1557.28	1557.28
	机械费(元)			137.07	137.07	137.07	137.07
名称		单位	单价(元)	数量			
人工	综合工日	工日	80.00	11.210	10.090	12.800	11.540
材料	树脂耐酸胶泥	m^3	16530.20	0.094	0.094	0.094	0.094
	耐酸板 150 × 150 × 20	块	–	(455.000)	(455.000)	(455.000)	(455.000)
	水	t	4.00	0.500	0.500	0.500	0.500
	尼龙砂轮片 ϕ150	片	7.60	0.100	0.100	0.100	0.100
	电	kW·h	0.85	0.800	0.800	0.800	0.800
机械	滚筒式混凝土搅拌机(内燃) 250L	台班	202.65	0.350	0.350	0.350	0.350
	轴流风机 7.5kW	台班	42.81	0.420	0.420	0.420	0.420
	电动卷扬机(单筒慢速) 30kN	台班	137.62	0.350	0.350	0.350	0.350

工作内容：同前　　　　　　　　　　　　　　　　单位：$10m^2$

定额编号				8-8-405	8-8-406	8-8-407	8-8-408
项目				矩形		锥(塔)形	
				1.5m 以下	1.5m 以上	1.5m 以下	1.5m 以上
基价（元）				**2485.55**	**2415.95**	**2880.75**	**2747.15**
其中	人工费（元）			791.20	721.60	1186.40	1052.80
	材料费（元）			1557.28	1557.28	1557.28	1557.28
	机械费（元）			137.07	137.07	137.07	137.07
名称		单位	单价(元)	数量			
人工	综合工日	工日	80.00	9.890	9.020	14.830	13.160
材料	树脂耐酸胶泥	m^3	16530.20	0.094	0.094	0.094	0.094
	耐酸板 150×150×20	块	–	(455.000)	(455.000)	(455.000)	(455.000)
	水	t	4.00	0.500	0.500	0.500	0.500
	尼龙砂轮片 $\phi150$	片	7.60	0.100	0.100	0.100	0.100
	电	kW·h	0.85	0.800	0.800	0.800	0.800
机械	滚筒式混凝土搅拌机(内燃) 250L	台班	202.65	0.350	0.350	0.350	0.350
	轴流风机 7.5kW	台班	42.81	0.420	0.420	0.420	0.420
	电动卷扬机(单筒慢速) 30kN	台班	137.62	0.350	0.350	0.350	0.350

25. 耐酸板 150×150×25

工作内容：运料、选砖板、洗砖板、调制胶泥、刷底胶浆、衬砌、养生。

单位：$10m^2$

定额编号				8-8-409	8-8-410	8-8-411	8-8-412
项目				圆形立式		圆形卧式	
				1.5m 以下	1.5m 以上	1.5m 以下	1.5m 以上
基价（元）				**2627.41**	**2537.81**	**2755.41**	**2654.61**
其中	人工费（元）			900.00	810.40	1028.00	927.20
	材料费（元）			1590.34	1590.34	1590.34	1590.34
	机械费（元）			137.07	137.07	137.07	137.07
名称		单位	单价(元)	数量			
人工	综合工日	工日	80.00	11.250	10.130	12.850	11.590
材料	树脂耐酸胶泥	m^3	16530.20	0.096	0.096	0.096	0.096
	耐酸板 150×150×25	块	–	(455.000)	(455.000)	(455.000)	(455.000)
	水	t	4.00	0.500	0.500	0.500	0.500
	尼龙砂轮片 φ150	片	7.60	0.100	0.100	0.100	0.100
	电	kW·h	0.85	0.800	0.800	0.800	0.800
机械	滚筒式混凝土搅拌机(内燃) 250L	台班	202.65	0.350	0.350	0.350	0.350
	轴流风机 7.5kW	台班	42.81	0.420	0.420	0.420	0.420
	电动卷扬机(单筒慢速) 30kN	台班	137.62	0.350	0.350	0.350	0.350

工作内容:同前　　　　　　　　　　　　　　　　　　　　　　　　　　　　　　　单位:$10m^2$

定额编号				8-8-413	8-8-414	8-8-415	8-8-416
项目				矩形		锥(塔)形	
				1.5m 以下	1.5m 以上	1.5m 以下	1.5m 以上
基价(元)				**2522.61**	**2452.21**	**2917.81**	**2784.21**
其中	人工费(元)			795.20	724.80	1190.40	1056.80
	材料费(元)			1590.34	1590.34	1590.34	1590.34
	机械费(元)			137.07	137.07	137.07	137.07
名称		单位	单价(元)	数量			
人工	综合工日	工日	80.00	9.940	9.060	14.880	13.210
材料	树脂耐酸胶泥	m^3	16530.20	0.096	0.096	0.096	0.096
	耐酸板 150×150×25	块	–	(455.000)	(455.000)	(455.000)	(455.000)
	水	t	4.00	0.500	0.500	0.500	0.500
	尼龙砂轮片 $\phi150$	片	7.60	0.100	0.100	0.100	0.100
	电	kW·h	0.85	0.800	0.800	0.800	0.800
机械	滚筒式混凝土搅拌机(内燃) 250L	台班	202.65	0.350	0.350	0.350	0.350
	轴流风机 7.5kW	台班	42.81	0.420	0.420	0.420	0.420
	电动卷扬机(单筒慢速) 30kN	台班	137.62	0.350	0.350	0.350	0.350

26. 耐酸板 150×150×30

工作内容：运料、选砖板、洗砖板、调制胶泥、刷底胶浆、衬砌、养生。 单位：10m²

定额编号				8-8-417	8-8-418	8-8-419	8-8-420
项目				圆形立式		圆形卧式	
				1.5m 以下	1.5m 以上	1.5m 以下	1.5m 以上
基价（元）				**2683.40**	**2593.00**	**2810.60**	**2709.00**
其中	人工费（元）			906.40	816.00	1033.60	932.00
	材料费（元）			1639.93	1639.93	1639.93	1639.93
	机械费（元）			137.07	137.07	137.07	137.07
名称		单位	单价（元）	数量			
人工	综合工日	工日	80.00	11.330	10.200	12.920	11.650
材料	树脂耐酸胶泥	m^3	16530.20	0.099	0.099	0.099	0.099
	耐酸板 150×150×30	块	–	(455.000)	(455.000)	(455.000)	(455.000)
	水	t	4.00	0.500	0.500	0.500	0.500
	尼龙砂轮片 φ150	片	7.60	0.100	0.100	0.100	0.100
	电	kW·h	0.85	0.800	0.800	0.800	0.800
机械	滚筒式混凝土搅拌机（内燃）250L	台班	202.65	0.350	0.350	0.350	0.350
	轴流风机 7.5kW	台班	42.81	0.420	0.420	0.420	0.420
	电动卷扬机（单筒慢速）30kN	台班	137.62	0.350	0.350	0.350	0.350

工作内容:同前　　　　单位:$10m^2$

定额编号				8-8-421	8-8-422	8-8-423	8-8-424
项目				矩形		锥(塔)形	
				1.5m 以下	1.5m 以上	1.5m 以下	1.5m 以上
基价(元)				2577.00	2507.40	2973.00	2838.60
其中	人工费(元)			800.00	730.40	1196.00	1061.60
	材料费(元)			1639.93	1639.93	1639.93	1639.93
	机械费(元)			137.07	137.07	137.07	137.07
名称		单位	单价(元)	数量			
人工	综合工日	工日	80.00	10.000	9.130	14.950	13.270
材料	树脂耐酸胶泥	m^3	16530.20	0.099	0.099	0.099	0.099
	耐酸板 150×150×30	块	–	(455.000)	(455.000)	(455.000)	(455.000)
	水	t	4.00	0.500	0.500	0.500	0.500
	尼龙砂轮片 $\phi150$	片	7.60	0.100	0.100	0.100	0.100
	电	kW·h	0.85	0.800	0.800	0.800	0.800
机械	滚筒式混凝土搅拌机(内燃) 250L	台班	202.65	0.350	0.350	0.350	0.350
	轴流风机 7.5kW	台班	42.81	0.420	0.420	0.420	0.420
	电动卷扬机(单筒慢速) 30kN	台班	137.62	0.350	0.350	0.350	0.350

27. 耐酸板 150×150×35

工作内容:运料、选砖板、洗砖板、调制胶泥、刷底胶浆、衬砌、养生。　　　　单位:$10m^2$

定额编号				8-8-425	8-8-426	8-8-427	8-8-428
项目				圆形立式		圆形卧式	
				1.5m 以下	1.5m 以上	1.5m 以下	1.5m 以上
基价(元)				**2721.26**	**2630.86**	**2848.46**	**2746.86**
其中	人工费(元)			911.20	820.80	1038.40	936.80
	材料费(元)			1672.99	1672.99	1672.99	1672.99
	机械费(元)			137.07	137.07	137.07	137.07
名称		单位	单价(元)	数量			
人工	综合工日	工日	80.00	11.390	10.260	12.980	11.710
材料	树脂耐酸胶泥	m^3	16530.20	0.101	0.101	0.101	0.101
	耐酸板 150×150×35	块	–	(455.000)	(455.000)	(455.000)	(455.000)
	水	t	4.00	0.500	0.500	0.500	0.500
	尼龙砂轮片 ϕ150	片	7.60	0.100	0.100	0.100	0.100
	电	kW·h	0.85	0.800	0.800	0.800	0.800
机械	滚筒式混凝土搅拌机(内燃)250L	台班	202.65	0.350	0.350	0.350	0.350
	轴流风机 7.5kW	台班	42.81	0.420	0.420	0.420	0.420
	电动卷扬机(单筒慢速)30kN	台班	137.62	0.350	0.350	0.350	0.350

工作内容:同前

单位:$10m^2$

定额编号				8-8-429	8-8-430	8-8-431	8-8-432
项目				矩形		锥(塔)形	
				1.5m 以下	1.5m 以上	1.5m 以下	1.5m 以上
基价(元)				**2615.66**	**2544.46**	**3010.06**	**2876.46**
其中	人工费(元)			805.60	734.40	1200.00	1066.40
	材料费(元)			1672.99	1672.99	1672.99	1672.99
	机械费(元)			137.07	137.07	137.07	137.07
名称		单位	单价(元)	数量			
人工	综合工日	工日	80.00	10.070	9.180	15.000	13.330
材料	树脂耐酸胶泥	m^3	16530.20	0.101	0.101	0.101	0.101
	耐酸板 150×150×35	块	–	(455.000)	(455.000)	(455.000)	(455.000)
	水	t	4.00	0.500	0.500	0.500	0.500
	尼龙砂轮片 $\phi150$	片	7.60	0.100	0.100	0.100	0.100
	电	kW·h	0.85	0.800	0.800	0.800	0.800
机械	滚筒式混凝土搅拌机(内燃) 250L	台班	202.65	0.350	0.350	0.350	0.350
	轴流风机 7.5kW	台班	42.81	0.420	0.420	0.420	0.420
	电动卷扬机(单筒慢速) 30kN	台班	137.62	0.350	0.350	0.350	0.350

三、聚酯树脂胶泥砌块材

1. 耐酸砖 230 × 113 × 65(230mm 厚)

工作内容: 运料、选砖板、洗砖板、调制胶泥、刷底胶浆、衬砌、养生。

单位:10m²

定额编号				8-8-433	8-8-434	8-8-435	8-8-436
项目				圆形立式		圆形卧式	
				1.5m 以下	1.5m 以上	1.5m 以下	1.5m 以上
基价(元)				**9756.47**	**9556.47**	**9934.07**	**9809.27**
其中	人工费(元)			2446.40	2246.40	2624.00	2499.20
	材料费(元)			7173.00	7173.00	7173.00	7173.00
	机械费(元)			137.07	137.07	137.07	137.07
名称		单位	单价(元)	数量			
人工	综合工日	工日	80.00	30.580	28.080	32.800	31.240
材料	聚酯树脂耐酸胶泥	m^3	16530.20	0.208	0.208	0.208	0.208
	耐酸砖 230 × 113 × 65	块	2.80	1331.000	1331.000	1331.000	1331.000
	水	t	4.00	1.620	1.620	1.620	1.620
	尼龙砂轮片 ϕ150	片	7.60	0.100	0.100	0.100	0.100
	电	kW·h	0.85	0.800	0.800	0.800	0.800
机械	滚筒式混凝土搅拌机(内燃) 250L	台班	202.65	0.350	0.350	0.350	0.350
	轴流风机 7.5kW	台班	42.81	0.420	0.420	0.420	0.420
	电动卷扬机(单筒慢速) 30kN	台班	137.62	0.350	0.350	0.350	0.350

工作内容:同前　　　　　　　　　　　　　　　　　　　　　　　　　　　　　　单位:$10m^2$

定额编号				8-8-437	8-8-438	8-8-439	8-8-440
项目				矩形		锥(塔)形	
				1.5m 以下	1.5m 以上	1.5m 以下	1.5m 以上
基价(元)				**9575.67**	**9410.07**	**10327.67**	**10050.07**
其中	人工费(元)			2265.60	2100.00	3017.60	2740.00
	材料费(元)			7173.00	7173.00	7173.00	7173.00
	机械费(元)			137.07	137.07	137.07	137.07
名称		单位	单价(元)	数量			
人工	综合工日	工日	80.00	28.320	26.250	37.720	34.250
材料	聚酯树脂耐酸胶泥	m^3	16530.20	0.208	0.208	0.208	0.208
	耐酸砖 230×113×65	块	2.80	1331.000	1331.000	1331.000	1331.000
	水	t	4.00	1.620	1.620	1.620	1.620
	尼龙砂轮片 ϕ150	片	7.60	0.100	0.100	0.100	0.100
	电	kW·h	0.85	0.800	0.800	0.800	0.800
机械	滚筒式混凝土搅拌机(内燃) 250L	台班	202.65	0.350	0.350	0.350	0.350
	轴流风机 7.5kW	台班	42.81	0.420	0.420	0.420	0.420
	电动卷扬机(单筒慢速) 30kN	台班	137.62	0.350	0.350	0.350	0.350

2. 耐酸砖 230×113×65(113mm 厚)

工作内容:运料、选砖板、洗砖板、调制胶泥、刷底胶浆、衬砌、养生。

单位:$10m^2$

定额编号				8-8-441	8-8-442	8-8-443	8-8-444
项目				圆形立式		圆形卧式	
				1.5m 以下	1.5m 以上	1.5m 以下	1.5m 以上
基价(元)				**5777.94**	**5656.34**	**5822.74**	**5673.94**
其中	人工费(元)			1465.60	1344.00	1510.40	1361.60
	材料费(元)			4175.27	4175.27	4175.27	4175.27
	机械费(元)			137.07	137.07	137.07	137.07
名称		单位	单价(元)	数量			
人工	综合工日	工日	80.00	18.320	16.800	18.880	17.020
材料	聚酯树脂耐酸胶泥	m^3	16530.20	0.140	0.140	0.140	0.140
	耐酸砖 230×113×65	块	2.80	663.000	663.000	663.000	663.000
	水	t	4.00	0.800	0.800	0.800	0.800
	尼龙砂轮片 ϕ150	片	7.60	0.100	0.100	0.100	0.100
	电	kW·h	0.85	0.800	0.800	0.800	0.800
机械	滚筒式混凝土搅拌机(内燃) 250L	台班	202.65	0.350	0.350	0.350	0.350
	轴流风机 7.5kW	台班	42.81	0.420	0.420	0.420	0.420
	电动卷扬机(单筒慢速) 30kN	台班	137.62	0.350	0.350	0.350	0.350

工作内容:同前　　　单位:$10m^2$

定额编号				8-8-445	8-8-446	8-8-447	8-8-448
项目				矩形		锥(塔)形	
				1.5m 以下	1.5m 以上	1.5m 以下	1.5m 以上
基价(元)				5601.94	5505.14	5943.54	5797.94
其中	人工费(元)			1289.60	1192.80	1631.20	1485.60
	材料费(元)			4175.27	4175.27	4175.27	4175.27
	机械费(元)			137.07	137.07	137.07	137.07
名称		单位	单价(元)	数量			
人工	综合工日	工日	80.00	16.120	14.910	20.390	18.570
材料	聚酯树脂耐酸胶泥	m^3	16530.20	0.140	0.140	0.140	0.140
	耐酸砖 230×113×65	块	2.80	663.000	663.000	663.000	663.000
	水	t	4.00	0.800	0.800	0.800	0.800
	尼龙砂轮片 $\phi150$	片	7.60	0.100	0.100	0.100	0.100
	电	kW·h	0.85	0.800	0.800	0.800	0.800
机械	滚筒式混凝土搅拌机(内燃) 250L	台班	202.65	0.350	0.350	0.350	0.350
	轴流风机 7.5kW	台班	42.81	0.420	0.420	0.420	0.420
	电动卷扬机(单筒慢速) 30kN	台班	137.62	0.350	0.350	0.350	0.350

3. 耐酸砖 230×113×65(65mm 厚)

工作内容:运料、选砖板、洗砖板、调制胶泥、刷底胶浆、衬砌、养生。

单位:$10m^2$

定额编号				8-8-449	8-8-450	8-8-451	8-8-452
项目				圆形立式		圆形卧式	
				1.5m 以下	1.5m 以上	1.5m 以下	1.5m 以上
基价(元)				**4004.97**	**3948.17**	**4057.77**	**3965.77**
其中	人工费(元)			924.00	867.20	976.80	884.80
	材料费(元)			2943.90	2943.90	2943.90	2943.90
	机械费(元)			137.07	137.07	137.07	137.07
名称		单位	单价(元)	数量			
人工	综合工日	工日	80.00	11.550	10.840	12.210	11.060
材料	聚酯树脂耐酸胶泥	m^3	16530.20	0.112	0.112	0.112	0.112
	耐酸砖 230×113×65	块	2.80	389.000	389.000	389.000	389.000
	尼龙砂轮片 ϕ150	片	7.60	0.100	0.100	0.100	0.100
	水	t	4.00	0.470	0.470	0.470	0.470
	电	kW·h	0.85	0.800	0.800	0.800	0.800
机械	滚筒式混凝土搅拌机(内燃)250L	台班	202.65	0.350	0.350	0.350	0.350
	轴流风机 7.5kW	台班	42.81	0.420	0.420	0.420	0.420
	电动卷扬机(单筒慢速)30kN	台班	137.62	0.350	0.350	0.350	0.350

工作内容:同前　　　　单位:10m²

定额编号				8-8-453	8-8-454	8-8-455	8-8-456
项目				矩形		锥(塔)形	
				1.5m 以下	1.5m 以上	1.5m 以下	1.5m 以上
基价(元)				**3911.37**	**3862.57**	**4111.37**	**4017.77**
其中	人工费(元)			830.40	781.60	1030.40	936.80
	材料费(元)			2943.90	2943.90	2943.90	2943.90
	机械费(元)			137.07	137.07	137.07	137.07
名称		单位	单价(元)	数量			
人工	综合工日	工日	80.00	10.380	9.770	12.880	11.710
材料	聚酯树脂耐酸胶泥	m^3	16530.20	0.112	0.112	0.112	0.112
	耐酸砖 230×113×65	块	2.80	389.000	389.000	389.000	389.000
	水	t	4.00	0.470	0.470	0.470	0.470
	尼龙砂轮片 ϕ150	片	7.60	0.100	0.100	0.100	0.100
	电	kW·h	0.85	0.800	0.800	0.800	0.800
机械	滚筒式混凝土搅拌机(内燃) 250L	台班	202.65	0.350	0.350	0.350	0.350
	轴流风机 7.5kW	台班	42.81	0.420	0.420	0.420	0.420
	电动卷扬机(单筒慢速) 30kN	台班	137.62	0.350	0.350	0.350	0.350

4. 耐酸板 100×150×10

工作内容：运料、选砖板、洗砖板、调制胶泥、刷底胶浆、衬砌、养生。　　　　单位：10m²

	定额编号			8-8-457	8-8-458	8-8-459	8-8-460
	项目			圆形立式		圆形卧式	
				1.5m 以下	1.5m 以上	1.5m 以下	1.5m 以上
	基价（元）			2949.68	2838.48	3132.08	2998.48
其中	人工费（元）			1238.40	1127.20	1420.80	1287.20
	材料费（元）			1574.21	1574.21	1574.21	1574.21
	机械费（元）			137.07	137.07	137.07	137.07
	名称	单位	单价（元）	数量			
人工	综合工日	工日	80.00	15.480	14.090	17.760	16.090
材料	聚酯树脂耐酸胶泥	m^3	16530.20	0.095	0.095	0.095	0.095
	耐酸板 100×50×10	块	–	(1980.000)	(1980.000)	(1980.000)	(1980.000)
	水	t	4.00	0.600	0.600	0.600	0.600
	尼龙砂轮片 ϕ150	片	7.60	0.100	0.100	0.100	0.100
	电	kW·h	0.85	0.800	0.800	0.800	0.800
机械	滚筒式混凝土搅拌机（内燃）250L	台班	202.65	0.350	0.350	0.350	0.350
	轴流风机 7.5kW	台班	42.81	0.420	0.420	0.420	0.420
	电动卷扬机（单筒慢速）30kN	台班	137.62	0.350	0.350	0.350	0.350

工作内容:同前

单位:$10m^2$

定额编号				8-8-461	8-8-462	8-8-463	8-8-464
项目				矩形		锥(塔)形	
				1.5m 以下	1.5m 以上	1.5m 以下	1.5m 以上
基价(元)				**2797.68**	**2712.08**	**3347.28**	**3176.88**
其中	人工费(元)			1086.40	1000.80	1636.00	1465.60
	材料费(元)			1574.21	1574.21	1574.21	1574.21
	机械费(元)			137.07	137.07	137.07	137.07
名称		单位	单价(元)	数量			
人工	综合工日	工日	80.00	13.580	12.510	20.450	18.320
材料	聚酯树脂耐酸胶泥	m^3	16530.20	0.095	0.095	0.095	0.095
	耐酸板 100×50×10	块	–	(1980.000)	(1980.000)	(1980.000)	(1980.000)
	水	t	4.00	0.600	0.600	0.600	0.600
	尼龙砂轮片 ϕ150	片	7.60	0.100	0.100	0.100	0.100
	电	kW·h	0.85	0.800	0.800	0.800	0.800
机械	滚筒式混凝土搅拌机(内燃) 250L	台班	202.65	0.350	0.350	0.350	0.350
	轴流风机 7.5kW	台班	42.81	0.420	0.420	0.420	0.420
	电动卷扬机(单筒慢速) 30kN	台班	137.62	0.350	0.350	0.350	0.350

5. 耐酸板 75 ×75 ×10

工作内容: 运料、选砖板、洗砖板、调制胶泥、刷底胶浆、衬砌、养生。

单位:$10m^2$

定额编号				8-8-465	8-8-466	8-8-467	8-8-468
项目				圆形立式		圆形卧式	
				1.5m 以下	1.5m 以上	1.5m 以下	1.5m 以上
基价(元)				**2800.40**	**2691.60**	**2978.80**	**2847.60**
其中	人工费(元)			1221.60	1112.80	1400.00	1268.80
	材料费(元)			1441.73	1441.73	1441.73	1441.73
	机械费(元)			137.07	137.07	137.07	137.07
名称		单位	单价(元)	数量			
人工	综合工日	工日	80.00	15.270	13.910	17.500	15.860
材料	聚酯树脂耐酸胶泥	m^3	16530.20	0.087	0.087	0.087	0.087
	耐酸板 75 ×75 ×10	块	–	(1771.000)	(1771.000)	(1771.000)	(1771.000)
	水	t	4.00	0.540	0.540	0.540	0.540
	尼龙砂轮片 ϕ150	片	7.60	0.100	0.100	0.100	0.100
	电	kW · h	0.85	0.800	0.800	0.800	0.800
机械	滚筒式混凝土搅拌机(内燃) 250L	台班	202.65	0.350	0.350	0.350	0.350
	轴流风机 7.5kW	台班	42.81	0.420	0.420	0.420	0.420
	电动卷扬机(单筒慢速) 30kN	台班	137.62	0.350	0.350	0.350	0.350

工作内容:同前

单位:$10m^2$

定额编号				8-8-469	8-8-470	8-8-471	8-8-472
项目				矩形		锥(塔)形	
				1.5m 以下	1.5m 以上	1.5m 以下	1.5m 以上
基价(元)				**2691.60**	**2567.60**	**3189.20**	**3023.60**
其中	人工费(元)			1112.80	988.80	1610.40	1444.80
	材料费(元)			1441.73	1441.73	1441.73	1441.73
	机械费(元)			137.07	137.07	137.07	137.07
名称		单位	单价(元)	数量			
人工	综合工日	工日	80.00	13.910	12.360	20.130	18.060
材料	聚酯树脂耐酸胶泥	m^3	16530.20	0.087	0.087	0.087	0.087
	耐酸板 75×75×10	块	-	(1771.000)	(1771.000)	(1771.000)	(1771.000)
	水	t	4.00	0.540	0.540	0.540	0.540
	尼龙砂轮片 $\phi150$	片	7.60	0.100	0.100	0.100	0.100
	电	kW·h	0.85	0.800	0.800	0.800	0.800
机械	滚筒式混凝土搅拌机(内燃) 250L	台班	202.65	0.350	0.350	0.350	0.350
	轴流风机 7.5kW	台班	42.81	0.420	0.420	0.420	0.420
	电动卷扬机(单筒慢速) 30kN	台班	137.62	0.350	0.350	0.350	0.350

6. 耐酸板 100×100×10

工作内容：运料、选砖板、洗砖板、调制胶泥、刷底胶浆、衬砌、养生。

单位：10m²

定额编号				8-8-473	8-8-474	8-8-475	8-8-476
项目				圆形立式		圆形卧式	
				1.5m 以下	1.5m 以上	1.5m 以下	1.5m 以上
基价（元）				**2866.93**	**2748.53**	**3089.33**	**2862.93**
其中	人工费（元）			1205.60	1087.20	1428.00	1201.60
	材料费（元）			1524.26	1524.26	1524.26	1524.26
	机械费（元）			137.07	137.07	137.07	137.07
名称		单位	单价（元）	数量			
人工	综合工日	工日	80.00	15.070	13.590	17.850	15.020
材料	聚酯树脂耐酸胶泥	m³	16530.20	0.092	0.092	0.092	0.092
	耐酸板 100×100×10	块	–	(1009.000)	(1009.000)	(1009.000)	(1009.000)
	水	t	4.00	0.510	0.510	0.510	0.510
	尼龙砂轮片 φ150	片	7.60	0.100	0.100	0.100	0.100
	电	kW·h	0.85	0.800	0.800	0.800	0.800
机械	滚筒式混凝土搅拌机（内燃）250L	台班	202.65	0.350	0.350	0.350	0.350
	轴流风机 7.5kW	台班	42.81	0.420	0.420	0.420	0.420
	电动卷扬机（单筒慢速）30kN	台班	137.62	0.350	0.350	0.350	0.350

工作内容:同前

单位:$10m^2$

定额编号				8-8-477	8-8-478	8-8-479	8-8-480
项目				矩形		锥(塔)形	
				1.5m 以下	1.5m 以上	1.5m 以下	1.5m 以上
基价(元)				2750.13	2643.73	3233.33	2983.73
其中	人工费(元)			1088.80	982.40	1572.00	1322.40
	材料费(元)			1524.26	1524.26	1524.26	1524.26
	机械费(元)			137.07	137.07	137.07	137.07
名称		单位	单价(元)	数量			
人工	综合工日	工日	80.00	13.610	12.280	19.650	16.530
材料	聚酯树脂耐酸胶泥	m^3	16530.20	0.092	0.092	0.092	0.092
	耐酸板 100×100×10	块	–	(1009.000)	(1009.000)	(1009.000)	(1009.000)
	水	t	4.00	0.510	0.510	0.510	0.510
	尼龙砂轮片 $\phi150$	片	7.60	0.100	0.100	0.100	0.100
	电	kW·h	0.85	0.800	0.800	0.800	0.800
机械	滚筒式混凝土搅拌机(内燃) 250L	台班	202.65	0.350	0.350	0.350	0.350
	轴流风机 7.5kW	台班	42.81	0.420	0.420	0.420	0.420
	电动卷扬机(单筒慢速) 30kN	台班	137.62	0.350	0.350	0.350	0.350

7. 耐酸板 150×70×10

工作内容：运料、选砖板、洗砖板、调制胶泥、刷底胶浆、衬砌、养生。

单位：$10m^2$

定额编号				8-8-481	8-8-482	8-8-483	8-8-484
项目				圆形立式		圆形卧式	
				1.5m 以下	1.5m 以上	1.5m 以下	1.5m 以上
基价（元）				**2742.41**	**2604.01**	**2892.01**	**2752.01**
其中	人工费（元）			1080.80	942.40	1230.40	1090.40
	材料费（元）			1524.54	1524.54	1524.54	1524.54
	机械费（元）			137.07	137.07	137.07	137.07
名称		单位	单价（元）	数量			
人工	综合工日	工日	80.00	13.510	11.780	15.380	13.630
材料	聚酯树脂耐酸胶泥	m^3	16530.20	0.092	0.092	0.092	0.092
	耐酸板 150×70×10	块	–	(959.000)	(959.000)	(959.000)	(959.000)
	水	t	4.00	0.580	0.580	0.580	0.580
	尼龙砂轮片 φ150	片	7.60	0.100	0.100	0.100	0.100
	电	kW·h	0.85	0.800	0.800	0.800	0.800
机械	滚筒式混凝土搅拌机（内燃）250L	台班	202.65	0.350	0.350	0.350	0.350
	轴流风机 7.5kW	台班	42.81	0.420	0.420	0.420	0.420
	电动卷扬机（单筒慢速）30kN	台班	137.62	0.350	0.350	0.350	0.350

工作内容:同前　　　　　　　　　　　　　　　　　　　　　　　　　　　　单位:$10m^2$

定额编号				8-8-485	8-8-486	8-8-487	8-8-488
项目				矩形		锥(塔)形	
				1.5m 以下	1.5m 以上	1.5m 以下	1.5m 以上
基价(元)				**2633.61**	**2551.21**	**3068.01**	**2836.81**
其中	人工费(元)			972.00	889.60	1406.40	1175.20
	材料费(元)			1524.54	1524.54	1524.54	1524.54
	机械费(元)			137.07	137.07	137.07	137.07
名称		单位	单价(元)	数量			
人工	综合工日	工日	80.00	12.150	11.120	17.580	14.690
材料	聚酯树脂耐酸胶泥	m^3	16530.20	0.092	0.092	0.092	0.092
	耐酸板 150×70×10	块	–	(959.000)	(959.000)	(959.000)	(959.000)
	水	t	4.00	0.580	0.580	0.580	0.580
	尼龙砂轮片 ϕ150	片	7.60	0.100	0.100	0.100	0.100
	电	kW·h	0.85	0.800	0.800	0.800	0.800
机械	滚筒式混凝土搅拌机(内燃) 250L	台班	202.65	0.350	0.350	0.350	0.350
	轴流风机 7.5kW	台班	42.81	0.420	0.420	0.420	0.420
	电动卷扬机(单筒慢速) 30kN	台班	137.62	0.350	0.350	0.350	0.350

8. 耐酸板 150 ×75 ×10

工作内容:运料、选砖板、洗砖板、调制胶泥、刷底胶浆、衬砌、养生。　　单位:$10m^2$

定额编号				8-8-489	8-8-490	8-8-491	8-8-492
项目				圆形立式		圆形卧式	
				1.5m 以下	1.5m 以上	1.5m 以下	1.5m 以上
基价(元)				2713.49	2576.69	2863.89	2723.09
其中	人工费(元)			1052.00	915.20	1202.40	1061.60
	材料费(元)			1524.42	1524.42	1524.42	1524.42
	机械费(元)			137.07	137.07	137.07	137.07
名称		单位	单价(元)	数		量	
人工	综合工日	工日	80.00	13.150	11.440	15.030	13.270
材料	聚酯树脂耐酸胶泥	m^3	16530.20	0.092	0.092	0.092	0.092
	耐酸板 150 ×75 ×10	块	–	(897.000)	(897.000)	(897.000)	(897.000)
	水	t	4.00	0.550	0.550	0.550	0.550
	尼龙砂轮片 $\phi150$	片	7.60	0.100	0.100	0.100	0.100
	电	kW · h	0.85	0.800	0.800	0.800	0.800
机械	滚筒式混凝土搅拌机(内燃) 250L	台班	202.65	0.350	0.350	0.350	0.350
	轴流风机 7.5kW	台班	42.81	0.420	0.420	0.420	0.420
	电动卷扬机(单筒慢速) 30kN	台班	137.62	0.350	0.350	0.350	0.350

工作内容:同前　　　　单位:10m²

定额编号				8-8-493	8-8-494	8-8-495	8-8-496
项目				矩形		锥(塔)形	
				1.5m 以下	1.5m 以上	1.5m 以下	1.5m 以上
基价(元)				**2605.49**	**2523.09**	**3039.89**	**2821.49**
其中	人工费(元)			944.00	861.60	1378.40	1160.00
	材料费(元)			1524.42	1524.42	1524.42	1524.42
	机械费(元)			137.07	137.07	137.07	137.07
名称		单位	单价(元)	数量			
人工	综合工日	工日	80.00	11.800	10.770	17.230	14.500
材料	聚酯树脂耐酸胶泥	m^3	16530.20	0.092	0.092	0.092	0.092
	耐酸板 150×75×10	块	–	(897.000)	(897.000)	(897.000)	(897.000)
	水	t	4.00	0.550	0.550	0.550	0.550
	尼龙砂轮片 ϕ150	片	7.60	0.100	0.100	0.100	0.100
	电	kW·h	0.85	0.800	0.800	0.800	0.800
机械	滚筒式混凝土搅拌机(内燃)250L	台班	202.65	0.350	0.350	0.350	0.350
	轴流风机 7.5kW	台班	42.81	0.420	0.420	0.420	0.420
	电动卷扬机(单筒慢速)30kN	台班	137.62	0.350	0.350	0.350	0.350

9. 耐酸板 150×75×15

工作内容：运料、选砖板、洗砖板、调制胶泥、刷底胶浆、衬砌、养生。

单位：10m²

定额编号				8-8-497	8-8-498	8-8-499	8-8-500
项目				圆形立式		圆形卧式	
				1.5m 以下	1.5m 以上	1.5m 以下	1.5m 以上
基价（元）				**2765.48**	**2627.08**	**2915.08**	**2775.08**
其中	人工费（元）			1054.40	916.00	1204.00	1064.00
	材料费（元）			1574.01	1574.01	1574.01	1574.01
	机械费（元）			137.07	137.07	137.07	137.07
名称		单位	单价(元)	数量			
人工	综合工日	工日	80.00	13.180	11.450	15.050	13.300
材料	聚酯树脂耐酸胶泥	m^3	16530.20	0.095	0.095	0.095	0.095
	耐酸板 150×75×15	块	–	(897.000)	(897.000)	(897.000)	(897.000)
	水	t	4.00	0.550	0.550	0.550	0.550
	尼龙砂轮片 ϕ150	片	7.60	0.100	0.100	0.100	0.100
	电	kW·h	0.85	0.800	0.800	0.800	0.800
机械	滚筒式混凝土搅拌机(内燃) 250L	台班	202.65	0.350	0.350	0.350	0.350
	轴流风机 7.5kW	台班	42.81	0.420	0.420	0.420	0.420
	电动卷扬机(单筒慢速) 30kN	台班	137.62	0.350	0.350	0.350	0.350

工作内容:同前　　　　　　　　　　　　　　　　　　　　　　　　　　　　单位:10m²

定额编号				8-8-501	8-8-502	8-8-503	8-8-504
项目				矩形		锥(塔)形	
				1.5m 以下	1.5m 以上	1.5m 以下	1.5m 以上
基价(元)				**2657.48**	**2573.48**	**3363.88**	**2872.68**
其中	人工费(元)			946.40	862.40	1652.80	1161.60
	材料费(元)			1574.01	1574.01	1574.01	1574.01
	机械费(元)			137.07	137.07	137.07	137.07
名称		单位	单价(元)	数量			
人工	综合工日	工日	80.00	11.830	10.780	20.660	14.520
材料	聚酯树脂耐酸胶泥	m^3	16530.20	0.095	0.095	0.095	0.095
	耐酸板 150×75×15	块	–	(897.000)	(897.000)	(897.000)	(897.000)
	水	t	4.00	0.550	0.550	0.550	0.550
	尼龙砂轮片 ϕ150	片	7.60	0.100	0.100	0.100	0.100
	电	kW·h	0.85	0.800	0.800	0.800	0.800
机械	滚筒式混凝土搅拌机(内燃)250L	台班	202.65	0.350	0.350	0.350	0.350
	轴流风机 7.5kW	台班	42.81	0.420	0.420	0.420	0.420
	电动卷扬机(单筒慢速)30kN	台班	137.62	0.350	0.350	0.350	0.350

10. 耐酸板 150×75×20

工作内容:运料、选砖板、洗砖板、调制胶泥、刷底胶浆、衬砌、养生。

单位:10m²

定额编号				8-8-505	8-8-506	8-8-507	8-8-508
项目				圆形立式		圆形卧式	
				1.5m 以下	1.5m 以上	1.5m 以下	1.5m 以上
基价(元)				**2819.87**	**2682.27**	**2969.47**	**2829.47**
其中	人工费(元)			1059.20	921.60	1208.80	1068.80
	材料费(元)			1623.60	1623.60	1623.60	1623.60
	机械费(元)			137.07	137.07	137.07	137.07
名称		单位	单价(元)	数量			
人工	综合工日	工日	80.00	13.240	11.520	15.110	13.360
材料	聚酯树脂耐酸胶泥	m^3	16530.20	0.098	0.098	0.098	0.098
	耐酸板 150×75×20	块	–	(897.000)	(897.000)	(897.000)	(897.000)
	水	t	4.00	0.550	0.550	0.550	0.550
	尼龙砂轮片 ϕ150	片	7.60	0.100	0.100	0.100	0.100
	电	kW·h	0.85	0.800	0.800	0.800	0.800
机械	滚筒式混凝土搅拌机(内燃) 250L	台班	202.65	0.350	0.350	0.350	0.350
	轴流风机 7.5kW	台班	42.81	0.420	0.420	0.420	0.420
	电动卷扬机(单筒慢速) 30kN	台班	137.62	0.350	0.350	0.350	0.350

工作内容:同前

单位:10m²

定额编号				8-8-509	8-8-510	8-8-511	8-8-512
项目				矩形		锥(塔)形	
				1.5m 以下	1.5m 以上	1.5m 以下	1.5m 以上
基价(元)				**2711.87**	**2628.67**	**3144.67**	**2927.07**
其中	人工费(元)			951.20	868.00	1384.00	1166.40
	材料费(元)			1623.60	1623.60	1623.60	1623.60
	机械费(元)			137.07	137.07	137.07	137.07
名称		单位	单价(元)	数量			
人工	综合工日	工日	80.00	11.890	10.850	17.300	14.580
材料	聚酯树脂耐酸胶泥	m^3	16530.20	0.098	0.098	0.098	0.098
	耐酸板 150×75×20	块	-	(897.000)	(897.000)	(897.000)	(897.000)
	水	t	4.00	0.550	0.550	0.550	0.550
	尼龙砂轮片 $\phi150$	片	7.60	0.100	0.100	0.100	0.100
	电	kW·h	0.85	0.800	0.800	0.800	0.800
机械	滚筒式混凝土搅拌机(内燃) 250L	台班	202.65	0.350	0.350	0.350	0.350
	轴流风机 7.5kW	台班	42.81	0.420	0.420	0.420	0.420
	电动卷扬机(单筒慢速) 30kN	台班	137.62	0.350	0.350	0.350	0.350

11. 耐酸板 150×75×25

工作内容:运料、选砖板、洗砖板、调制胶泥、刷底胶浆、衬砌、养生。 单位:$10m^2$

定额编号				8-8-513	8-8-514	8-8-515	8-8-516
项目				圆形立式		圆形卧式	
				1.5m 以下	1.5m 以上	1.5m 以下	1.5m 以上
基价(元)				**2889.19**	**2706.79**	**3039.59**	**2899.59**
其中	人工费(元)			1062.40	880.00	1212.80	1072.80
	材料费(元)			1689.72	1689.72	1689.72	1689.72
	机械费(元)			137.07	137.07	137.07	137.07
名称		单位	单价(元)	数量			
人工	综合工日	工日	80.00	13.280	11.000	15.160	13.410
材料	聚酯树脂耐酸胶泥	m^3	16530.20	0.102	0.102	0.102	0.102
	耐酸板 150×75×25	块	–	(897.000)	(897.000)	(897.000)	(897.000)
	水	t	4.00	0.550	0.550	0.550	0.550
	尼龙砂轮片 $\phi150$	片	7.60	0.100	0.100	0.100	0.100
	电	kW·h	0.85	0.800	0.800	0.800	0.800
机械	滚筒式混凝土搅拌机(内燃)250L	台班	202.65	0.350	0.350	0.350	0.350
	轴流风机 7.5kW	台班	42.81	0.420	0.420	0.420	0.420
	电动卷扬机(单筒慢速)30kN	台班	137.62	0.350	0.350	0.350	0.350

工作内容:同前

单位:$10m^2$

定额编号				8-8-517	8-8-518	8-8-519	8-8-520
项目				矩形		锥(塔)形	
				1.5m 以下	1.5m 以上	1.5m 以下	1.5m 以上
基价(元)				2781.99	2697.99	3228.39	2996.39
其中	人工费(元)			955.20	871.20	1401.60	1169.60
	材料费(元)			1689.72	1689.72	1689.72	1689.72
	机械费(元)			137.07	137.07	137.07	137.07
名称		单位	单价(元)	数量			
人工	综合工日	工日	80.00	11.940	10.890	17.520	14.620
材料	聚酯树脂耐酸胶泥	m^3	16530.20	0.102	0.102	0.102	0.102
	耐酸板 150×75×25	块	–	(897.000)	(897.000)	(897.000)	(897.000)
	水	t	4.00	0.550	0.550	0.550	0.550
	尼龙砂轮片 ϕ150	片	7.60	0.100	0.100	0.100	0.100
	电	kW·h	0.85	0.800	0.800	0.800	0.800
机械	滚筒式混凝土搅拌机(内燃) 250L	台班	202.65	0.350	0.350	0.350	0.350
	轴流风机 7.5kW	台班	42.81	0.420	0.420	0.420	0.420
	电动卷扬机(单筒慢速) 30kN	台班	137.62	0.350	0.350	0.350	0.350

12. 耐酸板 180×90×20

工作内容：运料、选砖板、洗砖板、调制胶泥、刷底胶浆、衬砌、养生。

单位：$10m^2$

定额编号				8-8-521	8-8-522	8-8-523	8-8-524
项目				圆形立式		圆形卧式	
				1.5m 以下	1.5m 以上	1.5m 以下	1.5m 以上
基价（元）				**2834.21**	**2721.41**	**3023.81**	**2883.81**
其中	人工费（元）			1106.40	993.60	1296.00	1156.00
	材料费（元）			1590.74	1590.74	1590.74	1590.74
	机械费（元）			137.07	137.07	137.07	137.07
名称		单位	单价（元）	数量			
人工	综合工日	工日	80.00	13.830	12.420	16.200	14.450
材料	聚酯树脂耐酸胶泥	m^3	16530.20	0.096	0.096	0.096	0.096
	耐酸板 180×90×20	块	–	(627.000)	(627.000)	(627.000)	(627.000)
	水	t	4.00	0.600	0.600	0.600	0.600
	尼龙砂轮片 φ150	片	7.60	0.100	0.100	0.100	0.100
	电	kW·h	0.85	0.800	0.800	0.800	0.800
机械	滚筒式混凝土搅拌机（内燃）250L	台班	202.65	0.350	0.350	0.350	0.350
	轴流风机 7.5kW	台班	42.81	0.420	0.420	0.420	0.420
	电动卷扬机（单筒慢速）30kN	台班	137.62	0.350	0.350	0.350	0.350

工作内容:同前

单位:$10m^2$

定额编号				8-8-525	8-8-526	8-8-527	8-8-528
项目				矩形		锥(塔)形	
				1.5m 以下	1.5m 以上	1.5m 以下	1.5m 以上
基价(元)				**2688.61**	**2619.01**	**3163.01**	**3012.61**
其中	人工费(元)			960.80	891.20	1435.20	1284.80
	材料费(元)			1590.74	1590.74	1590.74	1590.74
	机械费(元)			137.07	137.07	137.07	137.07
名称		单位	单价(元)	数量			
人工	综合工日	工日	80.00	12.010	11.140	17.940	16.060
材料	聚酯树脂耐酸胶泥	m^3	16530.20	0.096	0.096	0.096	0.096
	耐酸板 180×90×20	块	–	(627.000)	(627.000)	(627.000)	(627.000)
	水	t	4.00	0.600	0.600	0.600	0.600
	尼龙砂轮片 ϕ150	片	7.60	0.100	0.100	0.100	0.100
	电	kW·h	0.85	0.800	0.800	0.800	0.800
机械	滚筒式混凝土搅拌机(内燃) 250L	台班	202.65	0.350	0.350	0.350	0.350
	轴流风机 7.5kW	台班	42.81	0.420	0.420	0.420	0.420
	电动卷扬机(单筒慢速) 30kN	台班	137.62	0.350	0.350	0.350	0.350

13. 耐酸板 180×110×10

工作内容：运料、选砖板、洗砖板、调制胶泥、刷底胶浆、衬砌、养生。

单位：$10m^2$

定额编号				8-8-529	8-8-530	8-8-531	8-8-532
项目				圆形立式		圆形卧式	
				1.5m 以下	1.5m 以上	1.5m 以下	1.5m 以上
基价（元）				**2756.84**	**2660.84**	**2926.44**	**2803.24**
其中	人工费（元）			1112.00	1016.00	1281.60	1158.40
	材料费（元）			1507.77	1507.77	1507.77	1507.77
	机械费（元）			137.07	137.07	137.07	137.07
	名称	单位	单价(元)	数量			
人工	综合工日	工日	80.00	13.900	12.700	16.020	14.480
材料	聚酯树脂耐酸胶泥	m^3	16530.20	0.091	0.091	0.091	0.091
	耐酸板 180×110×10	块	–	(515.000)	(515.000)	(515.000)	(515.000)
	水	t	4.00	0.520	0.520	0.520	0.520
	尼龙砂轮片 φ150	片	7.60	0.100	0.100	0.100	0.100
	电	kW·h	0.85	0.800	0.800	0.800	0.800
机械	滚筒式混凝土搅拌机(内燃) 250L	台班	202.65	0.350	0.350	0.350	0.350
	轴流风机 7.5kW	台班	42.81	0.420	0.420	0.420	0.420
	电动卷扬机(单筒慢速) 30kN	台班	137.62	0.350	0.350	0.350	0.350

工作内容:同前 单位:$10m^2$

定额编号				8-8-533	8-8-534	8-8-535	8-8-536
项目				矩形		锥(塔)形	
				1.5m 以下	1.5m 以上	1.5m 以下	1.5m 以上
基价(元)				**2624.04**	**2545.64**	**3120.04**	**2961.64**
其中	人工费(元)			979.20	900.80	1475.20	1316.80
	材料费(元)			1507.77	1507.77	1507.77	1507.77
	机械费(元)			137.07	137.07	137.07	137.07
名称		单位	单价(元)	数量			
人工	综合工日	工日	80.00	12.240	11.260	18.440	16.460
材料	聚酯树脂耐酸胶泥	m^3	16530.20	0.091	0.091	0.091	0.091
	耐酸板 180×110×10	块	–	(515.000)	(515.000)	(515.000)	(515.000)
	水	t	4.00	0.520	0.520	0.520	0.520
	尼龙砂轮片 $\phi150$	片	7.60	0.100	0.100	0.100	0.100
	电	kW·h	0.85	0.800	0.800	0.800	0.800
机械	滚筒式混凝土搅拌机(内燃)250L	台班	202.65	0.350	0.350	0.350	0.350
	轴流风机 7.5kW	台班	42.81	0.420	0.420	0.420	0.420
	电动卷扬机(单筒慢速)30kN	台班	137.62	0.350	0.350	0.350	0.350

14. 耐酸板 180×110×15

工作内容：运料、选砖板、洗砖板、调制胶泥、刷底胶浆、衬砌、养生。

单位：10m²

定额编号				8-8-537	8-8-538	8-8-539	8-8-540
项目				圆形立式		圆形卧式	
				1.5m 以下	1.5m 以上	1.5m 以下	1.5m 以上
基价（元）				**2792.30**	**2696.30**	**2961.90**	**2838.70**
其中	人工费（元）			1114.40	1018.40	1284.00	1160.80
	材料费（元）			1540.83	1540.83	1540.83	1540.83
	机械费（元）			137.07	137.07	137.07	137.07
名称		单位	单价(元)	数量			
人工	综合工日	工日	80.00	13.930	12.730	16.050	14.510
材料	聚酯树脂耐酸胶泥	m^3	16530.20	0.093	0.093	0.093	0.093
	耐酸板 180×110×15	块	–	(515.000)	(515.000)	(515.000)	(515.000)
	水	t	4.00	0.520	0.520	0.520	0.520
	尼龙砂轮片 ϕ150	片	7.60	0.100	0.100	0.100	0.100
	电	kW·h	0.85	0.800	0.800	0.800	0.800
机械	滚筒式混凝土搅拌机(内燃) 250L	台班	202.65	0.350	0.350	0.350	0.350
	轴流风机 7.5kW	台班	42.81	0.420	0.420	0.420	0.420
	电动卷扬机(单筒慢速) 30kN	台班	137.62	0.350	0.350	0.350	0.350

工作内容:同前　　　　单位:10m²

定额编号				8-8-541	8-8-542	8-8-543	8-8-544
项目				矩形		锥(塔)形	
				1.5m 以下	1.5m 以上	1.5m 以下	1.5m 以上
基价(元)				2658.70	2581.10	3155.50	2997.10
其中	人工费(元)			980.80	903.20	1477.60	1319.20
	材料费(元)			1540.83	1540.83	1540.83	1540.83
	机械费(元)			137.07	137.07	137.07	137.07
名称		单位	单价(元)	数量			
人工	综合工日	工日	80.00	12.260	11.290	18.470	16.490
材料	聚酯树脂耐酸胶泥	m^3	16530.20	0.093	0.093	0.093	0.093
	耐酸板 180×110×15	块	–	(515.000)	(515.000)	(515.000)	(515.000)
	水	t	4.00	0.520	0.520	0.520	0.520
	尼龙砂轮片 ϕ150	片	7.60	0.100	0.100	0.100	0.100
	电	kW·h	0.85	0.800	0.800	0.800	0.800
机械	滚筒式混凝土搅拌机(内燃) 250L	台班	202.65	0.350	0.350	0.350	0.350
	轴流风机 7.5kW	台班	42.81	0.420	0.420	0.420	0.420
	电动卷扬机(单筒慢速) 30kN	台班	137.62	0.350	0.350	0.350	0.350

15. 耐酸板 180×110×20

工作内容:运料、选砖板、洗砖板、调制胶泥、刷底胶浆、衬砌、养生。　　　　单位:$10m^2$

定额编号				8-8-545	8-8-546	8-8-547	8-8-548
项目				圆形立式		圆形卧式	
				1.5m以下	1.5m以上	1.5m以下	1.5m以上
基价(元)				**2828.56**	**2732.56**	**2998.96**	**2875.76**
其中	人工费(元)			1117.60	1021.60	1288.00	1164.80
	材料费(元)			1573.89	1573.89	1573.89	1573.89
	机械费(元)			137.07	137.07	137.07	137.07
名称		单位	单价(元)	数量			
人工	综合工日	工日	80.00	13.970	12.770	16.100	14.560
材料	聚酯树脂耐酸胶泥	m^3	16530.20	0.095	0.095	0.095	0.095
	耐酸板 180×110×20	块	–	(515.000)	(515.000)	(515.000)	(515.000)
	水	t	4.00	0.520	0.520	0.520	0.520
	尼龙砂轮片 $\phi150$	片	7.60	0.100	0.100	0.100	0.100
	电	kW·h	0.85	0.800	0.800	0.800	0.800
机械	滚筒式混凝土搅拌机(内燃) 250L	台班	202.65	0.350	0.350	0.350	0.350
	轴流风机 7.5kW	台班	42.81	0.420	0.420	0.420	0.420
	电动卷扬机(单筒慢速) 30kN	台班	137.62	0.350	0.350	0.350	0.350

工作内容:同前　　　　　　　　　　　　　　　　　　　　　　　　　　　　　　　　单位:10m²

定额编号				8-8-549	8-8-550	8-8-551	8-8-552
项目				矩形		锥(塔)形	
				1.5m 以下	1.5m 以上	1.5m 以下	1.5m 以上
基价(元)				**2694.96**	**2617.36**	**3191.76**	**3033.36**
其中	人工费(元)			984.00	906.40	1480.80	1322.40
	材料费(元)			1573.89	1573.89	1573.89	1573.89
	机械费(元)			137.07	137.07	137.07	137.07
名称		单位	单价(元)	数量			
人工	综合工日	工日	80.00	12.300	11.330	18.510	16.530
材料	聚酯树脂耐酸胶泥	m^3	16530.20	0.095	0.095	0.095	0.095
	耐酸板 180×110×20	块	–	(515.000)	(515.000)	(515.000)	(515.000)
	水	t	4.00	0.520	0.520	0.520	0.520
	尼龙砂轮片 $\phi150$	片	7.60	0.100	0.100	0.100	0.100
	电	kW·h	0.85	0.800	0.800	0.800	0.800
机械	滚筒式混凝土搅拌机(内燃) 250L	台班	202.65	0.350	0.350	0.350	0.350
	轴流风机 7.5kW	台班	42.81	0.420	0.420	0.420	0.420
	电动卷扬机(单筒慢速) 30kN	台班	137.62	0.350	0.350	0.350	0.350

16. 耐酸板 180×110×25

工作内容:运料、选砖板、洗砖板、调制胶泥、刷底胶浆、衬砌、养生。 单位:10m²

定额编号				8-8-553	8-8-554	8-8-555	8-8-556
项目				圆形立式		圆形卧式	
				1.5m 以下	1.5m 以上	1.5m 以下	1.5m 以上
基价(元)				2867.22	2771.22	3036.82	2913.62
其中	人工费(元)			1123.20	1027.20	1292.80	1169.60
	材料费(元)			1606.95	1606.95	1606.95	1606.95
	机械费(元)			137.07	137.07	137.07	137.07
名称		单位	单价(元)	数量			
人工	综合工日	工日	80.00	14.040	12.840	16.160	14.620
材料	聚酯树脂耐酸胶泥	m³	16530.20	0.097	0.097	0.097	0.097
	耐酸板 180×110×25	块	-	(515.000)	(515.000)	(515.000)	(515.000)
	水	t	4.00	0.520	0.520	0.520	0.520
	尼龙砂轮片 φ150	片	7.60	0.100	0.100	0.100	0.100
	电	kW·h	0.85	0.800	0.800	0.800	0.800
机械	滚筒式混凝土搅拌机(内燃)250L	台班	202.65	0.350	0.350	0.350	0.350
	轴流风机 7.5kW	台班	42.81	0.420	0.420	0.420	0.420
	电动卷扬机(单筒慢速)30kN	台班	137.62	0.350	0.350	0.350	0.350

工作内容：同前

单位：$10m^2$

定额编号				8-8-557	8-8-558	8-8-559	8-8-560
项目				矩形		锥(塔)形	
				1.5m 以下	1.5m 以上	1.5m 以下	1.5m 以上
基价（元）				**2733.62**	**2656.02**	**3230.42**	**3072.02**
其中	人工费（元）			989.60	912.00	1486.40	1328.00
	材料费（元）			1606.95	1606.95	1606.95	1606.95
	机械费（元）			137.07	137.07	137.07	137.07
名称		单位	单价(元)	数量			
人工	综合工日	工日	80.00	12.370	11.400	18.580	16.600
材料	聚酯树脂耐酸胶泥	m^3	16530.20	0.097	0.097	0.097	0.097
	耐酸板 180×110×25	块	–	(515.000)	(515.000)	(515.000)	(515.000)
	水	t	4.00	0.520	0.520	0.520	0.520
	尼龙砂轮片 $\phi150$	片	7.60	0.100	0.100	0.100	0.100
	电	kW·h	0.85	0.800	0.800	0.800	0.800
机械	滚筒式混凝土搅拌机(内燃) 250L	台班	202.65	0.350	0.350	0.350	0.350
	轴流风机 7.5kW	台班	42.81	0.420	0.420	0.420	0.420
	电动卷扬机(单筒慢速) 30kN	台班	137.62	0.350	0.350	0.350	0.350

17. 耐酸板 180×110×30

工作内容：运料、选砖板、洗砖板、调制胶泥、刷底胶浆、衬砌、养生。

单位：10m²

定额编号				8-8-561	8-8-562	8-8-563	8-8-564
项目				圆形立式		圆形卧式	
				1.5m 以下	1.5m 以上	1.5m 以下	1.5m 以上
基价（元）				**2922.41**	**2826.41**	**3092.01**	**2968.81**
其中	人工费（元）			1128.80	1032.80	1298.40	1175.20
	材料费（元）			1656.54	1656.54	1656.54	1656.54
	机械费（元）			137.07	137.07	137.07	137.07
名称		单位	单价（元）	数量			
人工	综合工日	工日	80.00	14.110	12.910	16.230	14.690
材料	聚酯树脂耐酸胶泥	m³	16530.20	0.100	0.100	0.100	0.100
	耐酸板 180×110×30	块	-	(515.000)	(515.000)	(515.000)	(515.000)
	水	t	4.00	0.520	0.520	0.520	0.520
	尼龙砂轮片 ϕ150	片	7.60	0.100	0.100	0.100	0.100
	电	kW·h	0.85	0.800	0.800	0.800	0.800
机械	滚筒式混凝土搅拌机（内燃）250L	台班	202.65	0.350	0.350	0.350	0.350
	轴流风机 7.5kW	台班	42.81	0.420	0.420	0.420	0.420
	电动卷扬机（单筒慢速）30kN	台班	137.62	0.350	0.350	0.350	0.350

工作内容:同前　　　　单位:$10m^2$

定额编号				8-8-565	8-8-566	8-8-567	8-8-568
项目				矩形		锥(塔)形	
				1.5m 以下	1.5m 以上	1.5m 以下	1.5m 以上
基价(元)				**2788.81**	**2711.21**	**3285.61**	**3127.21**
其中	人工费(元)			995.20	917.60	1492.00	1333.60
	材料费(元)			1656.54	1656.54	1656.54	1656.54
	机械费(元)			137.07	137.07	137.07	137.07
名称		单位	单价(元)	数量			
人工	综合工日	工日	80.00	12.440	11.470	18.650	16.670
材料	聚酯树脂耐酸胶泥	m^3	16530.20	0.100	0.100	0.100	0.100
	耐酸板 180×110×30	块	–	(515.000)	(515.000)	(515.000)	(515.000)
	水	t	4.00	0.520	0.520	0.520	0.520
	尼龙砂轮片 $\phi150$	片	7.60	0.100	0.100	0.100	0.100
	电	kW·h	0.85	0.800	0.800	0.800	0.800
机械	滚筒式混凝土搅拌机(内燃) 250L	台班	202.65	0.350	0.350	0.350	0.350
	轴流风机 7.5kW	台班	42.81	0.420	0.420	0.420	0.420
	电动卷扬机(单筒慢速) 30kN	台班	137.62	0.350	0.350	0.350	0.350

18. 耐酸板 180×110×35

工作内容:运料、选砖板、洗砖板、调制胶泥、刷底胶浆、衬砌、养生。

单位:10m²

定额编号				8-8-569	8-8-570	8-8-571	8-8-572
项目				圆形立式		圆形卧式	
				1.5m 以下	1.5m 以上	1.5m 以下	1.5m 以上
基价(元)				2958.67	2862.67	3128.27	3005.07
其中	人工费(元)			1132.00	1036.00	1301.60	1178.40
	材料费(元)			1689.60	1689.60	1689.60	1689.60
	机械费(元)			137.07	137.07	137.07	137.07
名称		单位	单价(元)	数量			
人工	综合工日	工日	80.00	14.150	12.950	16.270	14.730
材料	聚酯树脂耐酸胶泥	m^3	16530.20	0.102	0.102	0.102	0.102
	耐酸板 180×110×35	块	-	(515.000)	(515.000)	(515.000)	(515.000)
	水	t	4.00	0.520	0.520	0.520	0.520
	尼龙砂轮片 ϕ150	片	7.60	0.100	0.100	0.100	0.100
	电	kW·h	0.85	0.800	0.800	0.800	0.800
机械	滚筒式混凝土搅拌机(内燃) 250L	台班	202.65	0.350	0.350	0.350	0.350
	轴流风机 7.5kW	台班	42.81	0.420	0.420	0.420	0.420
	电动卷扬机(单筒慢速) 30kN	台班	137.62	0.350	0.350	0.350	0.350

工作内容:同前

单位:$10m^2$

定额编号				8-8-573	8-8-574	8-8-575	8-8-576
项目				矩形		锥(塔)形	
				1.5m 以下	1.5m 以上	1.5m 以下	1.5m 以上
基价(元)				**2825.07**	**2747.47**	**3321.87**	**3163.47**
其中	人工费(元)			998.40	920.80	1495.20	1336.80
	材料费(元)			1689.60	1689.60	1689.60	1689.60
	机械费(元)			137.07	137.07	137.07	137.07
名称		单位	单价(元)	数量			
人工	综合工日	工日	80.00	12.480	11.510	18.690	16.710
材料	聚酯树脂耐酸胶泥	m^3	16530.20	0.102	0.102	0.102	0.102
	耐酸板 180×110×35	块	–	(515.000)	(515.000)	(515.000)	(515.000)
	水	t	4.00	0.520	0.520	0.520	0.520
	尼龙砂轮片 $\phi150$	片	7.60	0.100	0.100	0.100	0.100
	电	kW·h	0.85	0.800	0.800	0.800	0.800
机械	滚筒式混凝土搅拌机(内燃) 250L	台班	202.65	0.350	0.350	0.350	0.350
	轴流风机 7.5kW	台班	42.81	0.420	0.420	0.420	0.420
	电动卷扬机(单筒慢速) 30kN	台班	137.62	0.350	0.350	0.350	0.350

19. 耐酸板 200×100×15

工作内容：运料、选砖板、洗砖板、调制胶泥、刷底胶浆、衬砌、养生。　　　　单位：$10m^2$

定额编号				8-8-577	8-8-578	8-8-579	8-8-580
项目				圆形立式		圆形卧式	
				1.5m 以下	1.5m 以上	1.5m 以下	1.5m 以上
基价（元）				**2785.86**	**2693.86**	**2958.66**	**2836.26**
其中	人工费（元）			1108.00	1016.00	1280.80	1158.40
	材料费（元）			1540.79	1540.79	1540.79	1540.79
	机械费（元）			137.07	137.07	137.07	137.07
名称		单位	单价(元)	数量			
人工	综合工日	工日	80.00	13.850	12.700	16.010	14.480
材料	聚酯树脂耐酸胶泥	m^3	16530.20	0.093	0.093	0.093	0.093
	耐酸板 200×100×15	块	–	(510.000)	(510.000)	(510.000)	(510.000)
	水	t	4.00	0.510	0.510	0.510	0.510
	尼龙砂轮片 $\phi150$	片	7.60	0.100	0.100	0.100	0.100
	电	kW·h	0.85	0.800	0.800	0.800	0.800
机械	滚筒式混凝土搅拌机(内燃) 250L	台班	202.65	0.350	0.350	0.350	0.350
	轴流风机 7.5kW	台班	42.81	0.420	0.420	0.420	0.420
	电动卷扬机(单筒慢速) 30kN	台班	137.62	0.350	0.350	0.350	0.350

工作内容:同前 单位:$10m^2$

定额编号				8-8-581	8-8-582	8-8-583	8-8-584
项目				矩形		锥(塔)形	
				1.5m 以下	1.5m 以上	1.5m 以下	1.5m 以上
基价(元)				**2654.66**	**2577.06**	**3151.46**	**2994.66**
其中	人工费(元)			976.80	899.20	1473.60	1316.80
	材料费(元)			1540.79	1540.79	1540.79	1540.79
	机械费(元)			137.07	137.07	137.07	137.07
名称		单位	单价(元)	数量			
人工	综合工日	工日	80.00	12.210	11.240	18.420	16.460
材料	聚酯树脂耐酸胶泥	m^3	16530.20	0.093	0.093	0.093	0.093
	耐酸板 200×100×15	块	-	(510.000)	(510.000)	(510.000)	(510.000)
	水	t	4.00	0.510	0.510	0.510	0.510
	尼龙砂轮片 ϕ150	片	7.60	0.100	0.100	0.100	0.100
	电	kW·h	0.85	0.800	0.800	0.800	0.800
机械	滚筒式混凝土搅拌机(内燃) 250L	台班	202.65	0.350	0.350	0.350	0.350
	轴流风机 7.5kW	台班	42.81	0.420	0.420	0.420	0.420
	电动卷扬机(单筒慢速) 30kN	台班	137.62	0.350	0.350	0.350	0.350

20. 耐酸板 200×100×20

工作内容：运料、选砖板、洗砖板、调制胶泥、刷底胶浆、衬砌、养生。　　　　单位：10m²

定额编号				8-8-585	8-8-586	8-8-587	8-8-588
项目				圆形立式		圆形卧式	
				1.5m 以下	1.5m 以上	1.5m 以下	1.5m 以上
基价（元）				2825.32	2730.12	2995.72	2873.32
其中	人工费（元）			1114.40	1019.20	1284.80	1162.40
	材料费（元）			1573.85	1573.85	1573.85	1573.85
	机械费（元）			137.07	137.07	137.07	137.07
名称		单位	单价(元)	数量			
人工	综合工日	工日	80.00	13.930	12.740	16.060	14.530
材料	聚酯树脂耐酸胶泥	m³	16530.20	0.095	0.095	0.095	0.095
	耐酸板 200×100×20	块	–	(510.000)	(510.000)	(510.000)	(510.000)
	水	t	4.00	0.510	0.510	0.510	0.510
	尼龙砂轮片 ϕ150	片	7.60	0.100	0.100	0.100	0.100
	电	kW·h	0.85	0.800	0.800	0.800	0.800
机械	滚筒式混凝土搅拌机(内燃) 250L	台班	202.65	0.350	0.350	0.350	0.350
	轴流风机 7.5kW	台班	42.81	0.420	0.420	0.420	0.420
	电动卷扬机(单筒慢速) 30kN	台班	137.62	0.350	0.350	0.350	0.350

工作内容:同前　　　　单位:10m²

定额编号				8-8-589	8-8-590	8-8-591	8-8-592
项目				矩形		锥(塔)形	
				1.5m 以下	1.5m 以上	1.5m 以下	1.5m 以上
基价(元)				**2691.72**	**2613.32**	**3187.72**	**3030.92**
其中	人工费(元)			980.80	902.40	1476.80	1320.00
	材料费(元)			1573.85	1573.85	1573.85	1573.85
	机械费(元)			137.07	137.07	137.07	137.07
名称		单位	单价(元)	数量			
人工	综合工日	工日	80.00	12.260	11.280	18.460	16.500
材料	聚酯树脂耐酸胶泥	m^3	16530.20	0.095	0.095	0.095	0.095
	耐酸板 200×100×20	块	–	(510.000)	(510.000)	(510.000)	(510.000)
	水	t	4.00	0.510	0.510	0.510	0.510
	尼龙砂轮片 ϕ150	片	7.60	0.100	0.100	0.100	0.100
	电	kW·h	0.85	0.800	0.800	0.800	0.800
机械	滚筒式混凝土搅拌机(内燃)250L	台班	202.65	0.350	0.350	0.350	0.350
	轴流风机 7.5kW	台班	42.81	0.420	0.420	0.420	0.420
	电动卷扬机(单筒慢速)30kN	台班	137.62	0.350	0.350	0.350	0.350

21. 耐酸板 200 ×100 ×25

工作内容:运料、选砖板、洗砖板、调制胶泥、刷底胶浆、衬砌、养生。　　　单位:10m²

定额编号				8-8-593	8-8-594	8-8-595	8-8-596
项目				圆形立式		圆形卧式	
				1.5m 以下	1.5m 以上	1.5m 以下	1.5m 以上
基价(元)				**2863.98**	**2848.78**	**3033.58**	**2911.98**
其中	人工费(元)			1120.00	1104.80	1289.60	1168.00
	材料费(元)			1606.91	1606.91	1606.91	1606.91
	机械费(元)			137.07	137.07	137.07	137.07
名称		单位	单价(元)	数量			
人工	综合工日	工日	80.00	14.000	13.810	16.120	14.600
材料	聚酯树脂耐酸胶泥	m^3	16530.20	0.097	0.097	0.097	0.097
	耐酸板 200 ×100 ×25	块	–	(510.000)	(510.000)	(510.000)	(510.000)
	水	t	4.00	0.510	0.510	0.510	0.510
	尼龙砂轮片 ϕ150	片	7.60	0.100	0.100	0.100	0.100
	电	kW·h	0.85	0.800	0.800	0.800	0.800
机械	滚筒式混凝土搅拌机(内燃) 250L	台班	202.65	0.350	0.350	0.350	0.350
	轴流风机 7.5kW	台班	42.81	0.420	0.420	0.420	0.420
	电动卷扬机(单筒慢速) 30kN	台班	137.62	0.350	0.350	0.350	0.350

工作内容:同前　　　　　　　　　　　　　　　　　　　　　　　　　　单位:$10m^2$

定额编号				8-8-597	8-8-598	8-8-599	8-8-600
项目				矩形		锥(塔)形	
				1.5m 以下	1.5m 以上	1.5m 以下	1.5m 以上
基价(元)				**2730.38**	**2651.98**	**3226.38**	**3068.78**
其中	人工费(元)			986.40	908.00	1482.40	1324.80
	材料费(元)			1606.91	1606.91	1606.91	1606.91
	机械费(元)			137.07	137.07	137.07	137.07
名称		单位	单价(元)	数量			
人工	综合工日	工日	80.00	12.330	11.350	18.530	16.560
材料	聚酯树脂耐酸胶泥	m^3	16530.20	0.097	0.097	0.097	0.097
	耐酸板 200×100×25	块	–	(510.000)	(510.000)	(510.000)	(510.000)
	水	t	4.00	0.510	0.510	0.510	0.510
	尼龙砂轮片 ϕ150	片	7.60	0.100	0.100	0.100	0.100
	电	kW·h	0.85	0.800	0.800	0.800	0.800
机械	滚筒式混凝土搅拌机(内燃) 250L	台班	202.65	0.350	0.350	0.350	0.350
	轴流风机 7.5kW	台班	42.81	0.420	0.420	0.420	0.420
	电动卷扬机(单筒慢速) 30kN	台班	137.62	0.350	0.350	0.350	0.350

22. 耐酸板 200×100×30

工作内容：运料、选砖板、洗砖板、调制胶泥、刷底胶浆、衬砌、养生。

单位：10m²

定额编号				8-8-601	8-8-602	8-8-603	8-8-604
项目				圆形立式		圆形卧式	
				1.5m 以下	1.5m 以上	1.5m 以下	1.5m 以上
基价（元）				2918.37	2823.97	3088.77	2967.17
其中	人工费（元）			1124.80	1030.40	1295.20	1173.60
	材料费（元）			1656.50	1656.50	1656.50	1656.50
	机械费（元）			137.07	137.07	137.07	137.07
名称		单位	单价(元)	数量			
人工	综合工日	工日	80.00	14.060	12.880	16.190	14.670
材料	聚酯树脂耐酸胶泥	m^3	16530.20	0.100	0.100	0.100	0.100
	耐酸板 200×100×30	块	–	(510.000)	(510.000)	(510.000)	(510.000)
	水	t	4.00	0.510	0.510	0.510	0.510
	尼龙砂轮片 ϕ150	片	7.60	0.100	0.100	0.100	0.100
	电	kW·h	0.85	0.800	0.800	0.800	0.800
机械	滚筒式混凝土搅拌机(内燃) 250L	台班	202.65	0.350	0.350	0.350	0.350
	轴流风机 7.5kW	台班	42.81	0.420	0.420	0.420	0.420
	电动卷扬机(单筒慢速) 30kN	台班	137.62	0.350	0.350	0.350	0.350

工作内容:同前　　单位:10m²

定额编号				8-8-605	8-8-606	8-8-607	8-8-608
项目				矩形		锥(塔)形	
				1.5m 以下	1.5m 以上	1.5m 以下	1.5m 以上
基价(元)				**2785.57**	**2707.17**	**3281.57**	**3123.97**
其中	人工费(元)			992.00	913.60	1488.00	1330.40
	材料费(元)			1656.50	1656.50	1656.50	1656.50
	机械费(元)			137.07	137.07	137.07	137.07
名称		单位	单价(元)	数量			
人工	综合工日	工日	80.00	12.400	11.420	18.600	16.630
材料	聚酯树脂耐酸胶泥	m^3	16530.20	0.100	0.100	0.100	0.100
	耐酸板 200×100×30	块	–	(510.000)	(510.000)	(510.000)	(510.000)
	水	t	4.00	0.510	0.510	0.510	0.510
	尼龙砂轮片 ϕ150	片	7.60	0.100	0.100	0.100	0.100
	电	kW·h	0.85	0.800	0.800	0.800	0.800
机械	滚筒式混凝土搅拌机(内燃) 250L	台班	202.65	0.350	0.350	0.350	0.350
	轴流风机 7.5kW	台班	42.81	0.420	0.420	0.420	0.420
	电动卷扬机(单筒慢速) 30kN	台班	137.62	0.350	0.350	0.350	0.350

23. 耐酸板 150×150×15

工作内容：运料、选砖板、洗砖板、调制胶泥、刷底胶浆、衬砌、养生。　　单位：10m²

定额编号				8-8-609	8-8-610	8-8-611	8-8-612
项目				圆形立式		圆形卧式	
				1.5m 以下	1.5m 以上	1.5m 以下	1.5m 以上
基价（元）				**2569.29**	**2481.29**	**2706.89**	**2603.69**
其中	人工费（元）			908.00	820.00	1045.60	942.40
	材料费（元）			1524.22	1524.22	1524.22	1524.22
	机械费（元）			137.07	137.07	137.07	137.07
名称		单位	单价（元）	数量			
人工	综合工日	工日	80.00	11.350	10.250	13.070	11.780
材料	聚酯树脂耐酸胶泥	m^3	16530.20	0.092	0.092	0.092	0.092
	耐酸板 150×150×15	块	–	(455.000)	(455.000)	(455.000)	(455.000)
	水	t	4.00	0.500	0.500	0.500	0.500
	尼龙砂轮片 ϕ150	片	7.60	0.100	0.100	0.100	0.100
	电	kW·h	0.85	0.800	0.800	0.800	0.800
机械	滚筒式混凝土搅拌机（内燃）250L	台班	202.65	0.350	0.350	0.350	0.350
	轴流风机 7.5kW	台班	42.81	0.420	0.420	0.420	0.420
	电动卷扬机（单筒慢速）30kN	台班	137.62	0.350	0.350	0.350	0.350

工作内容：同前　　　　单位：$10m^2$

定额编号				8-8-613	8-8-614	8-8-615	8-8-616
项目				矩形		锥(塔)形	
				1.5m 以下	1.5m 以上	1.5m 以下	1.5m 以上
基价（元）				**2459.69**	**2391.69**	**2870.09**	**2738.09**
其中	人工费（元）			798.40	730.40	1208.80	1076.80
	材料费（元）			1524.22	1524.22	1524.22	1524.22
	机械费（元）			137.07	137.07	137.07	137.07
名称		单位	单价(元)	数量			
人工	综合工日	工日	80.00	9.980	9.130	15.110	13.460
材料	聚酯树脂耐酸胶泥	m^3	16530.20	0.092	0.092	0.092	0.092
	耐酸板 150×150×15	块	-	(455.000)	(455.000)	(455.000)	(455.000)
	水	t	4.00	0.500	0.500	0.500	0.500
	尼龙砂轮片 ϕ150	片	7.60	0.100	0.100	0.100	0.100
	电	kW·h	0.85	0.800	0.800	0.800	0.800
机械	滚筒式混凝土搅拌机(内燃) 250L	台班	202.65	0.350	0.350	0.350	0.350
	轴流风机 7.5kW	台班	42.81	0.420	0.420	0.420	0.420
	电动卷扬机(单筒慢速) 30kN	台班	137.62	0.350	0.350	0.350	0.350

24. 耐酸板 150×150×20

工作内容:运料、选砖板、洗砖板、调制胶泥、刷底胶浆、衬砌、养生。　　单位:10m²

定额编号				8-8-617	8-8-618	8-8-619	8-8-620
项目				圆形立式		圆形卧式	
				1.5m 以下	1.5m 以上	1.5m 以下	1.5m 以上
基价(元)				2607.15	2519.15	2744.75	2641.55
其中	人工费(元)			912.80	824.80	1050.40	947.20
	材料费(元)			1557.28	1557.28	1557.28	1557.28
	机械费(元)			137.07	137.07	137.07	137.07
名称		单位	单价(元)	数量			
人工	综合工日	工日	80.00	11.410	10.310	13.130	11.840
材料	聚酯树脂耐酸胶泥	m^3	16530.20	0.094	0.094	0.094	0.094
	耐酸板 150×150×20	块	-	(455.000)	(455.000)	(455.000)	(455.000)
	水	t	4.00	0.500	0.500	0.500	0.500
	尼龙砂轮片 ϕ150	片	7.60	0.100	0.100	0.100	0.100
	电	kW·h	0.85	0.800	0.800	0.800	0.800
机械	滚筒式混凝土搅拌机(内燃) 250L	台班	202.65	0.350	0.350	0.350	0.350
	轴流风机 7.5kW	台班	42.81	0.420	0.420	0.420	0.420
	电动卷扬机(单筒慢速) 30kN	台班	137.62	0.350	0.350	0.350	0.350

工作内容:同前　　　　单位:$10m^2$

定额编号				8-8-621	8-8-622	8-8-623	8-8-624
项目				矩形		锥(塔)形	
				1.5m 以下	1.5m 以上	1.5m 以下	1.5m 以上
基价(元)				**2497.55**	**2429.55**	**2907.15**	**2775.95**
其中	人工费(元)			803.20	735.20	1212.80	1081.60
	材料费(元)			1557.28	1557.28	1557.28	1557.28
	机械费(元)			137.07	137.07	137.07	137.07
名称		单位	单价(元)	数量			
人工	综合工日	工日	80.00	10.040	9.190	15.160	13.520
材料	聚酯树脂耐酸胶泥	m^3	16530.20	0.094	0.094	0.094	0.094
	耐酸板 150×150×20	块	-	(455.000)	(455.000)	(455.000)	(455.000)
	水	t	4.00	0.500	0.500	0.500	0.500
	尼龙砂轮片 $\phi150$	片	7.60	0.100	0.100	0.100	0.100
	电	kW·h	0.85	0.800	0.800	0.800	0.800
机械	滚筒式混凝土搅拌机(内燃) 250L	台班	202.65	0.350	0.350	0.350	0.350
	轴流风机 7.5kW	台班	42.81	0.420	0.420	0.420	0.420
	电动卷扬机(单筒慢速) 30kN	台班	137.62	0.350	0.350	0.350	0.350

25. 耐酸板 150×150×25

工作内容：运料、选砖板、洗砖板、调制胶泥、刷底胶浆、衬砌、养生。

单位：10m²

定额编号				8-8-625	8-8-626	8-8-627	8-8-628
项目				圆形立式		圆形卧式	
				1.5m 以下	1.5m 以上	1.5m 以下	1.5m 以上
基价（元）				**2644.21**	**2556.21**	**2781.81**	**2678.61**
其中	人工费（元）			916.80	828.80	1054.40	951.20
	材料费（元）			1590.34	1590.34	1590.34	1590.34
	机械费（元）			137.07	137.07	137.07	137.07
名称		单位	单价(元)	数量			
人工	综合工日	工日	80.00	11.460	10.360	13.180	11.890
材料	聚酯树脂耐酸胶泥	m³	16530.20	0.096	0.096	0.096	0.096
	耐酸板 150×150×25	块	–	(455.000)	(455.000)	(455.000)	(455.000)
	水	t	4.00	0.500	0.500	0.500	0.500
	尼龙砂轮片 φ150	片	7.60	0.100	0.100	0.100	0.100
	电	kW·h	0.85	0.800	0.800	0.800	0.800
机械	滚筒式混凝土搅拌机(内燃) 250L	台班	202.65	0.350	0.350	0.350	0.350
	轴流风机 7.5kW	台班	42.81	0.420	0.420	0.420	0.420
	电动卷扬机(单筒慢速) 30kN	台班	137.62	0.350	0.350	0.350	0.350

工作内容:同前　　　　单位:10m²

定额编号				8-8-629	8-8-630	8-8-631	8-8-632
项目				矩形		锥(塔)形	
				1.5m 以下	1.5m 以上	1.5m 以下	1.5m 以上
基价(元)				**2533.81**	**2465.81**	**2943.41**	**2812.21**
其中	人工费(元)			806.40	738.40	1216.00	1084.80
	材料费(元)			1590.34	1590.34	1590.34	1590.34
	机械费(元)			137.07	137.07	137.07	137.07
名称		单位	单价(元)	数量			
人工	综合工日	工日	80.00	10.080	9.230	15.200	13.560
材料	聚酯树脂耐酸胶泥	m^3	16530.20	0.096	0.096	0.096	0.096
	耐酸板 150×150×25	块	–	(455.000)	(455.000)	(455.000)	(455.000)
	水	t	4.00	0.500	0.500	0.500	0.500
	尼龙砂轮片 ϕ150	片	7.60	0.100	0.100	0.100	0.100
	电	kW·h	0.85	0.800	0.800	0.800	0.800
机械	滚筒式混凝土搅拌机(内燃)250L	台班	202.65	0.350	0.350	0.350	0.350
	轴流风机 7.5kW	台班	42.81	0.420	0.420	0.420	0.420
	电动卷扬机(单筒慢速)30kN	台班	137.62	0.350	0.350	0.350	0.350

26. 耐酸板 150×150×30

工作内容：运料、选砖板、洗砖板、调制胶泥、刷底胶浆、衬砌、养生。

单位：$10m^2$

定额编号				8-8-633	8-8-634	8-8-635	8-8-636
项目				圆形立式		圆形卧式	
				1.5m 以下	1.5m 以上	1.5m 以下	1.5m 以上
基价（元）				**2699.40**	**2611.40**	**2837.00**	**2733.00**
其中	人工费（元）			922.40	834.40	1060.00	956.00
	材料费（元）			1639.93	1639.93	1639.93	1639.93
	机械费（元）			137.07	137.07	137.07	137.07
名称		单位	单价(元)	数量			
人工	综合工日	工日	80.00	11.530	10.430	13.250	11.950
材料	聚酯树脂耐酸胶泥	m^3	16530.20	0.099	0.099	0.099	0.099
	耐酸板 150×150×30	块	–	(455.000)	(455.000)	(455.000)	(455.000)
	水	t	4.00	0.500	0.500	0.500	0.500
	尼龙砂轮片 ϕ150	片	7.60	0.100	0.100	0.100	0.100
	电	kW·h	0.85	0.800	0.800	0.800	0.800
机械	滚筒式混凝土搅拌机(内燃) 250L	台班	202.65	0.350	0.350	0.350	0.350
	轴流风机 7.5kW	台班	42.81	0.420	0.420	0.420	0.420
	电动卷扬机(单筒慢速) 30kN	台班	137.62	0.350	0.350	0.350	0.350

工作内容：同前　　　　　　　　　　　　　　　　　　　　　　　　　　　　　单位：$10m^2$

定额编号				8-8-637	8-8-638	8-8-639	8-8-640
项目				矩形		锥(塔)形	
				1.5m 以下	1.5m 以上	1.5m 以下	1.5m 以上
基价(元)				**2589.00**	**2521.00**	**2999.40**	**2867.40**
其中	人工费(元)			812.00	744.00	1222.40	1090.40
	材料费(元)			1639.93	1639.93	1639.93	1639.93
	机械费(元)			137.07	137.07	137.07	137.07
名称		单位	单价(元)	数量			
人工	综合工日	工日	80.00	10.150	9.300	15.280	13.630
材料	聚酯树脂耐酸胶泥	m^3	16530.20	0.099	0.099	0.099	0.099
	耐酸板 150×150×30	块	–	(455.000)	(455.000)	(455.000)	(455.000)
	水	t	4.00	0.500	0.500	0.500	0.500
	尼龙砂轮片 ϕ150	片	7.60	0.100	0.100	0.100	0.100
	电	kW·h	0.85	0.800	0.800	0.800	0.800
机械	滚筒式混凝土搅拌机(内燃) 250L	台班	202.65	0.350	0.350	0.350	0.350
	轴流风机 7.5kW	台班	42.81	0.420	0.420	0.420	0.420
	电动卷扬机(单筒慢速) 30kN	台班	137.62	0.350	0.350	0.350	0.350

27. 耐酸板 150×150×35

工作内容：运料、选砖板、洗砖板、调制胶泥、刷底胶浆、衬砌、养生。

单位：$10m^2$

定额编号				8-8-641	8-8-642	8-8-643	8-8-644
项目				圆形立式		圆形卧式	
				1.5m 以下	1.5m 以上	1.5m 以下	1.5m 以上
基价（元）				**2737.26**	**2648.46**	**2874.86**	**2770.86**
其中	人工费（元）			927.20	838.40	1064.80	960.80
	材料费（元）			1672.99	1672.99	1672.99	1672.99
	机械费（元）			137.07	137.07	137.07	137.07
名称		单位	单价(元)	数量			
人工	综合工日	工日	80.00	11.590	10.480	13.310	12.010
材料	聚酯树脂耐酸胶泥	m^3	16530.20	0.101	0.101	0.101	0.101
	耐酸板 150×150×35	块	–	(455.000)	(455.000)	(455.000)	(455.000)
	水	t	4.00	0.500	0.500	0.500	0.500
	尼龙砂轮片 ϕ150	片	7.60	0.100	0.100	0.100	0.100
	电	kW·h	0.85	0.800	0.800	0.800	0.800
机械	滚筒式混凝土搅拌机(内燃) 250L	台班	202.65	0.350	0.350	0.350	0.350
	轴流风机 7.5kW	台班	42.81	0.420	0.420	0.420	0.420
	电动卷扬机(单筒慢速) 30kN	台班	137.62	0.350	0.350	0.350	0.350

工作内容:同前

单位:$10m^2$

定额编号				8-8-645	8-8-646	8-8-647	8-8-648
项目				矩形		锥(塔)形	
				1.5m 以下	1.5m 以上	1.5m 以下	1.5m 以上
基价(元)				**2626.86**	**2558.86**	**3036.46**	**2905.26**
其中	人工费(元)			816.80	748.80	1226.40	1095.20
	材料费(元)			1672.99	1672.99	1672.99	1672.99
	机械费(元)			137.07	137.07	137.07	137.07
名称		单位	单价(元)	数量			
人工	综合工日	工日	80.00	10.210	9.360	15.330	13.690
材料	聚酯树脂耐酸胶泥	m^3	16530.20	0.101	0.101	0.101	0.101
	耐酸板 150×150×35	块	–	(455.000)	(455.000)	(455.000)	(455.000)
	水	t	4.00	0.500	0.500	0.500	0.500
	尼龙砂轮片 ϕ150	片	7.60	0.100	0.100	0.100	0.100
	电	kW·h	0.85	0.800	0.800	0.800	0.800
机械	滚筒式混凝土搅拌机(内燃) 250L	台班	202.65	0.350	0.350	0.350	0.350
	轴流风机 7.5kW	台班	42.81	0.420	0.420	0.420	0.420
	电动卷扬机(单筒慢速) 30kN	台班	137.62	0.350	0.350	0.350	0.350

四、环氧煤焦油胶泥砌块材

1. 耐酸砖 230×113×65(113mm 厚)

工作内容:运料、选砖板、洗砖板、调制胶泥、刷底胶浆、衬砌、养生。

单位:10m²

定额编号				8-8-649	8-8-650	8-8-651	8-8-652
项目				圆形立式		圆形卧式	
				1.5m 以下	1.5m 以上	1.5m 以下	1.5m 以上
基价(元)				**5153.17**	**5035.57**	**5214.77**	**5052.37**
其中	人工费(元)			1524.80	1407.20	1586.40	1424.00
	材料费(元)			3491.30	3491.30	3491.30	3491.30
	机械费(元)			137.07	137.07	137.07	137.07
名称		单位	单价(元)	数量			
人工	综合工日	工日	80.00	19.060	17.590	19.830	17.800
材料	环氧煤焦油 胶泥 0.5:0.5:0.04:2.2:0.04:0.1	m³	11644.70	0.140	0.140	0.140	0.140
	耐酸砖 230×113×65	块	2.80	663.000	663.000	663.000	663.000
	水	t	4.00	0.800	0.800	0.800	0.800
	尼龙砂轮片 φ150	片	7.60	0.100	0.100	0.100	0.100
	电	kW·h	0.85	0.800	0.800	0.800	0.800
机械	滚筒式混凝土搅拌机(内燃) 250L	台班	202.65	0.350	0.350	0.350	0.350
	轴流风机 7.5kW	台班	42.81	0.420	0.420	0.420	0.420
	电动卷扬机(单筒慢速) 30kN	台班	137.62	0.350	0.350	0.350	0.350

工作内容:同前

单位:$10m^2$

定额编号				8-8-653	8-8-654	8-8-655	8-8-656
项目				矩形		锥(塔)形	
				1.5m 以下	1.5m 以上	1.5m 以下	1.5m 以上
基价(元)				**4983.57**	**4890.77**	**5305.17**	**5169.97**
其中	人工费(元)			1355.20	1262.40	1676.80	1541.60
	材料费(元)			3491.30	3491.30	3491.30	3491.30
	机械费(元)			137.07	137.07	137.07	137.07
名称		单位	单价(元)	数量			
人工	综合工日	工日	80.00	16.940	15.780	20.960	19.270
材料	环氧煤焦油 胶泥 0.5:0.5:0.04:2.2:0.04:0.1	m^3	11644.70	0.140	0.140	0.140	0.140
	耐酸砖 230×113×65	块	2.80	663.000	663.000	663.000	663.000
	水	t	4.00	0.800	0.800	0.800	0.800
	尼龙砂轮片 $\phi150$	片	7.60	0.100	0.100	0.100	0.100
	电	kW·h	0.85	0.800	0.800	0.800	0.800
机械	滚筒式混凝土搅拌机(内燃) 250L	台班	202.65	0.350	0.350	0.350	0.350
	轴流风机 7.5kW	台班	42.81	0.420	0.420	0.420	0.420
	电动卷扬机(单筒慢速) 30kN	台班	137.62	0.350	0.350	0.350	0.350

2. 耐酸砖 230 × 113 × 65(65mm 厚)

工作内容：运料、选砖板、洗砖板、调制胶泥、刷底胶浆、衬砌、养生。

单位：$10m^2$

	定额编号			8-8-657	8-8-658	8-8-659	8-8-660
	项目			圆形立式		圆形卧式	
				1.5m 以下	1.5m 以上	1.5m 以下	1.5m 以上
	基价（元）			3506.60	3451.40	3557.80	3468.20
其中	人工费（元）			972.80	917.60	1024.00	934.40
	材料费（元）			2396.73	2396.73	2396.73	2396.73
	机械费（元）			137.07	137.07	137.07	137.07
	名称	单位	单价(元)	数量			
人工	综合工日	工日	80.00	12.160	11.470	12.800	11.680
材料	环氧煤焦油 胶泥 0.5 : 0.5 : 0.04 : 2.2 : 0.04 : 0.1	m^3	11644.70	0.112	0.112	0.112	0.112
	耐酸砖 230 × 113 × 65	块	2.80	389.000	389.000	389.000	389.000
	水	t	4.00	0.470	0.470	0.470	0.470
	尼龙砂轮片 ϕ150	片	7.60	0.100	0.100	0.100	0.100
	电	kW · h	0.85	0.800	0.800	0.800	0.800
机械	滚筒式混凝土搅拌机(内燃) 250L	台班	202.65	0.350	0.350	0.350	0.350
	轴流风机 7.5kW	台班	42.81	0.420	0.420	0.420	0.420
	电动卷扬机(单筒慢速) 30kN	台班	137.62	0.350	0.350	0.350	0.350

工作内容:同前　　　　单位:10m²

定额编号				8-8-661	8-8-662	8-8-663	8-8-664
项目				矩形		锥(塔)形	
				1.5m 以下	1.5m 以上	1.5m 以下	1.5m 以上
基价(元)				3415.40	3369.00	3609.80	3518.60
其中	人工费(元)			881.60	835.20	1076.00	984.80
	材料费(元)			2396.73	2396.73	2396.73	2396.73
	机械费(元)			137.07	137.07	137.07	137.07
名称		单位	单价(元)	数量			
人工	综合工日	工日	80.00	11.020	10.440	13.450	12.310
材料	环氧煤焦油 胶泥 0.5:0.5:0.04:2.2:0.04:0.1	m^3	11644.70	0.112	0.112	0.112	0.112
	耐酸砖 230×113×65	块	2.80	389.000	389.000	389.000	389.000
	水	t	4.00	0.470	0.470	0.470	0.470
	尼龙砂轮片 ϕ150	片	7.60	0.100	0.100	0.100	0.100
	电	kW·h	0.85	0.800	0.800	0.800	0.800
机械	滚筒式混凝土搅拌机(内燃) 250L	台班	202.65	0.350	0.350	0.350	0.350
	轴流风机 7.5kW	台班	42.81	0.420	0.420	0.420	0.420
	电动卷扬机(单筒慢速) 30kN	台班	137.62	0.350	0.350	0.350	0.350

3. 耐酸板 100×50×10

工作内容：运料、选砖板、洗砖板、调制胶泥、刷底胶浆、衬砌、养生。

单位：$10m^2$

定额编号				8-8-665	8-8-666	8-8-667	8-8-668
项目				圆形立式		圆形卧式	
				1.5m 以下	1.5m 以上	1.5m 以下	1.5m 以上
基价（元）				**2508.76**	**2402.36**	**2683.96**	**2555.96**
其中	人工费（元）			1261.60	1155.20	1436.80	1308.80
	材料费（元）			1110.09	1110.09	1110.09	1110.09
	机械费（元）			137.07	137.07	137.07	137.07
名称		单位	单价（元）	数		量	
人工	综合工日	工日	80.00	15.770	14.440	17.960	16.360
材料	环氧煤焦油 胶泥 0.5:0.5:0.04:2.2:0.04:0.1	m^3	11644.70	0.095	0.095	0.095	0.095
	耐酸板 100×50×10	块	–	(1980.000)	(1980.000)	(1980.000)	(1980.000)
	水	t	4.00	0.600	0.600	0.600	0.600
	尼龙砂轮片 $\phi150$	片	7.60	0.100	0.100	0.100	0.100
	电	kW·h	0.85	0.800	0.800	0.800	0.800
机械	滚筒式混凝土搅拌机(内燃) 250L	台班	202.65	0.350	0.350	0.350	0.350
	轴流风机 7.5kW	台班	42.81	0.420	0.420	0.420	0.420
	电动卷扬机(单筒慢速) 30kN	台班	137.62	0.350	0.350	0.350	0.350

工作内容:同前　　　　　　　　　　　　　　　　　　　　　　　　　　　　　　　　单位:$10m^2$

	定额编号			8-8-669	8-8-670	8-8-671	8-8-672
	项目			矩形		锥(塔)形	
				1.5m 以下	1.5m 以上	1.5m 以下	1.5m 以上
	基价(元)			**2363.16**	**2280.76**	**2889.56**	**2727.96**
其中	人工费(元)			1116.00	1033.60	1642.40	1480.80
	材料费(元)			1110.09	1110.09	1110.09	1110.09
	机械费(元)			137.07	137.07	137.07	137.07
	名称	单位	单价(元)	数量			
人工	综合工日	工日	80.00	13.950	12.920	20.530	18.510
材料	环氧煤焦油 胶泥 0.5:0.5:0.04:2.2:0.04:0.1	m^3	11644.70	0.095	0.095	0.095	0.095
	耐酸板 100×50×10	块	–	(1980.000)	(1980.000)	(1980.000)	(1980.000)
	水	t	4.00	0.600	0.600	0.600	0.600
	尼龙砂轮片 ϕ150	片	7.60	0.100	0.100	0.100	0.100
	电	kW·h	0.85	0.800	0.800	0.800	0.800
机械	滚筒式混凝土搅拌机(内燃) 250L	台班	202.65	0.350	0.350	0.350	0.350
	轴流风机 7.5kW	台班	42.81	0.420	0.420	0.420	0.420
	电动卷扬机(单筒慢速) 30kN	台班	137.62	0.350	0.350	0.350	0.350

4. 耐酸板 75×75×10

工作内容：运料、选砖板、洗砖板、调制胶泥、刷底胶浆、衬砌、养生。

单位：$10m^2$

定额编号				8-8-673	8-8-674	8-8-675	8-8-676
项目				圆形立式		圆形卧式	
				1.5m 以下	1.5m 以上	1.5m 以下	1.5m 以上
基价（元）				2398.56	2293.76	2570.56	2443.36
其中	人工费（元）			1244.80	1140.00	1416.80	1289.60
	材料费（元）			1016.69	1016.69	1016.69	1016.69
	机械费（元）			137.07	137.07	137.07	137.07
名称		单位	单价(元)	数		量	
人工	综合工日	工日	80.00	15.560	14.250	17.710	16.120
材料	环氧煤焦油 胶泥 0.5∶0.5∶0.04∶2.2∶0.04∶0.1	m^3	11644.70	0.087	0.087	0.087	0.087
	耐酸板 75×75×10	块	–	(1771.000)	(1771.000)	(1771.000)	(1771.000)
	水	t	4.00	0.540	0.540	0.540	0.540
	尼龙砂轮片 ϕ150	片	7.60	0.100	0.100	0.100	0.100
	电	kW·h	0.85	0.800	0.800	0.800	0.800
机械	滚筒式混凝土搅拌机(内燃) 250L	台班	202.65	0.350	0.350	0.350	0.350
	轴流风机 7.5kW	台班	42.81	0.420	0.420	0.420	0.420
	电动卷扬机(单筒慢速) 30kN	台班	137.62	0.350	0.350	0.350	0.350

工作内容：同前　　　　　　　　　　　　　　　　　　　　　　　　单位：$10m^2$

定额编号				8-8-677	8-8-678	8-8-679	8-8-680
项目				矩形		锥(塔)形	
				1.5m 以下	1.5m 以上	1.5m 以下	1.5m 以上
基价（元）				2311.36	2173.76	2772.96	2612.16
其中	人工费（元）			1157.60	1020.00	1619.20	1458.40
	材料费（元）			1016.69	1016.69	1016.69	1016.69
	机械费（元）			137.07	137.07	137.07	137.07
名称		单位	单价(元)	数量			
人工	综合工日	工日	80.00	14.470	12.750	20.240	18.230
材料	环氧煤焦油 胶泥 0.5：0.5：0.04：2.2：0.04：0.1	m^3	11644.70	0.087	0.087	0.087	0.087
	耐酸板 75×75×10	块	-	(1771.000)	(1771.000)	(1771.000)	(1771.000)
	水	t	4.00	0.540	0.540	0.540	0.540
	尼龙砂轮片 ϕ150	片	7.60	0.100	0.100	0.100	0.100
	电	kW·h	0.85	0.800	0.800	0.800	0.800
机械	滚筒式混凝土搅拌机(内燃) 250L	台班	202.65	0.350	0.350	0.350	0.350
	轴流风机 7.5kW	台班	42.81	0.420	0.420	0.420	0.420
	电动卷扬机(单筒慢速) 30kN	台班	137.62	0.350	0.350	0.350	0.350

5. 耐酸板 100×100×10

工作内容：运料、选砖板、洗砖板、调制胶泥、刷底胶浆、衬砌、养生。

单位：10m²

定额编号				8-8-681	8-8-682	8-8-683	8-8-684
项目				圆形立式		圆形卧式	
				1.5m 以下	1.5m 以上	1.5m 以下	1.5m 以上
基价（元）				**2445.46**	**2320.66**	**2648.66**	**2431.06**
其中	人工费（元）			1233.60	1108.80	1436.80	1219.20
	材料费（元）			1074.79	1074.79	1074.79	1074.79
	机械费（元）			137.07	137.07	137.07	137.07
名称		单位	单价（元）	数量			
人工	综合工日	工日	80.00	15.420	13.860	17.960	15.240
材料	环氧煤焦油 胶泥 0.5∶0.5∶0.04∶2.2∶0.04∶0.1	m^3	11644.70	0.092	0.092	0.092	0.092
	耐酸板 100×100×10	块	–	(1009.000)	(1009.000)	(1009.000)	(1009.000)
	水	t	4.00	0.510	0.510	0.510	0.510
	尼龙砂轮片 ϕ150	片	7.60	0.100	0.100	0.100	0.100
	电	kW·h	0.85	0.800	0.800	0.800	0.800
机械	滚筒式混凝土搅拌机（内燃）250L	台班	202.65	0.350	0.350	0.350	0.350
	轴流风机 7.5kW	台班	42.81	0.420	0.420	0.420	0.420
	电动卷扬机（单筒慢速）30kN	台班	137.62	0.350	0.350	0.350	0.350

工作内容：同前　　　　　　　　　　　　　　　　　　　　　　　　　　单位：$10m^2$

定额编号				8-8-685	8-8-686	8-8-687	8-8-688
项目				矩形		锥(塔)形	
				1.5m 以下	1.5m 以上	1.5m 以下	1.5m 以上
基价（元）				**2325.46**	**2223.86**	**2790.26**	**2574.26**
其中	人工费（元）			1113.60	1012.00	1578.40	1362.40
	材料费（元）			1074.79	1074.79	1074.79	1074.79
	机械费（元）			137.07	137.07	137.07	137.07
名称		单位	单价(元)	数量			
人工	综合工日	工日	80.00	13.920	12.650	19.730	17.030
材料	环氧煤焦油 胶泥 0.5：0.5：0.04：2.2：0.04：0.1	m^3	11644.70	0.092	0.092	0.092	0.092
	耐酸板 100×100×10	块	–	(1009.000)	(1009.000)	(1009.000)	(1009.000)
	水	t	4.00	0.510	0.510	0.510	0.510
	尼龙砂轮片 φ150	片	7.60	0.100	0.100	0.100	0.100
	电	kW·h	0.85	0.800	0.800	0.800	0.800
机械	滚筒式混凝土搅拌机(内燃) 250L	台班	202.65	0.350	0.350	0.350	0.350
	轴流风机 7.5kW	台班	42.81	0.420	0.420	0.420	0.420
	电动卷扬机(单筒慢速) 30kN	台班	137.62	0.350	0.350	0.350	0.350

6. 耐酸板 150×70×10

工作内容：运料、选砖板、洗砖板、调制胶泥、刷底胶浆、衬砌、养生。　　单位：$10m^2$

定额编号				8-8-689	8-8-690	8-8-691	8-8-692
项目				圆形立式		圆形卧式	
				1.5m 以下	1.5m 以上	1.5m 以下	1.5m 以上
基价（元）				**2318.54**	**2192.14**	**2485.74**	**2328.14**
其中	人工费（元）			1106.40	980.00	1273.60	1116.00
	材料费（元）			1075.07	1075.07	1075.07	1075.07
	机械费（元）			137.07	137.07	137.07	137.07
名称		单位	单价(元)	数量			
人工	综合工日	工日	80.00	13.830	12.250	15.920	13.950
材料	环氧煤焦油 胶泥 0.5∶0.5∶0.04∶2.2∶0.04∶0.1	m^3	11644.70	0.092	0.092	0.092	0.092
	耐酸板 150×70×10	块	–	(959.000)	(959.000)	(959.000)	(959.000)
	水	t	4.00	0.580	0.580	0.580	0.580
	尼龙砂轮片 ϕ150	片	7.60	0.100	0.100	0.100	0.100
	电	kW·h	0.85	0.800	0.800	0.800	0.800
机械	滚筒式混凝土搅拌机(内燃) 250L	台班	202.65	0.350	0.350	0.350	0.350
	轴流风机 7.5kW	台班	42.81	0.420	0.420	0.420	0.420
	电动卷扬机(单筒慢速) 30kN	台班	137.62	0.350	0.350	0.350	0.350

工作内容:同前　　　　单位:10m²

定额编号				8-8-693	8-8-694	8-8-695	8-8-696
项目				矩形		锥(塔)形	
				1.5m 以下	1.5m 以上	1.5m 以下	1.5m 以上
基价(元)				**2214.54**	**2132.94**	**2629.74**	**2438.54**
其中	人工费(元)			1002.40	920.80	1417.60	1226.40
	材料费(元)			1075.07	1075.07	1075.07	1075.07
	机械费(元)			137.07	137.07	137.07	137.07
名称		单位	单价(元)	数量			
人工	综合工日	工日	80.00	12.530	11.510	17.720	15.330
材料	环氧煤焦油 胶泥 0.5∶0.5∶0.04∶2.2∶0.04∶0.1	m^3	11644.70	0.092	0.092	0.092	0.092
	耐酸板 150×70×10	块	–	(959.000)	(959.000)	(959.000)	(959.000)
	水	t	4.00	0.580	0.580	0.580	0.580
	尼龙砂轮片 $\phi150$	片	7.60	0.100	0.100	0.100	0.100
	电	kW·h	0.85	0.800	0.800	0.800	0.800
机械	滚筒式混凝土搅拌机(内燃) 250L	台班	202.65	0.350	0.350	0.350	0.350
	轴流风机 7.5kW	台班	42.81	0.420	0.420	0.420	0.420
	电动卷扬机(单筒慢速) 30kN	台班	137.62	0.350	0.350	0.350	0.350

7. 耐酸板 150×75×10

工作内容：运料、选砖板、洗砖板、调制胶泥、刷底胶浆、衬砌、养生。

单位：$10m^2$

定额编号				8-8-697	8-8-698	8-8-699	8-8-700
项目				圆形立式		圆形卧式	
				1.5m 以下	1.5m 以上	1.5m 以下	1.5m 以上
基价（元）				2289.62	2163.22	2456.02	2300.02
其中	人工费（元）			1077.60	951.20	1244.00	1088.00
	材料费（元）			1074.95	1074.95	1074.95	1074.95
	机械费（元）			137.07	137.07	137.07	137.07
名称		单位	单价(元)	数量			
人工	综合工日	工日	80.00	13.470	11.890	15.550	13.600
材料	环氧煤焦油 胶泥 0.5∶0.5∶0.04∶2.2∶0.04∶0.1	m^3	11644.70	0.092	0.092	0.092	0.092
	耐酸板 150×75×10	块	–	(897.000)	(897.000)	(897.000)	(897.000)
	水	t	4.00	0.550	0.550	0.550	0.550
	尼龙砂轮片 ϕ150	片	7.60	0.100	0.100	0.100	0.100
	电	kW·h	0.85	0.800	0.800	0.800	0.800
机械	滚筒式混凝土搅拌机(内燃) 250L	台班	202.65	0.350	0.350	0.350	0.350
	轴流风机 7.5kW	台班	42.81	0.420	0.420	0.420	0.420
	电动卷扬机(单筒慢速) 30kN	台班	137.62	0.350	0.350	0.350	0.350

工作内容:同前

单位:$10m^2$

定额编号				8-8-701	8-8-702	8-8-703	8-8-704
项目				矩形		锥(塔)形	
				1.5m 以下	1.5m 以上	1.5m 以下	1.5m 以上
基价(元)				**2184.82**	**2103.22**	**2608.82**	**2409.62**
其中	人工费(元)			972.80	891.20	1396.80	1197.60
	材料费(元)			1074.95	1074.95	1074.95	1074.95
	机械费(元)			137.07	137.07	137.07	137.07
名称		单位	单价(元)	数量			
人工	综合工日	工日	80.00	12.160	11.140	17.460	14.970
材料	环氧煤焦油 胶泥 0.5∶0.5∶0.04∶2.2∶0.04∶0.1	m^3	11644.70	0.092	0.092	0.092	0.092
	耐酸板 150×75×10	块	-	(897.000)	(897.000)	(897.000)	(897.000)
	水	t	4.00	0.550	0.550	0.550	0.550
	尼龙砂轮片 $\phi150$	片	7.60	0.100	0.100	0.100	0.100
	电	kW·h	0.85	0.800	0.800	0.800	0.800
机械	滚筒式混凝土搅拌机(内燃) 250L	台班	202.65	0.350	0.350	0.350	0.350
	轴流风机 7.5kW	台班	42.81	0.420	0.420	0.420	0.420
	电动卷扬机(单筒慢速) 30kN	台班	137.62	0.350	0.350	0.350	0.350

8. 耐酸板 150 × 75 × 15

工作内容:运料、选砖板、洗砖板、调制胶泥、刷底胶浆、衬砌、养生。

单位:10m²

定额编号				8-8-705	8-8-706	8-8-707	8-8-708
项目				圆形立式		圆形卧式	
				1.5m 以下	1.5m 以上	1.5m 以下	1.5m 以上
基价(元)				**2327.76**	**2200.56**	**2494.16**	**2337.36**
其中	人工费(元)			1080.80	953.60	1247.20	1090.40
	材料费(元)			1109.89	1109.89	1109.89	1109.89
	机械费(元)			137.07	137.07	137.07	137.07
名称		单位	单价(元)	数量			
人工	综合工日	工日	80.00	13.510	11.920	15.590	13.630
材料	环氧煤焦油 胶泥 0.5∶0.5∶0.04∶2.2∶0.04∶0.1	m^3	11644.70	0.095	0.095	0.095	0.095
	耐酸板 150×75×15	块	–	(897.000)	(897.000)	(897.000)	(897.000)
	水	t	4.00	0.550	0.550	0.550	0.550
	尼龙砂轮片 ϕ150	片	7.60	0.100	0.100	0.100	0.100
	电	kW·h	0.85	0.800	0.800	0.800	0.800
机械	滚筒式混凝土搅拌机(内燃) 250L	台班	202.65	0.350	0.350	0.350	0.350
	轴流风机 7.5kW	台班	42.81	0.420	0.420	0.420	0.420
	电动卷扬机(单筒慢速) 30kN	台班	137.62	0.350	0.350	0.350	0.350

工作内容:同前

单位:$10m^2$

定额编号				8-8-709	8-8-710	8-8-711	8-8-712
项目				矩形		锥(塔)形	
				1.5m 以下	1.5m 以上	1.5m 以下	1.5m 以上
基价(元)				**2222.96**	**2141.36**	**2638.96**	**2446.96**
其中	人工费(元)			976.00	894.40	1392.00	1200.00
	材料费(元)			1109.89	1109.89	1109.89	1109.89
	机械费(元)			137.07	137.07	137.07	137.07
名称		单位	单价(元)	数量			
人工	综合工日	工日	80.00	12.200	11.180	17.400	15.000
材料	环氧煤焦油 胶泥 0.5:0.5:0.04:2.2:0.04:0.1	m^3	11644.70	0.095	0.095	0.095	0.095
	耐酸板 150×75×15	块	–	(897.000)	(897.000)	(897.000)	(897.000)
	水	t	4.00	0.550	0.550	0.550	0.550
	尼龙砂轮片 $\phi150$	片	7.60	0.100	0.100	0.100	0.100
	电	kW·h	0.85	0.800	0.800	0.800	0.800
机械	滚筒式混凝土搅拌机(内燃) 250L	台班	202.65	0.350	0.350	0.350	0.350
	轴流风机 7.5kW	台班	42.81	0.420	0.420	0.420	0.420
	电动卷扬机(单筒慢速) 30kN	台班	137.62	0.350	0.350	0.350	0.350

9. 耐酸板 150 ×75 ×20

工作内容:运料、选砖板、洗砖板、调制胶泥、刷底胶浆、衬砌、养生。　　单位:10m²

	定额编号			8-8-713	8-8-714	8-8-715	8-8-716
	项目			圆形立式		圆形卧式	
				1.5m 以下	1.5m 以上	1.5m 以下	1.5m 以上
	基价(元)			**2368.29**	**2241.89**	**2535.49**	**2378.69**
其中	人工费(元)			1086.40	960.00	1253.60	1096.80
	材料费(元)			1144.82	1144.82	1144.82	1144.82
	机械费(元)			137.07	137.07	137.07	137.07
	名称	单位	单价(元)	数		量	
人工	综合工日	工日	80.00	13.580	12.000	15.670	13.710
材料	环氧煤焦油 胶泥 0.5:0.5:0.04:2.2:0.04:0.1	m^3	11644.70	0.098	0.098	0.098	0.098
	耐酸板 150 ×75 ×20	块	–	(897.000)	(897.000)	(897.000)	(897.000)
	水	t	4.00	0.550	0.550	0.550	0.550
	尼龙砂轮片 ϕ150	片	7.60	0.100	0.100	0.100	0.100
	电	kW·h	0.85	0.800	0.800	0.800	0.800
机械	滚筒式混凝土搅拌机(内燃) 250L	台班	202.65	0.350	0.350	0.350	0.350
	轴流风机 7.5kW	台班	42.81	0.420	0.420	0.420	0.420
	电动卷扬机(单筒慢速) 30kN	台班	137.62	0.350	0.350	0.350	0.350

工作内容:同前　　　　单位:$10m^2$

定额编号				8-8-717	8-8-718	8-8-719	8-8-720
项目				矩形		锥(塔)形	
				1.5m 以下	1.5m 以上	1.5m 以下	1.5m 以上
基价(元)				**2264.29**	**2182.69**	**2680.29**	**2488.29**
其中	人工费(元)			982.40	900.80	1398.40	1206.40
	材料费(元)			1144.82	1144.82	1144.82	1144.82
	机械费(元)			137.07	137.07	137.07	137.07
名称		单位	单价(元)	数量			
人工	综合工日	工日	80.00	12.280	11.260	17.480	15.080
材料	环氧煤焦油 胶泥 0.5∶0.5∶0.04∶2.2∶0.04∶0.1	m^3	11644.70	0.098	0.098	0.098	0.098
	耐酸板 150×75×20	块	–	(897.000)	(897.000)	(897.000)	(897.000)
	水	t	4.00	0.550	0.550	0.550	0.550
	尼龙砂轮片 ϕ150	片	7.60	0.100	0.100	0.100	0.100
	电	kW·h	0.85	0.800	0.800	0.800	0.800
机械	滚筒式混凝土搅拌机(内燃) 250L	台班	202.65	0.350	0.350	0.350	0.350
	轴流风机 7.5kW	台班	42.81	0.420	0.420	0.420	0.420
	电动卷扬机(单筒慢速) 30kN	台班	137.62	0.350	0.350	0.350	0.350

10. 耐酸板 150×75×25

工作内容：运料、选砖板、洗砖板、调制胶泥、刷底胶浆、衬砌、养生。　　　　单位：10m²

定额编号				8-8-721	8-8-722	8-8-723	8-8-724
项目				圆形立式		圆形卧式	
				1.5m 以下	1.5m 以上	1.5m 以下	1.5m 以上
基价（元）				**2420.47**	**2294.07**	**2586.87**	**2430.07**
其中	人工费（元）			1092.00	965.60	1258.40	1101.60
	材料费（元）			1191.40	1191.40	1191.40	1191.40
	机械费（元）			137.07	137.07	137.07	137.07
名称		单位	单价(元)	数量			
人工	综合工日	工日	80.00	13.650	12.070	15.730	13.770
材料	环氧煤焦油 胶泥 0.5∶0.5∶0.04∶2.2∶0.04∶0.1	m^3	11644.70	0.102	0.102	0.102	0.102
	耐酸板 150×75×25	块	–	(897.000)	(897.000)	(897.000)	(897.000)
	水	t	4.00	0.550	0.550	0.550	0.550
	尼龙砂轮片 ϕ150	片	7.60	0.100	0.100	0.100	0.100
	电	kW·h	0.85	0.800	0.800	0.800	0.800
机械	滚筒式混凝土搅拌机(内燃) 250L	台班	202.65	0.350	0.350	0.350	0.350
	轴流风机 7.5kW	台班	42.81	0.420	0.420	0.420	0.420
	电动卷扬机(单筒慢速) 30kN	台班	137.62	0.350	0.350	0.350	0.350

工作内容:同前　　　　单位:$10m^2$

定额编号				8-8-725	8-8-726	8-8-727	8-8-728
项目				矩形		锥(塔)形	
				1.5m 以下	1.5m 以上	1.5m 以下	1.5m 以上
基价(元)				**2316.47**	**2235.67**	**2731.67**	**2541.27**
其中	人工费(元)			988.00	907.20	1403.20	1212.80
	材料费(元)			1191.40	1191.40	1191.40	1191.40
	机械费(元)			137.07	137.07	137.07	137.07
名称		单位	单价(元)	数量			
人工	综合工日	工日	80.00	12.350	11.340	17.540	15.160
材料	环氧煤焦油 胶泥 0.5∶0.5∶0.04∶2.2∶0.04∶0.1	m^3	11644.70	0.102	0.102	0.102	0.102
	耐酸板 150×75×25	块	–	(897.000)	(897.000)	(897.000)	(897.000)
	水	t	4.00	0.550	0.550	0.550	0.550
	尼龙砂轮片 φ150	片	7.60	0.100	0.100	0.100	0.100
	电	kW·h	0.85	0.800	0.800	0.800	0.800
机械	滚筒式混凝土搅拌机(内燃) 250L	台班	202.65	0.350	0.350	0.350	0.350
	轴流风机 7.5kW	台班	42.81	0.420	0.420	0.420	0.420
	电动卷扬机(单筒慢速) 30kN	台班	137.62	0.350	0.350	0.350	0.350

11. 耐酸板 180×90×20

工作内容：运料、选砖板、洗砖板、调制胶泥、刷底胶浆、衬砌、养生。　　　　单位：10m²

定额编号				8-8-729	8-8-730	8-8-731	8-8-732
项目				圆形立式		圆形卧式	
				1.5m 以下	1.5m 以上	1.5m 以下	1.5m 以上
基价（元）				**2210.80**	**2120.40**	**2332.40**	**2250.80**
其中	人工费（元）			952.00	861.60	1073.60	992.00
	材料费（元）			1121.73	1121.73	1121.73	1121.73
	机械费（元）			137.07	137.07	137.07	137.07
名称		单位	单价（元）	数量			
人工	综合工日	工日	80.00	11.900	10.770	13.420	12.400
材料	环氧煤焦油 胶泥 0.5：0.5：0.04：2.2：0.04：0.1	m³	11644.70	0.096	0.096	0.096	0.096
	耐酸板 180×90×20	块	–	(627.000)	(627.000)	(627.000)	(627.000)
	水	t	4.00	0.600	0.600	0.600	0.600
	尼龙砂轮片 $\phi150$	片	7.60	0.100	0.100	0.100	0.100
	电	kW·h	0.85	0.800	0.800	0.800	0.800
机械	滚筒式混凝土搅拌机（内燃）250L	台班	202.65	0.350	0.350	0.350	0.350
	轴流风机 7.5kW	台班	42.81	0.420	0.420	0.420	0.420
	电动卷扬机（单筒慢速）30kN	台班	137.62	0.350	0.350	0.350	0.350

工作内容:同前　　　　单位:$10m^2$

定额编号				8-8-733	8-8-734	8-8-735	8-8-736
项目				矩形		锥(塔)形	
				1.5m 以下	1.5m 以上	1.5m 以下	1.5m 以上
基价(元)				**2093.20**	**2022.80**	**2476.40**	**2354.80**
其中	人工费(元)			834.40	764.00	1217.60	1096.00
	材料费(元)			1121.73	1121.73	1121.73	1121.73
	机械费(元)			137.07	137.07	137.07	137.07
名称		单位	单价(元)	数量			
人工	综合工日	工日	80.00	10.430	9.550	15.220	13.700
材料	环氧煤焦油 胶泥 0.5:0.5:0.04:2.2:0.04:0.1	m^3	11644.70	0.096	0.096	0.096	0.096
	耐酸板 180×90×20	块	–	(627.000)	(627.000)	(627.000)	(627.000)
	水	t	4.00	0.600	0.600	0.600	0.600
	尼龙砂轮片 $\phi150$	片	7.60	0.100	0.100	0.100	0.100
	电	kW·h	0.85	0.800	0.800	0.800	0.800
机械	滚筒式混凝土搅拌机(内燃) 250L	台班	202.65	0.350	0.350	0.350	0.350
	轴流风机 7.5kW	台班	42.81	0.420	0.420	0.420	0.420
	电动卷扬机(单筒慢速) 30kN	台班	137.62	0.350	0.350	0.350	0.350

12. 耐酸板 180×110×10

工作内容：运料、选砖板、洗砖板、调制胶泥、刷底胶浆、衬砌、养生。 单位：10m²

定额编号				8-8-737	8-8-738	8-8-739	8-8-740
项目				圆形立式		圆形卧式	
				1.5m 以下	1.5m 以上	1.5m 以下	1.5m 以上
基价（元）				2157.86	2070.66	2283.46	2200.26
其中	人工费（元）			957.60	870.40	1083.20	1000.00
	材料费（元）			1063.19	1063.19	1063.19	1063.19
	机械费（元）			137.07	137.07	137.07	137.07
名称		单位	单价(元)	数量			
人工	综合工日	工日	80.00	11.970	10.880	13.540	12.500
材料	环氧煤焦油 胶泥 0.5∶0.5∶0.04∶2.2∶0.04∶0.1	m^3	11644.70	0.091	0.091	0.091	0.091
	耐酸板 180×110×10	块	–	(515.000)	(515.000)	(515.000)	(515.000)
	水	t	4.00	0.520	0.520	0.520	0.520
	尼龙砂轮片 ϕ150	片	7.60	0.100	0.100	0.100	0.100
	电	kW·h	0.85	0.800	0.800	0.800	0.800
机械	滚筒式混凝土搅拌机(内燃) 250L	台班	202.65	0.350	0.350	0.350	0.350
	轴流风机 7.5kW	台班	42.81	0.420	0.420	0.420	0.420
	电动卷扬机(单筒慢速) 30kN	台班	137.62	0.350	0.350	0.350	0.350

工作内容:同前

单位:$10m^2$

定额编号				8-8-741	8-8-742	8-8-743	8-8-744
项目				矩形		锥(塔)形	
				1.5m 以下	1.5m 以上	1.5m 以下	1.5m 以上
基价(元)				**2057.06**	**1991.46**	**2438.66**	**2449.06**
其中	人工费(元)			856.80	791.20	1238.40	1248.80
	材料费(元)			1063.19	1063.19	1063.19	1063.19
	机械费(元)			137.07	137.07	137.07	137.07
名称		单位	单价(元)	数量			
人工	综合工日	工日	80.00	10.710	9.890	15.480	15.610
材料	环氧煤焦油 胶泥 0.5:0.5:0.04:2.2:0.04:0.1	m^3	11644.70	0.091	0.091	0.091	0.091
	耐酸板 180×110×10	块	–	(515.000)	(515.000)	(515.000)	(515.000)
	水	t	4.00	0.520	0.520	0.520	0.520
	尼龙砂轮片 $\phi150$	片	7.60	0.100	0.100	0.100	0.100
	电	kW·h	0.85	0.800	0.800	0.800	0.800
机械	滚筒式混凝土搅拌机(内燃) 250L	台班	202.65	0.350	0.350	0.350	0.350
	轴流风机 7.5kW	台班	42.81	0.420	0.420	0.420	0.420
	电动卷扬机(单筒慢速) 30kN	台班	137.62	0.350	0.350	0.350	0.350

13. 耐酸板 180×110×15

工作内容：运料、选砖板、洗砖板、调制胶泥、刷底胶浆、衬砌、养生。　　　　单位：$10m^2$

定额编号				8-8-745	8-8-746	8-8-747	8-8-748
项目				圆形立式		圆形卧式	
				1.5m 以下	1.5m 以上	1.5m 以下	1.5m 以上
基价（元）				2183.55	2097.15	2308.35	2226.75
其中	人工费（元）			960.00	873.60	1084.80	1003.20
	材料费（元）			1086.48	1086.48	1086.48	1086.48
	机械费（元）			137.07	137.07	137.07	137.07
名称		单位	单价(元)	数量			
人工	综合工日	工日	80.00	12.000	10.920	13.560	12.540
材料	环氧煤焦油 胶泥 0.5∶0.5∶0.04∶2.2∶0.04∶0.1	m^3	11644.70	0.093	0.093	0.093	0.093
	耐酸板 180×110×15	块	–	(515.000)	(515.000)	(515.000)	(515.000)
	水	t	4.00	0.520	0.520	0.520	0.520
	尼龙砂轮片 ϕ150	片	7.60	0.100	0.100	0.100	0.100
	电	kW·h	0.85	0.800	0.800	0.800	0.800
机械	滚筒式混凝土搅拌机(内燃) 250L	台班	202.65	0.350	0.350	0.350	0.350
	轴流风机 7.5kW	台班	42.81	0.420	0.420	0.420	0.420
	电动卷扬机(单筒慢速) 30kN	台班	137.62	0.350	0.350	0.350	0.350

工作内容:同前

单位:10m²

定额编号				8-8-749	8-8-750	8-8-751	8-8-752
项目				矩形		锥(塔)形	
				1.5m 以下	1.5m 以上	1.5m 以下	1.5m 以上
基价(元)				**2082.75**	**2017.15**	**2463.55**	**2340.35**
其中	人工费(元)			859.20	793.60	1240.00	1116.80
	材料费(元)			1086.48	1086.48	1086.48	1086.48
	机械费(元)			137.07	137.07	137.07	137.07
名称		单位	单价(元)	数量			
人工	综合工日	工日	80.00	10.740	9.920	15.500	13.960
材料	环氧煤焦油 胶泥 0.5∶0.5∶0.04∶2.2∶0.04∶0.1	m^3	11644.70	0.093	0.093	0.093	0.093
	耐酸板 180×110×15	块	–	(515.000)	(515.000)	(515.000)	(515.000)
	水	t	4.00	0.520	0.520	0.520	0.520
	尼龙砂轮片 ϕ150	片	7.60	0.100	0.100	0.100	0.100
	电	kW·h	0.85	0.800	0.800	0.800	0.800
机械	滚筒式混凝土搅拌机(内燃) 250L	台班	202.65	0.350	0.350	0.350	0.350
	轴流风机 7.5kW	台班	42.81	0.420	0.420	0.420	0.420
	电动卷扬机(单筒慢速) 30kN	台班	137.62	0.350	0.350	0.350	0.350

14. 耐酸板 180×110×20

工作内容:运料、选砖板、洗砖板、调制胶泥、刷底胶浆、衬砌、养生。　　单位:$10m^2$

定额编号				8-8-753	8-8-754	8-8-755	8-8-756
项目				圆形立式		圆形卧式	
				1.5m 以下	1.5m 以上	1.5m 以下	1.5m 以上
基价(元)				2211.64	2125.24	2335.64	2254.84
其中	人工费(元)			964.80	878.40	1088.80	1008.00
	材料费(元)			1109.77	1109.77	1109.77	1109.77
	机械费(元)			137.07	137.07	137.07	137.07
名称		单位	单价(元)	数量			
人工	综合工日	工日	80.00	12.060	10.980	13.610	12.600
材料	环氧煤焦油 胶泥 0.5:0.5:0.04:2.2:0.04:0.1	m^3	11644.70	0.095	0.095	0.095	0.095
	耐酸板 180×110×20	块	–	(515.000)	(515.000)	(515.000)	(515.000)
	水	t	4.00	0.520	0.520	0.520	0.520
	尼龙砂轮片 ϕ150	片	7.60	0.100	0.100	0.100	0.100
	电	kW·h	0.85	0.800	0.800	0.800	0.800
机械	滚筒式混凝土搅拌机(内燃) 250L	台班	202.65	0.350	0.350	0.350	0.350
	轴流风机 7.5kW	台班	42.81	0.420	0.420	0.420	0.420
	电动卷扬机(单筒慢速) 30kN	台班	137.62	0.350	0.350	0.350	0.350

工作内容:同前　　　　　　　　　　　　　　　　　　　　　　　　　　　　　　单位:$10m^2$

定额编号				8-8-757	8-8-758	8-8-759	8-8-760
项目				矩形		锥(塔)形	
				1.5m 以下	1.5m 以上	1.5m 以下	1.5m 以上
基价(元)				**2110.84**	**2044.44**	**2491.64**	**2368.44**
其中	人工费(元)			864.00	797.60	1244.80	1121.60
	材料费(元)			1109.77	1109.77	1109.77	1109.77
	机械费(元)			137.07	137.07	137.07	137.07
名称		单位	单价(元)	数量			
人工	综合工日	工日	80.00	10.800	9.970	15.560	14.020
材料	环氧煤焦油 胶泥 0.5 : 0.5 : 0.04 : 2.2 : 0.04 : 0.1	m^3	11644.70	0.095	0.095	0.095	0.095
	耐酸板 180×110×20	块	–	(515.000)	(515.000)	(515.000)	(515.000)
	水	t	4.00	0.520	0.520	0.520	0.520
	尼龙砂轮片 $\phi150$	片	7.60	0.100	0.100	0.100	0.100
	电	kW·h	0.85	0.800	0.800	0.800	0.800
机械	滚筒式混凝土搅拌机(内燃) 250L	台班	202.65	0.350	0.350	0.350	0.350
	轴流风机 7.5kW	台班	42.81	0.420	0.420	0.420	0.420
	电动卷扬机(单筒慢速) 30kN	台班	137.62	0.350	0.350	0.350	0.350

15. 耐酸板 180×110×25

工作内容:运料、选砖板、洗砖板、调制胶泥、刷底胶浆、衬砌、养生。 单位:10m²

定额编号				8-8-761	8-8-762	8-8-763	8-8-764
项目				圆形立式		圆形卧式	
				1.5m 以下	1.5m 以上	1.5m 以下	1.5m 以上
基价(元)				**2240.53**	**2153.33**	**2364.53**	**2282.93**
其中	人工费(元)			970.40	883.20	1094.40	1012.80
	材料费(元)			1133.06	1133.06	1133.06	1133.06
	机械费(元)			137.07	137.07	137.07	137.07
名称		单位	单价(元)	数量			
人工	综合工日	工日	80.00	12.130	11.040	13.680	12.660
材料	环氧煤焦油 胶泥 0.5:0.5:0.04:2.2:0.04:0.1	m^3	11644.70	0.097	0.097	0.097	0.097
	耐酸板 180×110×25	块	–	(515.000)	(515.000)	(515.000)	(515.000)
	水	t	4.00	0.520	0.520	0.520	0.520
	尼龙砂轮片 φ150	片	7.60	0.100	0.100	0.100	0.100
	电	kW·h	0.85	0.800	0.800	0.800	0.800
机械	滚筒式混凝土搅拌机(内燃) 250L	台班	202.65	0.350	0.350	0.350	0.350
	轴流风机 7.5kW	台班	42.81	0.420	0.420	0.420	0.420
	电动卷扬机(单筒慢速) 30kN	台班	137.62	0.350	0.350	0.350	0.350

工作内容：同前

单位：10m^2

定额编号				8-8-765	8-8-766	8-8-767	8-8-768
项目				矩形		锥(塔)形	
				1.5m 以下	1.5m 以上	1.5m 以下	1.5m 以上
基价(元)				2139.73	2072.53	2520.53	2397.33
其中	人工费(元)			869.60	802.40	1250.40	1127.20
	材料费(元)			1133.06	1133.06	1133.06	1133.06
	机械费(元)			137.07	137.07	137.07	137.07
名称		单位	单价(元)	数量			
人工	综合工日	工日	80.00	10.870	10.030	15.630	14.090
材料	环氧煤焦油 胶泥 0.5：0.5：0.04：2.2：0.04：0.1	m^3	11644.70	0.097	0.097	0.097	0.097
	耐酸板 180×110×25	块	-	(515.000)	(515.000)	(515.000)	(515.000)
	水	t	4.00	0.520	0.520	0.520	0.520
	尼龙砂轮片 φ150	片	7.60	0.100	0.100	0.100	0.100
	电	kW·h	0.85	0.800	0.800	0.800	0.800
机械	滚筒式混凝土搅拌机(内燃) 250L	台班	202.65	0.350	0.350	0.350	0.350
	轴流风机 7.5kW	台班	42.81	0.420	0.420	0.420	0.420
	电动卷扬机(单筒慢速) 30kN	台班	137.62	0.350	0.350	0.350	0.350

16. 耐酸板 180×110×30

工作内容：运料、选砖板、洗砖板、调制胶泥、刷底胶浆、衬砌、养生。

单位：$10m^2$

定额编号				8-8-769	8-8-770	8-8-771	8-8-772
项目				圆形立式		圆形卧式	
				1.5m 以下	1.5m 以上	1.5m 以下	1.5m 以上
基价（元）				**2280.26**	**2193.86**	**2405.06**	**2323.46**
其中	人工费（元）			975.20	888.80	1100.00	1018.40
	材料费（元）			1167.99	1167.99	1167.99	1167.99
	机械费（元）			137.07	137.07	137.07	137.07
名称		单位	单价（元）	数量			
人工	综合工日	工日	80.00	12.190	11.110	13.750	12.730
材料	环氧煤焦油 胶泥 0.5∶0.5∶0.04∶2.2∶0.04∶0.1	m^3	11644.70	0.100	0.100	0.100	0.100
	耐酸板 180×110×30	块	–	(515.000)	(515.000)	(515.000)	(515.000)
	水	t	4.00	0.520	0.520	0.520	0.520
	尼龙砂轮片 φ150	片	7.60	0.100	0.100	0.100	0.100
	电	kW·h	0.85	0.800	0.800	0.800	0.800
机械	滚筒式混凝土搅拌机（内燃）250L	台班	202.65	0.350	0.350	0.350	0.350
	轴流风机 7.5kW	台班	42.81	0.420	0.420	0.420	0.420
	电动卷扬机（单筒慢速）30kN	台班	137.62	0.350	0.350	0.350	0.350

工作内容：同前　　单位：10m²

定额编号				8-8-773	8-8-774	8-8-775	8-8-776
项目				矩形		锥（塔）形	
				1.5m 以下	1.5m 以上	1.5m 以下	1.5m 以上
基价（元）				**2180.26**	**2113.06**	**2560.26**	**2437.86**
其中	人工费（元）			875.20	808.00	1255.20	1132.80
	材料费（元）			1167.99	1167.99	1167.99	1167.99
	机械费（元）			137.07	137.07	137.07	137.07
名称		单位	单价（元）	数量			
人工	综合工日	工日	80.00	10.940	10.100	15.690	14.160
材料	环氧煤焦油 胶泥 0.5：0.5：0.04：2.2：0.04：0.1	m³	11644.70	0.100	0.100	0.100	0.100
	耐酸板 180×110×30	块	–	(515.000)	(515.000)	(515.000)	(515.000)
	水	t	4.00	0.520	0.520	0.520	0.520
	尼龙砂轮片 φ150	片	7.60	0.100	0.100	0.100	0.100
	电	kW·h	0.85	0.800	0.800	0.800	0.800
机械	滚筒式混凝土搅拌机（内燃）250L	台班	202.65	0.350	0.350	0.350	0.350
	轴流风机 7.5kW	台班	42.81	0.420	0.420	0.420	0.420
	电动卷扬机（单筒慢速）30kN	台班	137.62	0.350	0.350	0.350	0.350

17. 耐酸板 180×110×35

工作内容：运料、选砖板、洗砖板、调制胶泥、刷底胶浆、衬砌、养生。　　　　单位：10m²

定额编号				8-8-777	8-8-778	8-8-779	8-8-780
项目				圆形立式		圆形卧式	
				1.5m 以下	1.5m 以上	1.5m 以下	1.5m 以上
基价（元）				**2307.55**	**2220.35**	**2431.55**	**2349.95**
其中	人工费（元）			979.20	892.00	1103.20	1021.60
	材料费（元）			1191.28	1191.28	1191.28	1191.28
	机械费（元）			137.07	137.07	137.07	137.07
名称		单位	单价（元）	数量			
人工	综合工日	工日	80.00	12.240	11.150	13.790	12.770
材料	环氧煤焦油 胶泥 0.5:0.5:0.04:2.2:0.04:0.1	m^3	11644.70	0.102	0.102	0.102	0.102
	耐酸板 180×110×35	块	–	(515.000)	(515.000)	(515.000)	(515.000)
	水	t	4.00	0.520	0.520	0.520	0.520
	尼龙砂轮片 ϕ150	片	7.60	0.100	0.100	0.100	0.100
	电	kW·h	0.85	0.800	0.800	0.800	0.800
机械	滚筒式混凝土搅拌机（内燃）250L	台班	202.65	0.350	0.350	0.350	0.350
	轴流风机 7.5kW	台班	42.81	0.420	0.420	0.420	0.420
	电动卷扬机（单筒慢速）30kN	台班	137.62	0.350	0.350	0.350	0.350

工作内容：同前

单位：$10m^2$

定额编号				8-8-781	8-8-782	8-8-783	8-8-784
项目				矩形		锥(塔)形	
				1.5m 以下	1.5m 以上	1.5m 以下	1.5m 以上
基价（元）				**2206.75**	**2140.35**	**2586.75**	**2464.35**
其中	人工费（元）			878.40	812.00	1258.40	1136.00
	材料费（元）			1191.28	1191.28	1191.28	1191.28
	机械费（元）			137.07	137.07	137.07	137.07
名称		单位	单价(元)	数量			
人工	综合工日	工日	80.00	10.980	10.150	15.730	14.200
材料	环氧煤焦油 胶泥 0.5∶0.5∶0.04∶2.2∶0.04∶0.1	m^3	11644.70	0.102	0.102	0.102	0.102
	耐酸板 180×110×35	块	–	(515.000)	(515.000)	(515.000)	(515.000)
	水	t	4.00	0.520	0.520	0.520	0.520
	尼龙砂轮片 ϕ150	片	7.60	0.100	0.100	0.100	0.100
	电	kW·h	0.85	0.800	0.800	0.800	0.800
机械	滚筒式混凝土搅拌机(内燃) 250L	台班	202.65	0.350	0.350	0.350	0.350
	轴流风机 7.5kW	台班	42.81	0.420	0.420	0.420	0.420
	电动卷扬机(单筒慢速) 30kN	台班	137.62	0.350	0.350	0.350	0.350

18. 耐酸板 200×100×15

工作内容：运料、选砖板、洗砖板、调制胶泥、刷底胶浆、衬砌、养生。　　单位：10m²

定额编号				8-8-785	8-8-786	8-8-787	8-8-788
项目				圆形立式		圆形卧式	
				1.5m 以下	1.5m 以上	1.5m 以下	1.5m 以上
基价（元）				**2179.51**	**2093.91**	**2307.51**	**2223.51**
其中	人工费（元）			956.00	870.40	1084.00	1000.00
	材料费（元）			1086.44	1086.44	1086.44	1086.44
	机械费（元）			137.07	137.07	137.07	137.07
名称		单位	单价（元）	数量			
人工	综合工日	工日	80.00	11.950	10.880	13.550	12.500
材料	环氧煤焦油 胶泥 0.5∶0.5∶0.04∶2.2∶0.04∶0.1	m³	11644.70	0.093	0.093	0.093	0.093
	耐酸板 200×100×15	块	–	(510.000)	(510.000)	(510.000)	(510.000)
	水	t	4.00	0.510	0.510	0.510	0.510
	尼龙砂轮片 ϕ150	片	7.60	0.100	0.100	0.100	0.100
	电	kW·h	0.85	0.800	0.800	0.800	0.800
机械	滚筒式混凝土搅拌机（内燃）250L	台班	202.65	0.350	0.350	0.350	0.350
	轴流风机 7.5kW	台班	42.81	0.420	0.420	0.420	0.420
	电动卷扬机（单筒慢速）30kN	台班	137.62	0.350	0.350	0.350	0.350

工作内容:同前

单位:$10m^2$

定额编号				8-8-789	8-8-790	8-8-791	8-8-792
项目				矩形		锥(塔)形	
				1.5m 以下	1.5m 以上	1.5m 以下	1.5m 以上
基价(元)				2079.51	2013.11	2461.91	2337.91
其中	人工费(元)			856.00	789.60	1238.40	1114.40
	材料费(元)			1086.44	1086.44	1086.44	1086.44
	机械费(元)			137.07	137.07	137.07	137.07
名称		单位	单价(元)	数量			
人工	综合工日	工日	80.00	10.700	9.870	15.480	13.930
材料	环氧煤焦油 胶泥 0.5:0.5:0.04:2.2:0.04:0.1	m^3	11644.70	0.093	0.093	0.093	0.093
	耐酸板 200×100×15	块	–	(510.000)	(510.000)	(510.000)	(510.000)
	水	t	4.00	0.510	0.510	0.510	0.510
	尼龙砂轮片 $\phi150$	片	7.60	0.100	0.100	0.100	0.100
	电	kW·h	0.85	0.800	0.800	0.800	0.800
机械	滚筒式混凝土搅拌机(内燃) 250L	台班	202.65	0.350	0.350	0.350	0.350
	轴流风机 7.5kW	台班	42.81	0.420	0.420	0.420	0.420
	电动卷扬机(单筒慢速) 30kN	台班	137.62	0.350	0.350	0.350	0.350

19. 耐酸板 200×100×20

工作内容：运料、选砖板、洗砖板、调制胶泥、刷底胶浆、衬砌、养生。　　单位：$10m^2$

定额编号				8-8-793	8-8-794	8-8-795	8-8-796
项目				圆形立式		圆形卧式	
				1.5m 以下	1.5m 以上	1.5m 以下	1.5m 以上
基价（元）				2208.40	2121.20	2334.80	2250.80
其中	人工费（元）			961.60	874.40	1088.00	1004.00
	材料费（元）			1109.73	1109.73	1109.73	1109.73
	机械费（元）			137.07	137.07	137.07	137.07
名称		单位	单价(元)	数量			
人工	综合工日	工日	80.00	12.020	10.930	13.600	12.550
材料	环氧煤焦油 胶泥 0.5：0.5：0.04：2.2：0.04：0.1	m^3	11644.70	0.095	0.095	0.095	0.095
	耐酸板 200×100×20	块	–	(510.000)	(510.000)	(510.000)	(510.000)
	水	t	4.00	0.510	0.510	0.510	0.510
	尼龙砂轮片 φ150	片	7.60	0.100	0.100	0.100	0.100
	电	kW·h	0.85	0.800	0.800	0.800	0.800
机械	滚筒式混凝土搅拌机(内燃) 250L	台班	202.65	0.350	0.350	0.350	0.350
	轴流风机 7.5kW	台班	42.81	0.420	0.420	0.420	0.420
	电动卷扬机(单筒慢速) 30kN	台班	137.62	0.350	0.350	0.350	0.350

工作内容:同前 单位:$10m^2$

定额编号				8-8-797	8-8-798	8-8-799	8-8-800
项目				矩形		锥(塔)形	
				1.5m 以下	1.5m 以上	1.5m 以下	1.5m 以上
基价(元)				2107.60	2040.40	2489.20	2365.20
其中	人工费(元)			860.80	793.60	1242.40	1118.40
	材料费(元)			1109.73	1109.73	1109.73	1109.73
	机械费(元)			137.07	137.07	137.07	137.07
名称		单位	单价(元)	数量			
人工	综合工日	工日	80.00	10.760	9.920	15.530	13.980
材料	环氧煤焦油 胶泥 0.5:0.5:0.04:2.2:0.04:0.1	m^3	11644.70	0.095	0.095	0.095	0.095
	耐酸板 200×100×20	块	–	(510.000)	(510.000)	(510.000)	(510.000)
	水	t	4.00	0.510	0.510	0.510	0.510
	尼龙砂轮片 ϕ150	片	7.60	0.100	0.100	0.100	0.100
	电	kW·h	0.85	0.800	0.800	0.800	0.800
机械	滚筒式混凝土搅拌机(内燃) 250L	台班	202.65	0.350	0.350	0.350	0.350
	轴流风机 7.5kW	台班	42.81	0.420	0.420	0.420	0.420
	电动卷扬机(单筒慢速) 30kN	台班	137.62	0.350	0.350	0.350	0.350

20. 耐酸板 200×100×25

工作内容：运料、选砖板、洗砖板、调制胶泥、刷底胶浆、衬砌、养生。　　　　单位：$10m^2$

定额编号				8-8-801	8-8-802	8-8-803	8-8-804
项目				圆形立式		圆形卧式	
				1.5m 以下	1.5m 以上	1.5m 以下	1.5m 以上
基价（元）				2237.29	2149.29	2362.89	2278.89
其中	人工费（元）			967.20	879.20	1092.80	1008.80
	材料费（元）			1133.02	1133.02	1133.02	1133.02
	机械费（元）			137.07	137.07	137.07	137.07
名称		单位	单价(元)	数量			
人工	综合工日	工日	80.00	12.090	10.990	13.660	12.610
材料	环氧煤焦油 胶泥 0.5∶0.5∶0.04∶2.2∶0.04∶0.1	m^3	11644.70	0.097	0.097	0.097	0.097
	耐酸板 200×100×25	块	–	(510.000)	(510.000)	(510.000)	(510.000)
	水	t	4.00	0.510	0.510	0.510	0.510
	尼龙砂轮片 ϕ150	片	7.60	0.100	0.100	0.100	0.100
	电	kW·h	0.85	0.800	0.800	0.800	0.800
机械	滚筒式混凝土搅拌机(内燃) 250L	台班	202.65	0.350	0.350	0.350	0.350
	轴流风机 7.5kW	台班	42.81	0.420	0.420	0.420	0.420
	电动卷扬机(单筒慢速) 30kN	台班	137.62	0.350	0.350	0.350	0.350

工作内容:同前　　　　单位:$10m^2$

定额编号				8-8-805	8-8-806	8-8-807	8-8-808
项目				矩形		锥(塔)形	
				1.5m 以下	1.5m 以上	1.5m 以下	1.5m 以上
基价(元)				**2132.49**	**2069.29**	**2518.09**	**2393.29**
其中	人工费(元)			862.40	799.20	1248.00	1123.20
	材料费(元)			1133.02	1133.02	1133.02	1133.02
	机械费(元)			137.07	137.07	137.07	137.07
名称		单位	单价(元)	数量			
人工	综合工日	工日	80.00	10.780	9.990	15.600	14.040
材料	环氧煤焦油 胶泥 0.5:0.5:0.04:2.2:0.04:0.1	m^3	11644.70	0.097	0.097	0.097	0.097
	耐酸板 200×100×25	块	-	(510.000)	(510.000)	(510.000)	(510.000)
	水	t	4.00	0.510	0.510	0.510	0.510
	尼龙砂轮片 $\phi150$	片	7.60	0.100	0.100	0.100	0.100
	电	kW·h	0.85	0.800	0.800	0.800	0.800
机械	滚筒式混凝土搅拌机(内燃) 250L	台班	202.65	0.350	0.350	0.350	0.350
	轴流风机 7.5kW	台班	42.81	0.420	0.420	0.420	0.420
	电动卷扬机(单筒慢速) 30kN	台班	137.62	0.350	0.350	0.350	0.350

21. 耐酸板 200×100×30

工作内容：运料、选砖板、洗砖板、调制胶泥、刷底胶浆、衬砌、养生。　　　　单位：$10m^2$

				8-8-809	8-8-810	8-8-811	8-8-812
定额编号				8-8-809	8-8-810	8-8-811	8-8-812
项目				圆形立式		圆形卧式	
				1.5m 以下	1.5m 以上	1.5m 以下	1.5m 以上
基价（元）				**2268.22**	**2190.62**	**2403.42**	**2320.22**
其中	人工费（元）			963.20	885.60	1098.40	1015.20
	材料费（元）			1167.95	1167.95	1167.95	1167.95
	机械费（元）			137.07	137.07	137.07	137.07
名称		单位	单价(元)	数量			
人工	综合工日	工日	80.00	12.040	11.070	13.730	12.690
材料	环氧煤焦油 胶泥 0.5∶0.5∶0.04∶2.2∶0.04∶0.1	m^3	11644.70	0.100	0.100	0.100	0.100
	耐酸板 200×100×30	块	–	(510.000)	(510.000)	(510.000)	(510.000)
	水	t	4.00	0.510	0.510	0.510	0.510
	尼龙砂轮片 ϕ150	片	7.60	0.100	0.100	0.100	0.100
	电	kW·h	0.85	0.800	0.800	0.800	0.800
机械	滚筒式混凝土搅拌机(内燃) 250L	台班	202.65	0.350	0.350	0.350	0.350
	轴流风机 7.5kW	台班	42.81	0.420	0.420	0.420	0.420
	电动卷扬机(单筒慢速) 30kN	台班	137.62	0.350	0.350	0.350	0.350

工作内容:同前

单位:10m²

定额编号				8-8-813	8-8-814	8-8-815	8-8-816
项目				矩形		锥(塔)形	
				1.5m 以下	1.5m 以上	1.5m 以下	1.5m 以上
基价(元)				**2173.02**	**2109.82**	**2558.62**	**2433.82**
其中	人工费(元)			868.00	804.80	1253.60	1128.80
	材料费(元)			1167.95	1167.95	1167.95	1167.95
	机械费(元)			137.07	137.07	137.07	137.07
名称		单位	单价(元)	数量			
人工	综合工日	工日	80.00	10.850	10.060	15.670	14.110
材料	环氧煤焦油 胶泥 0.5:0.5:0.04:2.2:0.04:0.1	m^3	11644.70	0.100	0.100	0.100	0.100
	耐酸板 200×100×30	块	–	(510.000)	(510.000)	(510.000)	(510.000)
	水	t	4.00	0.510	0.510	0.510	0.510
	尼龙砂轮片 $\phi150$	片	7.60	0.100	0.100	0.100	0.100
	电	kW·h	0.85	0.800	0.800	0.800	0.800
机械	滚筒式混凝土搅拌机(内燃) 250L	台班	202.65	0.350	0.350	0.350	0.350
	轴流风机 7.5kW	台班	42.81	0.420	0.420	0.420	0.420
	电动卷扬机(单筒慢速) 30kN	台班	137.62	0.350	0.350	0.350	0.350

22. 耐酸板 150×150×15

工作内容：运料、选砖板、洗砖板、调制胶泥、刷底胶浆、衬砌、养生。

单位：$10m^2$

定额编号				8-8-817	8-8-818	8-8-819	8-8-820
项目				圆形立式		圆形卧式	
				1.5m 以下	1.5m 以上	1.5m 以下	1.5m 以上
基价（元）				**2155.02**	**2064.62**	**2281.42**	**2179.02**
其中	人工费（元）			943.20	852.80	1069.60	967.20
	材料费（元）			1074.75	1074.75	1074.75	1074.75
	机械费（元）			137.07	137.07	137.07	137.07
名称		单位	单价(元)	数量			
人工	综合工日	工日	80.00	11.790	10.660	13.370	12.090
材料	环氧煤焦油 胶泥 0.5：0.5：0.04：2.2：0.04：0.1	m^3	11644.70	0.092	0.092	0.092	0.092
	耐酸板 150×150×15	块	–	(455.000)	(455.000)	(455.000)	(455.000)
	水	t	4.00	0.500	0.500	0.500	0.500
	尼龙砂轮片 ϕ150	片	7.60	0.100	0.100	0.100	0.100
	电	kW·h	0.85	0.800	0.800	0.800	0.800
机械	滚筒式混凝土搅拌机(内燃) 250L	台班	202.65	0.350	0.350	0.350	0.350
	轴流风机 7.5kW	台班	42.81	0.420	0.420	0.420	0.420
	电动卷扬机(单筒慢速) 30kN	台班	137.62	0.350	0.350	0.350	0.350

工作内容:同前　　　　单位:10m²

定额编号				8-8-821	8-8-822	8-8-823	8-8-824
项目				矩形		锥(塔)形	
				1.5m 以下	1.5m 以上	1.5m 以下	1.5m 以上
基价(元)				**2049.42**	**1977.42**	**2443.82**	**2311.02**
其中	人工费(元)			837.60	765.60	1232.00	1099.20
	材料费(元)			1074.75	1074.75	1074.75	1074.75
	机械费(元)			137.07	137.07	137.07	137.07
名称		单位	单价(元)	数量			
人工	综合工日	工日	80.00	10.470	9.570	15.400	13.740
材料	环氧煤焦油 胶泥 0.5:0.5:0.04:2.2:0.04:0.1	m^3	11644.70	0.092	0.092	0.092	0.092
	耐酸板 150×150×15	块	–	(455.000)	(455.000)	(455.000)	(455.000)
	水	t	4.00	0.500	0.500	0.500	0.500
	尼龙砂轮片 ϕ150	片	7.60	0.100	0.100	0.100	0.100
	电	kW·h	0.85	0.800	0.800	0.800	0.800
机械	滚筒式混凝土搅拌机(内燃)250L	台班	202.65	0.350	0.350	0.350	0.350
	轴流风机 7.5kW	台班	42.81	0.420	0.420	0.420	0.420
	电动卷扬机(单筒慢速)30kN	台班	137.62	0.350	0.350	0.350	0.350

23. 耐酸板 150×150×20

工作内容：运料、选砖板、洗砖板、调制胶泥、刷底胶浆、衬砌、养生。　　单位：10m²

定额编号				8-8-825	8-8-826	8-8-827	8-8-828
项目				圆形立式		圆形卧式	
				1.5m 以下	1.5m 以上	1.5m 以下	1.5m 以上
基价（元）				**2183.91**	**2093.51**	**2309.51**	**2207.91**
其中	人工费（元）			948.80	858.40	1074.40	972.80
	材料费（元）			1098.04	1098.04	1098.04	1098.04
	机械费（元）			137.07	137.07	137.07	137.07
名称		单位	单价(元)	数量			
人工	综合工日	工日	80.00	11.860	10.730	13.430	12.160
材料	环氧煤焦油 胶泥 0.5∶0.5∶0.04∶2.2∶0.04∶0.1	m^3	11644.70	0.094	0.094	0.094	0.094
	耐酸板 150×150×20	块	–	(455.000)	(455.000)	(455.000)	(455.000)
	水	t	4.00	0.500	0.500	0.500	0.500
	尼龙砂轮片 ϕ150	片	7.60	0.100	0.100	0.100	0.100
	电	kW·h	0.85	0.800	0.800	0.800	0.800
机械	滚筒式混凝土搅拌机(内燃) 250L	台班	202.65	0.350	0.350	0.350	0.350
	轴流风机 7.5kW	台班	42.81	0.420	0.420	0.420	0.420
	电动卷扬机(单筒慢速) 30kN	台班	137.62	0.350	0.350	0.350	0.350

工作内容:同前　　　　单位:10m²

定额编号				8-8-829	8-8-830	8-8-831	8-8-832
项目				矩形		锥(塔)形	
				1.5m 以下	1.5m 以上	1.5m 以下	1.5m 以上
基价(元)				**2077.51**	**2006.31**	**2471.91**	**2339.91**
其中	人工费(元)			842.40	771.20	1236.80	1104.80
	材料费(元)			1098.04	1098.04	1098.04	1098.04
	机械费(元)			137.07	137.07	137.07	137.07
名称		单位	单价(元)	数量			
人工	综合工日	工日	80.00	10.530	9.640	15.460	13.810
材料	环氧煤焦油 胶泥 0.5:0.5:0.04:2.2:0.04:0.1	m^3	11644.70	0.094	0.094	0.094	0.094
	耐酸板 150×150×20	块	-	(455.000)	(455.000)	(455.000)	(455.000)
	水	t	4.00	0.500	0.500	0.500	0.500
	尼龙砂轮片 ϕ150	片	7.60	0.100	0.100	0.100	0.100
	电	kW·h	0.85	0.800	0.800	0.800	0.800
机械	滚筒式混凝土搅拌机(内燃) 250L	台班	202.65	0.350	0.350	0.350	0.350
	轴流风机 7.5kW	台班	42.81	0.420	0.420	0.420	0.420
	电动卷扬机(单筒慢速) 30kN	台班	137.62	0.350	0.350	0.350	0.350

24. 耐酸板 150×150×25

工作内容：运料、选砖板、洗砖板、调制胶泥、刷底胶浆、衬砌、养生。　　　　单位：10m²

定额编号				8-8-833	8-8-834	8-8-835	8-8-836
项目				圆形立式		圆形卧式	
				1.5m 以下	1.5m 以上	1.5m 以下	1.5m 以上
基价（元）				2212.80	2121.60	2338.40	2236.00
其中	人工费（元）			954.40	863.20	1080.00	977.60
	材料费（元）			1121.33	1121.33	1121.33	1121.33
	机械费（元）			137.07	137.07	137.07	137.07
名称		单位	单价(元)	数量			
人工	综合工日	工日	80.00	11.930	10.790	13.500	12.220
材料	环氧煤焦油 胶泥 0.5：0.5：0.04：2.2：0.04：0.1	m^3	11644.70	0.096	0.096	0.096	0.096
	耐酸板 150×150×25	块	–	(455.000)	(455.000)	(455.000)	(455.000)
	水	t	4.00	0.500	0.500	0.500	0.500
	尼龙砂轮片 φ150	片	7.60	0.100	0.100	0.100	0.100
	电	kW·h	0.85	0.800	0.800	0.800	0.800
机械	滚筒式混凝土搅拌机(内燃) 250L	台班	202.65	0.350	0.350	0.350	0.350
	轴流风机 7.5kW	台班	42.81	0.420	0.420	0.420	0.420
	电动卷扬机(单筒慢速) 30kN	台班	137.62	0.350	0.350	0.350	0.350

工作内容：同前

单位：10m²

定额编号				8-8-837	8-8-838	8-8-839	8-8-840
项目				矩形		锥(塔)形	
				1.5m 以下	1.5m 以上	1.5m 以下	1.5m 以上
基价（元）				**2109.60**	**2035.20**	**2500.80**	**2368.00**
其中	人工费（元）			851.20	776.80	1242.40	1109.60
	材料费（元）			1121.33	1121.33	1121.33	1121.33
	机械费（元）			137.07	137.07	137.07	137.07
名称		单位	单价(元)	数量			
人工	综合工日	工日	80.00	10.640	9.710	15.530	13.870
材料	环氧煤焦油 胶泥 0.5：0.5：0.04：2.2：0.04：0.1	m^3	11644.70	0.096	0.096	0.096	0.096
	耐酸板 150×150×25	块	–	(455.000)	(455.000)	(455.000)	(455.000)
	水	t	4.00	0.500	0.500	0.500	0.500
	尼龙砂轮片 ϕ150	片	7.60	0.100	0.100	0.100	0.100
	电	kW·h	0.85	0.800	0.800	0.800	0.800
机械	滚筒式混凝土搅拌机(内燃) 250L	台班	202.65	0.350	0.350	0.350	0.350
	轴流风机 7.5kW	台班	42.81	0.420	0.420	0.420	0.420
	电动卷扬机(单筒慢速) 30kN	台班	137.62	0.350	0.350	0.350	0.350

25. 耐酸板 150×150×30

工作内容:运料、选砖板、洗砖板、调制胶泥、刷底胶浆、衬砌、养生。　　单位:$10m^2$

定额编号				8-8-841	8-8-842	8-8-843	8-8-844
项目				圆形立式		圆形卧式	
				1.5m 以下	1.5m 以上	1.5m 以下	1.5m 以上
基价(元)				**2252.54**	**2162.14**	**2378.14**	**2276.54**
其中	人工费(元)			959.20	868.80	1084.80	983.20
	材料费(元)			1156.27	1156.27	1156.27	1156.27
	机械费(元)			137.07	137.07	137.07	137.07
名称		单位	单价(元)	数量			
人工	综合工日	工日	80.00	11.990	10.860	13.560	12.290
材料	环氧煤焦油 胶泥 0.5:0.5:0.04:2.2:0.04:0.1	m^3	11644.70	0.099	0.099	0.099	0.099
	耐酸板 150×150×30	块	-	(455.000)	(455.000)	(455.000)	(455.000)
	水	t	4.00	0.500	0.500	0.500	0.500
	尼龙砂轮片 $\phi150$	片	7.60	0.100	0.100	0.100	0.100
	电	kW·h	0.85	0.800	0.800	0.800	0.800
机械	滚筒式混凝土搅拌机(内燃)250L	台班	202.65	0.350	0.350	0.350	0.350
	轴流风机 7.5kW	台班	42.81	0.420	0.420	0.420	0.420
	电动卷扬机(单筒慢速)30kN	台班	137.62	0.350	0.350	0.350	0.350

工作内容:同前　　　　单位:10m²

定额编号				8-8-845	8-8-846	8-8-847	8-8-848
项目				矩形		锥(塔)形	
				1.5m 以下	1.5m 以上	1.5m 以下	1.5m 以上
基价(元)				2146.94	2074.94	2540.54	2408.54
其中	人工费(元)			853.60	781.60	1247.20	1115.20
	材料费(元)			1156.27	1156.27	1156.27	1156.27
	机械费(元)			137.07	137.07	137.07	137.07
名称		单位	单价(元)	数量			
人工	综合工日	工日	80.00	10.670	9.770	15.590	13.940
材料	环氧煤焦油 胶泥 0.5:0.5:0.04:2.2:0.04:0.1	m^3	11644.70	0.099	0.099	0.099	0.099
	耐酸板 150×150×30	块	–	(455.000)	(455.000)	(455.000)	(455.000)
	水	t	4.00	0.500	0.500	0.500	0.500
	尼龙砂轮片 ϕ150	片	7.60	0.100	0.100	0.100	0.100
	电	kW·h	0.85	0.800	0.800	0.800	0.800
机械	滚筒式混凝土搅拌机(内燃) 250L	台班	202.65	0.350	0.350	0.350	0.350
	轴流风机 7.5kW	台班	42.81	0.420	0.420	0.420	0.420
	电动卷扬机(单筒慢速) 30kN	台班	137.62	0.350	0.350	0.350	0.350

26. 耐酸板 150×150×35

工作内容：运料、选砖板、洗砖板、调制胶泥、刷底胶浆、衬砌、养生。

单位：10m²

定额编号				8-8-849	8-8-850	8-8-851	8-8-852
项目				圆形立式		圆形卧式	
				1.5m 以下	1.5m 以上	1.5m 以下	1.5m 以上
基价（元）				**2281.42**	**2191.02**	**2407.82**	**2304.62**
其中	人工费（元）			964.80	874.40	1091.20	988.00
	材料费（元）			1179.55	1179.55	1179.55	1179.55
	机械费（元）			137.07	137.07	137.07	137.07
名称		单位	单价（元）	数量			
人工	综合工日	工日	80.00	12.060	10.930	13.640	12.350
材料	环氧煤焦油 胶泥 0.5:0.5:0.04:2.2:0.04:0.1	m³	11644.70	0.101	0.101	0.101	0.101
	耐酸板 150×150×35	块	–	(455.000)	(455.000)	(455.000)	(455.000)
	水	t	4.00	0.500	0.500	0.500	0.500
	尼龙砂轮片 ϕ150	片	7.60	0.100	0.100	0.100	0.100
	电	kW·h	0.85	0.800	0.800	0.800	0.800
机械	滚筒式混凝土搅拌机（内燃）250L	台班	202.65	0.350	0.350	0.350	0.350
	轴流风机 7.5kW	台班	42.81	0.420	0.420	0.420	0.420
	电动卷扬机（单筒慢速）30kN	台班	137.62	0.350	0.350	0.350	0.350

工作内容:同前

单位:$10m^2$

定额编号				8-8-853	8-8-854	8-8-855	8-8-856
项目				矩形		锥(塔)形	
				1.5m 以下	1.5m 以上	1.5m 以下	1.5m 以上
基价(元)				**2175.02**	**2103.82**	**2569.42**	**2436.62**
其中	人工费(元)			858.40	787.20	1252.80	1120.00
	材料费(元)			1179.55	1179.55	1179.55	1179.55
	机械费(元)			137.07	137.07	137.07	137.07
名称		单位	单价(元)	数量			
人工	综合工日	工日	80.00	10.730	9.840	15.660	14.000
材料	环氧煤焦油 胶泥 0.5:0.5:0.04:2.2:0.04:0.1	m^3	11644.70	0.101	0.101	0.101	0.101
	耐酸板 150×150×35	块	–	(455.000)	(455.000)	(455.000)	(455.000)
	水	t	4.00	0.500	0.500	0.500	0.500
	尼龙砂轮片 $\phi150$	片	7.60	0.100	0.100	0.100	0.100
	电	kW·h	0.85	0.800	0.800	0.800	0.800
机械	滚筒式混凝土搅拌机(内燃) 250L	台班	202.65	0.350	0.350	0.350	0.350
	轴流风机 7.5kW	台班	42.81	0.420	0.420	0.420	0.420
	电动卷扬机(单筒慢速) 30kN	台班	137.62	0.350	0.350	0.350	0.350

五、酚醛树脂胶泥砌浸渍石墨板

工作内容：运料、选砖板、洗砖板、调制胶泥、刷底胶浆、衬砌、养生。

单位：$10m^2$

定额编号				8-8-857	8-8-858	8-8-859	8-8-860
项目				圆形立式		圆形卧式	
				1.5m 以下	1.5m 以上	1.5m 以下	1.5m 以上
基价（元）				**2839.81**	**2738.21**	**3007.01**	**2883.81**
其中	人工费（元）			1092.80	991.20	1260.00	1136.80
	材料费（元）			1609.94	1609.94	1609.94	1609.94
	机械费（元）			137.07	137.07	137.07	137.07
名称		单位	单价(元)	数量			
人工	综合工日	工日	80.00	13.660	12.390	15.750	14.210
材料	酚醛耐酸胶泥	m^3	22953.44	0.070	0.070	0.070	0.070
	浸渍石墨板 100×70×10	块	–	(1430.000)	(1430.000)	(1430.000)	(1430.000)
	水	t	4.00	0.440	0.440	0.440	0.440
	尼龙砂轮片 $\phi150$	片	7.60	0.100	0.100	0.100	0.100
	电	kW·h	0.85	0.800	0.800	0.800	0.800
机械	滚筒式混凝土搅拌机(内燃) 250L	台班	202.65	0.350	0.350	0.350	0.350
	轴流风机 7.5kW	台班	42.81	0.420	0.420	0.420	0.420
	电动卷扬机(单筒慢速) 30kN	台班	137.62	0.350	0.350	0.350	0.350

工作内容:同前 单位:10m²

定额编号				8-8-861	8-8-862	8-8-863	8-8-864
项目				矩形		锥(塔)形	
				1.5m 以下	1.5m 以上	1.5m 以下	1.5m 以上
基价(元)				**2699.81**	**2621.41**	**3203.01**	**3047.81**
其中	人工费(元)			952.80	874.40	1456.00	1300.80
	材料费(元)			1609.94	1609.94	1609.94	1609.94
	机械费(元)			137.07	137.07	137.07	137.07
名称		单位	单价(元)	数量			
人工	综合工日	工日	80.00	11.910	10.930	18.200	16.260
材料	酚醛耐酸胶泥	m^3	22953.44	0.070	0.070	0.070	0.070
	浸渍石墨板 100×70×10	块	–	(1430.000)	(1430.000)	(1430.000)	(1430.000)
	水	t	4.00	0.440	0.440	0.440	0.440
	尼龙砂轮片 ϕ150	片	7.60	0.100	0.100	0.100	0.100
	电	kW·h	0.85	0.800	0.800	0.800	0.800
机械	滚筒式混凝土搅拌机(内燃)250L	台班	202.65	0.350	0.350	0.350	0.350
	轴流风机 7.5kW	台班	42.81	0.420	0.420	0.420	0.420
	电动卷扬机(单筒慢速)30kN	台班	137.62	0.350	0.350	0.350	0.350

六、硅质胶泥抹面

工作内容:运料、清理基层、涂稀胶泥、调胶泥、分层抹平、酸洗、钩钉制作安装、挂网。

单位:$10m^2$

定额编号				8-8-865	8-8-866	8-8-867
项目				硅质胶泥抹面		
				20 厚	25 厚	30 厚
基价(元)				**2081.75**	**2302.55**	**2449.75**
其中	人工费(元)			1371.20	1592.00	1739.20
	材料费(元)			149.38	149.38	149.38
	机械费(元)			561.17	561.17	561.17
名称		单位	单价(元)	数量		
人工	综合工日	工日	80.00	17.140	19.900	21.740
材料	硅质耐酸胶泥	m^3	-	(0.210)	(0.260)	(0.320)
	硫酸 38%	kg	0.91	3.000	3.000	3.000
	镀锌铁丝网 10×10×0.9	m^2	7.65	12.000	12.000	12.000
	圆钢 ϕ5.5~9	kg	4.10	10.000	10.000	10.000
	电焊条 结422 ϕ3.2	kg	6.70	1.470	1.470	1.470
	水	t	4.00	1.000	1.000	1.000
机械	滚筒式混凝土搅拌机(内燃) 250L	台班	202.65	0.700	0.700	0.700
	交流弧焊机 32kV·A	台班	221.86	1.890	1.890	1.890

七、表面涂刮鳞片胶泥

工作内容：同前运料、配制胶泥、涂刮。　　　　单位：10m²

定额编号				8-8-868	8-8-869
项目				设备	
				金属面	布面
基价（元）				**1154.74**	**966.99**
其中	人工费（元）			780.00	708.80
	材料费（元）			7.03	8.76
	机械费（元）			367.71	249.43
	名称	单位	单价（元）	数量	
人工	综合工日	工日	80.00	9.750	8.860
材料	磷质胶泥	m^3	-	(0.024)	(0.120)
	破布	kg	4.50	0.020	0.020
	铁砂布 0~2 号	张	1.68	4.000	5.000
	其他材料费	元	-	0.218	0.271
机械	滚筒式混凝土搅拌机（内燃）250L	台班	202.65	1.120	0.770
	轴流风机 7.5kW	台班	42.81	1.540	0.980
	电动刮板式真空泵 150L/min·6kW	台班	66.80	1.120	0.770

八、衬石墨管接

工作内容：运料、调制胶泥、抹胶泥、衬石墨管接、缠石棉绳。

单位：10m²

定额编号					8-8-870	8-8-871
项目					衬石墨管接	
					Dg150 以下	Dg150 以上
基价（元）					**300.38**	**370.70**
其中	人工费（元）				144.00	157.60
	材料费（元）				142.19	198.91
	机械费（元）				14.19	14.19
名称			单位	单价(元)	数量	
人工	综合工日		工日	80.00	1.800	1.970
材料	胶泥		m^3	–	(0.010)	(0.010)
	石墨管接		个	–	(10.100)	(10.100)
	耐酸石棉方绳 φ8～10 烧失		kg	267.00	0.500	0.700
	水		t	4.00	0.600	0.800
	其他材料费		元	–	6.292	8.806
机械	滚筒式混凝土搅拌机(内燃) 250L		台班	202.65	0.070	0.070

九、铺衬石棉板

工作内容：运料、调制胶泥、刮涂、铺衬。

单位：$10m^2$

定额编号				8-8-872
项目				设备
基价（元）				**337.18**
其中	人工费（元）			291.20
	材料费（元）			2.63
	机械费（元）			43.35
名称		单位	单价(元)	数量
人工	综合工日	工日	80.00	3.640
材料	胶泥	m^3	–	(0.034)
	石棉板 $\delta=10$	$10m^2$	–	(10.500)
	其他材料费	元	–	2.625
机械	滚筒式混凝土搅拌机(内燃) 250L	台班	202.65	0.140
	轴流风机 7.5kW	台班	42.81	0.350

十、耐酸砖板衬砌体热处理

工作内容：制作安装电炉、加热、记录、检查。 单位：$10m^2$

定额编号				8-8-873
项目				热处理
基价（元）				**361.46**
其中	人工费（元）			215.20
	材料费（元）			130.49
	机械费（元）			15.77
名称		单位	单价(元)	数量
人工	综合工日	工日	80.00	2.690
材料	电炉丝 220V 2000W	条	4.10	1.000
	橡皮绝缘线 BLX－35 双芯	m	6.11	3.500
	轻质耐火砖 230mm×113mm×65mm	块	2.30	2.000
	温度计 0～120℃	套	29.00	1.000
	电	kW·h	0.85	84.000
机械	自耦变压器 10kW	台班	22.53	0.700

第九章　绝 热 工 程

说 明

一、本章定额适用于设备、管道、通风管道的绝热工程。

二、伴热管道、设备绝热工程量计算方法是：主绝热管道或设备的直径加伴热管道的直径、再加 10 ~ 20mm 的间隙作为计算的直径，即：$D = D_{主} + d_{伴} + (10 \sim 20mm)$。

三、依据《工业设备及管道绝热工程》施工及验收规范 GBJ126—89 要求，保温厚度大于 100mm、保冷厚度大于 80mm 时应分层施工，工程量分层计算。但是如果设计要求保温厚度小于 100mm、保冷厚度小于 80mm 也需分层施工时，也应分层计算工程量。

四、仪表管道绝热工程，应执行本章定额相应项目。

五、管道绝热工程，除法兰、阀门外，其他管件均已考虑在内；设备绝热工程，除法兰、人孔外，其封头已考虑在内。

六、保护层：

1. 镀锌铁皮的规格按 1000 ×2000 和 900 ×1800，厚度 0.8mm 以下综合考虑，若采用其他规格铁皮时，可按实际调整。厚度大于 0.8mm 时，其人工乘以系数 1.2；卧式设备保护层安装，其人工乘以系数 1.05。

2. 此项也适用于铝皮保护层，主材可以换算。

七、采用不锈钢薄钢板作保护层安装，执行本章定额金属保护层相应项目，其人工乘以系数 1.25，钻头消耗量乘以系数 2.0，机械乘以系数 1.15。

八、聚氨酯泡沫塑料发泡工程，是按现场直喷无模具考虑的，若采用有模具浇注法施工，其模具制作安装应依据施工方案另行计算。

九、矩形管道绝热需要加防雨坡度时，其人工、材料、机械应另行计算。

十、管道绝热均按现场安装后绝热施工考虑，若先绝热后安装时，其人工乘以系数0.9。

十一、卷材安装应执行相同材质的板材安装项目，其人工、铁线消耗量不变，但卷材用量损耗率按3.1%考虑。

十二、复合成品材料安装应执行相同材质瓦块（或管壳）安装项目。复合材料分别安装时应按分层计算。

一、硬质瓦块安装

工作内容:运料、割料、安装、捆扎、修理整平、抹缝(或塞缝)。　　　　单位:m^3

定额编号				8-9-1	8-9-2	8-9-3	8-9-4
项目				管道 ϕ57 以下(厚度)			
				30mm	40mm	50mm	60mm
基价(元)				**420.01**	**380.01**	**336.81**	**293.29**
其中	人工费(元)			352.80	312.80	269.60	227.20
	材料费(元)			55.58	55.58	55.58	54.46
	机械费(元)			11.63	11.63	11.63	11.63
名称		单位	单价(元)	数量			
人工	综合工日	工日	80.00	4.410	3.910	3.370	2.840
材料	硬质瓦块	m^3	–	(1.120)	(1.120)	(1.120)	(1.110)
	石棉灰 4 级	kg	0.60	17.200	17.200	17.200	17.200
	硅藻土粉 生料	kg	0.49	40.300	40.300	40.300	40.300
	水	t	4.00	0.100	0.100	0.100	0.100
	镀锌铁丝 13～17 号	kg	5.58	4.500	4.500	4.500	4.300
机械	电动卷扬机(单筒快速) 10kN	台班	129.21	0.090	0.090	0.090	0.090

注:适用于珍珠岩、蛭石、微孔硅酸钙等。

工作内容:同前　　　　单位:m^3

定额编号				8-9-5	8-9-6	8-9-7	8-9-8
项目				管道 φ57 以下(厚度)			
				70mm	80mm	90mm	100mm
基价(元)				**261.29**	**229.29**	**205.29**	**185.53**
其中	人工费(元)			195.20	163.20	139.20	119.20
	材料费(元)			54.46	54.46	54.46	54.70
	机械费(元)			11.63	11.63	11.63	11.63
名称		单位	单价(元)	数量			
人工	综合工日	工日	80.00	2.440	2.040	1.740	1.490
材料	硬质瓦块	m^3	–	(1.110)	(1.110)	(1.110)	(1.110)
	石棉灰 4 级	kg	0.60	17.200	17.200	17.200	17.200
	硅藻土粉 生料	kg	0.49	40.300	40.300	40.300	40.300
	水	t	4.00	0.100	0.100	0.100	0.160
	镀锌铁丝 13~17 号	kg	5.58	4.300	4.300	4.300	4.300
机械	电动卷扬机(单筒快速) 10kN	台班	129.21	0.090	0.090	0.090	0.090

工作内容:同前

单位:m^3

定额编号				8-9-9	8-9-10	8-9-11	8-9-12
项目				管道 ϕ133 以下(厚度)			
				30mm	40mm	50mm	60mm
基价(元)				**236.44**	**215.64**	**195.64**	**169.98**
其中	人工费(元)			177.60	156.80	136.80	111.20
	材料费(元)			47.21	47.21	47.21	47.15
	机械费(元)			11.63	11.63	11.63	11.63
名称		单位	单价(元)	数量			
人工	综合工日	工日	80.00	2.220	1.960	1.710	1.390
材料	硬质瓦块	m^3	–	(1.090)	(1.090)	(1.090)	(1.080)
	石棉灰 4 级	kg	0.60	17.200	17.200	17.200	17.200
	硅藻土粉 生料	kg	0.49	40.300	40.300	40.300	40.300
	水	t	4.00	0.100	0.100	0.100	0.100
	镀锌铁丝 13~17 号	kg	5.58	3.000	3.000	3.000	2.990
机械	电动卷扬机(单筒快速) 10kN	台班	129.21	0.090	0.090	0.090	0.090

工作内容:同前

单位:m^3

定额编号				8-9-13	8-9-14	8-9-15	8-9-16
项目				管道 ϕ133 以下(厚度)			
				70mm	80mm	90mm	100mm
基价(元)				**157.18**	**145.18**	**130.78**	**118.78**
其中	人工费(元)			98.40	86.40	72.00	60.00
	材料费(元)			47.15	47.15	47.15	47.15
	机械费(元)			11.63	11.63	11.63	11.63
名称		单位	单价(元)	数量			
人工	综合工日	工日	80.00	1.230	1.080	0.900	0.750
材料	硬质瓦块	m^3	–	(1.080)	(1.080)	(1.080)	(1.080)
	石棉灰 4 级	kg	0.60	17.200	17.200	17.200	17.200
	硅藻土粉 生料	kg	0.49	40.300	40.300	40.300	40.300
	水	t	4.00	0.100	0.100	0.100	0.100
	镀锌铁丝 13 ~ 17 号	kg	5.58	2.990	2.990	2.990	2.990
机械	电动卷扬机(单筒快速) 10kN	台班	129.21	0.090	0.090	0.090	0.090

工作内容：同前　　　　单位：m^3

定额编号				8-9-17	8-9-18	8-9-19	8-9-20
项目				管道 ϕ325 以下（厚度）			
				30mm	40mm	50mm	60mm
基价（元）				**220.47**	**198.87**	**180.47**	**162.07**
其中	人工费（元）			160.80	139.20	120.80	102.40
	材料费（元）			48.04	48.04	48.04	48.04
	机械费（元）			11.63	11.63	11.63	11.63
名称		单位	单价（元）	数量			
人工	综合工日	工日	80.00	2.010	1.740	1.510	1.280
材料	硬质瓦块	m^3	–	(1.080)	(1.080)	(1.080)	(1.080)
	石棉灰 4 级	kg	0.60	17.200	17.200	17.200	17.200
	硅藻土粉 生料	kg	0.49	40.300	40.300	40.300	40.300
	水	t	4.00	0.100	0.100	0.100	0.100
	镀锌铁丝 13～17 号	kg	5.58	3.150	3.150	3.150	3.150
机械	电动卷扬机（单筒快速）10kN	台班	129.21	0.090	0.090	0.090	0.090

工作内容:同前　　　　单位:m^3

定额编号				8-9-21	8-9-22	8-9-23	8-9-24
项目				管道 ϕ325 以下(厚度)			
				70mm	80mm	90mm	100mm
基价(元)				158.07	134.87	122.87	113.27
其中	人工费(元)			98.40	75.20	63.20	53.60
	材料费(元)			48.04	48.04	48.04	48.04
	机械费(元)			11.63	11.63	11.63	11.63
名称		单位	单价(元)	数量			
人工	综合工日	工日	80.00	1.230	0.940	0.790	0.670
材料	硬质瓦块	m^3	–	(1.080)	(1.080)	(1.080)	(1.080)
	石棉灰 4 级	kg	0.60	17.200	17.200	17.200	17.200
	硅藻土粉 生料	kg	0.49	40.300	40.300	40.300	40.300
	水	t	4.00	0.100	0.100	0.100	0.100
	镀锌铁丝 13 ~ 17 号	kg	5.58	3.150	3.150	3.150	3.150
机械	电动卷扬机(单筒快速) 10kN	台班	129.21	0.090	0.090	0.090	0.090

工作内容:同前　　　　　　　　　　　　　　　　　　　　　　　　　　　　　　单位:m^3

定额编号				8-9-25	8-9-26	8-9-27	8-9-28
项目				管道 ϕ529 以下(厚度)			
				30mm	40mm	50mm	60mm
基价(元)				**201.85**	**185.05**	**168.25**	**152.25**
其中	人工费(元)			142.40	125.60	108.80	92.80
	材料费(元)			47.82	47.82	47.82	47.82
	机械费(元)			11.63	11.63	11.63	11.63
名称		单位	单价(元)	数量			
人工	综合工日	工日	80.00	1.780	1.570	1.360	1.160
材料	硬质瓦块	m^3	–	(1.080)	(1.080)	(1.080)	(1.050)
	石棉灰 4 级	kg	0.60	17.200	17.200	17.200	17.200
	硅藻土粉 生料	kg	0.49	40.300	40.300	40.300	40.300
	水	t	4.00	0.100	0.100	0.100	0.100
	镀锌铁丝 13~17 号	kg	5.58	3.110	3.110	3.110	3.110
机械	电动卷扬机(单筒快速) 10kN	台班	129.21	0.090	0.090	0.090	0.090

工作内容:同前　　单位:m^3

定额编号				8-9-29	8-9-30	8-9-31	8-9-32
项目				管道 ϕ529 以下(厚度)			
				70mm	80mm	90mm	100mm
基价(元)				**138.65**	**126.65**	**117.05**	**109.05**
其中	人工费(元)			79.20	67.20	57.60	49.60
	材料费(元)			47.82	47.82	47.82	47.82
	机械费(元)			11.63	11.63	11.63	11.63
名称		单位	单价(元)	数量			
人工	综合工日	工日	80.00	0.990	0.840	0.720	0.620
材料	硬质瓦块	m^3	–	(1.050)	(1.050)	(1.050)	(1.050)
	石棉灰 4 级	kg	0.60	17.200	17.200	17.200	17.200
	硅藻土粉 生料	kg	0.49	40.300	40.300	40.300	40.300
	水	t	4.00	0.100	0.100	0.100	0.100
	镀锌铁丝 13～17 号	kg	5.58	3.110	3.110	3.110	3.110
机械	电动卷扬机(单筒快速) 10kN	台班	129.21	0.090	0.090	0.090	0.090

工作内容:同前　　　　单位:m^3

定额编号				8-9-33	8-9-34	8-9-35	8-9-36
项目				管道 $\phi720$ 以下(厚度)			
				30mm	40mm	50mm	60mm
基价(元)				**189.00**	**173.80**	**157.80**	**143.40**
其中	人工费(元)			129.60	114.40	98.40	84.00
	材料费(元)			47.77	47.77	47.77	47.77
	机械费(元)			11.63	11.63	11.63	11.63
名称		单位	单价(元)	数量			
人工	综合工日	工日	80.00	1.620	1.430	1.230	1.050
材料	硬质瓦块	m^3	–	(1.050)	(1.050)	(1.050)	(1.050)
	石棉灰 4 级	kg	0.60	17.200	17.200	17.200	17.200
	硅藻土粉 生料	kg	0.49	40.300	40.300	40.300	40.300
	水	t	4.00	0.100	0.100	0.100	0.100
	镀锌铁丝 13~17 号	kg	5.58	3.100	3.100	3.100	3.100
机械	电动卷扬机(单筒快速) 10kN	台班	129.21	0.090	0.090	0.090	0.090

工作内容:同前　　　　　　　　　　　　　　　　　　　　　　　　　　　　　　单位:m^3

定额编号				8-9-37	8-9-38	8-9-39	8-9-40
项目				管道 ϕ720 以下(厚度)			
				70mm	80mm	90mm	100mm
基价(元)				131.40	121.80	112.20	104.20
其中	人工费(元)			72.00	62.40	52.80	44.80
	材料费(元)			47.77	47.77	47.77	47.77
	机械费(元)			11.63	11.63	11.63	11.63
名称		单位	单价(元)	数量			
人工	综合工日	工日	80.00	0.900	0.780	0.660	0.560
材料	硬质瓦块	m^3	–	(1.050)	(1.050)	(1.050)	(1.050)
	石棉灰 4 级	kg	0.60	17.200	17.200	17.200	17.200
	硅藻土粉 生料	kg	0.49	40.300	40.300	40.300	40.300
	水	t	4.00	0.100	0.100	0.100	0.100
	镀锌铁丝 13~17 号	kg	5.58	3.100	3.100	3.100	3.100
机械	电动卷扬机(单筒快速) 10kN	台班	129.21	0.090	0.090	0.090	0.090

工作内容:同前

单位:m^3

定额编号				8-9-41	8-9-42	8-9-43	8-9-44
项目				立式设备(厚度)			
				30mm	40mm	50mm	60mm
基价(元)				**231.39**	**212.99**	**193.79**	**176.19**
其中	人工费(元)			156.00	137.60	118.40	100.80
	材料费(元)			63.76	63.76	63.76	63.76
	机械费(元)			11.63	11.63	11.63	11.63
名称		单位	单价(元)	数量			
人工	综合工日	工日	80.00	1.950	1.720	1.480	1.260
材料	硬质瓦块	m^3	-	(1.060)	(1.060)	(1.060)	(1.050)
	石棉灰 4 级	kg	0.60	14.600	14.600	14.600	14.600
	硅藻土粉 生料	kg	0.49	34.000	34.000	34.000	34.000
	水	t	4.00	0.100	0.100	0.100	0.100
	镀锌铁丝 13~17 号	kg	5.58	6.800	6.800	6.800	6.800
机械	电动卷扬机(单筒快速) 10kN	台班	129.21	0.090	0.090	0.090	0.090

工作内容:同前

单位:m^3

定额编号				8-9-45	8-9-46	8-9-47	8-9-48
项目				立式设备(厚度)			
				70mm	80mm	90mm	100mm
基价(元)				**162.59**	**148.99**	**137.79**	**128.99**
其中	人工费(元)			87.20	73.60	62.40	53.60
	材料费(元)			63.76	63.76	63.76	63.76
	机械费(元)			11.63	11.63	11.63	11.63
名称		单位	单价(元)	数量			
人工	综合工日	工日	80.00	1.090	0.920	0.780	0.670
材料	硬质瓦块	m^3	-	(1.050)	(1.050)	(1.050)	(1.050)
	石棉灰4级	kg	0.60	14.600	14.600	14.600	14.600
	硅藻土粉 生料	kg	0.49	34.000	34.000	34.000	34.000
	水	t	4.00	0.100	0.100	0.100	0.100
	镀锌铁丝 13~17号	kg	5.58	6.800	6.800	6.800	6.800
机械	电动卷扬机(单筒快速) 10kN	台班	129.21	0.090	0.090	0.090	0.090

工作内容:同前　　　　单位:m^3

定额编号				8-9-49	8-9-50	8-9-51	8-9-52
项目				卧式设备(厚度)			
				30mm	40mm	50mm	60mm
基价(元)				**253.55**	**232.75**	**211.95**	**191.15**
其中	人工费(元)			177.60	156.80	136.00	115.20
	材料费(元)			64.32	64.32	64.32	64.32
	机械费(元)			11.63	11.63	11.63	11.63
名称		单位	单价(元)	数量			
人工	综合工日	工日	80.00	2.220	1.960	1.700	1.440
材料	硬质瓦块	m^3	–	(1.050)	(1.050)	(1.050)	(1.050)
	石棉灰 4 级	kg	0.60	14.600	14.600	14.600	14.600
	硅藻土粉 生料	kg	0.49	34.000	34.000	34.000	34.000
	水	t	4.00	0.100	0.100	0.100	0.100
	镀锌铁丝 13～17 号	kg	5.58	6.900	6.900	6.900	6.900
机械	电动卷扬机(单筒快速) 10kN	台班	129.21	0.090	0.090	0.090	0.090

工作内容:同前　　　　　　　　　　　　　　　　　　　　　　　　　　　　　　　　　　　　单位:m^3

定额编号				8-9-53	8-9-54	8-9-55	8-9-56
项目				卧式设备(厚度)			
				70mm	80mm	90mm	100mm
基价(元)				**175.15**	**159.95**	**147.95**	**137.55**
其中	人工费(元)			99.20	84.00	72.00	61.60
	材料费(元)			64.32	64.32	64.32	64.32
	机械费(元)			11.63	11.63	11.63	11.63
名称		单位	单价(元)	数量			
人工	综合工日	工日	80.00	1.240	1.050	0.900	0.770
材料	硬质瓦块	m^3	-	(1.050)	(1.050)	(1.050)	(1.050)
	石棉灰 4 级	kg	0.60	14.600	14.600	14.600	14.600
	硅藻土粉 生料	kg	0.49	34.000	34.000	34.000	34.000
	水	t	4.00	0.100	0.100	0.100	0.100
	镀锌铁丝 13~17 号	kg	5.58	6.900	6.900	6.900	6.900
机械	电动卷扬机(单筒快速) 10kN	台班	129.21	0.090	0.090	0.090	0.090

工作内容:同前　　单位:m^3

定额编号				8-9-57	8-9-58	8-9-59	8-9-60
项目				球形设备(厚度)			
				30mm	40mm	50mm	60mm
基价(元)				**284.83**	**260.83**	**236.03**	**212.03**
其中	人工费(元)			207.20	183.20	158.40	134.40
	材料费(元)			66.00	66.00	66.00	66.00
	机械费(元)			11.63	11.63	11.63	11.63
名称		单位	单价(元)	数量			
人工	综合工日	工日	80.00	2.590	2.290	1.980	1.680
材料	硬质瓦块	m^3	–	(1.250)	(1.250)	(1.250)	(1.200)
	石棉灰4级	kg	0.60	14.600	14.600	14.600	14.600
	硅藻土粉 生料	kg	0.49	34.000	34.000	34.000	34.000
	水	t	4.00	0.100	0.100	0.100	0.100
	镀锌铁丝13~17号	kg	5.58	7.200	7.200	7.200	7.200
机械	电动卷扬机(单筒快速)10kN	台班	129.21	0.090	0.090	0.090	0.090

工作内容:同前

单位:m^3

定额编号				8-9-61	8-9-62	8-9-63	8-9-64
项目				球形设备(厚度)			
				70mm	80mm	90mm	100mm
基价(元)				**192.83**	**176.03**	**161.63**	**149.63**
其中	人工费(元)			115.20	98.40	84.00	72.00
	材料费(元)			66.00	66.00	66.00	66.00
	机械费(元)			11.63	11.63	11.63	11.63
名称		单位	单价(元)	数量			
人工	综合工日	工日	80.00	1.440	1.230	1.050	0.900
材料	硬质瓦块	m^3	–	(1.200)	(1.200)	(1.200)	(1.200)
	石棉灰 4 级	kg	0.60	14.600	14.600	14.600	14.600
	硅藻土粉 生料	kg	0.49	34.000	34.000	34.000	34.000
	水	t	4.00	0.100	0.100	0.100	0.100
	镀锌铁丝 13~17 号	kg	5.58	7.200	7.200	7.200	7.200
机械	电动卷扬机(单筒快速) 10kN	台班	129.21	0.090	0.090	0.090	0.090

二、泡沫玻璃瓦块(管道)安装

工作内容:运料、割料、粘接、安装、捆扎、抹缝、修理找平。

单位:m^3

定额编号				8-9-65	8-9-66	8-9-67	8-9-68
项目				管道 ϕ57 以下(厚度)			
				30mm	40mm	50mm	60mm
基价(元)				**1912.54**	**1845.34**	**1734.94**	**1709.34**
其中	人工费(元)			564.80	497.60	387.20	361.60
	材料费(元)			1336.11	1336.11	1336.11	1336.11
	机械费(元)			11.63	11.63	11.63	11.63
名称		单位	单价(元)	数量			
人工	综合工日	工日	80.00	7.060	6.220	4.840	4.520
材料	泡沫玻璃瓦块	m^3	–	(1.150)	(1.150)	(1.150)	(1.100)
	环氧粘接剂	kg	43.70	30.000	30.000	30.000	30.000
	镀锌铁丝 13~17 号	kg	5.58	4.500	4.500	4.500	4.500
机械	电动卷扬机(单筒快速)10kN	台班	129.21	0.090	0.090	0.090	0.090

工作内容:同前　　　　单位:m^3

定额编号				8-9-69	8-9-70	8-9-71	8-9-72
项目				管道 ϕ57 以下(厚度)			
				70mm	80mm	90mm	100mm
基价(元)				**1656.54**	**1601.34**	**1597.34**	**1552.54**
其中	人工费(元)			308.80	253.60	249.60	204.80
	材料费(元)			1336.11	1336.11	1336.11	1336.11
	机械费(元)			11.63	11.63	11.63	11.63
名称		单位	单价(元)	数量			
人工	综合工日	工日	80.00	3.860	3.170	3.120	2.560
材料	泡沫玻璃瓦块	m^3	–	(1.100)	(1.100)	(1.100)	(1.100)
	环氧粘接剂	kg	43.70	30.000	30.000	30.000	30.000
	镀锌铁丝 13 ~17 号	kg	5.58	4.500	4.500	4.500	4.500
机械	电动卷扬机(单筒快速) 10kN	台班	129.21	0.090	0.090	0.090	0.090

工作内容:同前　　　　单位:m^3

定额编号				8-9-73	8-9-74	8-9-75	8-9-76
项目				管道 ϕ133 以下(厚度)			
				30mm	40mm	50mm	60mm
基价(元)				**1558.69**	**1497.89**	**1450.69**	**1405.89**
其中	人工费(元)			394.40	333.60	286.40	241.60
	材料费(元)			1152.66	1152.66	1152.66	1152.66
	机械费(元)			11.63	11.63	11.63	11.63
名称		单位	单价(元)	数量			
人工	综合工日	工日	80.00	4.930	4.170	3.580	3.020
材料	泡沫玻璃瓦块	m^3	-	(1.100)	(1.100)	(1.100)	(1.100)
	环氧粘接剂	kg	43.70	26.000	26.000	26.000	26.000
	镀锌铁丝 13~17 号	kg	5.58	2.950	2.950	2.950	2.950
机械	电动卷扬机(单筒快速) 10kN	台班	129.21	0.090	0.090	0.090	0.090

工作内容：同前　　　　单位：m^3

定额编号				8-9-77	8-9-78	8-9-79	8-9-80
项目				管道 ϕ133 以下（厚度）			
				70mm	80mm	90mm	100mm
基价（元）				**1370.69**	**1339.49**	**1312.29**	**1288.29**
其中	人工费（元）			206.40	175.20	148.00	124.00
	材料费（元）			1152.66	1152.66	1152.66	1152.66
	机械费（元）			11.63	11.63	11.63	11.63
名称		单位	单价（元）	数量			
人工	综合工日	工日	80.00	2.580	2.190	1.850	1.550
材料	泡沫玻璃瓦块	m^3	–	(1.100)	(1.100)	(1.100)	(1.100)
	环氧粘接剂	kg	43.70	26.000	26.000	26.000	26.000
	镀锌铁丝 13～17 号	kg	5.58	2.950	2.950	2.950	2.950
机械	电动卷扬机（单筒快速）10kN	台班	129.21	0.090	0.090	0.090	0.090

工作内容:同前　　单位:m^3

定额编号				8-9-81	8-9-82	8-9-83	8-9-84
项目				管道 ϕ325 以下(厚度)			
				30mm	40mm	50mm	60mm
基价(元)				1455.08	1415.08	1375.08	1335.88
其中	人工费(元)			333.60	293.60	253.60	214.40
	材料费(元)			1109.85	1109.85	1109.85	1109.85
	机械费(元)			11.63	11.63	11.63	11.63
名称		单位	单价(元)	数量			
人工	综合工日	工日	80.00	4.170	3.670	3.170	2.680
材料	泡沫玻璃瓦块	m^3	–	(1.100)	(1.100)	(1.100)	(1.100)
	环氧粘接剂	kg	43.70	25.000	25.000	25.000	25.000
	镀锌铁丝 13~17 号	kg	5.58	3.110	3.110	3.110	3.110
机械	电动卷扬机(单筒快速) 10kN	台班	129.21	0.090	0.090	0.090	0.090

工作内容:同前　　　　　　　　　　　　　　　　　　　　　　　　　　　　　　　　　单位:m^3

定额编号				8-9-85	8-9-86	8-9-87	8-9-88
项目				管道 ϕ325 以下(厚度)			
				70mm	80mm	90mm	100mm
基价(元)				**1304.68**	**1276.68**	**1252.52**	**1231.08**
其中	人工费(元)			183.20	155.20	131.04	109.60
	材料费(元)			1109.85	1109.85	1109.85	1109.85
	机械费(元)			11.63	11.63	11.63	11.63
名称		单位	单价(元)	数量			
人工	综合工日	工日	80.00	2.290	1.940	1.638	1.370
材料	泡沫玻璃瓦块	m^3	–	(1.100)	(1.100)	(1.100)	(1.100)
	环氧粘接剂	kg	43.70	25.000	25.000	25.000	25.000
	镀锌铁丝 13~17 号	kg	5.58	3.110	3.110	3.110	3.110
机械	电动卷扬机(单筒快速) 10kN	台班	129.21	0.090	0.090	0.090	0.090

工作内容:同前　　单位:m^3

定额编号				8-9-89	8-9-90	8-9-91	8-9-92
项目				管道 ϕ529 以下(厚度)			
				30mm	40mm	50mm	60mm
基价(元)				**1423.87**	**1387.87**	**1351.07**	**1315.87**
其中	人工费(元)			301.60	265.60	228.80	193.60
	材料费(元)			1110.64	1110.64	1110.64	1110.64
	机械费(元)			11.63	11.63	11.63	11.63
名称		单位	单价(元)	数量			
人工	综合工日	工日	80.00	3.770	3.320	2.860	2.420
材料	泡沫玻璃瓦块	m^3	-	(1.100)	(1.100)	(1.100)	(1.100)
	环氧粘接剂	kg	43.70	25.000	25.000	25.000	25.000
	镀锌铁丝 13~17 号	kg	5.58	3.250	3.250	3.250	3.250
机械	电动卷扬机(单筒快速) 10kN	台班	129.21	0.090	0.090	0.090	0.090

工作内容:同前

单位:m^3

定额编号				8-9-93	8-9-94	8-9-95	8-9-96
项目				管道 ϕ529 以下(厚度)			
				70mm	80mm	90mm	100mm
基价(元)				1287.07	1271.87	1240.67	1221.47
其中	人工费(元)			164.80	149.60	118.40	99.20
	材料费(元)			1110.64	1110.64	1110.64	1110.64
	机械费(元)			11.63	11.63	11.63	11.63
名称		单位	单价(元)	数量			
人工	综合工日	工日	80.00	2.060	1.870	1.480	1.240
材料	泡沫玻璃瓦块	m^3	-	(1.100)	(1.100)	(1.100)	(1.100)
	环氧粘接剂	kg	43.70	25.000	25.000	25.000	25.000
	镀锌铁丝 13~17 号	kg	5.58	3.250	3.250	3.250	3.250
机械	电动卷扬机(单筒快速)10kN	台班	129.21	0.090	0.090	0.090	0.090

工作内容:同前　　　　单位:m^3

定额编号				8-9-97	8-9-98	8-9-99	8-9-100
项目				管道 ϕ720 以下(厚度)			
				30mm	40mm	50mm	60mm
基价(元)				**1341.61**	**1317.61**	**1293.61**	**1269.61**
其中	人工费(元)			204.00	180.00	156.00	132.00
	材料费(元)			1125.98	1125.98	1125.98	1125.98
	机械费(元)			11.63	11.63	11.63	11.63
名称		单位	单价(元)	数量			
人工	综合工日	工日	80.00	2.550	2.250	1.950	1.650
材料	泡沫玻璃瓦块	m^3	–	(1.080)	(1.080)	(1.080)	(1.080)
	环氧粘接剂	kg	43.70	25.000	25.000	25.000	25.000
	镀锌铁丝 13~17 号	kg	5.58	6.000	6.000	6.000	6.000
机械	电动卷扬机(单筒快速) 10kN	台班	129.21	0.090	0.090	0.090	0.090

工作内容:同前

单位:m^3

定额编号				8-9-101	8-9-102	8-9-103	8-9-104
项目				管道 ϕ720 以下(厚度)			
				70mm	80mm	90mm	100mm
基价(元)				1250.41	1233.61	1219.21	1209.61
其中	人工费(元)			112.80	96.00	81.60	72.00
	材料费(元)			1125.98	1125.98	1125.98	1125.98
	机械费(元)			11.63	11.63	11.63	11.63
名称		单位	单价(元)	数量			
人工	综合工日	工日	80.00	1.410	1.200	1.020	0.900
材料	泡沫玻璃瓦块	m^3	–	(1.080)	(1.080)	(1.080)	(1.080)
	环氧粘接剂	kg	43.70	25.000	25.000	25.000	25.000
	镀锌铁丝 13~17 号	kg	5.58	6.000	6.000	6.000	6.000
机械	电动卷扬机(单筒快速)10kN	台班	129.21	0.090	0.090	0.090	0.090

三、泡沫玻璃瓦块(设备)安装

工作内容:运料、割料、粘接、安装、捆扎、抹缝、修理找平。

单位:m^3

定额编号				8-9-105	8-9-106	8-9-107	8-9-108	8-9-109	8-9-110	8-9-111
项目				立式设备(厚度)						
				40mm	50mm	60mm	70mm	80mm	90mm	100mm
基价(元)				**1429.81**	**1389.81**	**1354.61**	**1323.41**	**1306.61**	**1271.41**	**1250.61**
其中	人工费(元)			288.80	248.80	213.60	182.40	165.60	130.40	109.60
	材料费(元)			1129.38	1129.38	1129.38	1129.38	1129.38	1129.38	1129.38
	机械费(元)			11.63	11.63	11.63	11.63	11.63	11.63	11.63
名称		单位	单价(元)	数量						
人工	综合工日	工日	80.00	3.610	3.110	2.670	2.280	2.070	1.630	1.370
材料	泡沫玻璃瓦块	m^3	–	(1.080)	(1.080)	(1.080)	(1.080)	(1.080)	(1.080)	(1.080)
	环氧粘接剂	kg	43.70	25.000	25.000	25.000	25.000	25.000	25.000	25.000
	镀锌铁丝 13~17号	kg	5.58	6.610	6.610	6.610	6.610	6.610	6.610	6.610
机械	电动卷扬机(单筒快速) 10kN	台班	129.21	0.090	0.090	0.090	0.090	0.090	0.090	0.090

工作内容:同前

单位:m^3

定额编号				8-9-112	8-9-113	8-9-114	8-9-115	8-9-116	8-9-117	8-9-118
项目				卧式设备(厚度)						
				40mm	50mm	60mm	70mm	80mm	90mm	100mm
基价(元)				**1502.61**	**1430.61**	**1385.81**	**1349.01**	**1329.81**	**1289.81**	**1266.61**
其中	人工费(元)			361.60	289.60	244.80	208.00	188.80	148.80	125.60
	材料费(元)			1129.38	1129.38	1129.38	1129.38	1129.38	1129.38	1129.38
	机械费(元)			11.63	11.63	11.63	11.63	11.63	11.63	11.63
名称		单位	单价(元)	数量						
人工	综合工日	工日	80.00	4.520	3.620	3.060	2.600	2.360	1.860	1.570
材料	泡沫玻璃瓦块	m^3	–	(1.080)	(1.080)	(1.080)	(1.080)	(1.080)	(1.080)	(1.080)
	环氧粘接剂	kg	43.70	25.000	25.000	25.000	25.000	25.000	25.000	25.000
	镀锌铁丝 13～17 号	kg	5.58	6.610	6.610	6.610	6.610	6.610	6.610	6.610
机械	电动卷扬机(单筒快速) 10kN	台班	129.21	0.090	0.090	0.090	0.090	0.090	0.090	0.090

四、泡沫玻璃板(设备)安装

工作内容:运料、割料、粘接、安装、捆扎、抹缝、修理找平。　　　　单位:m^3

定额编号				8-9-119	8-9-120	8-9-121	8-9-122	8-9-123	8-9-124	8-9-125
项目				立式设备(厚度)						
				40mm	50mm	60mm	70mm	80mm	90mm	100mm
基价(元)				**1395.82**	**1370.22**	**1340.75**	**1310.35**	**1294.35**	**1267.42**	**1252.22**
其中	人工费(元)			220.00	194.40	168.80	138.40	122.40	103.20	88.00
	材料费(元)			1129.38	1129.38	1129.38	1129.38	1129.38	1129.38	1129.38
	机械费(元)			46.44	46.44	42.57	42.57	42.57	34.84	34.84
名称		单位	单价(元)	数量						
人工	综合工日	工日	80.00	2.750	2.430	2.110	1.730	1.530	1.290	1.100
材料	泡沫玻璃板	m^3	–	(1.200)	(1.200)	(1.200)	(1.200)	(1.200)	(1.200)	(1.200)
	环氧粘接剂	kg	43.70	25.000	25.000	25.000	25.000	25.000	25.000	25.000
	镀锌铁丝 13~17 号	kg	5.58	6.610	6.610	6.610	6.610	6.610	6.610	6.610
机械	电动卷扬机(单筒快速) 10kN	台班	129.21	0.090	0.090	0.090	0.090	0.090	0.090	0.090
	木工圆锯机 ϕ500mm	台班	27.63	1.260	1.260	1.120	1.120	1.120	0.840	0.840

工作内容：同前

单位：m^3

定额编号				8-9-126	8-9-127	8-9-128	8-9-129	8-9-130	8-9-131	8-9-132
项目				卧式设备（厚度）						
				40mm	50mm	60mm	70mm	80mm	90mm	100mm
基价（元）				**1590.22**	**1535.02**	**1475.15**	**1430.35**	**1406.35**	**1349.02**	**1320.22**
其中	人工费（元）			414.40	359.20	303.20	258.40	234.40	184.80	156.00
	材料费（元）			1129.38	1129.38	1129.38	1129.38	1129.38	1129.38	1129.38
	机械费（元）			46.44	46.44	42.57	42.57	42.57	34.84	34.84
名称		单位	单价（元）	数量						
人工	综合工日	工日	80.00	5.180	4.490	3.790	3.230	2.930	2.310	1.950
材料	泡沫玻璃板	m^3	–	(1.200)	(1.200)	(1.200)	(1.200)	(1.200)	(1.200)	(1.200)
	环氧粘接剂	kg	43.70	25.000	25.000	25.000	25.000	25.000	25.000	25.000
	镀锌铁丝 13～17 号	kg	5.58	6.610	6.610	6.610	6.610	6.610	6.610	6.610
机械	电动卷扬机（单筒快速）10kN	台班	129.21	0.090	0.090	0.090	0.090	0.090	0.090	0.090
	木工圆锯机 φ500mm	台班	27.63	1.260	1.260	1.120	1.120	1.120	0.840	0.840

工作内容:同前

单位:m^3

定额编号				8-9-133	8-9-134	8-9-135	8-9-136	8-9-137	8-9-138	8-9-139
项目				球形设备(厚度)						
				40mm	50mm	60mm	70mm	80mm	90mm	100mm
基价(元)				**1973.16**	**1907.56**	**1838.09**	**1786.09**	**1750.36**	**1692.76**	**1658.36**
其中	人工费(元)			484.80	419.20	353.60	301.60	273.60	216.00	181.60
	材料费(元)			1441.92	1441.92	1441.92	1441.92	1441.92	1441.92	1441.92
	机械费(元)			46.44	46.44	42.57	42.57	34.84	34.84	34.84
名称		单位	单价(元)	数量						
人工	综合工日	工日	80.00	6.060	5.240	4.420	3.770	3.420	2.700	2.270
材料	泡沫玻璃板	m^3	–	(1.200)	(1.200)	(1.200)	(1.200)	(1.200)	(1.200)	(1.200)
	环氧粘接剂	kg	43.70	32.000	32.000	32.000	32.000	32.000	32.000	32.000
	镀锌铁丝 13~17 号	kg	5.58	7.800	7.800	7.800	7.800	7.800	7.800	7.800
机械	电动卷扬机(单筒快速) 10kN	台班	129.21	0.090	0.090	0.090	0.090	0.090	0.090	0.090
	木工圆锯机 ϕ500mm	台班	27.63	1.260	1.260	1.120	1.120	0.840	0.840	0.840

五、纤维类制品(管壳)安装

工作内容:运料、开口、安装、捆扎、修理找平。

单位:m^3

定额编号				8-9-140	8-9-141	8-9-142	8-9-143
项目				管道 ϕ57 以下(厚度)			
				30mm	40mm	50mm	60mm
基价(元)				**296.15**	**274.55**	**252.15**	**213.75**
其中	人工费(元)			260.80	239.20	216.80	178.40
	材料费(元)			23.72	23.72	23.72	23.72
	机械费(元)			11.63	11.63	11.63	11.63
名称		单位	单价(元)	数量			
人工	综合工日	工日	80.00	3.260	2.990	2.710	2.230
材料	岩棉管壳	m^3	-	(1.030)	(1.030)	(1.030)	(1.030)
	镀锌铁丝 13~17 号	kg	5.58	4.250	4.250	4.250	4.250
机械	电动卷扬机(单筒快速) 10kN	台班	129.21	0.090	0.090	0.090	0.090

工作内容：运料、开口、安装、捆扎、修理找平。

单位：m^3

定额编号				8-9-144	8-9-145	8-9-146	8-9-147	8-9-148
项目				矩形管道				
				厚度				
				30mm	50mm	60mm	80mm	100mm
基价（元）				**182.69**	**151.49**	**143.49**	**117.89**	**94.69**
其中	人工费（元）			132.00	100.80	92.80	67.20	44.00
	材料费（元）			39.06	39.06	39.06	39.06	39.06
	机械费（元）			11.63	11.63	11.63	11.63	11.63
名称		单位	单价(元)	数量				
人工	综合工日	工日	80.00	1.650	1.260	1.160	0.840	0.550
材料	岩棉管壳	m^3	–	(1.050)	(1.050)	(1.050)	(1.050)	(1.050)
	镀锌铁丝 13～17 号	kg	5.58	7.000	7.000	7.000	7.000	7.000
机械	电动卷扬机(单筒快速) 10kN	台班	129.21	0.090	0.090	0.090	0.090	0.090

工作内容:同前

单位:m^3

定额编号				8-9-149	8-9-150	8-9-151	8-9-152
项目				管道 $\phi57$ 以下(厚度)			
				70mm	80mm	90mm	100mm
基价(元)				**192.15**	**166.55**	**147.35**	**129.75**
其中	人工费(元)			156.80	131.20	112.00	94.40
	材料费(元)			23.72	23.72	23.72	23.72
	机械费(元)			11.63	11.63	11.63	11.63
名称		单位	单价(元)	数量			
人工	综合工日	工日	80.00	1.960	1.640	1.400	1.180
材料	岩棉管壳	m^3	–	(1.030)	(1.030)	(1.030)	(1.030)
	镀锌铁丝 13~17 号	kg	5.58	4.250	4.250	4.250	4.250
机械	电动卷扬机(单筒快速) 10kN	台班	129.21	0.090	0.090	0.090	0.090

工作内容：同前

单位：m^3

				定额编号	8-9-153	8-9-154	8-9-155	8-9-156
项目					管道 ϕ133 以下(厚度)			
					30mm	40mm	50mm	60mm
基价（元）					**171.01**	**155.01**	**137.41**	**120.61**
其中	人工费（元）				143.20	127.20	109.60	92.80
	材料费（元）				16.18	16.18	16.18	16.18
	机械费（元）				11.63	11.63	11.63	11.63
名称		单位	单价(元)		数量			
人工	综合工日	工日	80.00		1.790	1.590	1.370	1.160
材料	岩棉管壳	m^3	–		(1.030)	(1.030)	(1.030)	(1.030)
	镀锌铁丝 13～17 号	kg	5.58		2.900	2.900	2.900	2.900
机械	电动卷扬机(单筒快速) 10kN	台班	129.21		0.090	0.090	0.090	0.090

工作内容:同前

单位:m^3

定额编号				8-9-157	8-9-158	8-9-159	8-9-160
项目				管道 ϕ133 以下(厚度)			
				70mm	80mm	90mm	100mm
基价(元)				**107.81**	**95.81**	**86.21**	**77.41**
其中	人工费(元)			80.00	68.00	58.40	49.60
	材料费(元)			16.18	16.18	16.18	16.18
	机械费(元)			11.63	11.63	11.63	11.63
名称		单位	单价(元)	数量			
人工	综合工日	工日	80.00	1.000	0.850	0.730	0.620
材料	岩棉管壳	m^3	–	(1.030)	(1.030)	(1.030)	(1.030)
	镀锌铁丝 13~17 号	kg	5.58	2.900	2.900	2.900	2.900
机械	电动卷扬机(单筒快速) 10kN	台班	129.21	0.090	0.090	0.090	0.090

工作内容:同前 单位:m^3

定额编号				8-9-161	8-9-162	8-9-163	8-9-164
项目				管道 ϕ325 以下(厚度)			
				30mm	40mm	50mm	60mm
基价(元)				155.18	139.98	125.58	111.18
其中	人工费(元)			127.20	112.00	97.60	83.20
	材料费(元)			16.35	16.35	16.35	16.35
	机械费(元)			11.63	11.63	11.63	11.63
名称		单位	单价(元)	数量			
人工	综合工日	工日	80.00	1.590	1.400	1.220	1.040
材料	岩棉管壳	m^3	–	(1.030)	(1.030)	(1.030)	(1.030)
	镀锌铁丝 13~17 号	kg	5.58	2.930	2.930	2.930	2.930
机械	电动卷扬机(单筒快速) 10kN	台班	129.21	0.090	0.090	0.090	0.090

工作内容:同前　　　　单位:m^3

定额编号				8-9-165	8-9-166	8-9-167	8-9-168
项目				管道 ϕ325 以下(厚度)			
				70mm	80mm	90mm	100mm
基价(元)				**99.18**	**88.78**	**79.98**	**71.98**
其中	人工费(元)			71.20	60.80	52.00	44.00
	材料费(元)			16.35	16.35	16.35	16.35
	机械费(元)			11.63	11.63	11.63	11.63
名称		单位	单价(元)	数量			
人工	综合工日	工日	80.00	0.890	0.760	0.650	0.550
材料	岩棉管壳	m^3	–	(1.030)	(1.030)	(1.030)	(1.030)
	镀锌铁丝 13 ~ 17 号	kg	5.58	2.930	2.930	2.930	2.930
机械	电动卷扬机(单筒快速) 10kN	台班	129.21	0.090	0.090	0.090	0.090

工作内容：同前　　单位：m^3

定额编号				8-9-169	8-9-170	8-9-171	8-9-172
项目				管道 ϕ529 以下（厚度）			
				30mm	40mm	50mm	60mm
基价（元）				**138.58**	**124.98**	**112.98**	**100.98**
其中	人工费（元）			109.60	96.00	84.00	72.00
	材料费（元）			17.35	17.35	17.35	17.35
	机械费（元）			11.63	11.63	11.63	11.63
名称		单位	单价（元）	数量			
人工	综合工日	工日	80.00	1.370	1.200	1.050	0.900
材料	岩棉管壳	m^3	–	(1.030)	(1.030)	(1.030)	(1.030)
	镀锌铁丝 13～17 号	kg	5.58	3.110	3.110	3.110	3.110
机械	电动卷扬机（单筒快速）10kN	台班	129.21	0.090	0.090	0.090	0.090

工作内容:同前　　　　单位:m^3

定额编号				8-9-173	8-9-174	8-9-175	8-9-176
项目				管道 ϕ529 以下(厚度)			
				70mm	80mm	90mm	100mm
基价(元)				**89.78**	**81.78**	**73.78**	**67.38**
其中	人工费(元)			60.80	52.80	44.80	38.40
	材料费(元)			17.35	17.35	17.35	17.35
	机械费(元)			11.63	11.63	11.63	11.63
名称		单位	单价(元)	数量			
人工	综合工日	工日	80.00	0.760	0.660	0.560	0.480
材料	岩棉管壳	m^3	-	(1.030)	(1.030)	(1.030)	(1.030)
	镀锌铁丝 13~17 号	kg	5.58	3.110	3.110	3.110	3.110
机械	电动卷扬机(单筒快速) 10kN	台班	129.21	0.090	0.090	0.090	0.090

工作内容:同前　　单位:m^3

定额编号				8-9-177	8-9-178	8-9-179	8-9-180
项目				管道 $\phi720$ 以下(厚度)			
				30mm	40mm	50mm	60mm
基价(元)				**128.91**	**117.71**	**105.71**	**95.31**
其中	人工费(元)			99.20	88.00	76.00	65.60
	材料费(元)			18.08	18.08	18.08	18.08
	机械费(元)			11.63	11.63	11.63	11.63
名称		单位	单价(元)	数量			
人工	综合工日	工日	80.00	1.240	1.100	0.950	0.820
材料	岩棉管壳	m^3	–	(1.030)	(1.030)	(1.030)	(1.030)
	镀锌铁丝 13~17 号	kg	5.58	3.240	3.240	3.240	3.240
机械	电动卷扬机(单筒快速) 10kN	台班	129.21	0.090	0.090	0.090	0.090

工作内容:同前

单位:m^3

定额编号				8-9-181	8-9-182	8-9-183	8-9-184
项目				管道 ϕ720 以下(厚度)			
				70mm	80mm	90mm	100mm
基价(元)				**86.51**	**78.51**	**71.31**	**65.71**
其中	人工费(元)			56.80	48.80	41.60	36.00
	材料费(元)			18.08	18.08	18.08	18.08
	机械费(元)			11.63	11.63	11.63	11.63
名称		单位	单价(元)	数量			
人工	综合工日	工日	80.00	0.710	0.610	0.520	0.450
材料	岩棉管壳	m^3	–	(1.030)	(1.030)	(1.030)	(1.030)
	镀锌铁丝 13~17 号	kg	5.58	3.240	3.240	3.240	3.240
机械	电动卷扬机(单筒快速) 10kN	台班	129.21	0.090	0.090	0.090	0.090

六、纤维类制品(板)安装

工作内容:运料、下料、安装、捆扎、修理找平。 单位:m^3

定额编号				8-9-185	8-9-186	8-9-187	8-9-188
项目				立式设备立式(厚度)			
				25mm	30mm	40mm	50mm
基价(元)				**227.17**	**194.37**	**180.77**	**166.37**
其中	人工费(元)			153.60	120.80	107.20	92.80
	材料费(元)			61.94	61.94	61.94	61.94
	机械费(元)			11.63	11.63	11.63	11.63
名称		单位	单价(元)	数量			
人工	综合工日	工日	80.00	1.920	1.510	1.340	1.160
材料	岩棉板	m^3	–	(1.030)	(1.030)	(1.030)	(1.030)
	镀锌铁丝 13~17 号	kg	5.58	11.100	11.100	11.100	11.100
机械	电动卷扬机(单筒快速) 10kN	台班	129.21	0.090	0.090	0.090	0.090

工作内容:同前

单位:m^3

定额编号				8-9-189	8-9-190	8-9-191	8-9-192	8-9-193
项目				立式设备立式(厚度)				
				60mm	70mm	80mm	90mm	100mm
基价(元)				**152.77**	**141.57**	**131.97**	**123.17**	**115.97**
其中	人工费(元)			79.20	68.00	58.40	49.60	42.40
	材料费(元)			61.94	61.94	61.94	61.94	61.94
	机械费(元)			11.63	11.63	11.63	11.63	11.63
名称		单位	单价(元)	数量				
人工	综合工日	工日	80.00	0.990	0.850	0.730	0.620	0.530
材料	岩棉板	m^3	–	(1.030)	(1.030)	(1.030)	(1.030)	(1.030)
	镀锌铁丝 13~17 号	kg	5.58	11.100	11.100	11.100	11.100	11.100
机械	电动卷扬机(单筒快速) 10kN	台班	129.21	0.090	0.090	0.090	0.090	0.090

工作内容:同前　　　　单位:m^3

定额编号				8-9-194	8-9-195	8-9-196	8-9-197
项目				卧式设备(厚度)			
				25mm	30mm	40mm	50mm
基价(元)				**246.70**	**212.30**	**196.30**	**179.50**
其中	人工费(元)			172.80	138.40	122.40	105.60
	材料费(元)			62.27	62.27	62.27	62.27
	机械费(元)			11.63	11.63	11.63	11.63
名称		单位	单价(元)	数量			
人工	综合工日	工日	80.00	2.160	1.730	1.530	1.320
材料	岩棉板	m^3	–	(1.030)	(1.030)	(1.030)	(1.030)
	镀锌铁丝 13~17 号	kg	5.58	11.160	11.160	11.160	11.160
机械	电动卷扬机(单筒快速) 10kN	台班	129.21	0.090	0.090	0.090	0.090

工作内容:同前　　　　单位:m^3

定额编号				8-9-198	8-9-199	8-9-200	8-9-201	8-9-202
项目				卧式设备(厚度)				
				60mm	70mm	80mm	90mm	100mm
基价(元)				164.30	151.50	140.30	130.70	121.90
其中	人工费(元)			90.40	77.60	66.40	56.80	48.00
	材料费(元)			62.27	62.27	62.27	62.27	62.27
	机械费(元)			11.63	11.63	11.63	11.63	11.63
名称		单位	单价(元)	数量				
人工	综合工日	工日	80.00	1.130	0.970	0.830	0.710	0.600
材料	岩棉板	m^3	–	(1.030)	(1.030)	(1.030)	(1.030)	(1.030)
	镀锌铁丝 13~17 号	kg	5.58	11.160	11.160	11.160	11.160	11.160
机械	电动卷扬机(单筒快速) 10kN	台班	129.21	0.090	0.090	0.090	0.090	0.090

工作内容：同前

单位：m^3

定额编号				8-9-203	8-9-204	8-9-205	8-9-206
项目				球形设备（厚度）			
				30mm	40mm	50mm	60mm
基价（元）				**278.25**	**259.85**	**239.85**	**222.25**
其中	人工费（元）			161.60	143.20	123.20	105.60
	材料费（元）			105.02	105.02	105.02	105.02
	机械费（元）			11.63	11.63	11.63	11.63
名称		单位	单价（元）	数量			
人工	综合工日	工日	80.00	2.020	1.790	1.540	1.320
材料	岩棉板	m^3	–	(1.050)	(1.050)	(1.050)	(1.050)
	镀锌铁丝 13～17 号	kg	5.58	18.820	18.820	18.820	18.820
机械	电动卷扬机（单筒快速）10kN	台班	129.21	0.090	0.090	0.090	0.090

工作内容:同前

单位:m^3

定额编号				8-9-207	8-9-208	8-9-209	8-9-210
项目				球形设备(厚度)			
				70mm	80mm	90mm	100mm
基价(元)				**207.05**	**194.25**	**183.05**	**178.25**
其中	人工费(元)			90.40	77.60	66.40	61.60
	材料费(元)			105.02	105.02	105.02	105.02
	机械费(元)			11.63	11.63	11.63	11.63
名称		单位	单价(元)	数量			
人工	综合工日	工日	80.00	1.130	0.970	0.830	0.770
材料	岩棉板	m^3	-	(1.050)	(1.050)	(1.050)	(1.050)
	镀锌铁丝 13~17 号	kg	5.58	18.820	18.820	18.820	18.820
机械	电动卷扬机(单筒快速) 10kN	台班	129.21	0.090	0.090	0.090	0.090

七、复合硅酸盐板安装

工作内容：运料、下料、安装、粘接、修理找平。

单位：m^3

定额编号				8-9-211	8-9-212	8-9-213	8-9-214
项目				立式设备立式（厚度）			
				30mm	40mm	50mm	60mm
基价（元）				**93.23**	**83.63**	**69.23**	**58.03**
其中	人工费（元）			81.60	72.00	57.60	46.40
	材料费（元）			–	–	–	–
	机械费（元）			11.63	11.63	11.63	11.63
名称		单位	单价（元）	数量			
人工	综合工日	工日	80.00	1.020	0.900	0.720	0.580
材料	复合硅酸盐板	m^3	–	(1.030)	(1.030)	(1.030)	(1.030)
	复合硅酸盐稀料	m^3	–	(0.200)	(0.200)	(0.200)	(0.200)
机械	电动卷扬机（单筒快速）10kN	台班	129.21	0.090	0.090	0.090	0.090

工作内容:同前

单位:m^3

定额编号				8-9-215	8-9-216	8-9-217	8-9-218
项目				立式设备立式(厚度)			
				70mm	80mm	90mm	100mm
基价(元)				**49.23**	**41.23**	**34.03**	**28.43**
其中	人工费(元)			37.60	29.60	22.40	16.80
	材料费(元)			–	–	–	–
	机械费(元)			11.63	11.63	11.63	11.63
名称		单位	单价(元)	数量			
人工	综合工日	工日	80.00	0.470	0.370	0.280	0.210
材料	复合硅酸盐板	m^3	–	(1.030)	(1.030)	(1.030)	(1.030)
	复合硅酸盐稀料	m^3	–	(0.200)	(0.200)	(0.200)	(0.200)
机械	电动卷扬机(单筒快速) 10kN	台班	129.21	0.090	0.090	0.090	0.090

工作内容:同前　　　　单位:m^3

定额编号				8-9-219	8-9-220	8-9-221
项目				卧式设备(厚度)		
				30mm	40mm	50mm
基价(元)				99.63	89.23	74.83
其中	人工费(元)			88.00	77.60	63.20
	材料费(元)			–	–	–
	机械费(元)			11.63	11.63	11.63
名称		单位	单价(元)	数量		
人工	综合工日	工日	80.00	1.100	0.970	0.790
材料	复合硅酸盐板	m^3	–	(1.030)	(1.030)	(1.030)
	复合硅酸盐稀料	m^3	–	(0.200)	(0.200)	(0.200)
机械	电动卷扬机(单筒快速) 10kN	台班	129.21	0.090	0.090	0.090

工作内容:同前　　　　单位:m³

定额编号				8-9-222	8-9-223	8-9-224	8-9-225	8-9-226
项目				卧式设备(厚度)				
				60mm	70mm	80mm	90mm	100mm
基价(元)				62.83	54.03	45.23	37.23	31.63
其中	人工费(元)			51.20	42.40	33.60	25.60	20.00
	材料费(元)			–	–	–	–	–
	机械费(元)			11.63	11.63	11.63	11.63	11.63
名称		单位	单价(元)	数量				
人工	综合工日	工日	80.00	0.640	0.530	0.420	0.320	0.250
材料	复合硅酸盐板	m³	–	(1.030)	(1.030)	(1.030)	(1.030)	(1.030)
	复合硅酸盐稀料	m³	–	(11.160)	(0.200)	(0.200)	(0.200)	(0.200)
机械	电动卷扬机(单筒快速) 10kN	台班	129.21	0.090	0.090	0.090	0.090	0.090

工作内容:同前　　　　单位:m^3

定额编号				8-9-227	8-9-228	8-9-229	8-9-230
项目				球形设备(厚度)			
				30mm	40mm	50mm	60mm
基价(元)				**110.03**	**98.83**	**82.83**	**70.03**
其中	人工费(元)			98.40	87.20	71.20	58.40
	材料费(元)			–	–	–	–
	机械费(元)			11.63	11.63	11.63	11.63
名称		单位	单价(元)	数量			
人工	综合工日	工日	80.00	1.230	1.090	0.890	0.730
材料	复合硅酸盐板	m^3	–	(1.050)	(1.050)	(1.050)	(1.050)
	复合硅酸盐稀料	m^3	–	(0.200)	(0.200)	(0.200)	(0.200)
机械	电动卷扬机(单筒快速) 10kN	台班	129.21	0.090	0.090	0.090	0.090

工作内容:同前　　单位:m^3

定额编号				8-9-231	8-9-232	8-9-233	8-9-234
项目				球形设备(厚度)			
				70mm	80mm	90mm	100mm
基价(元)				**59.63**	**50.03**	**42.03**	**34.83**
其中	人工费(元)			48.00	38.40	30.40	23.20
	材料费(元)			–	–	–	–
	机械费(元)			11.63	11.63	11.63	11.63
名称		单位	单价(元)	数量			
人工	综合工日	工日	80.00	0.600	0.480	0.380	0.290
材料	复合硅酸盐板	m^3	–	(1.050)	(1.050)	(1.050)	(1.050)
	复合硅酸铝绳	m^3	–	(0.200)	(0.200)	(0.200)	(0.200)
机械	电动卷扬机(单筒快速) 10kN	台班	129.21	0.090	0.090	0.090	0.090

工作内容:同前　　　　单位:m^3

定额编号				8-9-235	8-9-236	8-9-237	8-9-238
项目				管道 ϕ57(厚度)			
				30mm	40mm	50mm	60mm
基价(元)				**266.03**	**246.83**	**212.43**	**171.63**
其中	人工费(元)			254.40	235.20	200.80	160.00
	材料费(元)			–	–	–	–
	机械费(元)			11.63	11.63	11.63	11.63
名称		单位	单价(元)	数量			
人工	综合工日	工日	80.00	3.180	2.940	2.510	2.000
材料	复合硅酸盐板	m^3	–	(1.030)	(1.030)	(1.030)	(1.030)
	复合硅酸盐稀料	m^3	–	(0.200)	(0.200)	(0.200)	(0.200)
机械	电动卷扬机(单筒快速) 10kN	台班	129.21	0.090	0.090	0.090	0.090

工作内容:同前　　单位:m^3

定额编号				8-9-239	8-9-240	8-9-241	8-9-242
项目				管道 ϕ57(厚度)			
				70mm	80mm	90mm	100mm
基价(元)				154.83	125.23	111.63	83.63
其中	人工费(元)			143.20	113.60	100.00	72.00
	材料费(元)			–	–	–	–
	机械费(元)			11.63	11.63	11.63	11.63
名称		单位	单价(元)	数量			
人工	综合工日	工日	80.00	1.790	1.420	1.250	0.900
材料	复合硅酸盐板	m^3	–	(1.030)	(1.030)	(1.030)	(1.030)
	复合硅酸盐稀料	m^3	–	(0.200)	(0.200)	(0.200)	(0.200)
机械	电动卷扬机(单筒快速) 10kN	台班	129.21	0.090	0.090	0.090	0.090

工作内容:同前

单位:m^3

定额编号				8-9-243	8-9-244	8-9-245	8-9-246
项目				管道 ϕ133(厚度)			
				30mm	40mm	50mm	60mm
基价(元)				**140.43**	**123.63**	**106.83**	**90.83**
其中	人工费(元)			128.80	112.00	95.20	79.20
	材料费(元)			–	–	–	–
	机械费(元)			11.63	11.63	11.63	11.63
名称		单位	单价(元)	数量			
人工	综合工日	工日	80.00	1.610	1.400	1.190	0.990
材料	复合硅酸盐板	m^3	–	(1.030)	(1.030)	(1.030)	(1.030)
	复合硅酸盐稀料	m^3	–	(0.200)	(0.200)	(0.200)	(0.200)
机械	电动卷扬机(单筒快速)10kN	台班	129.21	0.090	0.090	0.090	0.090

工作内容:同前

单位:m^3

定额编号				8-9-247	8-9-248	8-9-249	8-9-250
项目				管道 ϕ133(厚度)			
				70mm	80mm	90mm	100mm
基价(元)				**77.23**	**62.83**	**53.23**	**44.43**
其中	人工费(元)			65.60	51.20	41.60	32.80
	材料费(元)			–	–	–	–
	机械费(元)			11.63	11.63	11.63	11.63
名称		单位	单价(元)	数量			
人工	综合工日	工日	80.00	0.820	0.640	0.520	0.410
材料	复合硅酸盐板	m^3	–	(1.030)	(1.030)	(1.030)	(1.030)
	复合硅酸盐稀料	m^3	–	(0.200)	(0.200)	(0.200)	(0.200)
机械	电动卷扬机(单筒快速) 10kN	台班	129.21	0.090	0.090	0.090	0.090

工作内容:同前

单位:m^3

定额编号				8-9-251	8-9-252	8-9-253	8-9-254
项目				管道 ϕ325(厚度)			
				30mm	40mm	50mm	60mm
基价(元)				**124.43**	**106.83**	**90.83**	**77.23**
其中	人工费(元)			112.80	95.20	79.20	65.60
	材料费(元)			–	–	–	–
	机械费(元)			11.63	11.63	11.63	11.63
名称		单位	单价(元)	数量			
人工	综合工日	工日	80.00	1.410	1.190	0.990	0.820
材料	复合硅酸盐板	m^3	–	(1.030)	(1.030)	(1.030)	(1.030)
	复合硅酸盐稀料	m^3	–	(0.200)	(0.200)	(0.200)	(0.200)
机械	电动卷扬机(单筒快速) 10kN	台班	129.21	0.090	0.090	0.090	0.090

工作内容：同前

单位：m^3

定额编号				8-9-255	8-9-256	8-9-257	8-9-258
项目				管道 ϕ325（厚度）			
				70mm	80mm	90mm	100mm
基价（元）				**66.03**	**54.83**	**46.03**	**38.03**
其中	人工费（元）			54.40	43.20	34.40	26.40
	材料费（元）			–	–	–	–
	机械费（元）			11.63	11.63	11.63	11.63
名称		单位	单价（元）	数量			
人工	综合工日	工日	80.00	0.680	0.540	0.430	0.330
材料	复合硅酸盐板	m^3	–	（1.030）	（1.030）	（1.030）	（1.030）
	复合硅酸盐稀料	m^3	–	（0.200）	（0.200）	（0.200）	（0.200）
机械	电动卷扬机（单筒快速）10kN	台班	129.21	0.090	0.090	0.090	0.090

工作内容:同前

单位:m^3

定额编号				8-9-259	8-9-260	8-9-261	8-9-262
项目				管道 ϕ529(厚度)			
				30mm	40mm	50mm	60mm
基价(元)				**110.03**	**96.43**	**82.83**	**69.23**
其中	人工费(元)			98.40	84.80	71.20	57.60
	材料费(元)			–	–	–	–
	机械费(元)			11.63	11.63	11.63	11.63
名称		单位	单价(元)	数量			
人工	综合工日	工日	80.00	1.230	1.060	0.890	0.720
材料	复合硅酸盐板	m^3	–	(1.030)	(1.030)	(1.030)	(1.030)
	复合硅酸盐稀料	m^3	–	(0.200)	(0.200)	(0.200)	(0.200)
机械	电动卷扬机(单筒快速) 10kN	台班	129.21	0.090	0.090	0.090	0.090

工作内容：同前　　　　单位：m^3

定额编号				8-9-263	8-9-264	8-9-265	8-9-266
项目				管道 φ529（厚度）			
				70mm	80mm	90mm	100mm
基价（元）				**58.03**	**48.43**	**40.43**	**33.23**
其中	人工费（元）			46.40	36.80	28.80	21.60
	材料费（元）			–	–	–	–
	机械费（元）			11.63	11.63	11.63	11.63
名称		单位	单价（元）	数量			
人工	综合工日	工日	80.00	0.580	0.460	0.360	0.270
材料	复合硅酸盐板	m^3	–	(1.030)	(1.030)	(1.030)	(1.030)
	复合硅酸盐稀料	m^3	–	(0.200)	(0.200)	(0.200)	(0.200)
机械	电动卷扬机（单筒快速）10kN	台班	129.21	0.090	0.090	0.090	0.090

工作内容:同前　　　　　　　　　　　　　　　　　　　　　　　　　　单位:m^3

定额编号				8-9-267	8-9-268	8-9-269	8-9-270
项目				管道 φ720(厚度)			
				30mm	40mm	50mm	60mm
基价(元)				98.83	86.83	74.03	62.83
其中	人工费(元)			87.20	75.20	62.40	51.20
	材料费(元)			–	–	–	–
	机械费(元)			11.63	11.63	11.63	11.63
名称		单位	单价(元)	数量			
人工	综合工日	工日	80.00	1.090	0.940	0.780	0.640
材料	复合硅酸盐板	m^3	–	(1.030)	(1.030)	(1.030)	(1.030)
	复合硅酸盐稀料	m^3	–	(0.200)	(0.200)	(0.200)	(0.200)
机械	电动卷扬机(单筒快速)10kN	台班	129.21	0.090	0.090	0.090	0.090

工作内容:同前　　　　单位:m^3

定额编号				8-9-271	8-9-272	8-9-273	8-9-274
项目				管道 ϕ720(厚度)			
				70mm	80mm	90mm	100mm
基价(元)				**53.23**	**44.43**	**37.23**	**30.03**
其中	人工费(元)			41.60	32.80	25.60	18.40
	材料费(元)			–	–	–	–
	机械费(元)			11.63	11.63	11.63	11.63
名称		单位	单价(元)	数量			
人工	综合工日	工日	80.00	0.520	0.410	0.320	0.230
材料	复合硅酸盐板	m^3	–	(1.030)	(1.030)	(1.030)	(1.030)
	复合硅酸盐稀料	m^3	–	(0.200)	(0.200)	(0.200)	(0.200)
机械	电动卷扬机(单筒快速) 10kN	台班	129.21	0.090	0.090	0.090	0.090

八、泡沫塑料瓦块安装

工作内容:运料、下料、安装、粘接、捆扎、修理找平。

单位:m^3

定额编号				8-9-275	8-9-276	8-9-277	8-9-278
项目				管道 $\phi57$(厚度)			
				30mm	40mm	50mm	60mm
基价(元)				**1372.92**	**1344.12**	**1314.52**	**1285.72**
其中	人工费(元)			244.80	216.00	186.40	157.60
	材料费(元)			1116.49	1116.49	1116.49	1116.49
	机械费(元)			11.63	11.63	11.63	11.63
名称		单位	单价(元)	数量			
人工	综合工日	工日	80.00	3.060	2.700	2.330	1.970
材料	泡沫塑料瓦块	m^3	–	(1.030)	(1.030)	(1.030)	(1.030)
	镀锌铁丝 13~17 号	kg	5.58	4.300	4.300	4.300	4.300
	环氧粘接剂	kg	43.70	25.000	25.000	25.000	25.000
机械	电动卷扬机(单筒快速)10kN	台班	129.21	0.090	0.090	0.090	0.090

工作内容：同前

单位：m^3

定额编号				8-9-279	8-9-280	8-9-281	8-9-282
项目				管道 $\phi 57$（厚度）			
				70mm	80mm	90mm	100mm
基价（元）				**1263.32**	**1242.52**	**1225.72**	**1209.72**
其中	人工费（元）			135.20	114.40	97.60	81.60
	材料费（元）			1116.49	1116.49	1116.49	1116.49
	机械费（元）			11.63	11.63	11.63	11.63
名称		单位	单价（元）	数量			
人工	综合工日	工日	80.00	1.690	1.430	1.220	1.020
材料	泡沫塑料瓦块	m^3	–	(1.030)	(1.030)	(1.030)	(1.030)
	镀锌铁丝 13~17 号	kg	5.58	4.300	4.300	4.300	4.300
	环氧粘接剂	kg	43.70	25.000	25.000	25.000	25.000
机械	电动卷扬机(单筒快速) 10kN	台班	129.21	0.090	0.090	0.090	0.090

工作内容:同前　　单位:m^3

定额编号				8-9-283	8-9-284	8-9-285	8-9-286
项目				管道 ϕ133(厚度)			
				30mm	40mm	50mm	60mm
基价(元)				**1291.68**	**1270.88**	**1252.48**	**1231.68**
其中	人工费(元)			171.20	150.40	132.00	111.20
	材料费(元)			1108.85	1108.85	1108.85	1108.85
	机械费(元)			11.63	11.63	11.63	11.63
名称		单位	单价(元)	数量			
人工	综合工日	工日	80.00	2.140	1.880	1.650	1.390
材料	泡沫塑料瓦块	m^3	–	(1.030)	(1.030)	(1.030)	(1.030)
	镀锌铁丝 13~17号	kg	5.58	2.930	2.930	2.930	2.930
	环氧粘接剂	kg	43.70	25.000	25.000	25.000	25.000
机械	电动卷扬机(单筒快速) 10kN	台班	129.21	0.090	0.090	0.090	0.090

工作内容：同前

单位：m^3

定额编号				8-9-287	8-9-288	8-9-289	8-9-290
项目				管道 ϕ133（厚度）			
				70mm	80mm	90mm	100mm
基价（元）				**1215.68**	**1201.28**	**1189.28**	**1179.68**
其中	人工费（元）			95.20	80.80	68.80	59.20
	材料费（元）			1108.85	1108.85	1108.85	1108.85
	机械费（元）			11.63	11.63	11.63	11.63
名称		单位	单价（元）	数量			
人工	综合工日	工日	80.00	1.190	1.010	0.860	0.740
材料	泡沫塑料瓦块	m^3	–	(1.030)	(1.030)	(1.030)	(1.030)
	镀锌铁丝 13～17 号	kg	5.58	2.930	2.930	2.930	2.930
	环氧粘接剂	kg	43.70	25.000	25.000	25.000	25.000
机械	电动卷扬机（单筒快速）10kN	台班	129.21	0.090	0.090	0.090	0.090

工作内容:同前

单位:m^3

定额编号				8-9-291	8-9-292	8-9-293	8-9-294
项目				管道 ϕ325(厚度)			
				30mm	40mm	50mm	60mm
基价(元)				**1271.88**	**1249.48**	**1237.48**	**1219.88**
其中	人工费(元)			150.40	128.00	116.00	98.40
	材料费(元)			1109.85	1109.85	1109.85	1109.85
	机械费(元)			11.63	11.63	11.63	11.63
名称		单位	单价(元)	数量			
人工	综合工日	工日	80.00	1.880	1.600	1.450	1.230
材料	泡沫塑料瓦块	m^3	–	(1.030)	(1.030)	(1.030)	(1.030)
	镀锌铁丝 13~17 号	kg	5.58	3.110	3.110	3.110	3.110
	环氧粘接剂	kg	43.70	25.000	25.000	25.000	25.000
机械	电动卷扬机(单筒快速)10kN	台班	129.21	0.090	0.090	0.090	0.090

工作内容：同前　　　　　　　　　　　　　　　　　　　　　　　　　　　　　　　　单位：m^3

定额编号				8-9-295	8-9-296	8-9-297	8-9-298
项目				管道 ϕ325（厚度）			
				70mm	80mm	90mm	100mm
基价（元）				1206.28	1193.48	1183.08	1173.48
其中	人工费（元）			84.80	72.00	61.60	52.00
	材料费（元）			1109.85	1109.85	1109.85	1109.85
	机械费（元）			11.63	11.63	11.63	11.63
名称		单位	单价（元）	数量			
人工	综合工日	工日	80.00	1.060	0.900	0.770	0.650
材料	泡沫塑料瓦块	m^3	–	(1.030)	(1.030)	(1.030)	(1.030)
	镀锌铁丝 13～17 号	kg	5.58	3.110	3.110	3.110	3.110
	环氧粘接剂	kg	43.70	25.000	25.000	25.000	25.000
机械	电动卷扬机（单筒快速）10kN	台班	129.21	0.090	0.090	0.090	0.090

工作内容:同前　　单位:m^3

定额编号				8-9-299	8-9-300	8-9-301	8-9-302
项目				管道 ϕ529(厚度)			
				30mm	40mm	50mm	60mm
基价(元)				1259.01	1243.01	1227.01	1211.01
其中	人工费(元)			136.80	120.80	104.80	88.80
	材料费(元)			1110.58	1110.58	1110.58	1110.58
	机械费(元)			11.63	11.63	11.63	11.63
名称		单位	单价(元)	数量			
人工	综合工日	工日	80.00	1.710	1.510	1.310	1.110
材料	泡沫塑料瓦块	m^3	-	(1.030)	(1.030)	(1.030)	(1.030)
	镀锌铁丝 13～17 号	kg	5.58	3.240	3.240	3.240	3.240
	环氧粘接剂	kg	43.70	25.000	25.000	25.000	25.000
机械	电动卷扬机(单筒快速) 10kN	台班	129.21	0.090	0.090	0.090	0.090

工作内容:同前　　　　单位:m^3

定额编号				8-9-303	8-9-304	8-9-305	8-9-306
项目				管道 $\phi529$(厚度)			
				70mm	80mm	90mm	100mm
基价(元)				**1199.01**	**1187.01**	**1178.21**	**1164.61**
其中	人工费(元)			76.80	64.80	56.00	42.40
	材料费(元)			1110.58	1110.58	1110.58	1110.58
	机械费(元)			11.63	11.63	11.63	11.63
名称		单位	单价(元)	数量			
人工	综合工日	工日	80.00	0.960	0.810	0.700	0.530
材料	泡沫塑料瓦块	m^3	–	(1.030)	(1.030)	(1.030)	(1.030)
	镀锌铁丝 13~17 号	kg	5.58	3.240	3.240	3.240	3.240
	环氧粘接剂	kg	43.70	25.000	25.000	25.000	25.000
机械	电动卷扬机(单筒快速) 10kN	台班	129.21	0.090	0.090	0.090	0.090

工作内容:同前　　单位:m^3

定额编号				8-9-307	8-9-308	8-9-309	8-9-310
项目				管道 ϕ720(厚度)			
				30mm	40mm	50mm	60mm
基价(元)				**1217.03**	**1206.63**	**1195.43**	**1185.03**
其中	人工费(元)			93.60	83.20	72.00	61.60
	材料费(元)			1111.80	1111.80	1111.80	1111.80
	机械费(元)			11.63	11.63	11.63	11.63
名称		单位	单价(元)	数量			
人工	综合工日	工日	80.00	1.170	1.040	0.900	0.770
材料	泡沫塑料瓦块	m^3	-	(1.030)	(1.030)	(1.030)	(1.030)
	镀锌铁丝 8~12 号	kg	5.36	3.600	3.600	3.600	3.600
	环氧粘接剂	kg	43.70	25.000	25.000	25.000	25.000
机械	电动卷扬机(单筒快速) 10kN	台班	129.21	0.090	0.090	0.090	0.090

工作内容:同前　　单位:m^3

定额编号				8-9-311	8-9-312	8-9-313	8-9-314
项目				管道 ϕ720(厚度)			
				70mm	80mm	90mm	100mm
基价(元)				1177.03	1169.03	1163.43	1157.03
其中	人工费(元)			53.60	45.60	40.00	33.60
	材料费(元)			1111.80	1111.80	1111.80	1111.80
	机械费(元)			11.63	11.63	11.63	11.63
名称		单位	单价(元)	数量			
人工	综合工日	工日	80.00	0.670	0.570	0.500	0.420
材料	泡沫塑料瓦块	m^3	–	(1.030)	(1.030)	(1.030)	(1.030)
	镀锌铁丝 8~12 号	kg	5.36	3.600	3.600	3.600	3.600
	环氧粘接剂	kg	43.70	25.000	25.000	25.000	25.000
机械	电动卷扬机(单筒快速) 10kN	台班	129.21	0.090	0.090	0.090	0.090

工作内容:同前

单位:m^3

定额编号				8-9-315	8-9-316	8-9-317	8-9-318
项目				立式设备(厚度)			
				30mm	40mm	50mm	60mm
基价(元)				**1282.17**	**1266.17**	**1248.57**	**1231.77**
其中	人工费(元)			143.20	127.20	109.60	92.80
	材料费(元)			1127.34	1127.34	1127.34	1127.34
	机械费(元)			11.63	11.63	11.63	11.63
名称		单位	单价(元)	数量			
人工	综合工日	工日	80.00	1.790	1.590	1.370	1.160
材料	泡沫塑料瓦块	m^3	–	(1.030)	(1.030)	(1.030)	(1.030)
	镀锌铁丝 8 ~12 号	kg	5.36	6.500	6.500	6.500	6.500
	环氧粘接剂	kg	43.70	25.000	25.000	25.000	25.000
机械	电动卷扬机(单筒快速) 10kN	台班	129.21	0.090	0.090	0.090	0.090

工作内容:同前

单位:m^3

定额编号				8-9-319	8-9-320	8-9-321	8-9-322
项目				立式设备(厚度)			
				70mm	80mm	90mm	100mm
基价(元)				**1219.77**	**1206.97**	**1195.77**	**1183.77**
其中	人工费(元)			80.80	68.00	56.80	44.80
	材料费(元)			1127.34	1127.34	1127.34	1127.34
	机械费(元)			11.63	11.63	11.63	11.63
名称		单位	单价(元)	数量			
人工	综合工日	工日	80.00	1.010	0.850	0.710	0.560
材料	泡沫塑料瓦块	m^3	–	(1.030)	(1.030)	(1.030)	(1.030)
	镀锌铁丝 8～12 号	kg	5.36	6.500	6.500	6.500	6.500
	环氧粘接剂	kg	43.70	25.000	25.000	25.000	25.000
机械	电动卷扬机(单筒快速) 10kN	台班	129.21	0.090	0.090	0.090	0.090

工作内容:同前　　　　单位:m^3

定额编号				8-9-323	8-9-324	8-9-325	8-9-326
项目				卧式设备(厚度)			
				30mm	40mm	50mm	60mm
基价(元)				**1303.56**	**1284.36**	**1265.16**	**1245.96**
其中	人工费(元)			164.00	144.80	125.60	106.40
	材料费(元)			1127.93	1127.93	1127.93	1127.93
	机械费(元)			11.63	11.63	11.63	11.63
名称		单位	单价(元)	数量			
人工	综合工日	工日	80.00	2.050	1.810	1.570	1.330
材料	泡沫塑料瓦块	m^3	–	(1.030)	(1.030)	(1.030)	(1.030)
	镀锌铁丝 8~12 号	kg	5.36	6.610	6.610	6.610	6.610
	环氧粘接剂	kg	43.70	25.000	25.000	25.000	25.000
机械	电动卷扬机(单筒快速) 10kN	台班	129.21	0.090	0.090	0.090	0.090

工作内容:同前

单位:m^3

定额编号				8-9-327	8-9-328	8-9-329	8-9-330
项目				卧式设备(厚度)			
				70mm	80mm	90mm	100mm
基价(元)				**1229.96**	**1217.16**	**1206.76**	**1190.76**
其中	人工费(元)			90.40	77.60	67.20	51.20
	材料费(元)			1127.93	1127.93	1127.93	1127.93
	机械费(元)			11.63	11.63	11.63	11.63
名称		单位	单价(元)	数量			
人工	综合工日	工日	80.00	1.130	0.970	0.840	0.640
材料	泡沫塑料瓦块	m^3	–	(1.030)	(1.030)	(1.030)	(1.030)
	镀锌铁丝 8~12 号	kg	5.36	6.610	6.610	6.610	6.610
	环氧粘接剂	kg	43.70	25.000	25.000	25.000	25.000
机械	电动卷扬机(单筒快速) 10kN	台班	129.21	0.090	0.090	0.090	0.090

九、泡沫塑料板安装

工作内容:运料、下料、安装、粘接、捆扎、修理找平。 单位:m^3

定额编号				8-9-331	8-9-332	8-9-333	8-9-334
项目				立式设备(厚度)			
				30mm	40mm	50mm	60mm
基价(元)				1360.77	1339.97	1313.70	1291.30
其中	人工费(元)			186.40	165.60	143.20	120.80
	材料费(元)			1127.93	1127.93	1127.93	1127.93
	机械费(元)			46.44	46.44	42.57	42.57
名称		单位	单价(元)	数量			
人工	综合工日	工日	80.00	2.330	2.070	1.790	1.510
材料	泡沫塑料板	m^3	–	(1.200)	(1.200)	(1.200)	(1.200)
	镀锌铁丝 8~12 号	kg	5.36	6.610	6.610	6.610	6.610
	环氧粘接剂	kg	43.70	25.000	25.000	25.000	25.000
机械	电动卷扬机(单筒快速) 10kN	台班	129.21	0.090	0.090	0.090	0.090
	木工圆锯机 ϕ500mm	台班	27.63	1.260	1.260	1.120	1.120

工作内容:同前　　　　单位:m^3

定额编号				8-9-335	8-9-336	8-9-337	8-9-338
项目				立式设备(厚度)			
				70mm	80mm	90mm	100mm
基价(元)				**1275.30**	**1251.57**	**1236.37**	**1221.17**
其中	人工费(元)			104.80	88.80	73.60	58.40
	材料费(元)			1127.93	1127.93	1127.93	1127.93
	机械费(元)			42.57	34.84	34.84	34.84
名称		单位	单价(元)	数量			
人工	综合工日	工日	80.00	1.310	1.110	0.920	0.730
材料	泡沫塑料板	m^3	-	(1.200)	(1.200)	(1.200)	(1.200)
	镀锌铁丝 8~12 号	kg	5.36	6.610	6.610	6.610	6.610
	环氧粘接剂	kg	43.70	25.000	25.000	25.000	25.000
机械	电动卷扬机(单筒快速)10kN	台班	129.21	0.090	0.090	0.090	0.090
	木工圆锯机 ϕ500mm	台班	27.63	1.120	0.840	0.840	0.840

工作内容:同前

单位:m^3

定额编号				8-9-339	8-9-340	8-9-341	8-9-342
项目				卧式设备(厚度)			
				30mm	40mm	50mm	60mm
基价(元)				**1387.97**	**1363.17**	**1337.57**	**1308.90**
其中	人工费(元)			213.60	188.80	163.20	138.40
	材料费(元)			1127.93	1127.93	1127.93	1127.93
	机械费(元)			46.44	46.44	46.44	42.57
名称		单位	单价(元)	数量			
人工	综合工日	工日	80.00	2.670	2.360	2.040	1.730
材料	泡沫塑料板	m^3	–	(1.200)	(1.200)	(1.200)	(1.200)
	镀锌铁丝 8~12 号	kg	5.36	6.610	6.610	6.610	6.610
	环氧粘接剂	kg	43.70	25.000	25.000	25.000	25.000
机械	电动卷扬机(单筒快速)10kN	台班	129.21	0.090	0.090	0.090	0.090
	木工圆锯机 φ500mm	台班	27.63	1.260	1.260	1.260	1.120

工作内容：同前

单位：m^3

定额编号				8-9-343	8-9-344	8-9-345	8-9-346
项目				卧式设备(厚度)			
				70mm	80mm	90mm	100mm
基价(元)				1290.50	1264.37	1247.57	1229.17
其中	人工费(元)			120.00	101.60	84.80	66.40
	材料费(元)			1127.93	1127.93	1127.93	1127.93
	机械费(元)			42.57	34.84	34.84	34.84
名称		单位	单价(元)	数量			
人工	综合工日	工日	80.00	1.500	1.270	1.060	0.830
材料	泡沫塑料板	m^3	–	(1.200)	(1.200)	(1.200)	(1.200)
	镀锌铁丝 8～12号	kg	5.36	6.610	6.610	6.610	6.610
	环氧粘接剂	kg	43.70	25.000	25.000	25.000	25.000
机械	电动卷扬机(单筒快速) 10kN	台班	129.21	0.090	0.090	0.090	0.090
	木工圆锯机 ϕ500mm	台班	27.63	1.120	0.840	0.840	0.840

工作内容:同前

单位:m^3

定额编号				8-9-347	8-9-348	8-9-349	8-9-350
项目				球形设备(厚度)			
				30mm	40mm	50mm	60mm
基价(元)				**1554.27**	**1525.47**	**1495.87**	**1463.20**
其中	人工费(元)			248.80	220.00	190.40	161.60
	材料费(元)			1259.03	1259.03	1259.03	1259.03
	机械费(元)			46.44	46.44	46.44	42.57
名称		单位	单价(元)	数量			
人工	综合工日	工日	80.00	3.110	2.750	2.380	2.020
材料	泡沫塑料板	m^3	–	(1.250)	(1.250)	(1.250)	(1.250)
	镀锌铁丝 8~12 号	kg	5.36	6.610	6.610	6.610	6.610
	环氧粘接剂	kg	43.70	28.000	28.000	28.000	28.000
机械	电动卷扬机(单筒快速) 10kN	台班	129.21	0.090	0.090	0.090	0.090
	木工圆锯机 ϕ500mm	台班	27.63	1.260	1.260	1.260	1.120

工作内容:同前　　　　单位:m^3

定额编号				8-9-351	8-9-352	8-9-353	8-9-354
项目				球形设备(厚度)			
				70mm	80mm	90mm	100mm
基价(元)				1440.80	1412.27	1392.27	1371.47
其中	人工费(元)			139.20	118.40	98.40	77.60
	材料费(元)			1259.03	1259.03	1259.03	1259.03
	机械费(元)			42.57	34.84	34.84	34.84
名称		单位	单价(元)	数量			
人工	综合工日	工日	80.00	1.740	1.480	1.230	0.970
材料	泡沫塑料板	m^3	–	(1.250)	(1.250)	(1.250)	(1.250)
	镀锌铁丝 8～12 号	kg	5.36	6.610	6.610	6.610	6.610
	环氧粘接剂	kg	43.70	28.000	28.000	28.000	28.000
机械	电动卷扬机(单筒快速) 10kN	台班	129.21	0.090	0.090	0.090	0.090
	木工圆锯机 ϕ500mm	台班	27.63	1.120	0.840	0.840	0.840

工作内容:同前

单位:m^3

定额编号				8-9-355	8-9-356	8-9-357	8-9-358	8-9-359
项目				矩形管道				
				厚度				
				30mm	50mm	60mm	80mm	100mm
基价(元)				**1276.36**	**1244.36**	**1228.36**	**1205.16**	**1182.76**
其中	人工费(元)			136.80	104.80	88.80	65.60	43.20
	材料费(元)			1127.93	1127.93	1127.93	1127.93	1127.93
	机械费(元)			11.63	11.63	11.63	11.63	11.63
名称		单位	单价(元)	数量				
人工	综合工日	工日	80.00	1.710	1.310	1.110	0.820	0.540
材料	泡沫塑料板	m^3	-	(1.200)	(1.200)	(1.200)	(1.200)	(1.200)
	镀锌铁丝 8~12 号	kg	5.36	6.610	6.610	6.610	6.610	6.610
	环氧粘接剂	kg	43.70	25.000	25.000	25.000	25.000	25.000
机械	电动卷扬机(单筒快速) 10kN	台班	129.21	0.090	0.090	0.090	0.090	0.090

十、毡类制品安装

工作内容：运料、下料、安装、捆扎、修理找平。　　　　单位：m^3

定额编号				8-9-360	8-9-361	8-9-362	8-9-363
项目				管道 $\phi57$ 以下(厚度)			
				30mm	40mm	50mm	60mm
基价（元）				**318.81**	**298.81**	**262.81**	**221.21**
其中	人工费（元）			287.20	267.20	231.20	189.60
	材料费（元）			19.98	19.98	19.98	19.98
	机械费（元）			11.63	11.63	11.63	11.63
名称		单位	单价(元)	数量			
人工	综合工日	工日	80.00	3.590	3.340	2.890	2.370
材料	毡类制品	m^3	-	(1.030)	(1.030)	(1.030)	(1.030)
	镀锌铁丝 13～17 号	kg	5.58	3.580	3.580	3.580	3.580
机械	电动卷扬机(单筒快速) 10kN	台班	129.21	0.090	0.090	0.090	0.090

注：适用缝毡、带网带布制品、粘接成品。

工作内容:同前

单位:m^3

定额编号				8-9-364	8-9-365	8-9-366	8-9-367
项目				管道 $\phi57$ 以下(厚度)			
				70mm	80mm	90mm	100mm
基价(元)				**202.81**	**172.41**	**158.81**	**130.01**
其中	人工费(元)			171.20	140.80	127.20	98.40
	材料费(元)			19.98	19.98	19.98	19.98
	机械费(元)			11.63	11.63	11.63	11.63
名称		单位	单价(元)	数量			
人工	综合工日	工日	80.00	2.140	1.760	1.590	1.230
材料	毡类制品	m^3	–	(1.030)	(1.030)	(1.030)	(1.030)
	镀锌铁丝 13~17 号	kg	5.58	3.580	3.580	3.580	3.580
机械	电动卷扬机(单筒快速) 10kN	台班	129.21	0.090	0.090	0.090	0.090

工作内容:同前　　单位:m^3

定额编号				8-9-368	8-9-369	8-9-370	8-9-371
项目				管道 ϕ133 以下(厚度)			
				30mm	40mm	50mm	60mm
基价(元)				**177.73**	**155.33**	**140.13**	**124.13**
其中	人工费(元)			148.80	126.40	111.20	95.20
	材料费(元)			17.30	17.30	17.30	17.30
	机械费(元)			11.63	11.63	11.63	11.63
名称		单位	单价(元)	数量			
人工	综合工日	工日	80.00	1.860	1.580	1.390	1.190
材料	毡类制品	m^3	–	(1.030)	(1.030)	(1.030)	(1.030)
	镀锌铁丝 13～17 号	kg	5.58	3.100	3.100	3.100	3.100
机械	电动卷扬机(单筒快速)10kN	台班	129.21	0.090	0.090	0.090	0.090

工作内容:同前　　　　　　　　　　　　　　　　　　　　　　　　　　　　单位:m^3

定额编号				8-9-372	8-9-373	8-9-374	8-9-375
项目				管道 ϕ133 以下(厚度)			
				70mm	80mm	90mm	100mm
基价(元)				**112.13**	**98.53**	**89.73**	**80.93**
其中	人工费(元)			83.20	69.60	60.80	52.00
	材料费(元)			17.30	17.30	17.30	17.30
	机械费(元)			11.63	11.63	11.63	11.63
名称		单位	单价(元)	数量			
人工	综合工日	工日	80.00	1.040	0.870	0.760	0.650
材料	毡类制品	m^3	–	(1.030)	(1.030)	(1.030)	(1.030)
	镀锌铁丝 13~17 号	kg	5.58	3.100	3.100	3.100	3.100
机械	电动卷扬机(单筒快速) 10kN	台班	129.21	0.090	0.090	0.090	0.090

工作内容:同前　　　　单位:m^3

定额编号				8-9-376	8-9-377	8-9-378	8-9-379
项目				管道 ϕ325 以下(厚度)			
				30mm	40mm	50mm	60mm
基价(元)				**156.13**	**141.73**	**123.33**	**116.13**
其中	人工费(元)			127.20	112.80	94.40	87.20
	材料费(元)			17.30	17.30	17.30	17.30
	机械费(元)			11.63	11.63	11.63	11.63
名称		单位	单价(元)	数量			
人工	综合工日	工日	80.00	1.590	1.410	1.180	1.090
材料	毡类制品	m^3	–	(1.030)	(1.030)	(1.030)	(1.030)
	镀锌铁丝 13～17 号	kg	5.58	3.100	3.100	3.100	3.100
机械	电动卷扬机(单筒快速) 10kN	台班	129.21	0.090	0.090	0.090	0.090

工作内容:同前

单位:m^3

定额编号				8-9-380	8-9-381	8-9-382	8-9-383
项目				管道 ϕ325 以下(厚度)			
				70mm	80mm	90mm	100mm
基价(元)				104.93	93.73	85.73	77.73
其中	人工费(元)			76.00	64.80	56.80	48.80
	材料费(元)			17.30	17.30	17.30	17.30
	机械费(元)			11.63	11.63	11.63	11.63
名称		单位	单价(元)	数量			
人工	综合工日	工日	80.00	0.950	0.810	0.710	0.610
材料	毡类制品	m^3	–	(1.030)	(1.030)	(1.030)	(1.030)
	镀锌铁丝 13~17 号	kg	5.58	3.100	3.100	3.100	3.100
机械	电动卷扬机(单筒快速) 10kN	台班	129.21	0.090	0.090	0.090	0.090

工作内容:同前

单位:m^3

定额编号				8-9-384	8-9-385	8-9-386	8-9-387
项目				管道 ϕ529 以下(厚度)			
				30mm	40mm	50mm	60mm
基价(元)				**152.59**	**138.99**	**125.39**	**112.59**
其中	人工费(元)			119.20	105.60	92.00	79.20
	材料费(元)			21.76	21.76	21.76	21.76
	机械费(元)			11.63	11.63	11.63	11.63
名称		单位	单价(元)	数量			
人工	综合工日	工日	80.00	1.490	1.320	1.150	0.990
材料	毡类制品	m^3	–	(1.030)	(1.030)	(1.030)	(1.030)
	镀锌铁丝 13~17 号	kg	5.58	3.900	3.900	3.900	3.900
机械	电动卷扬机(单筒快速) 10kN	台班	129.21	0.090	0.090	0.090	0.090

工作内容:同前　　　　　　　　　　　　　　　　　　　　　　　　　　　　　　　　单位:m^3

定额编号				8-9-388	8-9-389	8-9-390	8-9-391
项目				管道 ϕ529 以下(厚度)			
				70mm	80mm	90mm	100mm
基价(元)				**102.19**	**92.59**	**84.59**	**78.19**
其中	人工费(元)			68.80	59.20	51.20	44.80
	材料费(元)			21.76	21.76	21.76	21.76
	机械费(元)			11.63	11.63	11.63	11.63
名称		单位	单价(元)	数量			
人工	综合工日	工日	80.00	0.860	0.740	0.640	0.560
材料	毡类制品	m^3	–	(1.030)	(1.030)	(1.030)	(1.030)
	镀锌铁丝 13~17 号	kg	5.58	3.900	3.900	3.900	3.900
机械	电动卷扬机(单筒快速) 10kN	台班	129.21	0.090	0.090	0.090	0.090

工作内容:同前　　　　单位:m^3

定额编号				8-9-392	8-9-393	8-9-394	8-9-395
项目				管道 ϕ720 以下(厚度)			
				30mm	40mm	50mm	60mm
基价(元)				**142.19**	**130.19**	**118.19**	**106.19**
其中	人工费(元)			108.80	96.80	84.80	72.80
	材料费(元)			21.76	21.76	21.76	21.76
	机械费(元)			11.63	11.63	11.63	11.63
名称		单位	单价(元)	数量			
人工	综合工日	工日	80.00	1.360	1.210	1.060	0.910
材料	毡类制品	m^3	–	(1.030)	(1.030)	(1.030)	(1.030)
	镀锌铁丝 13～17 号	kg	5.58	3.900	3.900	3.900	3.900
机械	电动卷扬机(单筒快速) 10kN	台班	129.21	0.090	0.090	0.090	0.090

工作内容：同前　　　　单位：m^3

定额编号				8-9-396	8-9-397	8-9-398	8-9-399
项目				管道 ϕ720 以下(厚度)			
				70mm	80mm	90mm	100mm
基价(元)				**97.39**	**88.59**	**81.39**	**74.99**
其中	人工费(元)			64.00	55.20	48.00	41.60
	材料费(元)			21.76	21.76	21.76	21.76
	机械费(元)			11.63	11.63	11.63	11.63
名称		单位	单价(元)	数量			
人工	综合工日	工日	80.00	0.800	0.690	0.600	0.520
材料	毡类制品	m^3	-	(1.030)	(1.030)	(1.030)	(1.030)
	镀锌铁丝 13~17 号	kg	5.58	3.900	3.900	3.900	3.900
机械	电动卷扬机(单筒快速) 10kN	台班	129.21	0.090	0.090	0.090	0.090

工作内容:同前　　　　单位:m^3

定额编号				8-9-400	8-9-401	8-9-402	8-9-403
项目				立式设备(厚度)			
				30mm	40mm	50mm	60mm
基价(元)				**173.31**	**162.91**	**150.11**	**138.91**
其中	人工费(元)			102.40	92.00	79.20	68.00
	材料费(元)			59.28	59.28	59.28	59.28
	机械费(元)			11.63	11.63	11.63	11.63
名称		单位	单价(元)	数量			
人工	综合工日	工日	80.00	1.280	1.150	0.990	0.850
材料	毡类制品	m^3	–	(1.030)	(1.030)	(1.030)	(1.030)
	镀锌铁丝 8~12 号	kg	5.36	11.060	11.060	11.060	11.060
机械	电动卷扬机(单筒快速) 10kN	台班	129.21	0.090	0.090	0.090	0.090

工作内容:同前

单位:m^3

定额编号				8-9-404	8-9-405	8-9-406	8-9-407
项目				立式设备(厚度)			
				70mm	80mm	90mm	100mm
基价(元)				130.11	116.51	115.71	110.11
其中	人工费(元)			59.20	45.60	44.80	39.20
	材料费(元)			59.28	59.28	59.28	59.28
	机械费(元)			11.63	11.63	11.63	11.63
名称		单位	单价(元)	数量			
人工	综合工日	工日	80.00	0.740	0.570	0.560	0.490
材料	毡类制品	m^3	–	(1.030)	(1.030)	(1.030)	(1.030)
	镀锌铁丝 8~12 号	kg	5.36	11.060	11.060	11.060	11.060
机械	电动卷扬机(单筒快速) 10kN	台班	129.21	0.090	0.090	0.090	0.090

工作内容：同前

单位：m^3

定额编号				8-9-408	8-9-409	8-9-410	8-9-411
项目				卧式设备（厚度）			
				30mm	40mm	50mm	60mm
基价（元）				**180.51**	**169.31**	**154.91**	**143.71**
其中	人工费（元）			109.60	98.40	84.00	72.80
	材料费（元）			59.28	59.28	59.28	59.28
	机械费（元）			11.63	11.63	11.63	11.63
名称		单位	单价（元）	数量			
人工	综合工日	工日	80.00	1.370	1.230	1.050	0.910
材料	毡类制品	m^3	-	(1.030)	(1.030)	(1.030)	(1.030)
	镀锌铁丝 8～12 号	kg	5.36	11.060	11.060	11.060	11.060
机械	电动卷扬机（单筒快速）10kN	台班	129.21	0.090	0.090	0.090	0.090

工作内容:同前

单位:m^3

定额编号				8-9-412	8-9-413	8-9-414	8-9-415
项目				卧式设备(厚度)			
				70mm	80mm	90mm	100mm
基价(元)				**134.91**	**126.11**	**118.91**	**113.31**
其中	人工费(元)			64.00	55.20	48.00	42.40
	材料费(元)			59.28	59.28	59.28	59.28
	机械费(元)			11.63	11.63	11.63	11.63
名称		单位	单价(元)	数量			
人工	综合工日	工日	80.00	0.800	0.690	0.600	0.530
材料	毡类制品	m^3	–	(1.030)	(1.030)	(1.030)	(1.030)
	镀锌铁丝 8 ~12 号	kg	5.36	11.060	11.060	11.060	11.060
机械	电动卷扬机(单筒快速) 10kN	台班	129.21	0.090	0.090	0.090	0.090

工作内容:同前　　　　单位:m^3

定额编号				8-9-416	8-9-417	8-9-418	8-9-419
项目				球形设备(厚度)			
				30mm	40mm	50mm	60mm
基价(元)				187.71	219.71	204.51	191.71
其中	人工费(元)			75.20	107.20	92.00	79.20
	材料费(元)			100.88	100.88	100.88	100.88
	机械费(元)			11.63	11.63	11.63	11.63
名称		单位	单价(元)	数量			
人工	综合工日	工日	80.00	0.940	1.340	1.150	0.990
材料	毡类制品	m^3	–	(1.030)	(1.030)	(1.030)	(1.030)
	镀锌铁丝 8～12 号	kg	5.36	18.820	18.820	18.820	18.820
机械	电动卷扬机(单筒快速) 10kN	台班	129.21	0.090	0.090	0.090	0.090

工作内容:同前 单位:m^3

定额编号				8-9-420	8-9-421	8-9-422	8-9-423
项目				球形设备(厚度)			
				70mm	80mm	90mm	100mm
基价(元)				**181.31**	**172.51**	**164.51**	**158.11**
其中	人工费(元)			68.80	60.00	52.00	45.60
	材料费(元)			100.88	100.88	100.88	100.88
	机械费(元)			11.63	11.63	11.63	11.63
名称		单位	单价(元)	数量			
人工	综合工日	工日	80.00	0.860	0.750	0.650	0.570
材料	毡类制品	m^3	-	(1.030)	(1.030)	(1.030)	(1.030)
	镀锌铁丝 8~12 号	kg	5.36	18.820	18.820	18.820	18.820
机械	电动卷扬机(单筒快速) 10kN	台班	129.21	0.090	0.090	0.090	0.090

十一、棉席(被)类制品安装

工作内容：运料、下料、安装、捆扎、修理找平。　　单位：m^3

定额编号				8-9-424	8-9-425	8-9-426	8-9-427
项目				立式设备(厚度)			
				30mm	40mm	50mm	60mm
基价（元）				354.65	315.45	281.85	234.65
其中	人工费（元）			283.20	244.00	210.40	163.20
	材料费（元）			59.82	59.82	59.82	59.82
	机械费（元）			11.63	11.63	11.63	11.63
名称		单位	单价(元)	数量			
人工	综合工日	工日	80.00	3.540	3.050	2.630	2.040
材料	棉席被类制品	m^3	–	(1.020)	(1.020)	(1.020)	(1.020)
	镀锌铁丝 8～12 号	kg	5.36	11.160	11.160	11.160	11.160
机械	电动卷扬机(单筒快速) 10kN	台班	129.21	0.090	0.090	0.090	0.090

工作内容:同前

单位:m^3

定额编号				8-9-428	8-9-429	8-9-430	8-9-431
项目				立式设备(厚度)			
				70mm	80mm	90mm	100mm
基价(元)				215.45	195.45	185.05	172.25
其中	人工费(元)			144.00	124.00	113.60	100.80
	材料费(元)			59.82	59.82	59.82	59.82
	机械费(元)			11.63	11.63	11.63	11.63
名称		单位	单价(元)	数量			
人工	综合工日	工日	80.00	1.800	1.550	1.420	1.260
材料	棉席被类制品	m^3	–	(1.020)	(1.020)	(1.020)	(1.020)
	镀锌铁丝 8~12 号	kg	5.36	11.160	11.160	11.160	11.160
机械	电动卷扬机(单筒快速) 10kN	台班	129.21	0.090	0.090	0.090	0.090

工作内容：同前　　单位：m^3

定额编号				8-9-432	8-9-433	8-9-434	8-9-435
项目				卧式设备（厚度）			
				30mm	40mm	50mm	60mm
基价（元）				**350.65**	**341.05**	**313.05**	**258.65**
其中	人工费（元）			279.20	269.60	241.60	187.20
	材料费（元）			59.82	59.82	59.82	59.82
	机械费（元）			11.63	11.63	11.63	11.63
名称		单位	单价（元）	数量			
人工	综合工日	工日	80.00	3.490	3.370	3.020	2.340
材料	棉席被类制品	m^3	–	(1.020)	(1.020)	(1.020)	(1.020)
	镀锌铁丝 8～12 号	kg	5.36	11.160	11.160	11.160	11.160
机械	电动卷扬机（单筒快速）10kN	台班	129.21	0.090	0.090	0.090	0.090

工作内容:同前

单位:m^3

定额编号				8-9-436	8-9-437	8-9-438	8-9-439
项目				卧式设备(厚度)			
				70mm	80mm	90mm	100mm
基价(元)				**237.05**	**213.85**	**201.05**	**185.85**
其中	人工费(元)			165.60	142.40	129.60	114.40
	材料费(元)			59.82	59.82	59.82	59.82
	机械费(元)			11.63	11.63	11.63	11.63
名称		单位	单价(元)	数量			
人工	综合工日	工日	80.00	2.070	1.780	1.620	1.430
材料	棉席被类制品	m^3	–	(1.020)	(1.020)	(1.020)	(1.020)
	镀锌铁丝 8~12 号	kg	5.36	11.160	11.160	11.160	11.160
机械	电动卷扬机(单筒快速) 10kN	台班	129.21	0.090	0.090	0.090	0.090

工作内容:同前　　单位:m^3

定额编号				8-9-440	8-9-441	8-9-442	8-9-443
项目				球形设备(厚度)			
				30mm	40mm	50mm	60mm
基价(元)				**475.71**	**413.31**	**382.11**	**326.91**
其中	人工费(元)			363.20	300.80	269.60	214.40
	材料费(元)			100.88	100.88	100.88	100.88
	机械费(元)			11.63	11.63	11.63	11.63
名称		单位	单价(元)	数量			
人工	综合工日	工日	80.00	4.540	3.760	3.370	2.680
材料	棉席被类制品	m^3	–	(1.020)	(1.020)	(1.020)	(1.020)
	镀锌铁丝 8~12 号	kg	5.36	18.820	18.820	18.820	18.820
机械	电动卷扬机(单筒快速) 10kN	台班	129.21	0.090	0.090	0.090	0.090

工作内容:同前　　　　单位:m^3

定额编号				8-9-444	8-9-445	8-9-446	8-9-447
项目				球形设备(厚度)			
				70mm	80mm	90mm	100mm
基价(元)				301.31	277.31	262.91	246.91
其中	人工费(元)			188.80	164.80	150.40	134.40
	材料费(元)			100.88	100.88	100.88	100.88
	机械费(元)			11.63	11.63	11.63	11.63
名称		单位	单价(元)	数量			
人工	综合工日	工日	80.00	2.360	2.060	1.880	1.680
材料	棉席被类制品	m^3	–	(1.020)	(1.020)	(1.020)	(1.020)
	镀锌铁丝 8~12 号	kg	5.36	18.820	18.820	18.820	18.820
机械	电动卷扬机(单筒快速) 10kN	台班	129.21	0.090	0.090	0.090	0.090

工作内容：同前　　　　　　　　　　　　　　　　　　　　　　　　　　　　　　　　单位：m^3

定额编号				8-9-448	8-9-449	8-9-450	8-9-451	8-9-452	8-9-453
项目				阀门 $\phi325$ 以下（厚度）			阀门 $\phi529$ 以下（厚度）		
				50mm	80mm	100mm	50mm	80mm	100mm
基价（元）				**1011.06**	**898.26**	**791.06**	**1024.23**	**909.83**	**801.83**
其中	人工费（元）			952.00	839.20	732.00	956.80	842.40	734.40
	材料费（元）			47.43	47.43	47.43	55.80	55.80	55.80
	机械费（元）			11.63	11.63	11.63	11.63	11.63	11.63
名称		单位	单价（元）	数量					
人工	综合工日	工日	80.00	11.900	10.490	9.150	11.960	10.530	9.180
材料	棉席被类制品	m^3	-	(1.050)	(1.050)	(1.050)	(1.050)	(1.050)	(1.050)
	镀锌铁丝 13～17 号	kg	5.58	8.500	8.500	8.500	10.000	10.000	10.000
机械	电动卷扬机（单筒快速）10kN	台班	129.21	0.090	0.090	0.090	0.090	0.090	0.090

工作内容:同前　　　　单位:m^3

定额编号				8-9-454	8-9-455	8-9-456	8-9-457	8-9-458	8-9-459
项目				阀门 ϕ726 以下(厚度)			阀门 ϕ1020 以下(厚度)		
				50mm	80mm	100mm	50mm	80mm	100mm
基价(元)				**915.91**	**815.11**	**719.91**	**834.68**	**743.48**	**657.08**
其中	人工费(元)			844.80	744.00	648.80	760.00	668.80	582.40
	材料费(元)			59.48	59.48	59.48	63.05	63.05	63.05
	机械费(元)			11.63	11.63	11.63	11.63	11.63	11.63
名称		单位	单价(元)	数量					
人工	综合工日	工日	80.00	10.560	9.300	8.110	9.500	8.360	7.280
材料	棉席被类制品	m^3	–	(1.050)	(1.050)	(1.050)	(1.050)	(1.050)	(1.050)
	镀锌铁丝 13~17 号	kg	5.58	10.660	10.660	10.660	11.300	11.300	11.300
机械	电动卷扬机(单筒快速) 10kN	台班	129.21	0.090	0.090	0.090	0.090	0.090	0.090

工作内容:同前 单位:m^3

定额编号				8-9-460	8-9-461	8-9-462	8-9-463、	8-9-464	8-9-465
项目				法兰 ϕ325 以下(厚度)			法兰 ϕ529 以下(厚度)		
				50mm	80mm	100mm	50mm	80mm	100mm
基价(元)				**1241.18**	**1101.18**	**967.58**	**997.98**	**887.58**	**782.78**
其中	人工费(元)			1170.40	1030.40	896.80	927.20	816.80	712.00
	材料费(元)			59.15	59.15	59.15	59.15	59.15	59.15
	机械费(元)			11.63	11.63	11.63	11.63	11.63	11.63
名称		单位	单价(元)	数量					
人工	综合工日	工日	80.00	14.630	12.880	11.210	11.590	10.210	8.900
材料	棉席被类制品	m^3	–	(1.050)	(1.050)	(1.050)	(1.050)	(1.050)	(1.050)
	镀锌铁丝 13~17 号	kg	5.58	10.600	10.600	10.600	10.600	10.600	10.600
机械	电动卷扬机(单筒快速) 10kN	台班	129.21	0.090	0.090	0.090	0.090	0.090	0.090

工作内容:同前

单位:m^3

定额编号				8-9-466	8-9-467	8-9-468	8-9-469	8-9-470	8-9-471
项目				法兰 φ720 以下(厚度)			法兰 φ1020 以下(厚度)		
				50mm	80mm	100mm	50mm	80mm	100mm
基价(元)				**956.38**	**837.18**	**749.98**	**911.91**	**811.91**	**716.71**
其中	人工费(元)			885.60	766.40	679.20	840.80	740.80	645.60
	材料费(元)			59.15	59.15	59.15	59.48	59.48	59.48
	机械费(元)			11.63	11.63	11.63	11.63	11.63	11.63
名称		单位	单价(元)	数量					
人工	综合工日	工日	80.00	11.070	9.580	8.490	10.510	9.260	8.070
材料	棉席被类制品	m^3	–	(1.030)	(1.030)	(1.030)	(1.030)	(1.030)	(1.030)
	镀锌铁丝 13~17 号	kg	5.58	10.600	10.600	10.600	10.660	10.660	10.660
机械	电动卷扬机(单筒快速) 10kN	台班	129.21	0.090	0.090	0.090	0.090	0.090	0.090

十二、纤维类散状材料安装

工作内容：运料、拆包、铺絮、安装、捆扎、修理找平。

单位：m^3

定额编号				8-9-472	8-9-473	8-9-474	8-9-475	8-9-476
项目				管道直径(mm)				
				57 以下	133 以下	325 以下	529 以下	726 以下
基价（元）				**190.81**	**131.61**	**127.79**	**123.79**	**130.73**
其中	人工费（元）			159.20	100.00	94.40	90.40	86.40
	材料费（元）			19.98	19.98	21.76	21.76	32.70
	机械费（元）			11.63	11.63	11.63	11.63	11.63
名称		单位	单价(元)	数量				
人工	综合工日	工日	80.00	1.990	1.250	1.180	1.130	1.080
材料	纤维类散状材料	m^3	–	(1.030)	(1.030)	(1.030)	(1.030)	(1.030)
	镀锌铁丝 8～12 号	kg	5.36	–	–	–	–	6.100
	镀锌铁丝 13～17 号	kg	5.58	3.580	3.580	3.900	3.900	–
机械	电动卷扬机(单筒快速) 10kN	台班	129.21	0.090	0.090	0.090	0.090	0.090

工作内容:同前

单位:m^3

定额编号				8-9-477	8-9-478	8-9-479
项目				设备		
				立式	卧式	球形
基价(元)				**171.21**	**205.89**	**254.07**
其中	人工费(元)			84.00	116.00	126.40
	材料费(元)			75.58	78.26	116.04
	机械费(元)			11.63	11.63	11.63
名称		单位	单价(元)	数量		
人工	综合工日	工日	80.00	1.050	1.450	1.580
材料	纤维类散状材料	m^3	–	(1.030)	(1.030)	(1.030)
	镀锌铁丝 8~12 号	kg	5.36	14.100	14.600	21.650
机械	电动卷扬机(单筒快速) 10kN	台班	129.21	0.090	0.090	0.090

工作内容:同前

单位:m^3

定额编号				8-9-480	8-9-481	8-9-482	8-9-483	8-9-484	8-9-485
项目				阀门 ϕ325 以下(厚度)			阀门 ϕ529 以下(厚度)		
				50mm	80mm	100mm	50mm	80mm	100mm
基价(元)				**900.32**	**801.92**	**705.92**	**908.23**	**809.03**	**713.03**
其中	人工费(元)			836.80	738.40	642.40	840.80	741.60	645.60
	材料费(元)			51.89	51.89	51.89	55.80	55.80	55.80
	机械费(元)			11.63	11.63	11.63	11.63	11.63	11.63
名称		单位	单价(元)	数量					
人工	综合工日	工日	80.00	10.460	9.230	8.030	10.510	9.270	8.070
材料	纤维类散状材料	m^3	-	(1.030)	(1.030)	(1.030)	(1.030)	(1.030)	(1.030)
	镀锌铁丝 13~17 号	kg	5.58	9.300	9.300	9.300	10.000	10.000	10.000
机械	电动卷扬机(单筒快速) 10kN	台班	129.21	0.090	0.090	0.090	0.090	0.090	0.090

工作内容:同前　　　　　　　　　　　　　　　　　　　　　　　　　　　　单位:m^3

定额编号				8-9-486	8-9-487	8-9-488	8-9-489	8-9-490	8-9-491
项目				阀门 ϕ726 以下(厚度)			阀门 ϕ1020 以下(厚度)		
				50mm	80mm	100mm	50mm	80mm	100mm
基价(元)				**819.09**	**727.09**	**647.09**	**891.89**	**794.29**	**702.29**
其中	人工费(元)			742.40	650.40	570.40	815.20	717.60	625.60
	材料费(元)			65.06	65.06	65.06	65.06	65.06	65.06
	机械费(元)			11.63	11.63	11.63	11.63	11.63	11.63
名称		单位	单价(元)	数量					
人工	综合工日	工日	80.00	9.280	8.130	7.130	10.190	8.970	7.820
材料	纤维类散状材料	m^3	–	(1.030)	(1.030)	(1.030)	(1.030)	(1.030)	(1.030)
	镀锌铁丝 13~17 号	kg	5.58	11.660	11.660	11.660	11.660	11.660	11.660
机械	电动卷扬机(单筒快速)10kN	台班	129.21	0.090	0.090	0.090	0.090	0.090	0.090

工作内容:同前　　　　　　　　　　　　　　　　　　　　　　　　　　　　　　　　　　单位:m^3

定额编号				8-9-492	8-9-493	8-9-494	8-9-495	8-9-496	8-9-497
项目				法兰 ϕ325 以下(厚度)			法兰 ϕ529 以下(厚度)		
				50mm	80mm	100mm	50mm	80mm	100mm
基价(元)				**1151.58**	**1027.58**	**903.58**	**930.78**	**827.58**	**730.78**
其中	人工费(元)			1080.80	956.80	832.80	860.00	756.80	660.00
	材料费(元)			59.15	59.15	59.15	59.15	59.15	59.15
	机械费(元)			11.63	11.63	11.63	11.63	11.63	11.63
名称		单位	单价(元)	数量					
人工	综合工日	工日	80.00	13.510	11.960	10.410	10.750	9.460	8.250
材料	纤维类散状材料	m^3	-	(1.030)	(1.030)	(1.030)	(1.030)	(1.030)	(1.030)
	镀锌铁丝 13~17 号	kg	5.58	10.600	10.600	10.600	10.600	10.600	10.600
机械	电动卷扬机(单筒快速)10kN	台班	129.21	0.090	0.090	0.090	0.090	0.090	0.090

工作内容:同前　　　　　　　　　　　　　　　　　　　　　　　　　　　单位:m^3

定额编号				8-9-498	8-9-499	8-9-500	8-9-501	8-9-502	8-9-503
项目				法兰 ϕ720 以下(厚度)			法兰 ϕ1020 以下(厚度)		
				50mm	80mm	100mm	50mm	80mm	100mm
基价(元)				**893.51**	**792.71**	**701.51**	**851.91**	**759.11**	**670.31**
其中	人工费(元)			822.40	721.60	630.40	780.80	688.00	599.20
	材料费(元)			59.48	59.48	59.48	59.48	59.48	59.48
	机械费(元)			11.63	11.63	11.63	11.63	11.63	11.63
名称		单位	单价(元)	数量					
人工	综合工日	工日	80.00	10.280	9.020	7.880	9.760	8.600	7.490
材料	纤维类散状材料	m^3	–	(1.030)	(1.030)	(1.030)	(1.030)	(1.030)	(1.030)
	镀锌铁丝 13～17 号	kg	5.58	10.660	10.660	10.660	10.660	10.660	10.660
机械	电动卷扬机(单筒快速) 10kN	台班	129.21	0.090	0.090	0.090	0.090	0.090	0.090

十三、聚氨酯泡沫喷涂发泡安装

工作内容：运料、现场施工准备、配料、喷涂、修理找平、设备机具修理。　　单位：$10m^2$

定额编号				8-9-504	8-9-505	8-9-506	8-9-507	8-9-508	8-9-509
项目				立式设备（厚度）			卧式设备（厚度）		
				50mm 以下	100mm 以下	100mm 以上	50mm 以下	100mm 以下	100mm 以上
基价（元）				**239.61**	**235.61**	**226.81**	**254.01**	**244.41**	**234.81**
其中	人工费（元）			106.40	102.40	93.60	120.80	111.20	101.60
	材料费（元）			60.70	60.70	60.70	60.70	60.70	60.70
	机械费（元）			72.51	72.51	72.51	72.51	72.51	72.51
名称		单位	单价（元）	数量					
人工	综合工日	工日	80.00	1.330	1.280	1.170	1.510	1.390	1.270
材料	可发性聚氨酯泡沫塑料	kg	–	(62.500)	(62.500)	(62.500)	(62.500)	(62.500)	(62.500)
	丙酮 95%	kg	10.80	5.000	5.000	5.000	5.000	5.000	5.000
	其他材料费	元	–	6.695	6.695	6.695	6.695	6.695	6.695
机械	电动空气压缩机 $3m^3/min$	台班	231.38	0.280	0.280	0.280	0.280	0.280	0.280
	喷涂机	台班	27.59	0.280	0.280	0.280	0.280	0.280	0.280

工作内容:同前

单位:$10m^2$

定额编号				8-9-510	8-9-511	8-9-512
项目				球形设备(厚度)		
				50mm 以下	100mm 以下	100mm 以上
基价(元)				**274.01**	**262.81**	**251.61**
其中	人工费(元)			140.80	129.60	118.40
	材料费(元)			60.70	60.70	60.70
	机械费(元)			72.51	72.51	72.51
	名称	单位	单价(元)	数		量
人工	综合工日	工日	80.00	1.760	1.620	1.480
材料	可发性聚氨酯泡沫塑料	kg	–	(62.500)	(62.500)	(62.500)
	丙酮 95%	kg	10.80	5.000	5.000	5.000
	其他材料费	元	–	6.695	6.695	6.695
机械	电动空气压缩机 $3m^3/min$	台班	231.38	0.280	0.280	0.280
	喷涂机	台班	27.59	0.280	0.280	0.280

十四、硅酸盐类涂抹材料(管道)安装

工作内容:运料、搅拌均匀、涂抹安装、找平压光。　　　　单位:$10m^2$

定额编号				8-9-513	8-9-514	8-9-515	8-9-516	8-9-517	8-9-518	8-9-519
项目				管道(厚度)						
				20mm	30mm	40mm	50mm	60mm	70mm	80mm
基价(元)				**176.49**	**177.69**	**198.89**	**200.89**	**234.89**	**236.89**	**238.09**
其中	人工费(元)			157.60	158.40	179.20	180.80	214.40	216.00	216.80
	材料费(元)			0.80	1.20	1.60	2.00	2.40	2.80	3.20
	机械费(元)			18.09	18.09	18.09	18.09	18.09	18.09	18.09
名称		单位	单价(元)	数量						
人工	综合工日	工日	80.00	1.970	1.980	2.240	2.260	2.680	2.700	2.710
材料	硅酸盐涂抹料	m^3	–	(0.203)	(0.305)	(0.406)	(0.508)	(0.609)	(0.711)	(0.816)
	水	t	4.00	0.200	0.300	0.400	0.500	0.600	0.700	0.800
机械	电动卷扬机(单筒快速) 10kN	台班	129.21	0.140	0.140	0.140	0.140	0.140	0.140	0.140

十五、硅酸盐类涂抹材料(设备)安装

工作内容:运料、搅拌均匀、涂抹安装、找平压光。　　　　单位:10m²

定额编号				8-9-520	8-9-521	8-9-522	8-9-523	8-9-524	8-9-525	8-9-526
项目				设备(厚度)						
				20mm	30mm	40mm	50mm	60mm	70mm	80mm
基价(元)				**161.29**	**163.29**	**182.09**	**183.29**	**214.89**	**216.09**	**218.09**
其中	人工费(元)			142.40	144.00	162.40	163.20	194.40	195.20	196.80
	材料费(元)			0.80	1.20	1.60	2.00	2.40	2.80	3.20
	机械费(元)			18.09	18.09	18.09	18.09	18.09	18.09	18.09
名称		单位	单价(元)	数量						
人工	综合工日	工日	80.00	1.780	1.800	2.030	2.040	2.430	2.440	2.460
材料	硅酸盐涂抹料	m^3	-	(0.203)	(0.305)	(0.406)	(0.508)	(0.609)	(0.711)	(0.816)
	水	t	4.00	0.200	0.300	0.400	0.500	0.600	0.700	0.800
机械	电动卷扬机(单筒快速) 10kN	台班	129.21	0.140	0.140	0.140	0.140	0.140	0.140	0.140

十六、硅酸盐类涂抹材料(管件)安装

工作内容:运料、搅拌均匀、涂抹安装、找平压光。 单位:$10m^2$

定额编号				8-9-527	8-9-528	8-9-529	8-9-530	8-9-531	8-9-532	8-9-533
项目				阀门(厚度)						
				20mm	30mm	40mm	50mm	60mm	70mm	80mm
基价(元)				**378.09**	**380.09**	**431.69**	**440.89**	**493.29**	**522.49**	**545.29**
其中	人工费(元)			359.20	360.80	412.00	420.80	472.80	501.60	524.00
	材料费(元)			0.80	1.20	1.60	2.00	2.40	2.80	3.20
	机械费(元)			18.09	18.09	18.09	18.09	18.09	18.09	18.09
名称		单位	单价(元)	数量						
人工	综合工日	工日	80.00	4.490	4.510	5.150	5.260	5.910	6.270	6.550
材料	硅酸盐涂抹料	m^3	–	(0.203)	(0.305)	(0.406)	(0.508)	(0.609)	(0.711)	(0.816)
	水	t	4.00	0.200	0.300	0.400	0.500	0.600	0.700	0.800
机械	电动卷扬机(单筒快速) 10kN	台班	129.21	0.140	0.140	0.140	0.140	0.140	0.140	0.140

工作内容:同前

单位:$10m^2$

定额编号				8-9-534	8-9-535	8-9-536	8-9-537	8-9-538	8-9-539	8-9-540
项目				法兰(厚度)						
				20mm	30mm	40mm	50mm	60mm	70mm	80mm
基价(元)				**249.29**	**252.09**	**287.69**	**325.69**	**330.89**	**346.49**	**374.89**
其中	人工费(元)			230.40	232.80	268.00	305.60	310.40	325.60	353.60
	材料费(元)			0.80	1.20	1.60	2.00	2.40	2.80	3.20
	机械费(元)			18.09	18.09	18.09	18.09	18.09	18.09	18.09
名称		单位	单价(元)	数量						
人工	综合工日	工日	80.00	2.880	2.910	3.350	3.820	3.880	4.070	4.420
材料	硅酸盐涂抹料	m^3	–	(0.203)	(0.305)	(0.406)	(0.508)	(0.609)	(0.711)	(0.816)
	水	t	4.00	0.200	0.300	0.400	0.500	0.600	0.700	0.800
机械	电动卷扬机(单筒快速) 10kN	台班	129.21	0.140	0.140	0.140	0.140	0.140	0.140	0.140

十七、复合硅酸铝绳安装

工作内容：1. 运料、缠绕安装、捆扎铁线、修理整平；2. 运料、涂抹、检查。

单位：m^3

定额编号				8-9-541	8-9-542
项目				φ57(mm)以下	
				复合硅酸铝绳安装	涂抹 A884 耐磨粘接剂
基价（元）				**269.20**	**197.23**
其中	人工费（元）			244.00	128.00
	材料费（元）			13.57	69.23
	机械费（元）			11.63	–
名称		单位	单价(元)	数量	
人工	综合工日	工日	80.00	3.050	1.600
材料	复合硅酸铝绳	m^3	–	(1.060)	–
	镀锌铁丝 18～22 号	kg	5.90	2.300	–
	A884 粘接剂	kg	10.65	–	6.500
机械	电动卷扬机(单筒快速) 10kN	台班	129.21	0.090	–

十八、防潮层、保护层安装

工作内容：裁油毡纸、包油毡纸、熬沥青、粘接、绑铁线。　　　　单位：$10m^2$

定额编号				8-9-543	8-9-544	8-9-545	8-9-546
项目				玻璃丝布		麻袋布	
				管道	设备	管道	设备
基价（元）				**74.10**	**71.70**	**22.58**	**20.18**
其中	人工费（元）			22.40	20.00	22.40	20.00
	材料费（元）			51.70	51.70	0.18	0.18
	机械费（元）			–	–	–	–
名称		单位	单价(元)	数量			
人工	综合工日	工日	80.00	0.280	0.250	0.280	0.250
材料	玻璃丝布 $\delta=0.5$	m^2	3.68	14.000	14.000	–	–
	麻袋布	m^2	–	–	–	(14.000)	(14.000)
	镀锌铁丝 18～22 号	kg	5.90	0.030	0.030	0.030	0.030

工作内容：同前　　单位：10m²

定额编号				8-9-547	8-9-548	8-9-549	8-9-550
项目				塑料布		油毡纸	
				管道	设备	管道	设备
基价（元）				**40.78**	**38.38**	**36.31**	**36.31**
其中	人工费（元）			22.40	20.00	23.20	23.20
	材料费（元）			18.38	18.38	13.11	13.11
	机械费（元）			–	–	–	–
名称		单位	单价(元)	数量			
人工	综合工日	工日	80.00	0.280	0.250	0.290	0.290
材料	塑料布	m²	1.30	14.000	14.000	–	–
	油毡纸 350 克	m²	–	–	–	(14.000)	(13.500)
	镀锌铁丝 18~22 号	kg	5.90	0.030	0.030	0.420	0.420
	石油沥青 10 号	kg	3.80	–	–	1.830	1.830
	木柴	kg	0.95	–	–	1.500	1.500
	破布	kg	4.50	–	–	0.500	0.500

工作内容：运料、下料、安装、上螺钉、粘缝。

单位：$10m^2$

定额编号				8-9-551	8-9-552	8-9-553	8-9-554	8-9-555
项目				铁丝网		铝箔-复合玻璃钢		铝箔
				管道	设备	管道	设备	管道
基价（元）				153.79	135.57	205.52	193.34	270.37
其中	人工费（元）			59.20	44.80	108.80	99.20	67.20
	材料费（元）			94.59	90.77	96.72	94.14	203.17
	机械费（元）			–	–	–	–	–
名称		单位	单价(元)	数量				
人工	综合工日	工日	80.00	0.740	0.560	1.360	1.240	0.840
材料	铝箔-复合玻璃钢	m^2	–	–	–	(12.000)	(12.000)	–
	镀锌铁丝网 10×10×0.9	m^2	7.65	12.000	11.500	–	–	–
	镀锌铁丝 13~17号	kg	5.58	0.500	0.500	–	–	0.030
	镀锌自攻螺钉 M4~6×20~35	10个	0.86	–	–	21.000	18.000	–
	环氧粘接剂	kg	43.70	–	–	1.800	1.800	–
	铝箔	m^2	14.50	–	–	–	–	14.000

工作内容:运料、和灰、抹灰、压光。 单位:10m²

定额编号				8-9-556	8-9-557	8-9-558	8-9-559
项目				抹面保护层管道(厚度)			
				10mm	15mm	20mm	25mm
基价(元)				**69.02**	**96.24**	**131.64**	**162.06**
其中	人工费(元)			67.20	92.80	128.00	156.80
	材料费(元)			0.40	0.60	0.80	1.00
	机械费(元)			1.42	2.84	2.84	4.26
名称		单位	单价(元)	数量			
人工	综合工日	工日	80.00	0.840	1.160	1.600	1.960
材料	抹面材料	m^3	–	(0.110)	(0.160)	(0.220)	(0.270)
	水	t	4.00	0.100	0.150	0.200	0.250
机械	滚筒式混凝土搅拌机(内燃) 250L	台班	202.65	0.007	0.014	0.014	0.021

工作内容:同前　　　　单位:$10m^2$

定额编号				8-9-560	8-9-561	8-9-562	8-9-563
项目				抹面保护层管道(厚度)			
				30mm	35mm	40mm	50mm
基价(元)				**145.46**	**174.07**	**200.87**	**225.09**
其中	人工费(元)			140.00	167.20	193.60	216.00
	材料费(元)			1.20	1.40	1.60	2.00
	机械费(元)			4.26	5.47	5.67	7.09
名称		单位	单价(元)	数量			
人工	综合工日	工日	80.00	1.750	2.090	2.420	2.700
材料	抹面材料	m^3	–	(0.320)	(0.300)	(0.430)	(0.540)
	水	t	4.00	0.300	0.350	0.400	0.500
机械	滚筒式混凝土搅拌机(内燃) 250L	台班	202.65	0.021	0.027	0.028	0.035

工作内容:同前　　单位:$10m^2$

定额编号				8-9-564	8-9-565	8-9-566	8-9-567
项目				抹面保护层设备(厚度)			
				10mm	15mm	20mm	25mm
基价(元)				**44.22**	**54.64**	**66.04**	**79.66**
其中	人工费(元)			42.40	51.20	62.40	74.40
	材料费(元)			0.40	0.60	0.80	1.00
	机械费(元)			1.42	2.84	2.84	4.26
名称		单位	单价(元)	数量			
人工	综合工日	工日	80.00	0.530	0.640	0.780	0.930
材料	抹面材料	m^3	–	(0.110)	(0.160)	(0.220)	(0.270)
	水	t	4.00	0.100	0.150	0.200	0.250
机械	滚筒式混凝土搅拌机(内燃)250L	台班	202.65	0.007	0.014	0.014	0.021

工作内容:同前

单位:$10m^2$

定额编号				8-9-568	8-9-569	8-9-570	8-9-571
项目				抹面保护层设备(厚度)			
				30mm	35mm	40mm	50mm
基价(元)				**90.26**	**103.07**	**125.67**	**149.89**
其中	人工费(元)			84.80	96.00	118.40	140.80
	材料费(元)			1.20	1.40	1.60	2.00
	机械费(元)			4.26	5.67	5.67	7.09
名称		单位	单价(元)	数量			
人工	综合工日	工日	80.00	1.060	1.200	1.480	1.760
材料	抹面材料	m^3	–	(0.320)	(0.360)	(0.430)	(0.540)
	水	t	4.00	0.300	0.350	0.400	0.500
机械	滚筒式混凝土搅拌机(内燃) 250L	台班	202.65	0.021	0.028	0.028	0.035

工作内容:运料、搅拌、刮涂、找平。

单位:$10m^2$

定额编号				8-9-572	8-9-573	8-9-574	8-9-575	8-9-576	8-9-577
项目				沥青玛蹄脂5以内			沥清玛蹄脂10以内		
				玻璃布面	金属网面	保冷层面	玻璃布面	金属网面	保冷层面
基价(元)				**469.31**	**416.51**	**452.51**	**733.33**	**673.33**	**726.93**
其中	人工费(元)			186.40	133.60	169.60	210.40	150.40	204.00
	材料费(元)			280.07	280.07	280.07	517.26	517.26	517.26
	机械费(元)			2.84	2.84	2.84	5.67	5.67	5.67
名称		单位	单价(元)	数量					
人工	综合工日	工日	80.00	2.330	1.670	2.120	2.630	1.880	2.550
材料	沥青玛蹄脂胶液	kg	2.40	67.000	67.000	67.000	134.000	134.000	134.000
	石棉灰4级	kg	0.60	10.680	10.680	10.680	22.100	22.100	22.100
	石棉绒	kg	5.70	19.800	19.800	19.800	32.000	32.000	32.000
机械	滚筒式混凝土搅拌机(内燃) 250L	台班	202.65	0.014	0.014	0.014	0.028	0.028	0.028

工作内容:运料、填料干燥、配料、缠绕玻璃丝布、刷涂 TO 树脂。 单位:$10m^2$

定额编号				8-9-578	8-9-579	8-9-580	8-9-581	8-9-582
项目				TO 树脂玻璃钢管道				
				一布二油	两布二油	两布三油	三布四油	四布五油
基价(元)				**336.93**	**415.21**	**436.90**	**512.71**	**632.46**
其中	人工费(元)			273.60	300.80	320.00	342.40	406.40
	材料费(元)			52.77	101.74	102.11	153.41	204.94
	机械费(元)			10.56	12.67	14.79	16.90	21.12
名称		单位	单价(元)	数量				
人工	综合工日	工日	80.00	3.420	3.760	4.000	4.280	5.080
材料	TO 树脂面漆	kg	–	(8.000)	(11.000)	(15.750)	(21.000)	(26.250)
	TO 固化剂	kg	–	(0.309)	(1.100)	(1.580)	(2.100)	(2.630)
	玻璃丝布 $\delta=0.5$	m^2	3.68	14.000	27.000	27.000	40.500	54.000
	其他材料费	元	–	1.250	2.379	2.748	4.373	6.215
机械	混凝土搅拌机(机动) 400L 以内	台班	301.75	0.035	0.042	0.049	0.056	0.070

工作内容：运料、剪切、卷板、起鼓、安装、上螺钉。

单位：10m²

定额编号				8-9-583	8-9-584	8-9-585	8-9-586	8-9-587	8-9-588	8-9-589
项目				金属薄板钉口安装					金属薄板挂口安装	
				管道	阀门	法兰	一般设备	球形设备	一般设备	球形设备
基价（元）				**215.88**	**319.06**	**264.54**	**187.71**	**329.83**	**278.29**	**320.34**
其中	人工费（元）			78.40	235.20	182.40	71.20	167.20	155.20	192.00
	材料费（元）			75.93	70.88	63.00	73.56	82.73	65.76	71.01
	机械费（元）			61.55	12.98	19.14	42.95	79.90	57.33	57.33
名称		单位	单价（元）	数量						
人工	综合工日	工日	80.00	0.980	2.940	2.280	0.890	2.090	1.940	2.400
材料	镀锌薄钢板 $\delta=0.5\sim0.9$	kg	5.25	11.500	13.500	12.000	12.000	13.500	12.500	13.500
	镀锌自攻螺钉 M4～6×20～35	10个	0.86	16.500	–	–	10.700	12.200	–	–
	钻头 $\phi3$	个	0.68	2.000	–	–	2.000	2.000	0.200	0.200
机械	电动卷扬机（单筒快速）10kN	台班	129.21	0.120	–	–	0.120	0.120	0.120	0.120
	剪板机 20mm×2500mm	台班	302.52	0.090	–	–	0.070	0.035	0.090	0.090
	卷板机 20mm×1600mm	台班	156.81	0.120	–	0.060	0.040	0.250	–	–
	咬口机 1.5mm	台班	162.25	–	0.080	0.060	–	0.090	0.090	0.090

工作内容:1. 运料、涂抹;2. 运料、下料、上带、打包、紧箍;3. 运料、钻孔。　　　　单位:$10m^2$

定额编号				8-9-590	8-9-591	8-9-592
项目				铁皮保护层		
				涂抹密封胶	铆钉固定	钢带安装
基价(元)				**36.94**	**16.92**	**179.59**
其中	人工费(元)			21.60	13.60	48.00
	材料费(元)			15.34	3.32	131.59
	机械费(元)			–	–	–
名称		单位	单价(元)	数量		
人工	综合工日	工日	80.00	0.270	0.170	0.600
材料	密封胶	kg	23.40	0.650	–	–
	钢带 20×0.5	m	3.45	–	–	38.000
	铆钉	10个	0.60	–	5.500	–
	其他材料费	元	–	0.127	0.017	0.490

十九、金属保温盒、托盘、钩钉制作安装

工作内容:运料、下料、制作、安装。　　　　单位:个

定额编号				8-9-593	8-9-594	8-9-595	8-9-596
项目				托盘制作安装	钩钉制作安装	普通钢板盒制作安装	
				100kg		阀门	人孔
基价(元)				**994.03**	**2699.25**	**1281.42**	**1089.57**
其中	人工费(元)			238.40	1148.00	739.20	554.40
	材料费(元)			630.72	489.56	541.85	521.30
	机械费(元)			124.91	1061.69	0.37	13.87
名称		单位	单价(元)	数量			
人工	综合工日	工日	80.00	2.980	14.350	9.240	6.930
材料	镀锌薄钢板 $\delta=1.0\sim1.5$	kg	5.05	115.000	–	94.200	90.130
	钢板综合	kg	3.75	–	105.000	2.500	2.500
	氧气	m^3	3.60	3.550	–	1.000	1.000
	乙炔气	m^3	25.20	1.210	–	0.320	0.320
	电焊条 结422 $\phi3.2$	kg	6.70	1.000	14.300	–	–
	扁钢 边宽59mm以下	kg	4.10	–	–	11.000	11.000
机械	交流弧焊机 21kV·A	台班	189.25	0.660	5.050	–	–
	钢筋切断机 $\phi40mm$	台班	52.99	–	2.000	0.007	–
	鼓风机 $8m^3/min$ 以内	台班	85.41	–	–	–	0.056
	咬口机 1.5mm	台班	162.25	–	–	–	0.056

工作内容:同前　　　　　　　　　　　　　　　　　　　　　　　　　　　　　　单位:个

定额编号				8-9-597	8-9-598	8-9-599	8-9-600
项目				镀锌铁皮盒制作安装			金属铁皮
				阀门	人孔	法兰	
基价（元）				752.69	683.35	342.21	52.34
其中	人工费（元）			460.80	376.00	42.40	12.00
	材料费（元）			277.03	275.00	275.00	19.56
	机械费（元）			14.86	32.35	24.81	20.78
名称		单位	单价(元)	数量			
人工	综合工日	工日	80.00	5.760	4.700	0.530	0.150
材料	镀锌钢板 $\delta=0.5$	m^2	20.37	13.600	13.500	13.500	0.960
机械	鼓风机 $8m^3/min$ 以内	台班	85.41	0.060	0.060	0.040	–
	咬口机 1.5mm	台班	162.25	0.060	0.060	0.060	–
	卷板机 20mm×2500mm	台班	291.50	–	0.060	0.040	–
	电动空气压缩机 $10m^3/min$	台班	519.44	–	–	–	0.040

二十、防火涂层

工作内容:运料、配料、搅拌均匀、喷涂、涂抹、清理。　　单位:10m²

定额编号				8-9-601	8-9-602	8-9-603	8-9-604	8-9-605
项目				NH 型涂抹防火涂料				
				设备				
				耐火极限(h)/厚度(mm)				
				1 以内/5	1.5 以内/8	2 以内/12	2.5 以内/17	3 以内/23
基价(元)				**585.26**	**1002.92**	**1494.38**	**2071.64**	**2762.27**
其中	人工费(元)			26.40	56.80	75.20	93.60	113.60
	材料费(元)			429.00	686.40	1029.60	1458.60	1973.40
	机械费(元)			129.86	259.72	389.58	519.44	675.27
名称		单位	单价(元)	数量				
人工	综合工日	工日	80.00	0.330	0.710	0.940	1.170	1.420
材料	防火涂料	kg	11.00	39.000	62.400	93.600	132.600	179.400
机械	电动空气压缩机 10m³/min	台班	519.44	0.250	0.500	0.750	1.000	1.300

工作内容:运料、配料、搅拌均匀、喷涂、涂抹、清理。

单位:$10m^2$

定额编号				8-9-606	8-9-607	8-9-608	8-9-609	8-9-610
项目				NH 型涂抹防火涂料				
				管道				
				耐火极限(h)/厚度(mm)				
				1 以内/5	1.5 以内/8	2 以内/12	2.5 以内/17	3 以内/23
基价(元)				**658.75**	**1103.11**	**1645.06**	**2282.22**	**3121.36**
其中	人工费(元)			40.80	60.80	81.60	100.80	122.40
	材料费(元)			482.90	772.20	1158.30	1641.20	2219.80
	机械费(元)			135.05	270.11	405.16	540.22	779.16
名称		单位	单价(元)	数量				
人工	综合工日	工日	80.00	0.510	0.760	1.020	1.260	1.530
材料	防火涂料	kg	11.00	43.900	70.200	105.300	149.200	201.800
机械	电动空气压缩机 $10m^3/min$	台班	519.44	0.260	0.520	0.780	1.040	1.500

工作内容：运料、配料、搅拌均匀、喷涂、涂抹、清理。

单位：$10m^2$

定额编号				8-9-611	8-9-612	8-9-613	8-9-614	8-9-615
项目				NH型涂抹防火涂料				
				室外钢结构				
				耐火极限(h)/厚度(mm)				
				1以内/5	1.5以内/7	2以内/11	2.5以内/16	3以内/22
基价（元）				**319.90**	**529.16**	**795.33**	**1105.94**	**1510.66**
其中	人工费（元）			23.20	35.20	47.20	58.40	71.20
	材料费（元）			231.77	364.10	555.94	787.82	1065.46
	机械费（元）			64.93	129.86	192.19	259.72	374.00
名称		单位	单价(元)	数量				
人工	综合工日	工日	80.00	0.290	0.440	0.590	0.730	0.890
材料	防火涂料	kg	11.00	21.070	33.100	50.540	71.620	96.860
机械	电动空气压缩机 $10m^3/min$	台班	519.44	0.125	0.250	0.370	0.500	0.720

工作内容:运料、配料、搅拌均匀、喷涂、涂抹、清理。

单位:$10m^2$

定额编号				8-9-616	8-9-617	8-9-618	8-9-619	8-9-620
项目				NH型涂抹防火涂料				
				室外管廊钢结构				
				耐火极限(h)/厚度(mm)				
				1以内/5	1.5以内/7	2以内/11	2.5以内/16	3以内/22
基价(元)				**241.74**	**406.66**	**605.64**	**848.97**	**1160.74**
其中	人工费(元)			16.00	24.80	32.80	40.00	49.60
	材料费(元)			173.80	277.97	417.01	590.81	799.48
	机械费(元)			51.94	103.89	155.83	218.16	311.66
名称		单位	单价(元)	数量				
人工	综合工日	工日	80.00	0.200	0.310	0.410	0.500	0.620
材料	防火涂料	kg	11.00	15.800	25.270	37.910	53.710	72.680
机械	电动空气压缩机 $10m^3/min$	台班	519.44	0.100	0.200	0.300	0.420	0.600

工作内容:运料、配料、搅拌均匀、喷涂、涂抹、清理。

单位:$10m^2$

定额编号				8-9-621	8-9-622	8-9-623	8-9-624	8-9-625
项目				NH 型涂抹防火涂料				
				室外 H 型钢结构				
				耐火极限(h)/厚度(mm)				
				1 以内/5	1.5 以内/7	2 以内/11	2.5 以内/16	3 以内/22
基价(元)				**678.34**	**1135.48**	**1694.62**	**2344.56**	**3211.28**
其中	人工费(元)			44.80	67.20	89.60	111.20	134.40
	材料费(元)			482.90	772.20	1158.30	1641.20	2219.80
	机械费(元)			150.64	296.08	446.72	592.16	857.08
名称		单位	单价(元)	数量				
人工	综合工日	工日	80.00	0.560	0.840	1.120	1.390	1.680
材料	防火涂料	kg	11.00	43.900	70.200	105.300	149.200	201.800
机械	电动空气压缩机 $10m^3/min$	台班	519.44	0.290	0.570	0.860	1.140	1.650

工作内容:运料、配料、搅拌均匀、喷涂、涂抹、清理。

单位:$10m^2$

定额编号				8-9-626	8-9-627	8-9-628	8-9-629
项目				NH 型涂抹防火涂料			
				室外 H 型钢结构			
				耐火极限(h)/厚度(mm)			
				0.5 以内/1	1 以内/2	1.5 以内/3.5	2 以内/5
基价(元)				**157.76**	**304.57**	**513.21**	**842.80**
其中	人工费(元)			11.20	20.00	32.80	44.80
	材料费(元)			105.00	209.25	366.13	611.00
	机械费(元)			41.56	75.32	114.28	187.00
名称		单位	单价(元)	数量			
人工	综合工日	工日	80.00	0.140	0.250	0.410	0.560
材料	防火涂料(单组分)	kg	12.50	8.400	16.740	29.290	48.880
机械	电动空气压缩机 $10m^3/min$	台班	519.44	0.080	0.145	0.220	0.360

工作内容:运料、配料、搅拌均匀、喷涂、涂抹、清理。　　　　单位:$10m^2$

定额编号				8-9-630	8-9-631	8-9-632	8-9-633
项目				NB 型涂抹防火涂料			
				H 型钢结构			
				耐火极限(h)/厚度(mm)			
				0.5 以内/1	1 以内/2	1.5 以内/3.5	2 以内/5
基价(元)				**336.50**	**646.73**	**1088.65**	**1591.20**
其中	人工费(元)			23.20	42.40	70.40	95.20
	材料费(元)			225.00	448.50	784.50	1122.00
	机械费(元)			88.30	155.83	233.75	374.00
名称		单位	单价(元)	数量			
人工	综合工日	工日	80.00	0.290	0.530	0.880	1.190
材料	防火涂料(单组分)	kg	12.50	18.000	35.880	62.760	89.760
机械	电动空气压缩机 $10m^3/min$	台班	519.44	0.170	0.300	0.450	0.720

工作内容:运料、配料、搅拌均匀、喷涂、涂抹、清理。

单位:$10m^2$

定额编号				8-9-634	8-9-635	8-9-636	8-9-637
项目				NB 型涂抹防火涂料			
				管廊钢结构			
				耐火极限(h)/厚度(mm)			
				0.5 以内/1	1 以内/2	1.5 以内/3.5	2 以内/5
基价(元)				**130.99**	**250.47**	**541.08**	**622.60**
其中	人工费(元)			8.80	14.40	24.80	33.60
	材料费(元)			80.63	160.75	402.00	402.00
	机械费(元)			41.56	75.32	114.28	187.00
名称		单位	单价(元)	数量			
人工	综合工日	工日	80.00	0.110	0.180	0.310	0.420
材料	防火涂料(单组分)	kg	12.50	6.450	12.860	32.160	32.160
机械	电动空气压缩机 $10m^3/min$	台班	519.44	0.080	0.145	0.220	0.360

工作内容：运料、配料、搅拌均匀、喷涂、涂抹、清理。 单位：$10m^2$

定额编号				8-9-638	8-9-639	8-9-640	8-9-641
项目				NCB 型涂抹防火涂料			
				H 型钢结构			
				耐火极限(h)/厚度(mm)			
				0.5 以内/0.8	1 以内/1.2	1.5 以内/2	2 以内/2.5
基价（元）				**165.47**	**241.82**	**375.29**	**716.69**
其中	人工费（元）			25.60	42.40	72.80	98.40
	材料费（元）			56.76	85.14	141.46	176.77
	机械费（元）			83.11	114.28	161.03	441.52
名称		单位	单价(元)	数量			
人工	综合工日	工日	80.00	0.320	0.530	0.910	1.230
材料	防火涂料	kg	11.00	5.160	7.740	12.860	16.070
机械	电动空气压缩机 $10m^3/min$	台班	519.44	0.160	0.220	0.310	0.850

工作内容:运料、配料、搅拌均匀、喷涂、涂抹、清理。

单位:$10m^2$

定额编号				8-9-642	8-9-643	8-9-644	8-9-645
项目				NB 型涂抹防火涂料			
				管廊钢结构			
				耐火极限(h)/厚度(mm)			
				0.5 以内/0.8	1 以内/1.2	1.5 以内/2	2 以内/2.5
基价(元)				**198.37**	**301.54**	**491.80**	**641.33**
其中	人工费(元)			8.80	12.00	19.20	23.20
	材料费(元)			158.40	237.60	394.68	493.46
	机械费(元)			31.17	51.94	77.92	124.67
名称		单位	单价(元)	数量			
人工	综合工日	工日	80.00	0.110	0.150	0.240	0.290
材料	防火涂料	kg	11.00	14.400	21.600	35.880	44.860
机械	电动空气压缩机 $10m^3/min$	台班	519.44	0.060	0.100	0.150	0.240

工作内容：运料、配料、搅拌均匀、喷涂、涂抹、清理。

单位：$10m^2$

定额编号				8-9-646	8-9-647
项目				防火涂料	
				耐火极限(h)/厚度(mm)	防水剂
				1.5 以内/7	两遍
基价（元）				**954.93**	**143.20**
其中	人工费（元）			16.80	92.00
	材料费（元）			938.13	51.20
	机械费（元）			–	–
名称		单位	单价(元)	数	量
人工	综合工日	工日	80.00	0.210	1.150
材料	防火涂料（单组分）	kg	12.50	75.050	–
	防水剂	kg	16.00	–	3.200

第十章　管道补口补伤工程

说　明

一、本章定额适用于金属管道的补口补伤的防腐工程。

二、管道补口补伤防腐涂料有环氧煤沥青漆、氯磺化聚乙烯漆、聚氨酯漆、无机富锌漆。

三、本章定额项目均采用手工操作。

四、管道补口每个口取定为：ϕ426mm 以下（含 ϕ426mm）管道每个口补口长度为 400mm；ϕ426mm 以上管道每个口补口长度为 600mm。

五、各类涂料涂层厚度。

1. 氯磺化聚乙烯漆为 0.3 ~ 0.4mm 厚。

2. 聚氨酯漆为 0.3 ~ 0.4mm 厚。

3. 环氧煤沥青漆涂层厚度：

普通级，0.3mm 厚，包括底漆一遍、面漆两遍；

加强级，0.5mm 厚，包括底漆一遍、面漆三遍及玻璃布一层；

特加强级，0.8mm 厚，包括底漆一遍、面漆四遍及玻璃布二层。

六、本章定额施工工序包括了补伤，但不含表面除锈，发生时应根据其工程量执行本册第一章“除锈工程”相应项目计算。

一、煤沥青普通防腐

工作内容:清除管口油污锈渍、管口烘烤、涂刷底漆、涂刷面漆。

单位:10m^2

定额编号				8-10-1	8-10-2	8-10-3	8-10-4	8-10-5	8-10-6	8-10-7
项目				管外径(mm)						
				108	133	159	219	273	325	377
基价(元)				**34.15**	**44.13**	**51.96**	**68.42**	**86.68**	**105.68**	**119.52**
其中	人工费(元)			14.40	16.80	20.80	28.80	35.20	42.40	48.80
	材料费(元)			15.49	18.81	22.64	31.10	38.70	46.24	53.68
	机械费(元)			4.26	8.52	8.52	8.52	12.78	17.04	17.04
名称		单位	单价(元)	数量						
人工	综合工日	工日	80.00	0.180	0.210	0.260	0.360	0.440	0.530	0.610
材料	环氧煤沥青底漆	kg	17.00	0.110	0.130	0.160	0.220	0.270	0.330	0.380
	环氧煤沥青面漆	kg	17.00	0.730	0.890	1.070	1.470	1.830	2.180	2.530
	固化剂	kg	–	(0.070)	(0.090)	(0.110)	(0.150)	(0.180)	(0.220)	(0.250)
	稀释剂	kg	11.00	0.090	0.110	0.130	0.180	0.230	0.270	0.320
	煤油	kg	4.20	0.050	0.060	0.070	0.090	0.110	0.140	0.160
	其他材料费	元	–	0.005	0.006	0.007	0.009	0.011	0.014	0.017
机械	履带式拖拉机 55kW	台班	608.51	0.007	0.014	0.014	0.014	0.021	0.028	0.028

工作内容:同前　　单位:$10m^2$

定额编号				8-10-8	8-10-9	8-10-10	8-10-11	8-10-12	8-10-13
项目				管外径(mm)					
				426	529	630	720	820	920
基价(元)				**137.00**	**238.26**	**280.77**	**323.87**	**365.30**	**412.03**
其中	人工费(元)			55.20	87.20	104.00	119.20	135.20	152.00
	材料费(元)			60.50	112.72	134.17	153.56	174.73	196.14
	机械费(元)			21.30	38.34	42.60	51.11	55.37	63.89
名称		单位	单价(元)	数量					
人工	综合工日	工日	80.00	0.690	1.090	1.300	1.490	1.690	1.900
材料	环氧煤沥青底漆	kg	17.00	0.430	0.800	0.950	1.090	1.240	1.390
	环氧煤沥青面漆	kg	17.00	2.850	5.320	6.330	7.240	8.240	9.250
	固化剂	kg	–	(0.290)	(0.530)	(0.630)	(0.720)	(0.820)	(0.920)
	稀释剂	kg	11.00	0.360	0.660	0.790	0.910	1.030	1.160
	煤油	kg	4.20	0.180	0.330	0.400	0.450	0.520	0.580
	其他材料费	元	–	0.019	0.034	0.041	0.046	0.054	0.060
机械	履带式拖拉机 55kW	台班	608.51	0.035	0.063	0.070	0.084	0.091	0.105

二、环氧煤沥青漆加强防腐

工作内容：清除管口油污锈渍、管口烘烤、涂刷底漆、缠玻璃布、涂刷面漆。　　单位：10m²

定额编号				8-10-14	8-10-15	8-10-16	8-10-17	8-10-18	8-10-19	8-10-20
项目				管外径(mm)						
				108	133	159	219	273	325	377
基价（元）				**44.97**	**58.75**	**68.79**	**91.11**	**114.71**	**138.93**	**158.88**
其中	人工费（元）			16.00	20.00	24.00	32.80	40.00	48.00	56.00
	材料费（元）			24.71	30.23	36.27	49.79	61.93	73.89	85.84
	机械费（元）			4.26	8.52	8.52	8.52	12.78	17.04	17.04
名称		单位	单价(元)	数量						
人工	综合工日	工日	80.00	0.200	0.250	0.300	0.410	0.500	0.600	0.700
材料	环氧煤沥青底漆	kg	17.00	0.110	0.130	0.160	0.220	0.270	0.330	0.380
	环氧煤沥青面漆	kg	17.00	1.090	1.340	1.600	2.200	2.740	3.260	3.790
	固化剂	kg	–	(0.110)	(0.130)	(0.160)	(0.220)	(0.270)	(0.330)	(0.380)
	稀释剂	kg	11.00	0.100	0.120	0.150	0.200	0.250	0.300	0.350
	玻璃布	m²	2.20	1.300	1.590	1.910	2.630	3.270	3.890	4.520
	煤油	kg	4.20	0.050	0.060	0.070	0.090	0.110	0.140	0.160
	其他材料费	元	–	0.140	0.171	0.205	0.282	0.351	0.418	0.486
机械	履带式拖拉机 55kW	台班	608.51	0.007	0.014	0.014	0.014	0.021	0.028	0.028

工作内容:同前　　单位:$10m^2$

定额编号				8-10-21	8-10-22	8-10-23	8-10-24	8-10-25	8-10-26
项目				管外径(mm)					
				426	529	630	720	820	920
基价（元）				181.41	318.98	376.84	432.92	489.79	551.50
其中	人工费（元）			63.20	100.00	119.20	136.00	154.40	173.60
	材料费（元）			96.91	180.64	215.04	245.81	280.02	314.01
	机械费（元）			21.30	38.34	42.60	51.11	55.37	63.89
	名称	单位	单价(元)	数量					
人工	综合工日	工日	80.00	0.790	1.250	1.490	1.700	1.930	2.170
材料	环氧煤沥青底漆	kg	17.00	0.430	0.800	0.950	1.090	1.240	1.390
	环氧煤沥青面漆	kg	17.00	4.280	7.980	9.500	10.860	12.370	13.870
	固化剂	kg	–	(0.430)	(0.800)	(0.950)	(1.090)	(1.240)	(1.390)
	稀释剂	kg	11.00	0.390	0.730	0.870	0.990	1.130	1.270
	玻璃布	m^2	2.20	5.110	9.520	11.330	12.950	14.750	16.550
	煤油	kg	4.20	0.180	0.330	0.400	0.450	0.520	0.580
	其他材料费	元	–	0.549	1.022	1.217	1.391	1.585	1.778
机械	履带式拖拉机 55kW	台班	608.51	0.035	0.063	0.070	0.084	0.091	0.105

三、环氧煤沥青漆特加强防腐

工作内容：清除管口油污锈渍、管口烘烤、涂刷底漆、缠玻璃布、涂刷面漆。　　　　单位：$10m^2$

定额编号				8-10-27	8-10-28	8-10-29	8-10-30	8-10-31	8-10-32	8-10-33
项目				管外径(mm)						
				108	133	159	219	273	325	377
基价（元）				**52.74**	**68.69**	**80.29**	**107.65**	**135.90**	**163.20**	**186.76**
其中	人工费（元）			17.60	22.40	26.40	36.80	45.60	53.60	62.40
	材料费（元）			30.88	37.77	45.37	62.33	77.52	92.56	107.32
	机械费（元）			4.26	8.52	8.52	8.52	12.78	17.04	17.04
	名称	单位	单价(元)	数量						
人工	综合工日	工日	80.00	0.220	0.280	0.330	0.460	0.570	0.670	0.780
材料	环氧煤沥青底漆	kg	17.00	0.110	0.130	0.160	0.220	0.270	0.330	0.380
	环氧煤沥青面漆	kg	17.00	1.270	1.560	1.870	2.570	3.200	3.810	4.420
	固化剂	kg	–	(0.130)	(0.160)	(0.190)	(0.260)	(0.320)	(0.380)	(0.440)
	稀释剂	kg	11.00	0.110	0.130	0.160	0.220	0.270	0.330	0.380
	玻璃布	m^2	2.20	2.600	3.190	3.820	5.250	6.550	7.790	9.050
	煤油	kg	4.20	0.050	0.060	0.070	0.090	0.110	0.140	0.160
	其他材料费	元	–	0.275	0.337	0.404	0.554	0.691	0.823	0.956
机械	履带式拖拉机 55kW	台班	608.51	0.007	0.014	0.014	0.014	0.021	0.028	0.028

工作内容:同前　　　　　　　　　　　　　　　　　　　　　　　　　　　单位:$10m^2$

				8-10-34	8-10-35	8-10-36	8-10-37	8-10-38	8-10-39
定额编号				8-10-34	8-10-35	8-10-36	8-10-37	8-10-38	8-10-39
项目				管外径(mm)					
				426	529	630	720	820	920
基价(元)				**212.87**	**376.29**	**445.11**	**510.65**	**581.85**	**652.02**
其中	人工费(元)			70.40	112.00	133.60	152.00	174.40	195.20
	材料费(元)			121.17	225.95	268.91	307.54	350.25	392.93
	机械费(元)			21.30	38.34	42.60	51.11	57.20	63.89
名称		单位	单价(元)	数量					
人工	综合工日	工日	80.00	0.880	1.400	1.670	1.900	2.180	2.440
材料	环氧煤沥青底漆	kg	17.00	0.430	0.800	0.950	1.090	1.240	1.390
	环氧煤沥青面漆	kg	17.00	4.990	9.310	11.080	12.670	14.430	16.190
	固化剂	kg	–	(0.500)	(0.930)	(1.110)	(1.270)	(1.440)	(1.620)
	稀释剂	kg	11.00	0.430	0.800	0.950	1.090	1.240	1.390
	玻璃布	m^2	2.20	10.210	19.040	22.670	25.910	29.510	33.110
	煤油	kg	4.20	0.180	0.330	0.400	0.450	0.520	0.580
	其他材料费	元	–	1.078	2.010	2.394	2.736	3.117	3.497
机械	履带式拖拉机 55kW	台班	608.51	0.035	0.063	0.070	0.084	0.094	0.105

四、氯磺化聚乙烯漆

工作内容:运料、表面清洗、调配、涂刷。 单位:10m²

定额编号				8-10-40	8-10-41	8-10-42	8-10-43
项目				管外径 108mm			
				底漆	中间漆		面漆
				一遍		每增一遍	一遍
基价(元)				**19.52**	**17.10**	**16.29**	**19.13**
其中	人工费(元)			12.80	11.20	11.20	9.60
	材料费(元)			6.72	5.90	5.09	5.27
	机械费(元)			–	–	–	4.26
名称		单位	单价(元)	数量			
人工	综合工日	工日	80.00	0.160	0.140	0.140	0.120
材料	氯磺化聚乙烯底漆	kg	16.13	0.330	–	–	–
	氯磺化聚乙烯中间漆	kg	16.13	–	0.290	0.240	–
	氯磺化聚乙烯面漆	kg	16.13	–	–	–	0.240
	氯磺化聚乙烯漆稀释剂	kg	17.17	0.080	0.070	0.070	0.080
	其他材料费	元	–	0.022	0.019	0.019	0.022
机械	履带式拖拉机 55kW	台班	608.51	–	–	–	0.007

工作内容:同前　　　　单位:10m²

定额编号				8-10-44	8-10-45	8-10-46	8-10-47
项目				管外径133mm			
				底漆	中间漆		面漆
				一遍		每增一遍	一遍
基价(元)				**24.20**	**20.01**	**19.21**	**26.30**
其中	人工费(元)			16.00	12.80	12.80	11.20
	材料费(元)			8.20	7.21	6.41	6.58
	机械费(元)			–	–	–	8.52
名称		单位	单价(元)	数量			
人工	综合工日	工日	80.00	0.200	0.160	0.160	0.140
材料	氯磺化聚乙烯底漆	kg	16.13	0.400	–	–	–
	氯磺化聚乙烯中间漆	kg	16.13	–	0.350	0.300	–
	氯磺化聚乙烯面漆	kg	16.13	–	–	–	0.300
	氯磺化聚乙烯漆稀释剂	kg	17.17	0.100	0.090	0.090	0.100
	其他材料费	元	–	0.027	0.024	0.024	0.027
机械	履带式拖拉机 55kW	台班	608.51	–	–	–	0.014

工作内容:同前　　　　单位:10m²

定额编号				8-10-48	8-10-49	8-10-50	8-10-51
项目				管外径 159mm			
				底漆	中间漆		面漆
				一遍		每增一遍	一遍
基价(元)				**28.86**	**24.69**	**23.73**	**29.85**
其中	人工费(元)			19.20	16.00	16.00	13.60
	材料费(元)			9.66	8.69	7.73	7.73
	机械费(元)			–	–	–	8.52
名称		单位	单价(元)	数量			
人工	综合工日	工日	80.00	0.240	0.200	0.200	0.170
材料	氯磺化聚乙烯底漆	kg	16.13	0.480	–	–	–
	氯磺化聚乙烯中间漆	kg	16.13	–	0.420	0.360	–
	氯磺化聚乙烯面漆	kg	16.13	–	–	–	0.360
	氯磺化聚乙烯漆稀释剂	kg	17.17	0.110	0.110	0.110	0.110
	其他材料费	元	–	0.030	0.030	0.030	0.030
机械	履带式拖拉机 55kW	台班	608.51	–	–	–	0.014

工作内容:同前

单位:$10m^2$

定额编号				8-10-52	8-10-53	8-10-54	8-10-55
项目				管外径219mm			
				底漆	中间漆		面漆
				一遍		每增一遍	一遍
基价(元)				**39.04**	**32.77**	**31.32**	**38.41**
其中	人工费(元)			25.60	20.80	20.80	19.20
	材料费(元)			13.44	11.97	10.52	10.69
	机械费(元)			–	–	–	8.52
	名称	单位	单价(元)	数量			
人工	综合工日	工日	80.00	0.320	0.260	0.260	0.240
材料	氯磺化聚乙烯底漆	kg	16.13	0.660	–	–	–
	氯磺化聚乙烯中间漆	kg	16.13	–	0.580	0.490	–
	氯磺化聚乙烯面漆	kg	16.13	–	–	–	0.490
	氯磺化聚乙烯漆稀释剂	kg	17.17	0.160	0.150	0.150	0.160
	其他材料费	元	–	0.043	0.040	0.040	0.043
机械	履带式拖拉机 55kW	台班	608.51	–	–	–	0.014

工作内容:同前

单位:$10m^2$

定额编号				8-10-56	8-10-57	8-10-58	8-10-59
项目				管外径 273mm			
				底漆	中间漆		面漆
				一遍		每增一遍	一遍
基价(元)				**49.50**	**41.33**	**39.55**	**49.93**
其中	人工费(元)			32.80	26.40	26.40	24.00
	材料费(元)			16.70	14.93	13.15	13.15
	机械费(元)			–	–	–	12.78
名称		单位	单价(元)	数量			
人工	综合工日	工日	80.00	0.410	0.330	0.330	0.300
材料	氯磺化聚乙烯底漆	kg	16.13	0.830	–	–	–
	氯磺化聚乙烯中间漆	kg	16.13	–	0.720	0.610	–
	氯磺化聚乙烯面漆	kg	16.13	–	–	–	0.610
	氯磺化聚乙烯漆稀释剂	kg	17.17	0.190	0.190	0.190	0.190
	其他材料费	元	–	0.051	0.051	0.051	0.051
机械	履带式拖拉机 55kW	台班	608.51	–	–	–	0.021

工作内容:同前　　　　　　　　　　　　　　　　　　　　　　　　　　　　　　单位:$10m^2$

定额编号				8-10-60	8-10-61	8-10-62	8-10-63
项目				管外径 325mm			
				底漆	中间漆		面漆
				一遍		每增一遍	一遍
基价(元)				**58.22**	**48.91**	**46.81**	**60.83**
其中	人工费(元)			38.40	31.20	31.20	28.00
	材料费(元)			19.82	17.71	15.61	15.79
	机械费(元)			–	–	–	17.04
	名称	单位	单价(元)	数量			
人工	综合工日	工日	80.00	0.480	0.390	0.390	0.350
材料	氯磺化聚乙烯底漆	kg	16.13	0.980	–	–	–
	氯磺化聚乙烯中间漆	kg	16.13	–	0.860	0.730	–
	氯磺化聚乙烯面漆	kg	16.13	–	–	–	0.730
	氯磺化聚乙烯漆稀释剂	kg	17.17	0.230	0.220	0.220	0.230
	其他材料费	元	–	0.062	0.059	0.059	0.062
机械	履带式拖拉机 55kW	台班	608.51	–	–	–	0.028

工作内容:同前　　　　单位:$10m^2$

定额编号				8-10-64	8-10-65	8-10-66	8-10-67
项目				管外径377mm			
				底漆	中间漆		面漆
				一遍		每增一遍	一遍
基价(元)				**67.90**	**57.46**	**55.04**	**68.26**
其中	人工费(元)			44.80	36.80	36.80	32.80
	材料费(元)			23.10	20.66	18.24	18.42
	机械费(元)			–	–	–	17.04
名称		单位	单价(元)	数量			
人工	综合工日	工日	80.00	0.560	0.460	0.460	0.410
材料	氯磺化聚乙烯底漆	kg	16.13	1.140	–	–	–
	氯磺化聚乙烯中间漆	kg	16.13	–	1.000	0.850	–
	氯磺化聚乙烯面漆	kg	16.13	–	–	–	0.850
	氯磺化聚乙烯漆稀释剂	kg	17.17	0.270	0.260	0.260	0.270
	其他材料费	元	–	0.073	0.070	0.070	0.073
机械	履带式拖拉机55kW	台班	608.51	–	–	–	0.028

工作内容:同前　　单位:$10m^2$

定额编号				8-10-68	8-10-69	8-10-70	8-10-71
项目				管外径 426mm			
				底漆	中间漆		面漆
				一遍		每增一遍	一遍
基价(元)				**76.44**	**64.72**	**62.14**	**78.82**
其中	人工费(元)			50.40	41.60	41.60	36.80
	材料费(元)			26.04	23.12	20.54	20.72
	机械费(元)			–	–	–	21.30
名称		单位	单价(元)	数量			
人工	综合工日	工日	80.00	0.630	0.520	0.520	0.460
材料	氯磺化聚乙烯底漆	kg	16.13	1.290	–	–	–
	氯磺化聚乙烯中间漆	kg	16.13	–	1.120	0.960	–
	氯磺化聚乙烯面漆	kg	16.13	–	–	–	0.960
	氯磺化聚乙烯漆稀释剂	kg	17.17	0.300	0.290	0.290	0.300
	其他材料费	元	–	0.081	0.078	0.078	0.081
机械	履带式拖拉机 55kW	台班	608.51	–	–	–	0.035

工作内容:同前　　单位:$10m^2$

定额编号				8-10-72	8-10-73	8-10-74	8-10-75
项目				管外径529mm			
				底漆	中间漆		面漆
				一遍		每增一遍	一遍
基价(元)				**143.04**	**120.73**	**115.73**	**145.62**
其中	人工费(元)			94.40	77.60	77.60	68.80
	材料费(元)			48.64	43.13	38.13	38.48
	机械费(元)			–	–	–	38.34
名称		单位	单价(元)	数量			
人工	综合工日	工日	80.00	1.180	0.970	0.970	0.860
材料	氯磺化聚乙烯底漆	kg	16.13	2.410	–	–	–
	氯磺化聚乙烯中间漆	kg	16.13	–	2.090	1.780	–
	氯磺化聚乙烯面漆	kg	16.13	–	–	–	1.780
	氯磺化聚乙烯漆稀释剂	kg	17.17	0.560	0.540	0.540	0.560
	其他材料费	元	–	0.151	0.146	0.146	0.151
机械	履带式拖拉机 55kW	台班	608.51	–	–	–	0.063

工作内容:同前　　　　　　　　　　　　　　　　　　　　　　　　单位:$10m^2$

定额编号				8-10-76	8-10-77	8-10-78	8-10-79
项目				管外径 630mm			
				底漆	中间漆		面漆
				一遍		每增一遍	一遍
基价(元)				**169.98**	**143.50**	**137.53**	**170.08**
其中	人工费(元)			112.00	92.00	92.00	81.60
	材料费(元)			57.98	51.50	45.53	45.88
	机械费(元)			–	–	–	42.60
名称		单位	单价(元)	数量			
人工	综合工日	工日	80.00	1.400	1.150	1.150	1.020
材料	氯磺化聚乙烯底漆	kg	16.13	2.870	–	–	–
	氯磺化聚乙烯中间漆	kg	16.13	–	2.490	2.120	–
	氯磺化聚乙烯面漆	kg	16.13	–	–	–	2.120
	氯磺化聚乙烯漆稀释剂	kg	17.17	0.670	0.650	0.650	0.670
	其他材料费	元	–	0.181	0.176	0.176	0.181
机械	履带式拖拉机 55kW	台班	608.51	–	–	–	0.070

工作内容:同前　　　　单位:$10m^2$

定额编号				8-10-80	8-10-81	8-10-82	8-10-83
项目				管外径720mm			
				底漆	中间漆		面漆
				一遍		每增一遍	一遍
基价(元)				**195.14**	**164.48**	**157.54**	**196.37**
其中	人工费(元)			128.80	105.60	105.60	92.80
	材料费(元)			66.34	58.88	51.94	52.46
	机械费(元)			–	–	–	51.11
名称		单位	单价(元)	数量			
人工	综合工日	工日	80.00	1.610	1.320	1.320	1.160
材料	氯磺化聚乙烯底漆	kg	16.13	3.280	–	–	–
	氯磺化聚乙烯中间漆	kg	16.13	–	2.850	2.420	–
	氯磺化聚乙烯面漆	kg	16.13	–	–	–	2.420
	氯磺化聚乙烯漆稀释剂	kg	17.17	0.770	0.740	0.740	0.770
	其他材料费	元	–	0.208	0.200	0.200	0.208
机械	履带式拖拉机 55kW	台班	608.51	–	–	–	0.084

工作内容:同前　　单位:$10m^2$

定额编号				8-10-84	8-10-85	8-10-86	8-10-87
项目				管外径 820mm			
				底漆	中间漆		面漆
				一遍		每增一遍	一遍
基价(元)				**221.91**	**187.07**	**179.17**	**221.64**
其中	人工费(元)			146.40	120.00	120.00	106.40
	材料费(元)			75.51	67.07	59.17	59.87
	机械费(元)			–	–	–	55.37
名称		单位	单价(元)	数量			
人工	综合工日	工日	80.00	1.830	1.500	1.500	1.330
材料	氯磺化聚乙烯底漆	kg	16.13	3.730	–	–	–
	氯磺化聚乙烯中间漆	kg	16.13	–	3.250	2.760	–
	氯磺化聚乙烯面漆	kg	16.13	–	–	–	2.760
	氯磺化聚乙烯漆稀释剂	kg	17.17	0.880	0.840	0.840	0.880
	其他材料费	元	–	0.238	0.227	0.227	0.238
机械	履带式拖拉机 55kW	台班	608.51	–	–	–	0.091

工作内容:同前　　　　单位:$10m^2$

定额编号				8-10-88	8-10-89	8-10-90	8-10-91
项目				管外径 920mm			
				底漆	中间漆		面漆
				一遍		每增一遍	一遍
基价(元)				**248.68**	**208.88**	**200.17**	**250.98**
其中	人工费(元)			164.00	133.60	133.60	120.00
	材料费(元)			84.68	75.28	66.57	67.09
	机械费(元)			–	–	–	63.89
名称		单位	单价(元)	数量			
人工	综合工日	工日	80.00	2.050	1.670	1.670	1.500
材料	氯磺化聚乙烯底漆	kg	16.13	4.190	–	–	–
	氯磺化聚乙烯中间漆	kg	16.13	–	3.640	3.100	–
	氯磺化聚乙烯面漆	kg	16.13	–	–	–	3.100
	氯磺化聚乙烯漆稀释剂	kg	17.17	0.980	0.950	0.950	0.980
	其他材料费	元	–	0.265	0.256	0.256	0.265
机械	履带式拖拉机 55kW	台班	608.51	–	–	–	0.105

五、聚氨酯漆

工作内容：运料、表面清洗、配制、嵌刮腻子、涂刮。　　　　单位：$10m^2$

定额编号				8-10-92	8-10-93	8-10-94	8-10-95	8-10-96
项目				管外径 108mm				
				底漆		中间漆		面漆
				两遍	增一遍	一遍	每增一遍	每一遍
基价（元）				**28.04**	**14.29**	**12.62**	**11.81**	**19.01**
其中	人工费（元）			16.00	9.60	8.00	8.00	8.00
	材料费（元）			12.04	4.69	4.62	3.81	6.75
	机械费（元）			–	–	–	–	4.26
	名称	单位	单价（元）	数量				
人工	综合工日	工日	80.00	0.200	0.120	0.100	0.100	0.100
材料	弹性聚氨酯底漆	kg	22.00	0.360	0.180	–	–	–
	聚氨酯磁漆	kg	27.00	–	–	0.140	0.110	0.220
	二甲苯	kg	11.40	0.130	0.060	0.070	0.070	0.070
	汽油 93 号	kg	10.05	0.240	–	–	–	–
	破布	kg	4.50	0.030	–	–	–	–
	铁砂布 0～2 号	张	1.68	0.030	0.020	0.020	0.020	–
	其他材料费	元	–	0.045	0.009	0.010	0.010	0.010
机械	履带式拖拉机 55kW	台班	608.51	–	–	–	–	0.007

工作内容:同前　　单位:$10m^2$

定额编号				8-10-97	8-10-98	8-10-99	8-10-100	8-10-101
项目				管外径 133mm				
				底漆		中间漆		面漆
				两遍	增一遍	一遍	每增一遍	每一遍
基价（元）				**28.39**	**17.80**	**14.46**	**13.38**	**25.53**
其中	人工费（元）			13.60	12.00	8.80	8.80	8.80
	材料费（元）			14.79	5.80	5.66	4.58	8.21
	机械费（元）			–	–	–	–	8.52
名称		单位	单价(元)	数量				
人工	综合工日	工日	80.00	0.170	0.150	0.110	0.110	0.110
材料	弹性聚氨酯底漆	kg	22.00	0.450	0.220	–	–	–
	聚氨酯磁漆	kg	27.00	–	–	0.170	0.130	0.270
	二甲苯	kg	11.40	0.160	0.080	0.090	0.090	0.080
	汽油 93 号	kg	10.05	0.280	–	–	–	–
	破布	kg	4.50	0.030	–	–	–	–
	铁砂布 0~2 号	张	1.68	0.040	0.020	0.020	0.020	–
	其他材料费	元	–	0.053	0.012	0.013	0.013	0.011
机械	履带式拖拉机 55kW	台班	608.51	–	–	–	–	0.014

工作内容：同前　　　　　　　　　　　　　　　　　　　　　　　　　　　　　　单位：$10m^2$

定额编号				8-10-102	8-10-103	8-10-104	8-10-105	8-10-106
项目				管外径 159mm				
				底漆		中间漆		面漆
				两遍	每增一遍	一遍	每增一遍	每一遍
基价（元）				**41.09**	**21.41**	**17.10**	**16.02**	**28.71**
其中	人工费（元）			23.20	14.40	10.40	10.40	10.40
	材料费（元）			17.89	7.01	6.70	5.62	9.79
	机械费（元）			–	–	–	–	8.52
名称		单位	单价(元)	数量				
人工	综合工日	工日	80.00	0.290	0.180	0.130	0.130	0.130
材料	弹性聚氨酯底漆	kg	22.00	0.540	0.270	–	–	–
	聚氨酯磁漆	kg	27.00	–	–	0.200	0.160	0.320
	二甲苯	kg	11.40	0.190	0.090	0.110	0.110	0.100
	汽油 93 号	kg	10.05	0.350	–	–	–	–
	破布	kg	4.50	0.040	–	–	–	–
	铁砂布 0～2 号	张	1.68	0.050	0.020	0.020	0.020	–
	其他材料费	元	–	0.066	0.013	0.016	0.016	0.014
机械	履带式拖拉机 55kW	台班	608.51	–	–	–	–	0.014

工作内容：同前　　　　单位：$10m^2$

定额编号				8-10-107	8-10-108	8-10-109	8-10-110	8-10-111
项目				管外径 219mm				
				底漆		中间漆		面漆
				两遍	每增一遍	一遍	每增一遍	每一遍
基价（元）				**56.53**	**29.69**	**23.63**	**22.01**	**36.42**
其中	人工费（元）			32.00	20.00	14.40	14.40	14.40
	材料费（元）			24.53	9.69	9.23	7.61	13.50
	机械费（元）			–	–	–	–	8.52
名称		单位	单价(元)	数量				
人工	综合工日	工日	80.00	0.400	0.250	0.180	0.180	0.180
材料	弹性聚氨酯底漆	kg	22.00	0.740	0.370	–	–	–
	聚氨酯磁漆	kg	27.00	–	–	0.280	0.220	0.440
	二甲苯	kg	11.40	0.260	0.130	0.140	0.140	0.140
	汽油 93 号	kg	10.05	0.480	–	–	–	–
	破布	kg	4.50	0.060	–	–	–	–
	铁砂布 0~2 号	张	1.68	0.060	0.030	0.030	0.030	–
	其他材料费	元	–	0.091	0.019	0.021	0.021	0.020
机械	履带式拖拉机 55kW	台班	608.51	–	–	–	–	0.014

工作内容:同前

单位:$10m^2$

定额编号				8-10-112	8-10-113	8-10-114	8-10-115	8-10-116
项目				管外径273mm				
				底漆		中间漆		面漆
				两遍	每增一遍	一遍	每增一遍	每一遍
基价(元)				**69.58**	**36.84**	**29.20**	**27.04**	**47.19**
其中	人工费(元)			39.20	24.80	17.60	17.60	17.60
	材料费(元)			30.38	12.04	11.60	9.44	16.81
	机械费(元)			–	–	–	–	12.78
名称		单位	单价(元)	数量				
人工	综合工日	工日	80.00	0.490	0.310	0.220	0.220	0.220
材料	弹性聚氨酯底漆	kg	22.00	0.920	0.460	–	–	–
	聚氨酯磁漆	kg	27.00	–	–	0.350	0.270	0.550
	二甲苯	kg	11.40	0.320	0.160	0.180	0.180	0.170
	汽油 93 号	kg	10.05	0.590	–	–	–	–
	破布	kg	4.50	0.070	–	–	–	–
	铁砂布 0 ~ 2 号	张	1.68	0.080	0.040	0.040	0.040	–
	其他材料费	元	–	0.111	0.024	0.026	0.026	0.024
机械	履带式拖拉机 55kW	台班	608.51	–	–	–	–	0.021

工作内容:同前

单位:$10m^2$

定额编号				8-10-117	8-10-118	8-10-119	8-10-120	8-10-121
项目				管外径325mm				
				底漆		中间漆		面漆
				两遍	每增一遍	一遍	每增一遍	每一遍
基价(元)				**83.34**	**43.98**	**34.65**	**31.95**	**58.08**
其中	人工费(元)			47.20	29.60	20.80	20.80	20.80
	材料费(元)			36.14	14.38	13.85	11.15	20.24
	机械费(元)			–	–	–	–	17.04
名称		单位	单价(元)	数量				
人工	综合工日	工日	80.00	0.590	0.370	0.260	0.260	0.260
材料	弹性聚氨酯底漆	kg	22.00	1.090	0.550	–	–	–
	聚氨酯磁漆	kg	27.00	–	–	0.420	0.320	0.660
	二甲苯	kg	11.40	0.380	0.190	0.210	0.210	0.210
	汽油93号	kg	10.05	0.710	–	–	–	–
	破布	kg	4.50	0.090	–	–	–	–
	铁砂布0~2号	张	1.68	0.090	0.050	0.050	0.050	–
	其他材料费	元	–	0.134	0.028	0.031	0.031	0.029
机械	履带式拖拉机55kW	台班	608.51	–	–	–	–	0.028

工作内容:同前　　　　　　　　　　　　　　　　　　　　　　　　　　　　　　　　　　单位:$10m^2$

定额编号				8-10-122	8-10-123	8-10-124	8-10-125	8-10-126
项目				管外径 377mm				
				底漆		中间漆		面漆
				两遍	每增一遍	一遍	每增一遍	每一遍
基价(元)				**97.19**	**51.12**	**40.75**	**37.78**	**65.13**
其中	人工费(元)			55.20	34.40	24.80	24.80	24.80
	材料费(元)			41.99	16.72	15.95	12.98	23.29
	机械费(元)			–	–	–	–	17.04
名称		单位	单价(元)	数量				
人工	综合工日	工日	80.00	0.690	0.430	0.310	0.310	0.310
材料	弹性聚氨酯底漆	kg	22.00	1.270	0.640	–	–	–
	聚氨酯磁漆	kg	27.00	–	–	0.480	0.370	0.760
	二甲苯	kg	11.40	0.440	0.220	0.250	0.250	0.240
	汽油 93 号	kg	10.05	0.820	–	–	–	–
	破布	kg	4.50	0.100	–	–	–	–
	铁砂布 0 ~2 号	张	1.68	0.110	0.060	0.060	0.060	–
	其他材料费	元	–	0.154	0.033	0.037	0.037	0.034
机械	履带式拖拉机 55kW	台班	608.51	–	–	–	–	0.028

工作内容:同前　　　　单位:$10m^2$

定额编号				8-10-127	8-10-128	8-10-129	8-10-130	8-10-131
项目				管外径 426mm				
				底漆		中间漆		面漆
				两遍	每增一遍	一遍	每增一遍	每一遍
基价（元）				**108.98**	**56.43**	**45.91**	**42.67**	**75.64**
其中	人工费（元）			61.60	37.60	28.00	28.00	28.00
	材料费（元）			47.38	18.83	17.91	14.67	26.34
	机械费（元）			–	–	–	–	21.30
名称		单位	单价(元)	数量				
人工	综合工日	工日	80.00	0.770	0.470	0.350	0.350	0.350
材料	弹性聚氨酯底漆	kg	22.00	1.430	0.720	–	–	–
	聚氨酯磁漆	kg	27.00	–	–	0.540	0.420	0.860
	二甲苯	kg	11.40	0.500	0.250	0.280	0.280	0.270
	汽油 93 号	kg	10.05	0.930	–	–	–	–
	破布	kg	4.50	0.110	–	–	–	–
	铁砂布 0~2 号	张	1.68	0.120	0.060	0.060	0.060	–
	其他材料费	元	–	0.174	0.037	0.041	0.041	0.038
机械	履带式拖拉机 55kW	台班	608.51	–	–	–	–	0.035

工作内容:同前　　　　　　　　　　　　　　　　　　　　　　　　　　　　　　　　　单位:$10m^2$

定额编号				8-10-132	8-10-133	8-10-134	8-10-135	8-10-136
项目				管外径 529mm				
				底漆		中间漆		面漆
				两遍	每增一遍	一遍	每增一遍	每一遍
基价(元)				204.38	105.51	85.75	79.54	139.31
其中	人工费(元)			116.00	70.40	52.00	52.00	52.00
	材料费(元)			88.38	35.11	33.75	27.54	48.97
	机械费(元)			–	–	–	–	38.34
	名称	单位	单价(元)	数量				
人工	综合工日	工日	80.00	1.450	0.880	0.650	0.650	0.650
材料	弹性聚氨酯底漆	kg	22.00	2.670	1.340	–	–	–
	聚氨酯磁漆	kg	27.00	–	–	1.020	0.790	1.600
	二甲苯	kg	11.40	0.930	0.470	0.520	0.520	0.500
	汽油 93 号	kg	10.05	1.730	–	–	–	–
	破布	kg	4.50	0.210	–	–	–	–
	铁砂布 0~2 号	张	1.68	0.230	0.120	0.120	0.120	–
	其他材料费	元	–	0.325	0.070	0.077	0.077	0.070
机械	履带式拖拉机 55kW	台班	608.51	–	–	–	–	0.063

工作内容:同前　　　　　　　　　　　　　　　　　　　　　　　　　　　　　　　　单位:$10m^2$

定额编号				8-10-137	8-10-138	8-10-139	8-10-140	8-10-141
项目				管外径 630mm				
				底漆		中间漆		面漆
				两遍	每增一遍	一遍	每增一遍	每一遍
基价(元)				**242.88**	**125.90**	**102.46**	**95.17**	**163.49**
其中	人工费(元)			137.60	84.00	62.40	62.40	62.40
	材料费(元)			105.28	41.90	40.06	32.77	58.49
	机械费(元)			–	–	–	–	42.60
名称		单位	单价(元)	数量				
人工	综合工日	工日	80.00	1.720	1.050	0.780	0.780	0.780
材料	弹性聚氨酯底漆	kg	22.00	3.180	1.600	–	–	–
	聚氨酯磁漆	kg	27.00	–	–	1.210	0.940	1.910
	二甲苯	kg	11.40	1.110	0.560	0.620	0.620	0.600
	汽油 93 号	kg	10.05	2.060	–	–	–	–
	破布	kg	4.50	0.250	–	–	–	–
	铁砂布 0~2 号	张	1.68	0.270	0.140	0.140	0.140	–
	其他材料费	元	–	0.387	0.083	0.091	0.091	0.084
机械	履带式拖拉机 55kW	台班	608.51	–	–	–	–	0.070

工作内容:同前　　　　　　　　　　　　　　　　　　　　　　　　　　　　　　　　　　　单位:10m²

定额编号				8-10-142	8-10-143	8-10-144	8-10-145	8-10-146
项目				管外径720mm				
				底漆		中间漆		面漆
				两遍	每增一遍	一遍	每增一遍	每一遍
基价(元)				**276.98**	**144.50**	**116.93**	**108.56**	**189.02**
其中	人工费(元)			156.80	96.80	71.20	71.20	71.20
	材料费(元)			120.18	47.70	45.73	37.36	66.71
	机械费(元)			–	–	–	–	51.11
名称		单位	单价(元)	数量				
人工	综合工日	工日	80.00	1.960	1.210	0.890	0.890	0.890
材料	弹性聚氨酯底漆	kg	22.00	3.630	1.820	–	–	–
	聚氨酯磁漆	kg	27.00	–	–	1.380	1.070	2.180
	二甲苯	kg	11.40	1.270	0.640	0.710	0.710	0.680
	汽油93号	kg	10.05	2.350	–	–	–	–
	破布	kg	4.50	0.280	–	–	–	–
	铁砂布0~2号	张	1.68	0.310	0.160	0.160	0.160	–
	其他材料费	元	–	0.441	0.095	0.105	0.105	0.095
机械	履带式拖拉机55kW	台班	608.51	–	–	–	–	0.084

工作内容:同前

单位:10m²

定额编号				8-10-147	8-10-148	8-10-149	8-10-150	8-10-151
项目				管外径 820mm				
				底漆		中间漆		面漆
				两遍	每增一遍	一遍	每增一遍	每一遍
基价(元)				**316.18**	**164.89**	**132.85**	**123.40**	**212.13**
其中	人工费(元)			179.20	110.40	80.80	80.80	80.80
	材料费(元)			136.98	54.49	52.05	42.60	75.96
	机械费(元)			–	–	–	–	55.37
名称		单位	单价(元)	数量				
人工	综合工日	工日	80.00	2.240	1.380	1.010	1.010	1.010
材料	弹性聚氨酯底漆	kg	22.00	4.140	2.080	–	–	–
	聚氨酯磁漆	kg	27.00	–	–	1.570	1.220	2.480
	二甲苯	kg	11.40	1.440	0.730	0.810	0.810	0.780
	汽油 93 号	kg	10.05	2.680	–	–	–	–
	破布	kg	4.50	0.320	–	–	–	–
	铁砂布 0~2 号	张	1.68	0.360	0.180	0.180	0.180	–
	其他材料费	元	–	0.502	0.108	0.119	0.119	0.109
机械	履带式拖拉机 55kW	台班	608.51	–	–	–	–	0.091

工作内容:同前

单位:$10m^2$

定额编号				8-10-152	8-10-153	8-10-154	8-10-155	8-10-156
项目				管外径 920mm				
				底漆		中间漆		面漆
				两遍	每增一遍	一遍	每增一遍	每一遍
基价(元)				**354.35**	**184.27**	**149.83**	**139.03**	**240.46**
其中	人工费(元)			200.80	123.20	91.20	91.20	91.20
	材料费(元)			153.55	61.07	58.63	47.83	85.37
	机械费(元)			–	–	–	–	63.89
名称		单位	单价(元)	数量				
人工	综合工日	工日	80.00	2.510	1.540	1.140	1.140	1.140
材料	弹性聚氨酯底漆	kg	22.00	4.640	2.330	–	–	–
	聚氨酯磁漆	kg	27.00	–	–	1.770	1.370	2.790
	二甲苯	kg	11.40	1.620	0.820	0.910	0.910	0.870
	汽油 93 号	kg	10.05	3.000	–	–	–	–
	破布	kg	4.50	0.360	–	–	–	–
	铁砂布 0~2 号	张	1.68	0.400	0.200	0.200	0.200	–
	其他材料费	元	–	0.564	0.121	0.134	0.134	0.122
机械	履带式拖拉机 55kW	台班	608.51	–	–	–	–	0.105

六、无机富锌漆

工作内容：运料、表面清洗、调配、涂刷。　　单位：$10m^2$

定额编号				8-10-157	8-10-158	8-10-159	8-10-160
项目				管外径 108mm			
				底漆两遍	磷酸水两遍	水两遍	环氧银粉面漆两遍
基价（元）				**16.42**	**10.00**	**9.86**	**29.58**
其中	人工费（元）			12.80	8.00	8.00	9.60
	材料费（元）			3.62	2.00	1.86	15.72
	机械费（元）			–	–	–	4.26
	名称	单位	单价(元)	数量			
人工	综合工日	工日	80.00	0.160	0.100	0.100	0.120
材料	锌粉	kg	–	(0.880)	–	–	–
	环氧树脂（各种规格）	kg	28.60	–	–	–	0.350
	丙酮 95%	kg	10.80	–	–	–	0.350
	银粉	kg	19.00	–	–	–	0.090
	水	t	4.00	0.210	0.390	0.460	–
	水玻璃	kg	1.10	0.210	–	–	–
	磷酸 85%	kg	5.91	–	0.070	–	–
	一氧化铅	kg	9.54	0.010	–	–	–
	破布	kg	4.50	0.030	–	–	–
	铁砂布 0~2 号	张	1.68	0.030	–	–	–
	汽油 93 号	kg	10.05	0.220	–	–	–
	其他材料费	元	–	0.059	0.030	0.023	0.222
机械	履带式拖拉机 55kW	台班	608.51	–	–	–	0.007

工作内容:同前　　　　　　　　　　　　　　　　　　　　　　　　　　　　　　单位:$10m^2$

定额编号				8-10-161	8-10-162	8-10-163	8-10-164
项目				管外径 133mm			
				底漆两遍	磷酸水两遍	水两遍	环氧银粉面漆两遍
基价（元）				**20.36**	**12.05**	**11.87**	**38.63**
其中	人工费（元）			16.00	9.60	9.60	11.20
	材料费（元）			4.36	2.45	2.27	18.91
	机械费（元）			–	–	–	8.52
名称		单位	单价(元)	数量			
人工	综合工日	工日	80.00	0.200	0.120	0.120	0.140
材料	锌粉	kg	–	(1.090)	–	–	–
	环氧树脂（各种规格）	kg	28.60	–	–	–	0.420
	丙酮 95%	kg	10.80	–	–	–	0.420
	银粉	kg	19.00	–	–	–	0.110
	水	t	4.00	0.250	0.470	0.560	–
	水玻璃	kg	1.10	0.250	–	–	–
	磷酸 85%	kg	5.91	–	0.090	–	–
	一氧化铅	kg	9.54	0.010	–	–	–
	破布	kg	4.50	0.030	–	–	–
	铁砂布 0~2 号	张	1.68	0.040	–	–	–
	汽油 93 号	kg	10.05	0.270	–	–	–
	其他材料费	元	–	0.070	0.037	0.028	0.269
机械	履带式拖拉机 55kW	台班	608.51	–	–	–	0.014

工作内容:同前　　　　　　　　　　　　　　　　　　　　　　　　单位:10m²

定额编号				8-10-165	8-10-166	8-10-167	8-10-168
项目				管外径 159mm			
				底漆两遍	磷酸水两遍	水两遍	环氧银粉面漆两遍
基价(元)				**24.47**	**14.18**	**13.95**	**45.01**
其中	人工费(元)			19.20	11.20	11.20	13.60
	材料费(元)			5.27	2.98	2.75	22.89
	机械费(元)			–	–	–	8.52
名称		单位	单价(元)	数量			
人工	综合工日	工日	80.00	0.240	0.140	0.140	0.170
材料	锌粉	kg	–	(1.300)	–	–	–
	环氧树脂(各种规格)	kg	28.60	–	–	–	0.510
	丙酮 95%	kg	10.80	–	–	–	0.510
	银粉	kg	19.00	–	–	–	0.130
	水	t	4.00	0.300	0.570	0.680	–
	水玻璃	kg	1.10	0.300	–	–	–
	磷酸 85%	kg	5.91	–	0.110	–	–
	一氧化铅	kg	9.54	0.020	–	–	–
	破布	kg	4.50	0.040	–	–	–
	铁砂布 0~2 号	张	1.68	0.040	–	–	–
	汽油 93 号	kg	10.05	0.320	–	–	–
	其他材料费	元	–	0.086	0.045	0.034	0.323
机械	履带式拖拉机 55kW	台班	608.51	–	–	–	0.014

工作内容:同前

单位:10m²

定额编号				8-10-169	8-10-170	8-10-171	8-10-172
项目				管外径 219mm			
				底漆两遍	磷酸水两遍	水两遍	环氧银粉面漆两遍
基价(元)				**33.69**	**20.07**	**19.77**	**59.17**
其中	人工费(元)			26.40	16.00	16.00	19.20
	材料费(元)			7.29	4.07	3.77	31.45
	机械费(元)			–	–	–	8.52
名称		单位	单价(元)	数量			
人工	综合工日	工日	80.00	0.330	0.200	0.200	0.240
材料	锌粉	kg	–	(1.800)	–	–	–
	环氧树脂(各种规格)	kg	28.60	–	–	–	0.700
	丙酮 95%	kg	10.80	–	–	–	0.700
	银粉	kg	19.00	–	–	–	0.180
	水	t	4.00	0.410	0.780	0.930	–
	水玻璃	kg	1.10	0.410	–	–	–
	磷酸 85%	kg	5.91	–	0.150	–	–
	一氧化铅	kg	9.54	0.020	–	–	–
	破布	kg	4.50	0.060	–	–	–
	铁砂布 0~2 号	张	1.68	0.060	–	–	–
	汽油 93 号	kg	10.05	0.450	–	–	–
	其他材料费	元	–	0.118	0.062	0.046	0.445
机械	履带式拖拉机 55kW	台班	608.51	–	–	–	0.014

工作内容:同前

单位:10m²

定额编号				8-10-173	8-10-174	8-10-175	8-10-176
项目				管外径 273mm			
				底漆两遍	磷酸水两遍	水两遍	环氧银粉面漆两遍
基价(元)				**42.71**	**24.22**	**23.90**	**75.79**
其中	人工费(元)			33.60	19.20	19.20	24.00
	材料费(元)			9.11	5.02	4.70	39.01
	机械费(元)			–	–	–	12.78
	名称	单位	单价(元)	数量			
人工	综合工日	工日	80.00	0.420	0.240	0.240	0.300
材料	锌粉	kg	–	(2.230)	–	–	–
	环氧树脂(各种规格)	kg	28.60	–	–	–	0.870
	丙酮 95%	kg	10.80	–	–	–	0.870
	银粉	kg	19.00	–	–	–	0.220
	水	t	4.00	0.510	0.970	1.160	–
	水玻璃	kg	1.10	0.510	–	–	–
	磷酸 85%	kg	5.91	–	0.180	–	–
	一氧化铅	kg	9.54	0.030	–	–	–
	破布	kg	4.50	0.070	–	–	–
	铁砂布 0~2 号	张	1.68	0.080	–	–	–
	汽油 93 号	kg	10.05	0.560	–	–	–
	其他材料费	元	–	0.147	0.076	0.057	0.549
机械	履带式拖拉机 55kW	台班	608.51	–	–	–	0.021

工作内容:同前　　　　单位:$10m^2$

定额编号				8-10-177	8-10-178	8-10-179	8-10-180
项目				管外径 325mm			
				底漆两遍	磷酸水两遍	水两遍	环氧银粉面漆两遍
基价（元）				**49.91**	**28.43**	**27.99**	**91.61**
其中	人工费（元）			39.20	22.40	22.40	28.00
	材料费（元）			10.71	6.03	5.59	46.57
	机械费（元）			–	–	–	17.04
名称		单位	单价(元)	数量			
人工	综合工日	工日	80.00	0.490	0.280	0.280	0.350
材料	锌粉	kg	–	(2.650)	–	–	–
	环氧树脂（各种规格）	kg	28.60	–	–	–	1.040
	丙酮 95%	kg	10.80	–	–	–	1.040
	银粉	kg	19.00	–	–	–	0.260
	水	t	4.00	0.610	1.160	1.380	–
	水玻璃	kg	1.10	0.610	–	–	–
	磷酸 85%	kg	5.91	–	0.220	–	–
	一氧化铅	kg	9.54	0.030	–	–	–
	破布	kg	4.50	0.080	–	–	–
	铁砂布 0~2 号	张	1.68	0.090	–	–	–
	汽油 93 号	kg	10.05	0.660	–	–	–
	其他材料费	元	–	0.173	0.092	0.068	0.654
机械	履带式拖拉机 55kW	台班	608.51	–	–	–	0.028

工作内容:同前

单位:$10m^2$

定额编号				8-10-181	8-10-182	8-10-183	8-10-184
项目				管外径377mm			
				底漆两遍	磷酸水两遍	水两遍	环氧银粉面漆两遍
基价(元)				**58.12**	**33.38**	**32.88**	**103.58**
其中	人工费(元)			45.60	26.40	26.40	32.80
	材料费(元)			12.52	6.98	6.48	53.74
	机械费(元)			–	–	–	17.04
名称		单位	单价(元)	数量			
人工	综合工日	工日	80.00	0.570	0.330	0.330	0.410
材料	锌粉	kg	–	(3.080)	–	–	–
	环氧树脂(各种规格)	kg	28.60	–	–	–	1.200
	丙酮95%	kg	10.80	–	–	–	1.200
	银粉	kg	19.00	–	–	–	0.300
	水	t	4.00	0.710	1.350	1.600	–
	水玻璃	kg	1.10	0.710	–	–	–
	磷酸85%	kg	5.91	–	0.250	–	–
	一氧化铅	kg	9.54	0.040	–	–	–
	破布	kg	4.50	0.090	–	–	–
	铁砂布0~2号	张	1.68	0.100	–	–	–
	汽油93号	kg	10.05	0.770	–	–	–
	其他材料费	元	–	0.202	0.106	0.079	0.755
机械	履带式拖拉机55kW	台班	608.51	–	–	–	0.028

工作内容:同前

单位:10m²

定额编号				8-10-185	8-10-186	8-10-187	8-10-188
项目				管外径 426mm			
				底漆两遍	磷酸水两遍	水两遍	环氧银粉面漆两遍
基价(元)				**66.13**	**37.45**	**36.93**	**119.00**
其中	人工费(元)			52.00	29.60	29.60	36.80
	材料费(元)			14.13	7.85	7.33	60.90
	机械费(元)			–	–	–	21.30
名称		单位	单价(元)	数量			
人工	综合工日	工日	80.00	0.650	0.370	0.370	0.460
材料	锌粉	kg	–	(3.480)	–	–	–
	环氧树脂(各种规格)	kg	28.60	–	–	–	1.360
	丙酮 95%	kg	10.80	–	–	–	1.360
	银粉	kg	19.00	–	–	–	0.340
	水	t	4.00	0.800	1.520	1.810	–
	水玻璃	kg	1.10	0.800	–	–	–
	磷酸 85%	kg	5.91	–	0.280	–	–
	一氧化铅	kg	9.54	0.040	–	–	–
	破布	kg	4.50	0.110	–	–	–
	铁砂布 0~2 号	张	1.68	0.120	–	–	–
	汽油 93 号	kg	10.05	0.870	–	–	–
	其他材料费	元	–	0.228	0.119	0.090	0.855
机械	履带式拖拉机 55kW	台班	608.51	–	–	–	0.035

工作内容:同前

单位:10m²

定额编号				8-10-189	8-10-190	8-10-191	8-10-192
项目				管外径 529mm			
				底漆两遍	磷酸水两遍	水两遍	环氧银粉面漆两遍
基价(元)				**123.19**	**70.68**	**69.65**	**220.58**
其中	人工费(元)			96.80	56.00	56.00	68.80
	材料费(元)			26.39	14.68	13.65	113.44
	机械费(元)			–	–	–	38.34
	名称	单位	单价(元)	数量			
人工	综合工日	工日	80.00	1.210	0.700	0.700	0.860
材料	锌粉	kg	–	(6.480)	–	–	–
	环氧树脂(各种规格)	kg	28.60	–	–	–	2.530
	丙酮 95%	kg	10.80	–	–	–	2.530
	银粉	kg	19.00	–	–	–	0.640
	水	t	4.00	1.500	2.830	3.370	–
	水玻璃	kg	1.10	1.500	–	–	–
	磷酸 85%	kg	5.91	–	0.530	–	–
	一氧化铅	kg	9.54	0.080	–	–	–
	破布	kg	4.50	0.200	–	–	–
	铁砂布 0~2 号	张	1.68	0.220	–	–	–
	汽油 93 号	kg	10.05	1.620	–	–	–
	其他材料费	元	–	0.426	0.223	0.167	1.598
机械	履带式拖拉机 55kW	台班	608.51	–	–	–	0.063

工作内容:同前

单位:10m²

定额编号				8-10-193	8-10-194	8-10-195	8-10-196
项目				管外径 630mm			
				底漆两遍	磷酸水两遍	水两遍	环氧银粉面漆两遍
基价(元)				**146.45**	**83.07**	**81.84**	**259.53**
其中	人工费(元)			115.20	65.60	65.60	81.60
	材料费(元)			31.25	17.47	16.24	135.33
	机械费(元)			–	–	–	42.60
名称		单位	单价(元)	数量			
人工	综合工日	工日	80.00	1.440	0.820	0.820	1.020
材料	锌粉	kg	–	(7.720)	–	–	–
	环氧树脂(各种规格)	kg	28.60	–	–	–	3.020
	丙酮 95%	kg	10.80	–	–	–	3.020
	银粉	kg	19.00	–	–	–	0.760
	水	t	4.00	1.780	3.370	4.010	–
	水玻璃	kg	1.10	1.780	–	–	–
	磷酸 85%	kg	5.91	–	0.630	–	–
	一氧化铅	kg	9.54	0.090	–	–	–
	破布	kg	4.50	0.240	–	–	–
	铁砂布 0~2 号	张	1.68	0.260	–	–	–
	汽油 93 号	kg	10.05	1.920	–	–	–
	其他材料费	元	–	0.505	0.265	0.198	1.904
机械	履带式拖拉机 55kW	台班	608.51	–	–	–	0.070

工作内容：同前　　　　　　　　　　　　　　　　　　　　　　　　　　　　　　单位：$10m^2$

定额编号				8-10-197	8-10-198	8-10-199	8-10-200
项目				管外径 720mm			
				底漆两遍	磷酸水两遍	水两遍	环氧银粉面漆两遍
基价（元）				**167.06**	**95.16**	**93.79**	**302.81**
其中	人工费（元）			131.20	75.20	75.20	92.80
	材料费（元）			35.86	19.96	18.59	154.64
	机械费（元）			–	–	–	55.37
名称		单位	单价(元)	数量			
人工	综合工日	工日	80.00	1.640	0.940	0.940	1.160
材料	锌粉	kg	–	(8.820)	–	–	–
	环氧树脂（各种规格）	kg	28.60	–	–	–	3.450
	丙酮 95%	kg	10.80	–	–	–	3.450
	银粉	kg	19.00	–	–	–	0.870
	水	t	4.00	2.040	3.850	4.590	–
	水玻璃	kg	1.10	2.040	–	–	–
	磷酸 85%	kg	5.91	–	0.720	–	–
	一氧化铅	kg	9.54	0.110	–	–	–
	破布	kg	4.50	0.270	–	–	–
	铁砂布 0～2 号	张	1.68	0.300	–	–	–
	汽油 93 号	kg	10.05	2.200	–	–	–
	其他材料费	元	–	0.579	0.303	0.227	2.177
机械	履带式拖拉机 55kW	台班	608.51	–	–	–	0.091

工作内容：同前

单位：10m²

定额编号				8-10-201	8-10-202	8-10-203	8-10-204
项目				管外径 820mm			
				底漆两遍	磷酸水两遍	水两遍	环氧银粉面漆两遍
基价（元）				**189.53**	**109.15**	**107.54**	**337.90**
其中	人工费（元）			148.80	86.40	86.40	106.40
	材料费（元）			40.73	22.75	21.14	176.13
	机械费（元）			–	–	–	55.37
名称		单位	单价(元)	数量			
人工	综合工日	工日	80.00	1.860	1.080	1.080	1.330
材料	锌粉	kg	–	(10.050)	–	–	–
	环氧树脂（各种规格）	kg	28.60	–	–	–	3.930
	丙酮 95%	kg	10.80	–	–	–	3.930
	银粉	kg	19.00	–	–	–	0.990
	水	t	4.00	2.320	4.390	5.220	–
	水玻璃	kg	1.10	2.320	–	–	–
	磷酸 85%	kg	5.91	–	0.820	–	–
	一氧化铅	kg	9.54	0.120	–	–	–
	破布	kg	4.50	0.310	–	–	–
	铁砂布 0~2 号	张	1.68	0.340	–	–	–
	汽油 93 号	kg	10.05	2.500	–	–	–
	其他材料费	元	–	0.658	0.345	0.258	2.479
机械	履带式拖拉机 55kW	台班	608.51	–	–	–	0.091

工作内容：同前

单位：10m²

定额编号				8-10-205	8-10-206	8-10-207	8-10-208
项目				管外径 920mm			
				底漆两遍	磷酸水两遍	水两遍	环氧银粉面漆两遍
基价（元）				**212.99**	**122.34**	**120.53**	**380.71**
其中	人工费（元）			167.20	96.80	96.80	119.20
	材料费（元）			45.79	25.54	23.73	197.62
	机械费（元）			–	–	–	63.89
名称		单位	单价（元）	数量			
人工	综合工日	工日	80.00	2.090	1.210	1.210	1.490
材料	锌粉	kg	–	(11.270)	–	–	–
	环氧树脂（各种规格）	kg	28.60	–	–	–	4.410
	丙酮 95%	kg	10.80	–	–	–	4.410
	银粉	kg	19.00	–	–	–	1.110
	水	t	4.00	2.600	4.930	5.860	–
	水玻璃	kg	1.10	2.600	–	–	–
	磷酸 85%	kg	5.91	–	0.920	–	–
	一氧化铅	kg	9.54	0.140	–	–	–
	破布	kg	4.50	0.350	–	–	–
	铁砂布 0～2 号	张	1.68	0.380	–	–	–
	汽油 93 号	kg	10.05	2.810	–	–	–
	其他材料费	元	–	0.740	0.387	0.290	2.780
机械	履带式拖拉机 55kW	台班	608.51	–	–	–	0.105

第十一章　工业建筑防腐蚀

说　明

一、本章定额适用于工业建筑防腐蚀工程。

二、整体面层适用于工业厂房和车间的楼地面、平台、基础（墙基、桩基、设备基础）、池沟、坑、槽及砖混、混凝土结构的防腐蚀。

平面砌块料适用于楼面、地面及平台、基础等平面的防腐蚀面层。

立面砌筑块料适用于立面、墙裙、柱面、基础面、踢脚线等立面的防腐蚀面层。

池沟槽砌筑适用于各种池、槽、地沟、地坑等防腐蚀面层。

涂料适用于工业厂房和车间的混凝土结构、抹灰面及构筑物的防腐蚀涂料。

三、各种混凝土、砂浆、胶泥、胶结料的配合比等与设计不符时可以进行换算。

四、项目按自然养护、干燥考虑。如要求热处理，应另行计算。各种平面面层均不包括踢脚线，发生时按相应子目计算。块料面层踢脚线执行立面砌筑块料层定额，其中人工费乘以系数 1.1。

五、水玻璃面层及结合层定额中均包括涂稀胶泥工料，树脂类、沥青类均包括树脂打底料及冷底子油工料。

六、整体面层主要施工工序包括清理基层、运料、打底、嵌腻子，调制（熬制）胶泥、胶料、砂浆，刷稀胶泥，铺设玻璃布；浇灌胶泥、砂浆、混凝土面层；表面压实，填料干燥，贴布脱脂、下料，涂刷贴布，但未包括喷砂除锈。

平面砌筑块料主要施工工序包括清理基层、运料、清洗砖板；调制（熬制）胶泥、砂浆，刷稀胶泥；砌筑砖板，灰缝清理及勾缝（挤、灌缝）。

立面砌筑块料主要施工工序包括清理基层、运料、清洗砖板；调制（熬制）胶泥、砂浆，刷稀胶泥；砌筑砖板，灰缝清理。

池沟槽砌块料主要施工工序包括清理基层、运料、清洗砖板；调制（熬制）胶泥、砂浆，刷稀胶泥；砌筑砖板，灰缝清理。

涂料主要施工工序包括表面清扫、清洗、运料、填料干燥、过筛、刷涂。

一、整体面层

1. 砂浆、混凝土、胶泥面层(平面)

工作内容: 基层清理、调运砂浆、混凝土、胶泥,熬沥青,底层刷胶泥,铺设砂浆,混凝土表面压实,浇灌硫磺砂浆、沥青。　　单位:10m^2

				8-11-1	8-11-2	8-11-3	8-11-4	8-11-5	8-11-6
定额编号				8-11-1	8-11-2	8-11-3	8-11-4	8-11-5	8-11-6
项目				水玻璃耐酸砂浆		水玻璃耐酸混凝土		水玻璃胶泥	
				厚 20mm	每增减 10mm	厚 60mm	每增减 10mm	厚 10mm	每增减 2mm
基价(元)				**1165.42**	**361.23**	**1677.83**	**258.41**	**645.77**	**132.43**
其中	人工费(元)			208.00	78.40	288.00	40.00	256.00	56.00
	材料费(元)			937.15	272.70	1369.56	214.36	389.77	76.43
	机械费(元)			20.27	10.13	20.27	4.05	–	–
	名称	单位	单价(元)	数量					
人工	综合工日	工日	80.00	2.600	0.980	3.600	0.500	3.200	0.700
材料	水玻璃稀胶泥 1∶0.15∶0.5∶0.5	m^3	3365.00	0.110	–	0.021	–	–	–
	水玻璃耐酸砂浆 1∶0.15∶1.1∶1∶2.6	m^3	2700.00	0.210	0.101	–	–	–	–
	水玻璃胶泥 1∶0.18∶1.2∶1.1	m^3	3821.30	–	–	–	–	0.102	0.020
	水玻璃耐酸混凝土	m^3	2122.38	–	–	0.612	0.101	–	–
机械	滚筒式混凝土搅拌机(内燃) 250L	台班	202.65	0.100	0.050	0.100	0.020	–	–

工作内容：基层清理、调运砂浆、混凝土、胶泥，熬沥青，底层刷胶泥，铺设砂浆，混凝土表面压实，浇灌硫磺砂浆、沥青。　　单位：$10m^2$

定额编号				8-11-7	8-11-8	8-11-9	8-11-10	8-11-11
项目				沥青砂浆		沥青混凝土		碎石灌沥青
								有垫层
				厚 30mm	每增减 5mm	厚 60mm	每增减 10mm	厚 100mm
基价（元）				**919.42**	**156.22**	**1069.57**	**169.08**	**2315.39**
其中	人工费（元）			136.00	24.00	168.00	24.00	200.00
	材料费（元）			763.15	122.09	881.30	141.03	2115.39
	机械费（元）			20.27	10.13	20.27	4.05	–
名称		单位	单价(元)	数				量
人工	综合工日	工日	80.00	1.700	0.300	2.100	0.300	2.500
材料	耐酸沥青砂浆 铺设压实用 1.3：2.6：7.4	m^3	1954.30	0.303	0.051	–	–	–
	沥青混凝土 细粒式	m^3	1040.75	–	–	0.606	0.101	–
	木柴	kg	0.95	180.000	23.600	263.800	37.800	721.000
	石油沥青 30 号	kg	3.80	–	–	–	–	360.800
	碎石 40mm	m^3	55.00	–	–	–	–	1.080
机械	滚筒式混凝土搅拌机(内燃) 250L	台班	202.65	0.100	0.050	0.100	0.020	–

工作内容：基层清理、调运砂浆、混凝土、胶泥，熬沥青，底层刷胶泥，铺设砂浆，混凝土表面压实，浇灌硫磺砂浆、沥青。 单位：$10m^2$

定额编号				8-11-12	8-11-13	8-11-14	8-11-15	8-11-16
项目				环氧砂浆		环氧胶泥	环氧煤焦油砂浆	
				厚5mm	每增减1mm	厚2mm	厚5mm	每增减1mm
基价（元）				**1085.83**	**193.13**	**328.09**	**648.89**	**109.02**
其中	人工费（元）			304.00	40.00	240.00	296.00	40.00
	材料费（元）			773.72	151.71	85.25	344.78	67.60
	机械费（元）			8.11	1.42	2.84	8.11	1.42
名称		单位	单价（元）	数			量	
人工	综合工日	工日	80.00	3.800	0.500	3.000	3.700	0.500
材料	环氧砂浆 1∶0.07∶2∶4	m^3	15170.90	0.051	0.010	–	–	–
	耐酸沥青胶泥 1∶0.3	m^3	4059.70	–	–	0.021	–	–
	环氧煤焦油 砂浆 0.5∶0.5∶0.04∶0.1∶2∶4∶0.04	m^3	6760.30	–	–	–	0.051	0.010
机械	滚筒式混凝土搅拌机（内燃）250L	台班	202.65	0.040	0.007	0.014	0.040	0.007

工作内容:基层清理、调运砂浆、混凝土、胶泥,熬沥青,底层刷胶泥,铺设砂浆,混凝土表面压实,浇灌硫磺砂浆、沥青。 单位:$10m^2$

定额编号				8-11-17	8-11-18	8-11-19	8-11-20
项目				环氧呋喃砂浆		邻苯型不饱和聚酯砂浆	
				厚 5mm	每增减 1mm	厚 5mm	每增减 1mm
基价(元)				**1085.83**	**193.13**	**615.15**	**100.84**
其中	人工费(元)			304.00	40.00	304.00	40.00
	材料费(元)			773.72	151.71	303.04	59.42
	机械费(元)			8.11	1.42	8.11	1.42
名称		单位	单价(元)	数量			
人工	综合工日	工日	80.00	3.800	0.500	3.800	0.500
材料	环氧砂浆 1∶0.07∶2∶4	m^3	15170.90	0.051	0.010	–	–
	邻苯型不饱和聚酯砂浆	m^3	5941.88	–	–	0.051	0.010
机械	滚筒式混凝土搅拌机(内燃) 250L	台班	202.65	0.040	0.007	0.040	0.007

工作内容:基层清理、调运砂浆、混凝土、胶泥,熬沥青,底层刷胶泥,铺设砂浆,混凝土表面压实,浇灌硫磺砂浆、沥青。　　单位:$10m^2$

定额编号				8-11-21	8-11-22	8-11-23	8-11-24
项目				双酚 A 型不饱和聚酯砂浆		邻苯型不饱和聚酯稀胶泥	双酚 A 不饱和聚酯稀胶泥
				厚 5mm	每增减 1mm	厚 2mm	
基价(元)				**913.97**	**159.43**	**503.64**	**407.64**
其中	人工费(元)			304.00	40.00	264.00	168.00
	材料费(元)			601.86	118.01	236.80	236.80
	机械费(元)			8.11	1.42	2.84	2.84
名称		单位	单价(元)	数量			
人工	综合工日	工日	80.00	3.800	0.500	3.300	2.100
材料	双酚 A 型不饱和聚酯砂浆	m^3	11801.24	0.051	0.010	–	–
	邻苯型稀胶泥	m^3	11276.11	–	–	0.021	0.021
机械	滚筒式混凝土搅拌机(内燃) 250L	台班	202.65	0.040	0.007	0.014	0.014

2. 砂浆、混凝土、胶泥面层(立面)

工作内容:基层清理、调运砂浆、胶泥,熬沥青砂浆,底层刷胶泥,抹砂浆及表面压实。　　　　单位:$10m^2$

定额编号				8-11-25	8-11-26	8-11-27	8-11-28	8-11-29	8-11-30
项目				水玻璃耐酸砂浆		水玻璃胶泥		沥青砂浆	
				厚 20mm	每增减 10mm	厚 10mm	每增减 2mm	厚 20mm	每增减 5mm
基价(元)				**849.93**	**366.53**	**744.12**	**143.27**	**359.67**	**85.77**
其中	人工费(元)			228.00	86.40	280.00	64.00	100.00	24.00
	材料费(元)			600.65	270.00	453.99	76.43	247.51	58.93
	机械费(元)			21.28	10.13	10.13	2.84	12.16	2.84
名称		单位	单价(元)	数量					
人工	综合工日	工日	80.00	2.850	1.080	3.500	0.800	1.250	0.300
材料	水玻璃耐酸砂浆 1:0.15:1.1:1:2.6	m^3	2700.00	0.210	0.100	–	–	–	–
	水玻璃胶泥 1:0.18:1.2:1.1	m^3	3821.30	–	–	0.110	0.020	–	–
	沥青砂浆 1:2:7	m^3	1178.60	–	–	–	–	0.210	0.050
	水玻璃稀胶泥 1:0.15:0.5:0.5	m^3	3365.00	0.010	–	0.010	–	–	–
机械	滚筒式混凝土搅拌机(内燃) 250L	台班	202.65	0.105	0.050	0.050	0.014	0.060	0.014

工作内容：基层清理、调运砂浆、胶泥，熬沥青砂浆，底层刷胶泥，抹砂浆及表面压实。

单位：$10m^2$

定额编号				8-11-31	8-11-32	8-11-33	8-11-34	8-11-35	8-11-36	8-11-37
项目				环氧树脂砂浆		环氧稀胶泥	环氧煤焦油砂浆		环氧呋喃砂浆	
				厚5mm	每增减1mm	厚2mm	厚5mm	每增减1mm	厚5mm	每增减1mm
基价（元）				**1181.15**	**201.13**	**760.43**	**743.50**	**118.44**	**923.15**	**152.10**
其中	人工费（元）			344.00	48.00	256.00	328.00	48.00	336.00	48.00
	材料费（元）			834.31	151.71	501.59	405.37	67.60	577.02	101.26
	机械费（元）			2.84	1.42	2.84	10.13	2.84	10.13	2.84
名称		单位	单价（元）	数量						
人工	综合工日	工日	80.00	4.300	0.600	3.200	4.100	0.600	4.200	0.600
材料	环氧稀胶泥 1∶0.08∶0.1∶1	m^3	22923.30	–	–	0.021	–	–	–	–
	环氧煤焦油 砂浆 0.5∶0.5∶0.04∶0.1∶2∶4∶0.04	m^3	6760.30	–	–	–	0.051	0.010	–	–
	环氧砂浆 1∶0.07∶2∶4	m^3	15170.90	0.051	0.010	–	–	–	–	–
	环氧呋喃砂浆 0.7∶0.3∶0.05∶2∶4	m^3	10126.06	–	–	–	–	–	0.051	0.010
	环氧打底料 1∶1∶0.07∶0.15	m^3	20197.70	0.003	–	0.001	0.003	–	0.003	–
机械	滚筒式混凝土搅拌机（内燃）250L	台班	202.65	0.014	0.007	0.014	0.050	0.014	0.050	0.014

工作内容：基层清理、调运砂浆、胶泥，熬沥青砂浆，底层刷胶泥，抹砂浆及表面压实。

单位：10m²

定额编号				8-11-38	8-11-39	8-11-40	8-11-41	8-11-42	8-11-43
项目				邻苯型不饱和聚酯砂浆		双酚 A 型不饱和聚酯砂浆		邻苯型不饱和聚酯稀胶泥	双酚 A 型不饱和聚酯稀胶泥
				厚 5mm	每增减 1mm	厚 5mm	每增减 1mm	厚 2mm	
基价（元）				**701.76**	**163.60**	**1000.59**	**168.85**	**441.64**	**431.14**
其中	人工费（元）			328.00	48.00	328.00	48.00	184.00	184.00
	材料费（元）			363.63	112.76	662.46	118.01	256.22	245.72
	机械费（元）			10.13	2.84	10.13	2.84	1.42	1.42
名称		单位	单价（元）	数量					
人工	综合工日	工日	80.00	4.100	0.600	4.100	0.600	2.300	2.300
材料	双酚 A 型不饱和聚酯砂浆	m^3	11801.24	–	–	0.051	0.010	0.020	–
	邻苯型不饱和聚酯砂浆	m^3	5941.88	0.051	–	–	–	–	–
	邻苯型稀胶泥	m^3	11276.11	–	0.010	–	–	–	0.020
	环氧打底料 1：1：0.07：0.15	m^3	20197.70	0.003	–	0.003	–	0.001	0.001
机械	滚筒式混凝土搅拌机（内燃）250L	台班	202.65	0.050	0.014	0.050	0.014	0.007	0.007

二、平面砌块料面层

1. 各种树脂胶泥

工作内容：基层清理、运料、清洗砖板、调制胶泥、砌砖板。　　　　单位：$10m^2$

				8-11-44	8-11-45	8-11-46	8-11-47	8-11-48	8-11-49	8-11-50	8-11-51
定额编号				8-11-44	8-11-45	8-11-46	8-11-47	8-11-48	8-11-49	8-11-50	8-11-51
项目				瓷砖		瓷板				陶板	
				厚度(mm)							
				65	113	20	30	20	30	20	30
基价（元）				**3620.36**	**5359.42**	**3834.56**	**4339.50**	**3636.18**	**3859.33**	**3543.11**	**18012.05**
其中	人工费（元）			816.00	1064.00	840.00	848.00	864.00	872.00	840.00	848.00
	材料费（元）			2747.62	4238.68	2937.82	3434.76	2715.44	2930.59	2646.37	17107.31
	机械费（元）			56.74	56.74	56.74	56.74	56.74	56.74	56.74	56.74
名称		单位	单价(元)	数量							
人工	综合工日	工日	80.00	10.200	13.300	10.500	10.600	10.800	10.900	10.500	10.600
材料	环氧树脂胶泥 1∶0.1∶0.08∶2	m^3	21223.40	0.088	0.142	0.071	0.075	0.072	0.076	0.071	0.750
	瓷砖 230mm×113mm×65mm	m^2	50.00	9.876	16.760	–	–	–	–	–	–
	瓷板 150mm×150mm×20mm	m^2	104.00	–	–	10.050	–	–	–	–	–
	瓷板 150mm×150mm×30mm	m^2	145.00	–	–	–	10.050	–	–	–	–
	瓷板 180mm×110mm×20mm	m^2	80.00	–	–	–	–	10.020	–	–	–
	瓷板 180mm×110mm×30mm	m^2	93.00	–	–	–	–	–	10.020	–	–
	陶板 150mm×150mm×20mm	m^2	75.00	–	–	–	–	–	–	10.050	–
	陶板 150mm×150mm×30mm	m^2	80.00	–	–	–	–	–	–	–	10.050
	环氧打底料 1∶1∶0.07∶0.15	m^3	20197.70	0.019	0.019	0.019	0.019	0.019	0.019	0.019	0.019
	水	t	4.00	0.600	0.800	0.500	0.500	0.500	0.500	0.500	0.500
机械	滚筒式混凝土搅拌机(内燃) 250L	台班	202.65	0.280	0.280	0.280	0.280	0.280	0.280	0.280	0.280

工作内容：基层清理、运料、清洗砖板、调制胶泥、砌砖板。

单位：$10m^2$

定额编号				8-11-52	8-11-53	8-11-54	8-11-55
项目				铸石板			
				厚度(mm)			
				20	30	20	30
基价（元）				**5332.47**	**6525.19**	**5212.25**	**6407.05**
其中	人工费（元）			864.00	872.00	768.00	768.00
	材料费（元）			4411.73	5596.45	4387.51	5582.31
	机械费（元）			56.74	56.74	56.74	56.74
名称		单位	单价(元)	数量			
人工	综合工日	工日	80.00	10.800	10.900	9.600	9.600
材料	环氧树脂胶泥 1∶0.1∶0.08∶2	m^3	21223.40	0.085	0.091	0.081	0.084
	铸石板 180mm×110mm×20mm	m^2	228.13	9.740	–	–	–
	铸石板 180mm×110mm×30mm	m^2	336.69	–	9.740	–	–
	铸石板 300mm×200mm×20mm	m^2	227.13	–	–	10.050	–
	铸石板 300mm×200mm×30mm	m^2	339.68	–	–	–	10.050
	环氧打底料 1∶1∶0.07∶0.15	m^3	20197.70	0.019	0.019	0.019	0.019
	水	t	4.00	0.500	0.500	0.500	0.500
机械	滚筒式混凝土搅拌机(内燃) 250L	台班	202.65	0.280	0.280	0.280	0.280

2. 水玻璃胶泥

工作内容：基层清理、运料、清洗砖板、调制胶泥、砌砖板。 单位：$10m^2$

定额编号				8-11-56	8-11-57	8-11-58	8-11-59	8-11-60	8-11-61	8-11-62	8-11-63
项目				瓷砖		瓷板				陶板	
				厚度(mm)							
				65	113	20	30	20	30	20	30
基价(元)				**1765.33**	**2526.47**	**2237.15**	**2672.49**	**2023.77**	**2181.53**	**1945.70**	**2019.24**
其中	人工费(元)			816.00	1064.00	840.00	848.00	864.00	872.00	840.00	848.00
	材料费(元)			892.59	1405.73	1340.41	1767.75	1103.03	1252.79	1048.96	1114.50
	机械费(元)			56.74	56.74	56.74	56.74	56.74	56.74	56.74	56.74
名称		单位	单价(元)	数量							
人工	综合工日	工日	80.00	10.200	13.300	10.500	10.600	10.800	10.900	10.500	10.600
材料	水玻璃胶泥 1：0.18：1.2：1.1	m^3	3821.30	0.087	0.131	0.060	0.064	0.061	0.066	0.060	0.064
	瓷砖 230mm×113mm×65mm	m^2	50.00	9.876	16.760	–	–	–	–	–	–
	瓷板 150mm×150mm×20mm	m^2	104.00	–	–	10.050	–	–	–	–	–
	瓷板 150mm×150mm×30mm	m^2	145.00	–	–	–	10.050	–	–	–	–
	瓷板 180mm×110mm×20mm	m^2	80.00	–	–	–	–	10.050	–	–	–
	瓷板 180mm×110mm×30mm	m^2	93.00	–	–	–	–	–	10.050	–	–
	陶板 150mm×150mm×20mm	m^2	75.00	–	–	–	–	–	–	10.050	–
	陶板 150mm×150mm×30mm	m^2	80.00	–	–	–	–	–	–	–	10.050
	水玻璃稀胶泥 1：0.15：0.5：0.5	m^3	3365.00	0.019	0.019	0.019	0.019	0.019	0.019	0.019	0.019
	水	t	4.00	0.600	0.800	0.500	0.500	0.500	0.500	0.500	0.500
机械	滚筒式混凝土搅拌机(内燃) 250L	台班	202.65	0.280	0.280	0.280	0.280	0.280	0.280	0.280	0.280

工作内容：基层清理、运料、清洗砖板、调制胶泥、砌砖板。　　单位：10m²

定额编号				8-11-64	8-11-65	8-11-66	8-11-67	8-11-68	8-11-69	8-11-70	8-11-71
项目				铸石板				花岗石			
				厚度(mm)							
				20	30	20	30	50	80	60	100
基价（元）				**3527.20**	**4630.70**	**3440.82**	**4583.41**	**1626.10**	**1721.61**	**1693.26**	**1874.83**
其中	人工费（元）			864.00	872.00	768.00	768.00	768.00	768.00	768.00	768.00
	材料费（元）			2606.46	3701.96	2616.08	3758.67	801.36	896.87	868.52	1050.09
	机械费（元）			56.74	56.74	56.74	56.74	56.74	56.74	56.74	56.74
名称		单位	单价(元)	数量							
人工	综合工日	工日	80.00	10.800	10.900	9.600	9.600	9.600	9.600	9.600	9.600
材料	水玻璃胶泥 1∶0.18∶1.2∶1.1	m^3	3821.30	0.075	0.081	0.070	0.073	0.160	0.180	0.159	0.181
	铸石板 180mm×110mm×20mm	m^2	228.13	9.880	–	–	–	–	–	–	–
	铸石板 180mm×110mm×30mm	m^2	336.69	–	9.880	–	–	–	–	–	–
	铸石板 300mm×200mm×20mm	m^2	227.13	–	–	10.050	–	–	–	–	–
	铸石板 300mm×200mm×30mm	m^2	339.68	–	–	–	10.050	–	–	–	–
	花岗石 300×300×50	块	13.00	–	–	–	–	9.540	–	–	–
	花岗石 300×300×80	块	15.00	–	–	–	–	–	9.540	–	–
	花岗石 500×300×60	块	20.00	–	–	–	–	–	–	9.750	–
	花岗石 500×300×100	块	30.00	–	–	–	–	–	–	–	9.750
	水玻璃稀胶泥 1∶0.15∶0.5∶0.5	m^3	3365.00	0.019	0.019	0.019	0.019	0.019	0.019	0.019	0.019
	水	t	4.00	0.500	0.500	0.500	0.500	0.500	0.500	0.500	0.500
机械	滚筒式混凝土搅拌机(内燃) 250L	台班	202.65	0.280	0.280	0.280	0.280	0.280	0.280	0.280	0.280

3. 硫磺胶泥

工作内容：基层清理、运料、清洗砖板、调制胶泥、砌砖板。　　　　单位：10m²

定额编号				8-11-72	8-11-73	8-11-74	8-11-75	8-11-76	8-11-77	8-11-78	8-11-79
项目				瓷砖		瓷板		陶板		铸石板	
				厚度(mm)							
				65	113	20	30	20	30	20	30
基价(元)				**1806.54**	**2365.29**	**2244.15**	**2672.73**	**1963.58**	**2043.85**	**3509.66**	**4593.71**
其中	人工费(元)			816.00	848.00	840.00	848.00	840.00	848.00	864.00	872.00
	材料费(元)			933.80	1460.55	1347.41	1767.99	1066.84	1139.11	2588.92	3664.97
	机械费(元)			56.74	56.74	56.74	56.74	56.74	56.74	56.74	56.74
名称		单位	单价(元)	数量							
人工	综合工日	工日	80.00	10.200	10.600	10.500	10.600	10.500	10.600	10.800	10.900
材料	硫磺胶泥 6：4：0.15	m^3	2668.60	0.145	0.215	0.111	0.119	0.111	0.119	0.120	0.127
	瓷砖 230mm×113mm×65mm	m^2	50.00	9.772	16.452	–	–	–	–	–	–
	瓷板 150mm×150mm×20mm	m^2	104.00	–	–	9.675	–	–	–	–	–
	瓷板 150mm×150mm×30mm	m^2	145.00	–	–	–	9.675	–	–	–	–
	陶板 150mm×150mm×20mm	m^2	75.00	–	–	–	–	9.675	–	–	–
	陶板 150mm×150mm×30mm	m^2	80.00	–	–	–	–	–	9.675	–	–
	铸石板 180mm×110mm×20mm	m^2	228.13	–	–	–	–	–	–	9.740	–
	铸石板 180mm×110mm×30mm	m^2	336.69	–	–	–	–	–	–	–	9.740
	煤	kg	0.85	59.000	66.000	45.000	48.000	45.000	48.000	47.000	47.000
	木柴	kg	0.95	6.000	6.000	5.000	5.000	5.000	5.000	5.000	5.000
	水	t	4.00	0.600	0.600	0.500	0.500	0.500	0.500	0.500	0.500
机械	滚筒式混凝土搅拌机(内燃) 250L	台班	202.65	0.280	0.280	0.280	0.280	0.280	0.280	0.280	0.280

4. 沥青胶泥

工作内容：基层清理、运料、清洗砖板、调制胶泥、砌砖板。

单位：10m²

定额编号				8-11-80	8-11-81	8-11-82	8-11-83	8-11-84	8-11-85	8-11-86	8-11-87
项目				瓷砖		瓷板		陶板		铸石板	
				厚度(mm)							
				65	113	20	30	20	30	20	30
基价（元）				**1808.17**	**2600.44**	**2271.16**	**2710.71**	**1983.48**	**2065.91**	**3525.66**	**4635.79**
其中	人工费（元）			816.00	1064.00	840.00	848.00	840.00	848.00	864.00	872.00
	材料费（元）			935.43	1479.70	1374.42	1805.97	1086.74	1161.17	2604.92	3707.05
	机械费（元）			56.74	56.74	56.74	56.74	56.74	56.74	56.74	56.74
名称		单位	单价(元)	数量							
人工	综合工日	工日	80.00	10.200	13.300	10.500	10.600	10.500	10.600	10.800	10.900
材料	耐酸沥青胶泥 铺砌平面 1：1：0.05	m³	3691.80	0.098	0.152	0.074	0.079	0.074	0.079	0.075	0.081
	瓷砖 230mm×113mm×65mm	m²	50.00	9.876	16.764	–	–	–	–	–	–
	瓷板 150mm×150mm×20mm	m²	104.00	–	–	9.920	–	–	–	–	–
	瓷板 150mm×150mm×30mm	m²	145.00	–	–	–	9.920	–	–	–	–
	陶板 150mm×150mm×20mm	m²	75.00	–	–	–	–	9.920	–	–	–
	陶板 150mm×150mm×30mm	m²	80.00	–	–	–	–	–	9.920	–	–
	铸石板 180mm×110mm×20mm	m²	228.13	–	–	–	–	–	–	9.880	–
	铸石板 180mm×110mm×30mm	m²	336.69	–	–	–	–	–	–	–	9.880
	冷底子油 30：70	kg	6.30	8.400	8.400	8.400	8.400	8.400	8.400	8.400	8.400
	木柴	kg	0.95	25.800	25.500	15.400	22.100	15.400	22.100	20.200	28.000
	水	t	4.00	0.600	0.800	0.500	0.500	0.500	0.500	0.500	0.500
机械	滚筒式混凝土搅拌机(内燃) 250L	台班	202.65	0.280	0.280	0.280	0.280	0.280	0.280	0.280	0.280

5. 水玻璃砂浆结合层

工作内容：基层清理、运料、清洗砖板、调制胶泥、砌砖板。　　　　单位：$10m^2$

定额编号				8-11-88	8-11-89	8-11-90	8-11-91	8-11-92	8-11-93
项目				瓷砖		瓷板			
				厚度(mm)					
				65	113	20	30	20	30
基价（元）				**1725.78**	**2508.73**	**2198.10**	**2627.38**	**2001.28**	**2158.83**
其中	人工费（元）			816.00	1064.00	840.00	848.00	864.00	872.00
	材料费（元）			853.04	1387.99	1301.36	1722.64	1080.54	1230.09
	机械费（元）			56.74	56.74	56.74	56.74	56.74	56.74
名称		单位	单价(元)	数量					
人工	综合工日	工日	80.00	10.200	13.300	10.500	10.600	10.800	10.900
材料	水玻璃耐酸砂浆 1∶0.15∶1.1∶1∶2.6	m^3	2700.00	0.106	0.173	0.077	0.083	0.078	0.085
	水玻璃稀胶泥 1∶0.15∶0.5∶0.5	m^3	3365.00	0.019	0.019	0.019	0.019	0.019	0.019
	瓷砖 230mm×113mm×65mm	m^2	50.00	10.010	17.075	–	–	–	–
	瓷板 150mm×150mm×20mm	m^2	104.00	–	–	9.880	–	–	–
	瓷板 150mm×150mm×30mm	m^2	145.00	–	–	–	9.880	–	–
	瓷板 180mm×110mm×20mm	m^2	80.00	–	–	–	–	10.050	–
	瓷板 180mm×110mm×30mm	m^2	93.00	–	–	–	–	–	10.050
	水	t	4.00	0.600	0.800	0.500	0.500	0.500	0.500
机械	滚筒式混凝土搅拌机(内燃) 250L	台班	202.65	0.280	0.280	0.280	0.280	0.280	0.280

工作内容：基层清理、运料、清洗砖板、调制胶泥、砌砖板。　　　　单位：$10m^2$

定额编号				8-11-94	8-11-95	8-11-96	8-11-97	8-11-98	8-11-99
项目				陶板		铸石板			
				厚度(mm)					
				20	30	20	30	20	30
基价（元）				**1928.08**	**2002.78**	**3393.06**	**4579.14**	**3452.72**	**4596.67**
其中	人工费（元）			840.00	848.00	800.00	872.00	768.00	768.00
	材料费（元）			1031.34	1098.04	2536.32	3650.40	2627.98	3771.93
	机械费（元）			56.74	56.74	56.74	56.74	56.74	56.74
名称		单位	单价(元)	数量					
人工	综合工日	工日	80.00	10.500	10.600	10.000	10.900	9.600	9.600
材料	水玻璃耐酸砂浆 1∶0.15∶1.1∶1∶2.6	m^3	2700.00	0.077	0.083	0.092	0.113	0.106	0.112
	水玻璃稀胶泥 1∶0.15∶0.5∶0.5	m^3	3365.00	0.019	0.019	0.019	0.019	0.019	0.019
	陶板 150mm×150mm×20mm	m^2	75.00	10.100	–	–	–	–	–
	陶板 150mm×150mm×30mm	m^2	80.00	–	10.100	–	–	–	–
	铸石板 180mm×110mm×20mm	m^2	228.13	–	–	9.740	–	–	–
	铸石板 180mm×110mm×30mm	m^2	336.69	–	–	–	9.740	–	–
	铸石板 300mm×200mm×20mm	m^2	227.13	–	–	–	–	10.020	–
	铸石板 300mm×200mm×30mm	m^2	339.68	–	–	–	–	–	10.020
	水	t	4.00	0.500	0.500	0.500	0.500	0.500	0.500
机械	滚筒式混凝土搅拌机(内燃) 250L	台班	202.65	0.280	0.280	0.280	0.280	0.280	0.280

工作内容：基层清理、运料、清洗砖板、调制胶泥、砌砖板。 单位：$10m^2$

定额编号				8-11-100	8-11-101	8-11-102	8-11-103
项目				花岗石			
				厚度(mm)			
				50	80	60	100
基价（元）				1449.44	1522.88	1516.18	1673.08
其中	人工费（元）			768.00	768.00	768.00	768.00
	材料费（元）			624.70	698.14	691.44	848.34
	机械费（元）			56.74	56.74	56.74	56.74
名称		单位	单价(元)	数量			
人工	综合工日	工日	80.00	9.600	9.600	9.600	9.600
材料	水玻璃耐酸砂浆 1：0.15：1.1：1：2.6	m^3	2700.00	0.160	0.180	0.159	0.181
	水玻璃稀胶泥 1：0.15：0.5：0.5	m^3	3365.00	0.019	0.019	0.019	0.019
	花岗石 300mm×300mm×50mm	块	13.00	9.720	–	–	–
	花岗石 300mm×300mm×80mm	块	15.00	–	9.720	–	–
	花岗石 500mm×300mm×60mm	块	20.00	–	–	9.750	–
	花岗石 500mm×300mm×100mm	块	30.00	–	–	–	9.750
	水	t	4.00	0.600	0.600	0.800	0.800
机械	滚筒式混凝土搅拌机(内燃) 250L	台班	202.65	0.280	0.280	0.280	0.280

6. 沥青砂浆结合层

工作内容:基层清理、运料、清洗砖板、调制胶泥、砌砖板。

单位:10m²

定额编号				8-11-104	8-11-105	8-11-106	8-11-107	8-11-108	8-11-109	8-11-110	8-11-111
项目				瓷砖		瓷板		陶板		铸石板	
				厚度(mm)							
				65	113	20	30	20	30	20	30
基价(元)				**1904.29**	**2537.49**	**2472.14**	**2901.39**	**2180.69**	**2248.14**	**3790.19**	**4878.78**
其中	人工费(元)			768.00	968.00	808.00	816.00	808.00	816.00	840.00	848.00
	材料费(元)			1079.55	1512.75	1607.40	2028.65	1315.95	1375.40	2893.45	3974.04
	机械费(元)			56.74	56.74	56.74	56.74	56.74	56.74	56.74	56.74
名称		单位	单价(元)	数量							
人工	综合工日	工日	80.00	9.600	12.100	10.100	10.200	10.100	10.200	10.500	10.600
材料	沥青砂浆 1∶2∶7	m^3	1178.60	0.098	0.163	0.084	0.091	0.084	0.091	0.148	0.154
	环氧稀胶泥 1∶0.08∶0.1∶1	m^3	22923.30	0.019	0.019	0.019	0.019	0.019	0.019	0.019	0.019
	瓷砖 230mm×113mm×65mm	m^2	50.00	9.876	16.764	–	–	–	–	–	–
	瓷板 150mm×150mm×20mm	m^2	104.00	–	–	10.050	–	–	–	–	–
	瓷板 150mm×150mm×30mm	m^2	145.00	–	–	–	10.050	–	–	–	–
	陶板 150mm×150mm×20mm	m^2	75.00	–	–	–	–	10.050	–	–	–
	陶板 150mm×150mm×30mm	m^2	80.00	–	–	–	–	–	10.050	–	–
	铸石板 180mm×110mm×20mm	m^2	228.13	–	–	–	–	–	–	9.880	–
	铸石板 180mm×110mm×30mm	m^2	336.69	–	–	–	–	–	–	–	9.880
	木柴	kg	0.95	34.000	46.000	27.000	28.000	27.000	28.000	29.000	30.000
	水	t	4.00	0.600	0.800	0.500	0.500	0.500	0.500	0.500	0.500
机械	滚筒式混凝土搅拌机(内燃) 250L	台班	202.65	0.280	0.280	0.280	0.280	0.280	0.280	0.280	0.280

三、立面砌块料面层

1. 各种树脂胶泥

工作内容：基层清理、运料、清洗砖板、调制胶泥、砌砖板。

单位：$10m^2$

定额编号				8-11-112	8-11-113	8-11-114	8-11-115	8-11-116	8-11-117
项目				瓷砖		瓷板			
						厚度(mm)			
				65	113	20	30	20	30
基价（元）				**3661.16**	**5413.22**	**3876.96**	**4373.90**	**3679.38**	**3903.33**
其中	人工费（元）			856.80	1117.60	882.40	882.40	907.20	916.00
	材料费（元）			2747.62	4238.88	2937.82	3434.76	2715.44	2930.59
	机械费（元）			56.74	56.74	56.74	56.74	56.74	56.74
名称		单位	单价(元)	数量					
人工	综合工日	工日	80.00	10.710	13.970	11.030	11.030	11.340	11.450
材料	环氧树脂胶泥 1∶0.1∶0.08∶2	m^3	21223.40	0.088	0.142	0.071	0.075	0.072	0.076
	环氧打底料 1∶1∶0.07∶0.15	m^3	20197.70	0.019	0.019	0.019	0.019	0.019	0.019
	瓷砖 230mm×113mm×65mm	m^2	50.00	9.876	16.764	–	–	–	–
	瓷板 150mm×150mm×20mm	m^2	104.00	–	–	10.050	–	–	–
	瓷板 150mm×150mm×30mm	m^2	145.00	–	–	–	10.050	–	–
	瓷板 180mm×110mm×20mm	m^2	80.00	–	–	–	–	10.020	–
	瓷板 180mm×110mm×30mm	m^2	93.00	–	–	–	–	–	10.020
	水	t	4.00	0.600	0.800	0.500	0.500	0.500	0.500
机械	滚筒式混凝土搅拌机(内燃) 250L	台班	202.65	0.280	0.280	0.280	0.280	0.280	0.280

工作内容：基层清理、运料、清洗砖板、调制胶泥、砌砖板。

单位：10m²

定额编号				8-11-118	8-11-119	8-11-120	8-11-121	8-11-122	8-11-123
项目				陶板		铸石板			
				厚度(mm)					
				20	30	20	30	20	30
基价(元)				**3585.51**	**3728.65**	**5375.67**	**6569.19**	**5162.07**	**6312.97**
其中	人工费(元)			882.40	890.40	907.20	916.00	806.40	806.40
	材料费(元)			2646.37	2781.51	4411.73	5596.45	4298.93	5449.83
	机械费(元)			56.74	56.74	56.74	56.74	56.74	56.74
名称		单位	单价(元)	数量					
人工	综合工日	工日	80.00	11.030	11.130	11.340	11.450	10.080	10.080
材料	环氧树脂胶泥 1:0.1:0.08:2	m³	21223.40	0.071	0.075	0.085	0.091	0.081	0.084
	环氧打底料 1:1:0.07:0.15	m³	20197.70	0.019	0.019	0.019	0.019	0.019	0.019
	陶板 150mm×150mm×20mm	m²	75.00	10.050	–	–	–	–	–
	陶板 150mm×150mm×30mm	m²	80.00	–	10.050	–	–	–	–
	铸石板 180mm×110mm×20mm	m²	228.13	–	–	9.740	–	–	–
	铸石板 180mm×110mm×30mm	m²	336.69	–	–	–	9.740	–	–
	铸石板 300mm×200mm×20mm	m²	227.13	–	–	–	–	9.660	–
	铸石板 300mm×200mm×30mm	m²	339.68	–	–	–	–	–	9.660
	水	t	4.00	0.500	0.500	0.500	0.500	0.500	0.500
机械	滚筒式混凝土搅拌机(内燃) 250L	台班	202.65	0.280	0.280	0.280	0.280	0.280	0.280

2. 水玻璃胶泥

工作内容：基层清理、运料、清洗砖板、调制胶泥、砌砖板。　　　　单位：$10m^2$

定额编号				8-11-124	8-11-125	8-11-126	8-11-127	8-11-128	8-11-129
项目				瓷砖		瓷板			
				厚度(mm)					
				65	113	20	30	20	30
基价（元）				**1806.13**	**2580.27**	**2279.55**	**2706.89**	**2064.57**	**2222.74**
其中	人工费（元）			856.80	1117.60	882.40	882.40	907.20	916.00
	材料费（元）			892.59	1405.93	1340.41	1767.75	1100.63	1250.00
	机械费（元）			56.74	56.74	56.74	56.74	56.74	56.74
	名称	单位	单价(元)	数量					
人工	综合工日	工日	80.00	10.710	13.970	11.030	11.030	11.340	11.450
材料	水玻璃胶泥 1∶0.18∶1.2∶1.1	m^3	3821.30	0.087	0.131	0.060	0.064	0.061	0.066
	水玻璃稀胶泥 1∶0.15∶0.5∶0.5	m^3	3365.00	0.019	0.019	0.019	0.019	0.019	0.019
	瓷砖 230mm×113mm×65mm	m^2	50.00	9.876	16.764	–	–	–	–
	瓷板 150mm×150mm×20mm	m^2	104.00	–	–	10.050	–	–	–
	瓷板 150mm×150mm×30mm	m^2	145.00	–	–	–	10.050	–	–
	瓷板 180mm×110mm×20mm	m^2	80.00	–	–	–	–	10.020	–
	瓷板 180mm×110mm×30mm	m^2	93.00	–	–	–	–	–	10.020
	水	t	4.00	0.600	0.800	0.500	0.500	0.500	0.500
机械	滚筒式混凝土搅拌机(内燃) 250L	台班	202.65	0.280	0.280	0.280	0.280	0.280	0.280

工作内容：基层清理、运料、清洗砖板、调制胶泥、砌砖板。　　单位：$10m^2$

定额编号				8-11-130	8-11-131	8-11-132	8-11-133	8-11-134	8-11-135
项目				陶板		铸石板			
				厚度(mm)					
				20	30	20	30	20	30
基价（元）				**1988.10**	**2302.84**	**3538.46**	**4627.56**	**3509.10**	**4611.62**
其中	人工费（元）			882.40	890.40	907.20	916.00	806.40	806.40
	材料费（元）			1048.96	1355.70	2574.52	3654.82	2645.96	3748.48
	机械费（元）			56.74	56.74	56.74	56.74	56.74	56.74
名称		单位	单价(元)	数量					
人工	综合工日	工日	80.00	11.030	11.130	11.340	11.450	10.080	10.080
材料	水玻璃胶泥 1∶0.18∶1.2∶1.1	m^3	3821.30	0.060	0.064	0.075	0.081	0.101	0.105
	水玻璃稀胶泥 1∶0.15∶0.5∶0.5	m^3	3365.00	0.019	0.019	0.019	0.019	0.019	0.019
	陶板 150mm×150mm×20mm	m^2	75.00	10.050	–	–	–	–	–
	磁板 150mm×150mm×20mm	m^2	104.00	–	10.050	–	–	–	–
	铸石板 180mm×110mm×20mm	m^2	228.13	–	–	9.740	–	–	–
	铸石板 180mm×110mm×30mm	m^2	336.69	–	–	–	9.740	–	–
	铸石板 300mm×200mm×20mm	m^2	227.13	–	–	–	–	9.660	–
	铸石板 300mm×200mm×30mm	m^2	339.68	–	–	–	–	–	9.660
	水	t	4.00	0.500	0.500	0.500	0.500	0.500	0.500
机械	滚筒式混凝土搅拌机(内燃) 250L	台班	202.65	0.280	0.280	0.280	0.280	0.280	0.280

3. 沥青胶泥

工作内容：基层清理、运料、清洗砖板、调制胶泥、砌砖板。

单位：$10m^2$

定额编号				8-11-136	8-11-137	8-11-138	8-11-139
项目				瓷砖		瓷板	
				厚度(mm)			
				65	113	20	30
基价（元）				**1864.23**	**2687.21**	**2325.09**	**2738.17**
其中	人工费（元）			856.80	1117.60	882.40	882.40
	材料费（元）			950.69	1512.87	1385.95	1799.03
	机械费（元）			56.74	56.74	56.74	56.74
名称		单位	单价(元)	数量			
人工	综合工日	工日	80.00	10.710	13.970	11.030	11.030
材料	冷底子油 30∶70	kg	6.30	8.400	8.400	8.400	8.400
	耐酸沥青胶泥 灌缝用 1∶0.8∶0.05	m^3	3847.50	0.098	0.152	0.074	0.074
	瓷砖 230mm×113mm×65mm	m^2	50.00	9.876	16.764	–	–
	瓷板 150mm×150mm×20mm	m^2	104.00	–	–	9.920	–
	瓷板 150mm×150mm×30mm	m^2	145.00	–	–	–	9.920
	木柴	kg	0.95	25.800	35.500	15.400	22.100
	水	t	4.00	0.600	0.800	0.500	0.500
机械	滚筒式混凝土搅拌机(内燃) 250L	台班	202.65	0.280	0.280	0.280	0.280

工作内容：基层清理、运料、清洗砖板、调制胶泥、砌砖板。

单位：10m²

定额编号				8-11-140	8-11-141	8-11-142	8-11-143
项目				陶板		铸石板	
				厚度(mm)			
				20	30	20	30
基价（元）				**2037.41**	**2137.41**	**3354.69**	**4350.28**
其中	人工费（元）			882.40	907.20	907.20	907.20
	材料费（元）			1098.27	1173.47	2390.75	3386.34
	机械费（元）			56.74	56.74	56.74	56.74
名称		单位	单价(元)	数量			
人工	综合工日	工日	80.00	11.030	11.340	11.340	11.340
材料	冷底子油 30：70	kg	6.30	8.400	8.400	8.400	8.400
	耐酸沥青胶泥 灌缝用 1：0.8：0.05	m³	3847.50	0.074	0.079	0.075	0.081
	陶板 150mm×150mm×20mm	m²	75.00	9.920	–	–	–
	陶板 150mm×150mm×30mm	m²	80.00	–	9.920	–	–
	铸石板 180mm×110mm×20mm	m²	228.13	–	–	8.890	–
	铸石板 180mm×110mm×30mm	m²	336.69	–	–	–	8.890
	木柴	kg	0.95	15.400	22.100	20.200	28.000
	水	t	4.00	0.500	0.500	0.500	0.500
机械	滚筒式混凝土搅拌机(内燃) 250L	台班	202.65	0.280	0.280	0.280	0.280

4. 水玻璃砂浆

工作内容：基层清理、运料、清洗砖板、调制胶泥、砌砖板。

单位：$10m^2$

定额编号				8-11-144	8-11-145	8-11-146	8-11-147	8-11-148	8-11-149
项目				瓷砖		瓷板			
				厚度(mm)					
				65	113	20	30	20	30
基价（元）				**1742.98**	**2501.28**	**2228.44**	**2648.73**	**2019.68**	**2165.20**
其中	人工费（元）			856.80	1117.60	882.40	882.40	907.20	907.20
	材料费（元）			829.44	1326.94	1289.30	1709.59	1055.74	1201.26
	机械费（元）			56.74	56.74	56.74	56.74	56.74	56.74
	名称	单位	单价(元)	数			量		
人工	综合工日	工日	80.00	10.710	13.970	11.030	11.030	11.340	11.340
材料	水玻璃耐酸砂浆 1∶0.15∶1.1∶1∶2.6	m^3	2700.00	0.106	0.173	0.076	0.083	0.078	0.085
	水玻璃稀胶泥 1∶0.15∶0.5∶0.5	m^3	3365.00	0.019	0.019	0.019	0.019	0.019	0.019
	瓷砖 230mm×113mm×65mm	m^2	50.00	9.538	15.854	–	–	–	–
	瓷板 150mm×150mm×20mm	m^2	104.00	–	–	9.790	–	–	–
	瓷板 150mm×150mm×30mm	m^2	145.00	–	–	–	9.790	–	–
	瓷板 180mm×110mm×20mm	m^2	80.00	–	–	–	–	9.740	–
	瓷板 180mm×110mm×30mm	m^2	93.00	–	–	–	–	–	9.740
	水	t	4.00	0.600	0.800	0.500	0.500	0.500	0.500
机械	滚筒式混凝土搅拌机(内燃) 250L	台班	202.65	0.280	0.280	0.280	0.280	0.280	0.280

工作内容：基层清理、运料、清洗砖板、调制胶泥、砌砖板。

单位：10m²

定额编号				8-11-150	8-11-151	8-11-152	8-11-153	8-11-154	8-11-155
项目				陶板		铸石板			
				厚度(mm)					
				20	30	20	30	20	30
基价（元）				**1947.23**	**2012.38**	**3351.98**	**4395.49**	**3339.15**	**4447.98**
其中	人工费（元）			882.40	882.40	907.20	907.20	806.40	806.40
	材料费（元）			1008.09	1073.24	2388.04	3431.55	2476.01	3584.84
	机械费（元）			56.74	56.74	56.74	56.74	56.74	56.74
名称		单位	单价(元)	数量					
人工	综合工日	工日	80.00	11.030	11.030	11.340	11.340	10.080	10.080
材料	水玻璃耐酸砂浆 1∶0.15∶1.1∶1∶2.6	m³	2700.00	0.077	0.083	0.092	0.113	0.080	0.088
	水玻璃稀胶泥 1∶0.15∶0.5∶0.5	m³	3365.00	0.019	0.019	0.019	0.019	0.019	0.019
	陶板 150mm×150mm×20mm	m²	75.00	9.790	–	–	–	–	–
	陶板 150mm×150mm×30mm	m²	80.00	–	9.790	–	–	–	–
	铸石板 180mm×110mm×20mm	m²	228.13	–	–	9.090	–	–	–
	铸石板 180mm×110mm×30mm	m²	336.69	–	–	–	9.090	–	–
	铸石板 300mm×200mm×20mm	m²	227.13	–	–	–	–	9.660	–
	铸石板 300mm×200mm×30mm	m²	339.68	–	–	–	–	–	9.660
	水	t	4.00	0.500	0.500	0.500	0.500	0.500	0.500
机械	滚筒式混凝土搅拌机(内燃) 250L	台班	202.65	0.280	0.280	0.280	0.280	0.280	0.280

5. 沥青砂浆结合层、沥青胶泥灌缝

工作内容：基层清理、运料、清洗砖板、调制胶泥、砌砖板。　　单位：$10m^2$

定额编号				8-11-156	8-11-157	8-11-158	8-11-159
项目				铸石板			
				厚度(mm)			
				20	30	20	30
基价（元）				**3161.98**	**4161.84**	**3325.60**	**4445.04**
其中	人工费（元）			768.00	768.00	768.00	768.00
	材料费（元）			2337.24	3337.10	2500.86	3620.30
	机械费（元）			56.74	56.74	56.74	56.74
	名称	单位	单价(元)	数量			
人工	综合工日	工日	80.00	9.600	9.600	9.600	9.600
材料	沥青砂浆 1：2：7	m^3	1178.60	0.126	0.126	0.126	0.126
	沥青胶泥	m^3	2300.00	0.034	0.051	0.029	0.043
	水玻璃稀胶泥 1：0.15：0.5：0.5	m^3	3365.00	0.019	0.019	0.019	0.019
	铸石板 180mm×110mm×20mm	m^2	228.13	8.850	–	–	–
	铸石板 180mm×110mm×30mm	m^2	336.69	–	8.850	–	–
	铸石板 300mm×200mm×20mm	m^2	227.13	–	–	9.660	–
	铸石板 300mm×200mm×30mm	m^2	339.68	–	–	–	9.660
	木柴	kg	0.95	27.000	27.000	27.000	27.000
	水	t	4.00	0.500	0.500	0.500	0.500
机械	滚筒式混凝土搅拌机(内燃) 250L	台班	202.65	0.280	0.280	0.280	0.280

四、池、沟砌块料面层

1. 各种树脂胶泥

工作内容：基层清理、运料、清洗砖板、调制胶泥、砌砖板。

单位：$10m^2$

定额编号				8-11-160	8-11-161	8-11-162	8-11-163	8-11-164	8-11-165	8-11-166	8-11-167
项目				瓷砖		瓷板				陶板	
				厚度(mm)							
				65	113	20	30	20	30	20	30
基价（元）				**2130.87**	**3052.13**	**2605.66**	**3049.48**	**2392.00**	**2554.83**	**2421.40**	**2516.10**
其中	人工费（元）			840.80	1096.00	865.60	873.60	889.60	898.40	889.60	898.40
	材料费（元）			1233.33	1899.39	1683.32	2119.14	1445.66	1599.69	1475.06	1560.96
	机械费（元）			56.74	56.74	56.74	56.74	56.74	56.74	56.74	56.74
名称		单位	单价(元)	数量							
人工	综合工日	工日	80.00	10.510	13.700	10.820	10.920	11.120	11.230	11.120	11.230
材料	邻苯型 不饱和聚酯砂浆	m^3	5941.88	0.088	0.142	0.071	0.075	0.072	0.076	0.085	0.091
	邻苯型 稀胶泥	m^3	11276.11	0.019	0.019	0.019	0.019	0.019	0.019	0.019	0.019
	瓷砖 230mm×113mm×65mm	m^2	50.00	9.876	16.764	–	–	–	–	–	–
	瓷板 150mm×150mm×20mm	m^2	104.00	–	–	10.050	–	–	–	–	–
	瓷板 150mm×150mm×30mm	m^2	145.00	–	–	–	10.050	–	–	–	–
	瓷板 180mm×110mm×20mm	m^2	80.00	–	–	–	–	10.020	–	–	–
	瓷板 180mm×110mm×30mm	m^2	93.00	–	–	–	–	–	10.020	–	–
	陶板 150mm×150mm×20mm	m^2	75.00	–	–	–	–	–	–	10.050	–
	陶板 150mm×150mm×30mm	m^2	80.00	–	–	–	–	–	–	–	10.050
	水	t	4.00	0.600	0.800	0.500	0.500	0.500	0.500	0.500	0.500
机械	滚筒式混凝土搅拌机(内燃) 250L	台班	202.65	0.280	0.280	0.280	0.280	0.280	0.280	0.280	0.280

2. 水玻璃胶泥

工作内容:基层清理、运料、清洗砖板、调制胶泥、砌砖板。　　单位:10m²

定额编号				8-11-168	8-11-169	8-11-170	8-11-171	8-11-172	8-11-173
项目				瓷砖		瓷板			
				厚度(mm)					
				65	113	20	30	20	30
基价(元)				**1790.13**	**2558.67**	**2262.75**	**2698.09**	**2046.97**	**2201.32**
其中	人工费(元)			840.80	1096.00	865.60	873.60	889.60	898.40
	材料费(元)			892.59	1405.93	1340.41	1767.75	1100.63	1246.18
	机械费(元)			56.74	56.74	56.74	56.74	56.74	56.74
名称		单位	单价(元)	数量					
人工	综合工日	工日	80.00	10.510	13.700	10.820	10.920	11.120	11.230
材料	水玻璃胶泥 1:0.18:1.2:1.1	m^3	3821.30	0.087	0.131	0.060	0.064	0.061	0.065
	水玻璃稀胶泥 1:0.15:0.5:0.5	m^3	3365.00	0.019	0.019	0.019	0.019	0.019	0.019
	瓷砖 230mm×113mm×65mm	m^2	50.00	9.876	16.764	–	–	–	–
	瓷板 150mm×150mm×20mm	m^2	104.00	–	–	10.050	–	–	–
	瓷板 150mm×150mm×30mm	m^2	145.00	–	–	–	10.050	–	–
	瓷板 180mm×110mm×20mm	m^2	80.00	–	–	–	–	10.020	–
	瓷板 180mm×110mm×30mm	m^2	93.00	–	–	–	–	–	10.020
	水	t	4.00	0.600	0.800	0.500	0.500	0.500	0.500
机械	滚筒式混凝土搅拌机(内燃) 250L	台班	202.65	0.280	0.280	0.280	0.280	0.280	0.280

工作内容：基层清理、运料、清洗砖板、调制胶泥、砌砖板。　　单位：$10m^2$

定额编号				8-11-174	8-11-175	8-11-176	8-11-177
项目				铸石板			
				厚度(mm)			
				20	30	20	30
基价（元）				**3331.51**	**4330.51**	**3591.66**	**4744.39**
其中	人工费（元）			889.60	898.40	898.40	898.40
	材料费（元）			2385.17	3375.37	2636.52	3789.25
	机械费（元）			56.74	56.74	56.74	56.74
名称		单位	单价(元)	数量			
人工	综合工日	工日	80.00	11.120	11.230	11.230	11.230
材料	水玻璃胶泥 1∶0.18∶1.2∶1.1	m^3	3821.30	0.075	0.081	0.070	0.073
	水玻璃稀胶泥 1∶0.15∶0.5∶0.5	m^3	3365.00	0.019	0.019	0.019	0.019
	铸石板 180mm×110mm×20mm	m^2	228.13	8.910	–	–	–
	铸石板 180mm×110mm×30mm	m^2	336.69	–	8.910	–	–
	铸石板 300mm×200mm×20mm	m^2	227.13	–	–	10.140	–
	铸石板 300mm×200mm×30mm	m^2	339.68	–	–	–	10.140
	水	t	4.00	0.500	0.500	0.500	0.500
机械	滚筒式混凝土搅拌机(内燃) 250L	台班	202.65	0.280	0.280	0.280	0.280

3. 沥青胶泥

工作内容：基层清理、运料、清洗砖板、调制胶泥、砌砖板。 单位：$10m^2$

定额编号				8-11-178	8-11-179	8-11-180	8-11-181	8-11-182	8-11-183
项目				瓷砖		瓷板		铸石板	
				厚度(mm)					
				65	113	20	30	20	30
基价（元）				**1696.57**	**2430.39**	**2197.93**	**2632.16**	**3456.07**	**4549.46**
其中	人工费（元）			840.80	1096.00	865.60	873.60	889.60	898.40
	材料费（元）			799.03	1277.65	1275.59	1701.82	2509.73	3594.32
	机械费（元）			56.74	56.74	56.74	56.74	56.74	56.74
名称		单位	单价(元)	数量					
人工	综合工日	工日	80.00	10.510	13.700	10.820	10.920	11.120	11.230
材料	冷底子油 30：70	kg	6.30	8.400	8.400	8.400	8.400	8.400	8.400
	沥青胶泥	m^3	2300.00	0.098	0.152	0.074	0.079	0.079	0.081
	瓷砖 230mm×113mm×65mm	m^2	50.00	9.876	16.764	–	–	–	–
	瓷板 150mm×150mm×20mm	m^2	104.00	–	–	9.960	–	–	–
	瓷板 150mm×150mm×30mm	m^2	145.00	–	–	–	9.960	–	–
	铸石板 180mm×110mm×20mm	m^2	228.13	–	–	–	–	9.880	–
	铸石板 180mm×110mm×30mm	m^2	336.69	–	–	–	–	–	9.880
	木柴	kg	0.95	25.800	35.500	15.400	22.100	20.200	28.000
	水	t	4.00	0.600	0.800	0.500	0.500	0.500	0.500
机械	滚筒式混凝土搅拌机(内燃) 250L	台班	202.65	0.280	0.280	0.280	0.280	0.280	0.280

4. 水玻璃砂浆

工作内容:基层清理、运料、清洗砖板、调制胶泥、砌砖板。 单位:10m²

定额编号				8-11-184	8-11-185	8-11-186	8-11-187	8-11-188	8-11-189
项目				瓷砖		瓷板			
				厚度(mm)					
				65	113	20	30	20	30
基价(元)				**1744.50**	**2501.81**	**2221.94**	**2654.65**	**2006.51**	**2159.03**
其中	人工费(元)			840.80	1096.00	864.80	872.00	889.60	898.40
	材料费(元)			846.96	1349.07	1300.40	1725.91	1060.17	1203.89
	机械费(元)			56.74	56.74	56.74	56.74	56.74	56.74
名称		单位	单价(元)	数量					
人工	综合工日	工日	80.00	10.510	13.700	10.810	10.900	11.120	11.230
材料	水	t	4.00	0.600	0.800	0.500	0.500	0.500	0.500
	瓷砖 230mm×113mm×65mm	m²	50.00	10.010	17.075	–	–	–	–
	瓷板 150mm×150mm×20mm	m²	104.00	–	–	10.050	–	–	–
	瓷板 150mm×150mm×30mm	m²	145.00	–	–	–	10.050	–	–
	瓷板 180mm×110mm×20mm	m²	80.00	–	–	–	–	10.020	–
	瓷板 180mm×110mm×30mm	m²	93.00	–	–	–	–	–	10.020
	水玻璃稀胶泥 1∶0.15∶0.5∶0.5	m³	3365.00	0.087	0.131	0.060	0.064	0.061	0.065
	水玻璃耐酸砂浆 1∶0.15∶1.1∶1∶2.6	m³	2700.00	0.019	0.019	0.019	0.019	0.019	0.019
机械	滚筒式混凝土搅拌机(内燃) 250L	台班	202.65	0.280	0.280	0.280	0.280	0.280	0.280

工作内容：基层清理、运料、清洗砖板、调制胶泥、砌砖板。

单位：$10m^2$

定额编号				8-11-190	8-11-191	8-11-192	8-11-193
项目				陶板		铸石板	
				厚度(mm)			
				20	30	20	30
基价（元）				**2062.97**	**2192.69**	**3619.05**	**4711.82**
其中	人工费（元）			889.60	898.40	898.40	898.40
	材料费（元）			1116.63	1237.55	2663.91	3756.68
	机械费（元）			56.74	56.74	56.74	56.74
名称		单位	单价(元)	数量			
人工	综合工日	工日	80.00	11.120	11.230	11.230	11.230
材料	水	t	4.00	0.500	0.500	0.500	0.500
	陶板 150mm×150mm×20mm	m^2	75.00	10.050	–	–	–
	陶板 150mm×150mm×30mm	m^2	80.00	–	10.050	–	–
	铸石板 180mm×110mm×20mm	m^2	228.13	–	–	9.880	–
	铸石板 180mm×110mm×30mm	m^2	336.69	–	–	–	9.880
	水玻璃稀胶泥 1∶0.15∶0.5∶0.5	m^3	3365.00	0.092	0.113	0.106	0.112
	水玻璃耐酸砂浆 1∶0.15∶1.1∶1∶2.6	m^3	2700.00	0.019	0.019	0.019	0.019
机械	滚筒式混凝土搅拌机(内燃) 250L	台班	202.65	0.280	0.280	0.280	0.280

五、涂料

1. 聚氨酯漆

工作内容：运料、基层清理、调配漆、腻子嵌补、刷涂（喷涂）。

单位：$10m^2$

定额编号				8-11-194	8-11-195	8-11-196	8-11-197	8-11-198	8-11-199
项目				混凝土面					
				清漆每遍	打腻子	底漆每遍	中间漆每遍	中间漆每增一遍	面漆每遍
基价（元）				**78.18**	**61.78**	**72.13**	**73.03**	**71.38**	**68.13**
其中	人工费（元）			32.00	33.60	40.80	35.20	35.20	35.20
	材料费（元）			46.18	28.18	31.33	37.83	36.18	32.93
	机械费（元）			–	–	–	–	–	–
	名称	单位	单价(元)	数量					
人工	综合工日	工日	80.00	0.400	0.420	0.510	0.440	0.440	0.440
材料	聚氨酯清漆	kg	26.00	1.500	–	–	–	–	–
	聚氨酯腻子	kg	14.00	–	1.500	–	–	–	–
	聚氨酯磁漆	kg	27.00	–	–	1.000	0.980	0.650	–
	弹性聚氨酯底漆	kg	22.00	–	–	–	0.320	0.650	1.300
	二甲苯	kg	11.40	0.630	0.630	0.380	0.380	0.380	0.380

工作内容：运料、基层清理、调配漆、腻子嵌补、刷涂（喷涂）。

单位：$10m^2$

定额编号				8-11-200	8-11-201	8-11-202	8-11-203	8-11-204	8-11-205
项目				抹灰面					
				清漆每遍	打腻子	底漆每遍	中间漆每遍	中间漆每增一遍	面漆每遍
基价（元）				**73.72**	**57.84**	**75.02**	**67.12**	**65.62**	**63.42**
其中	人工费（元）			30.40	31.20	38.40	32.00	32.00	32.80
	材料费（元）			43.32	26.64	36.62	35.12	33.62	30.62
	机械费（元）			–	–	–	–	–	–
名称		单位	单价（元）	数量					
人工	综合工日	工日	80.00	0.380	0.390	0.480	0.400	0.400	0.410
材料	聚氨酯清漆	kg	26.00	1.390	–	–	–	–	–
	聚氨酯腻子	kg	14.00	–	1.390	–	–	–	–
	聚氨酯磁漆	kg	27.00	–	–	1.200	0.900	0.600	–
	弹性聚氨酯底漆	kg	22.00	–	–	–	0.300	0.600	1.200
	二甲苯	kg	11.40	0.630	0.630	0.370	0.370	0.370	0.370

2. 氯磺化聚乙烯漆

工作内容：运料、基层清理、调配漆、腻子嵌补、刷涂(喷涂)。　　　　单位：$10m^2$

定额编号				8-11-206	8-11-207	8-11-208	8-11-209	8-11-210	8-11-211	8-11-212
项目				混凝土面				抹灰面		
				底漆每遍	打腻子	中间漆每遍	面漆每遍	底漆每遍	中间漆每遍	面漆每遍
基价(元)				**72.86**	**48.56**	**63.87**	**62.28**	**71.08**	**63.70**	**62.28**
其中	人工费(元)			33.60	20.00	27.20	24.80	33.60	27.20	24.80
	材料费(元)			39.26	28.56	36.67	37.48	37.48	36.50	37.48
	机械费(元)			–	–	–	–	–	–	–
名称		单位	单价(元)	数量						
人工	综合工日	工日	80.00	0.420	0.250	0.340	0.310	0.420	0.340	0.310
材料	氯磺化聚乙烯底漆	kg	16.13	2.200	1.600	–	–	2.100	–	–
	氯磺化聚乙烯中间漆	kg	16.13	–	–	2.050	–	–	2.050	–
	氯磺化聚乙烯面漆	kg	16.13	–	–	–	2.100	–	–	2.100
	氯磺化聚乙烯漆稀释剂	kg	17.17	0.220	0.160	0.210	0.210	0.210	0.200	0.210

3. 漆酚醛树脂漆

工作内容:运料、过筛、填料干燥、表面清洗、调配、刷涂。　　　　单位:10m²

定额编号				8-11-213	8-11-214	8-11-215	8-11-216	8-11-217	8-11-218
项目				混凝土面					
				底漆		中间漆		面漆	
				一遍	每增一遍	一遍	每增一遍	一遍	每增一遍
基价(元)				**78.11**	**75.57**	**62.58**	**60.27**	**56.25**	**54.92**
其中	人工费(元)			40.80	47.20	34.40	34.40	30.40	30.40
	材料费(元)			37.31	28.37	28.18	25.87	25.85	24.52
	机械费(元)			–	–	–	–	–	–
名称		单位	单价(元)	数量					
人工	综合工日	工日	80.00	0.510	0.590	0.430	0.430	0.380	0.380
材料	酚醛树脂漆	kg	17.50	1.490	1.210	1.340	1.210	1.230	1.160
	汽油 93 号	kg	10.05	1.080	0.680	0.450	0.450	0.430	0.420
	石英粉	kg	0.50	0.760	0.720	0.410	0.350	–	–

工作内容：运料、过筛、填料干燥、表面清洗、调配、刷涂。 单位：$10m^2$

定额编号				8-11-219	8-11-220	8-11-221	8-11-222	8-11-223	8-11-224
项目				抹灰面					
				底漆		中间漆		面漆	
				一遍	每增一遍	一遍	每增一遍	一遍	每增一遍
基价（元）				**72.06**	**73.16**	**57.55**	**55.29**	**52.00**	**50.95**
其中	人工费（元）			37.60	43.20	31.20	31.20	28.00	28.00
	材料费（元）			34.46	29.96	26.35	24.09	24.00	22.95
	机械费（元）			–	–	–	–	–	–
名称		单位	单价(元)	数量					
人工	综合工日	工日	80.00	0.470	0.540	0.390	0.390	0.350	0.350
材料	酚醛树脂漆	kg	17.50	1.370	1.320	1.240	1.120	1.130	1.070
	汽油 93 号	kg	10.05	1.040	0.650	0.440	0.430	0.420	0.420
	石英粉	kg	0.50	0.070	0.660	0.460	0.330	–	–

4. 酚醛树脂漆

工作内容：运料、过筛、填料干燥、表面清洗、调配、刷涂。

单位：$10m^2$

定额编号				8-11-225	8-11-226	8-11-227	8-11-228	8-11-229	8-11-230	8-11-231	8-11-232
项目				混凝土面				抹灰面			
				底漆		面漆		底漆		面漆	
				一遍	每增一遍	一遍	每增一遍	一遍	每增一遍	一遍	每增一遍
基价（元）				**79.60**	**77.76**	**65.52**	**64.39**	**72.10**	**73.20**	**60.12**	**59.49**
其中	人工费（元）			42.40	48.80	35.20	35.20	39.20	44.80	32.80	32.80
	材料费（元）			37.20	28.96	30.32	29.19	32.90	28.40	27.32	26.69
	机械费（元）			–	–	–	–	–	–	–	–
名称		单位	单价(元)	数量							
人工	综合工日	工日	80.00	0.530	0.610	0.440	0.440	0.490	0.560	0.410	0.410
材料	酚醛树脂漆	kg	17.50	1.640	1.390	1.380	1.370	1.520	1.290	1.270	1.260
	工业酒精 99.5%	kg	8.20	0.770	0.370	0.470	0.480	0.550	0.530	0.450	0.410
	石英粉	kg	0.50	1.280	0.350	2.000	0.180	0.710	0.330	0.180	0.170
	苯磺酰氯	kg	11.92	0.130	0.120	0.110	0.100	0.120	0.110	0.110	0.100

5. 冷固环氧树脂漆

工作内容:运料、过筛、填料干燥、表面清洗、调配、刷涂。

单位:$10m^2$

定额编号				8-11-233	8-11-234	8-11-235	8-11-236	8-11-237	8-11-238	8-11-239	8-11-240
项目				混凝土面				抹灰面			
				底漆		面漆		底漆		面漆	
				一遍	每增一遍	一遍	每增一遍	一遍	每增一遍	一遍	每增一遍
基价(元)				**99.67**	**97.44**	**90.13**	**86.71**	**92.59**	**90.90**	**83.29**	**80.07**
其中	人工费(元)			42.40	48.80	32.00	32.00	39.20	44.80	29.60	29.60
	材料费(元)			57.27	48.64	58.13	54.71	53.39	46.10	53.69	50.47
	机械费(元)			–	–	–	–	–	–	–	–
名称		单位	单价(元)	数量							
人工	综合工日	工日	80.00	0.530	0.610	0.400	0.400	0.490	0.560	0.370	0.370
材料	环氧树脂(各种规格)	kg	28.60	1.710	1.430	1.820	1.640	1.590	1.360	1.680	1.510
	石英粉	kg	0.50	0.420	0.380	–	–	0.380	0.350	–	–
	邻苯二甲酸二丁酯	kg	17.42	0.170	0.160	0.190	0.160	0.160	0.140	0.170	0.140
	固化剂	kg	–	(0.274)	(0.229)	(0.290)	(0.262)	(0.254)	(0.218)	(0.269)	(0.240)
	环氧稀释剂	kg	8.66	0.600	0.550	0.320	0.580	0.570	0.530	0.310	0.560

6. 环氧呋喃树脂漆

工作内容:运料、过筛、填料干燥、表面清洗、调配、刷涂。　　　　单位:10m²

定额编号				8-11-241	8-11-242	8-11-243	8-11-244	8-11-245	8-11-246	8-11-247	8-11-248
项目				混凝土面				抹灰面			
				底漆		面漆		底漆		面漆	
				一遍	每增一遍	一遍	每增一遍	一遍	每增一遍	一遍	每增一遍
基价(元)				**99.15**	**93.56**	**82.53**	**78.97**	**90.24**	**89.69**	**80.50**	**76.66**
其中	人工费(元)			42.40	48.80	32.00	32.00	39.20	44.80	29.60	29.60
	材料费(元)			56.75	44.76	50.53	46.97	51.04	44.89	50.90	47.06
	机械费(元)			–	–	–	–	–	–	–	–
名称		单位	单价(元)	数量							
人工	综合工日	工日	80.00	0.530	0.610	0.400	0.400	0.490	0.560	0.370	0.370
材料	环氧树脂(各种规格)	kg	28.60	1.390	1.050	1.180	1.090	1.110	0.960	1.170	1.080
	糠醇树脂	kg	15.80	0.530	0.470	0.540	0.500	0.490	0.430	0.500	0.460
	石英粉	kg	0.50	0.230	0.210	–	–	0.170	0.140	0.160	0.170
	邻苯二甲酸二丁酯	kg	17.42	0.190	0.140	0.180	0.170	0.570	0.530	0.450	0.420
	固化剂	kg	–	(0.222)	(0.168)	(0.189)	(0.170)	(0.230)	(0.190)	–	–
	环氧稀释剂	kg	8.66	0.600	0.550	0.590	0.570	0.178	0.154	0.187	0.173

7. 环氧酚醛树脂漆

工作内容:运料、过筛、填料干燥、表面清洗、调配、刷涂。　　　　单位:$10m^2$

定额编号				8-11-249	8-11-250	8-11-251	8-11-252	8-11-253	8-11-254	8-11-255	8-11-256
项目				混凝土面				抹灰面			
				底漆		面漆		底漆		面漆	
				一遍	每增一遍	一遍	每增一遍	一遍	每增一遍	一遍	每增一遍
基价(元)				**79.65**	**82.92**	**69.39**	**66.19**	**74.10**	**76.23**	**64.14**	**61.63**
其中	人工费(元)			42.40	48.80	32.00	32.00	39.20	44.80	29.60	29.60
	材料费(元)			37.25	34.12	37.39	34.19	34.90	31.43	34.54	32.03
	机械费(元)			–	–	–	–	–	–	–	–
名称		单位	单价(元)	数量							
人工	综合工日	工日	80.00	0.530	0.610	0.400	0.400	0.490	0.560	0.370	0.370
材料	酚醛树脂漆	kg	17.50	1.230	1.050	1.270	1.160	1.150	0.970	1.170	1.080
	酚醛树脂	kg	16.83	0.530	0.470	0.550	0.490	0.490	0.430	0.500	0.460
	固化剂	kg	–	(0.200)	(0.168)	(0.203)	(0.186)	(0.184)	(0.155)	(0.187)	(0.173)
	石英粉	kg	0.50	0.260	0.220	–	–	0.230	0.200	–	–
	邻苯二甲酸二丁酯	kg	17.42	0.080	0.160	0.180	0.170	0.080	0.140	0.170	0.160
	环氧稀释剂	kg	8.66	0.610	0.570	0.320	0.310	0.580	0.540	0.310	0.300

8. 沥青漆

工作内容：运料、过筛、填料干燥、表面清洗、调配、刷涂。　　单位：10m²

定额编号				8-11-257	8-11-258
项目				混凝土面、灰面	
				面漆	
				一遍	每增一遍
基价（元）				**98.53**	**81.60**
其中	人工费（元）			73.60	76.80
	材料费（元）			24.93	4.80
	机械费（元）			–	–
名称		单位	单价（元）	数量	
人工	综合工日	工日	80.00	0.920	0.960
材料	沥青漆	kg	10.00	1.010	0.480
	汽油 93 号	kg	10.05	1.270	–
	木柴	kg	0.95	2.170	–

9. 环氧煤焦油漆

工作内容:运料、过筛、填料干燥、表面清洗、调配、刷涂。

单位:10m²

定额编号				8-11-259	8-11-260
项目				混凝土面	
				面漆	
				一遍	每增一遍
基价(元)				**165.20**	**146.88**
其中	人工费(元)			137.60	123.20
	材料费(元)			27.60	23.68
	机械费(元)			–	–
名称		单位	单价(元)	数	量
人工	综合工日	工日	80.00	1.720	1.540
材料	环氧树脂(各种规格)	kg	28.60	0.700	0.600
	煤焦油	kg	2.00	0.700	0.600
	固化剂	kg	–	(0.112)	(0.100)
	滑石粉	kg	0.40	0.300	0.300
	环氧稀释剂	kg	8.66	0.700	0.600

10. 耐高温防腐涂料

工作内容：运料、基层清理、漆的调配、刷涂。　　　　单位：10m²

定额编号				8-11-261	8-11-262	8-11-263	8-11-264	8-11-265	8-11-266	8-11-267	8-11-268
项目				混凝土面				水泥砂浆面			
				底漆		面漆		底漆		面漆	
				一遍	每增一遍	一遍	每增一遍	一遍	每增一遍	一遍	每增一遍
基价（元）				**203.40**	**202.59**	**178.84**	**174.88**	**178.90**	**176.51**	**166.98**	**164.60**
其中	人工费（元）			29.60	28.00	24.00	23.20	28.80	27.20	23.20	22.40
	材料费（元）			173.80	174.59	154.84	151.68	150.10	149.31	143.78	142.20
	机械费（元）			–	–	–	–	–	–	–	–
名称		单位	单价(元)	数量							
人工	综合工日	工日	80.00	0.370	0.350	0.300	0.290	0.360	0.340	0.290	0.280
材料	耐高温防腐底涂料	kg	79.00	2.200	2.210	–	–	1.900	1.890	–	–
	耐高温防腐面涂料	kg	79.00	–	–	1.960	1.920	–	–	1.820	1.800

11. TO 树脂涂料

工作内容：运料、基层清理、漆的调配、刷涂。

单位：$10m^2$

定额编号				8-11-269	8-11-270	8-11-271	8-11-272	8-11-273	8-11-274	8-11-275	8-11-276
项目				混凝土面				水泥砂浆面			
				底漆		面漆		底漆		面漆	
				一遍	每增一遍	一遍	每增一遍	一遍	每增一遍	一遍	每增一遍
基价（元）				**32.00**	**31.20**	**30.40**	**29.60**	**28.80**	**28.00**	**27.20**	**26.40**
其中	人工费（元）			32.00	31.20	30.40	29.60	28.80	28.00	27.20	26.40
	材料费（元）			–	–	–	–	–	–	–	–
	机械费（元）			–	–	–	–	–	–	–	–
名称		单位	单价（元）	数量							
人工	综合工日	工日	80.00	0.400	0.390	0.380	0.370	0.360	0.350	0.340	0.330
材料	TO 树脂底漆	kg	–	(2.660)	(2.410)	–	–	(2.390)	(2.160)	–	–
	TO 树脂面漆	kg	–	–	–	(2.360)	(2.356)	–	–	(2.120)	(2.100)
	TO 固化剂	kg	–	(0.220)	(0.200)	(0.189)	(0.188)	(0.190)	(0.180)	(0.170)	(0.166)

12. 氯化橡胶类厚浆型涂料

工作内容:运料、基层清理、搅拌、刷涂。　　　　　单位:$10m^2$

定额编号				8-11-277	8-11-278	8-11-279	8-11-280	8-11-281	8-11-282	8-11-283	8-11-284
项目				水泥砂浆面							
				氯化橡胶							
				厚浆型防锈漆							
				铝粉		铁红		云铁		沥青	
				一遍	每增一遍	一遍	每增一遍	一遍	每增一遍	一遍	每增一遍
基价(元)				**140.88**	**134.40**	**144.32**	**141.84**	**114.32**	**112.08**	**101.60**	**99.60**
其中	人工费(元)			62.40	57.60	63.20	62.40	48.80	48.00	44.00	43.20
	材料费(元)			78.48	76.80	81.12	79.44	65.52	64.08	57.60	56.40
	机械费(元)			–	–	–	–	–	–	–	–
名称		单位	单价(元)	数量							
人工	综合工日	工日	80.00	0.780	0.720	0.790	0.780	0.610	0.600	0.550	0.540
材料	氯化橡胶铝粉厚浆型防锈漆	kg	24.00	3.270	3.200	–	–	–	–	–	–
	氯化橡胶铁红厚浆型防锈漆	kg	24.00	–	–	3.380	3.310	–	–	–	–
	氯化橡胶沥青厚浆型防锈漆	kg	24.00	–	–	–	–	–	–	2.400	2.350
	氯化橡胶云铁防锈底漆	kg	24.00	–	–	–	–	2.730	2.670	–	–

13. 彩色环氧地坪涂料

工作内容:运料、基层清理、漆的调配、刷涂。　　　　单位:10m²

定额编号				8-11-285	8-11-286	8-11-287	8-11-288	8-11-289	8-11-290
项目				混凝土面					
				底漆		中间漆		面漆	
				一遍	每增一遍	一遍	每增一遍	一遍	每增一遍
基价(元)				**67.80**	**65.15**	**98.00**	**94.10**	**65.70**	**62.05**
其中	人工费(元)			28.80	26.40	28.00	25.60	23.20	20.80
	材料费(元)			39.00	38.75	70.00	68.50	42.50	41.25
	机械费(元)			–	–	–	–	–	–
名称		单位	单价(元)	数量					
人工	综合工日	工日	80.00	0.360	0.330	0.350	0.320	0.290	0.260
材料	环氧自流平底涂料	kg	25.00	1.560	1.550	–	–	–	–
	环氧自流平中间涂料	kg	25.00	–	–	2.800	2.740	–	–
	环氧自流平面涂料	kg	25.00	–	–	–	–	1.700	1.650

工作内容：运料、基层清理、漆的调配、刷涂。 单位：10m²

定额编号				8-11-291	8-11-292	8-11-293	8-11-294	8-11-295	8-11-296
项目				水泥砂浆面					
				底漆		中间漆		面漆	
				一遍	每增一遍	一遍	每增一遍	一遍	每增一遍
基价（元）				**64.30**	**62.20**	**88.10**	**85.50**	**61.15**	**58.75**
其中	人工费（元）			28.80	27.20	25.60	24.00	22.40	20.00
	材料费（元）			35.50	35.00	62.50	61.50	38.75	38.75
	机械费（元）			–	–	–	–	–	–
名称		单位	单价(元)	数量					
人工	综合工日	工日	80.00	0.360	0.340	0.320	0.300	0.280	0.250
材料	环氧自流平底涂料	kg	25.00	1.420	1.400	–	–	–	–
	环氧自流平中间涂料	kg	25.00	–	–	2.500	2.460	–	–
	环氧自流平面涂料	kg	25.00	–	–	–	–	1.550	1.550

14. 防火涂料

工作内容:运料、基层清理、漆的调配、刷涂。 单位:10m²

定额编号				8-11-297	8-11-298	8-11-299
项目				泥砂浆面耐火极限(h)/厚度(mm)		
				1.5/2.5	2.0/3.5	3.0/5.0
基价(元)				**382.10**	**508.70**	**629.00**
其中	人工费(元)			128.00	151.20	120.80
	材料费(元)			254.10	357.50	508.20
	机械费(元)			-	-	-
名称		单位	单价(元)	数量		
人工	综合工日	工日	80.00	1.600	1.890	1.510
材料	防火涂料	kg	11.00	23.100	32.500	46.200

15. 防火圈、防火墙料、防火包安装

工作内容：运料、基层清理、漆的调配、刷涂。　　　　单位：见表

定额编号				8-11-300	8-11-301	8-11-302
项目				防火圈	防火墙料	防火包
单位				10个	m^3	
基价（元）				**1986.93**	**273.79**	**1309.60**
其中	人工费（元）			1056.00	234.40	97.60
	材料费（元）			930.93	39.39	1212.00
	机械费（元）			–	–	–
名称		单位	单价(元)	数量		
人工	综合工日	工日	80.00	13.200	2.930	1.220
材料	防火圈	个	93.00	10.010	–	–
	防火墙料	m^3	39.00	–	1.010	–
	防火包	m^3	1200.00	–	–	1.010

六、隔离层及其他

工作内容:运输、基层清理、漆的调配、刷涂。　　　　单位:10m²

定额编号				8-11-303	8-11-304	8-11-305	8-11-306	8-11-307	8-11-308
项目				耐酸沥青胶泥卷材		沥青胶泥玻璃布		一道冷底子油	沥青胶泥
				二毡三油	每增减一毡一油	一布二油	每增减一布二油	二道热沥青	厚 8mm
基价(元)				**349.38**	**105.68**	**322.06**	**144.80**	**180.46**	**393.73**
其中	人工费(元)			80.00	28.00	54.40	26.40	29.60	176.00
	材料费(元)			269.38	77.68	267.66	118.40	150.86	217.73
	机械费(元)			–	–	–	–	–	–
	名称	单位	单价(元)	数量					
人工	综合工日	工日	80.00	1.000	0.350	0.680	0.330	0.370	2.200
材料	冷底子油 30∶70	kg	6.30	8.400	–	8.400	–	–	–
	沥青胶泥	m^3	2300.00	0.057	0.018	–	–	–	0.080
	石油沥青 30 号	kg	3.80	–	–	–	–	36.200	–
	石油沥青油毡 350 号	m^2	2.55	23.750	11.540	–	–	–	–
	耐酸沥青胶泥 隔离层用 1∶0.3∶0.05	m^3	4275.20	–	–	0.040	0.020	–	–
	玻璃布	m^2	2.20	–	–	11.500	11.500	–	–
	木柴	kg	0.95	26.100	7.210	19.400	8.000	14.000	35.500

工作内容：运料、基层清理、漆的调配、刷涂。

单位：见表

定额编号				8-11-309	8-11-310	8-11-311	8-11-312	8-11-313	8-11-314
项目				环氧煤焦油稀胶泥刮涂		酸处理	砖板加工	环氧树脂煤焦油(打底)涂料	耐碱砂浆刮涂
				厚3mm	厚2mm				厚20mm
单位				$10m^2$			100块	$10m^2$	
基价（元）				**729.18**	**496.28**	**52.10**	**545.41**	**83.50**	**597.13**
其中	人工费（元）			25.60	25.60	48.00	272.00	18.40	360.00
	材料费（元）			697.50	466.63	4.10	5.91	65.10	166.20
	机械费（元）			6.08	4.05	–	267.50	–	70.93
名称		单位	单价(元)	数量					
人工	综合工日	工日	80.00	0.320	0.320	0.600	3.400	0.230	4.500
材料	环氧树脂（各种规格）	kg	28.60	23.000	15.400	–	–	1.640	–
	煤焦油	kg	2.00	18.500	12.340	–	–	0.240	–
	固化剂	kg	–	(0.345)	(1.270)	–	–	(0.246)	–
	丙酮 95%	kg	10.80	0.250	0.140	–	–	1.640	–
	硫酸 38%	kg	0.91	–	–	4.500	–	–	–
	碳化硅砂轮片 $\phi400\times25\times3\sim4$	片	29.56	–	–	–	0.200	–	–
	工程用水	t	–	–	–	–	–	–	(0.400)
	耐碱砂浆 1：2	m^3	791.42	–	–	–	–	–	0.210
机械	滚筒式混凝土搅拌机(内燃) 250L	台班	202.65	0.030	0.020	–	1.320	–	0.350

附　　录

冶金工程金属结构件油漆、除锈工程量系数表

序号	项目名称		系数	序号	项目名称	系数
1	高炉	外壳	0.1	20	厂房框架	0.39
2		支柱、框架	0.16	21	吊车梁≤5t	0.33
3		梯子、平台	0.36	22	吊车梁≤10t	0.24
4		溜槽防溅板	0.25	23	吊车梁≤15t	0.2
5		斜桥	0.22	24	吊车梁≤25t	0.15
6		料车坑防水层	0.15	25	吊车梁＞25t	0.13
7		管道、烟道	0.25	26	箱形吊车梁	0.19
8	热风炉外壳		0.27	27	制动梁	0.48
9	焦炉	支柱	0.21	28	单轨吊车梁	0.33
10		拉杆	0.2	29	屋架	0.35
11		两侧操作台	0.42	30	箱形屋架梁	0.39
12	均热炉		0.3	31	轻型屋架	0.76
13	环形加热炉		0.42	32	天窗架	0.42
14	罩式炉		0.28	33	支撑	0.53
15	缓冷坑、化铁炉		0.32	34	檩条	0.59
16	钢柱≤7t		0.33	35	二合一檩条	0.64
17	钢柱≤15t		0.24	36	钢屋面板	0.59
18	钢柱≤25t		0.2	37	墙架	0.48
19	钢柱＞25t		0.15	38	走台梯子	0.6

序号	项目名称	系数	序号	项目名称	系数
39	钢门窗	0.6	51	其他工艺结构＞500kg	0.4
40	其他工业炉≤10t	0.32	52	索道塔架≤20m	0.41
41	其他工业炉≤50t	0.28	53	索道塔架＞20m	0.46
42	其他工业炉＞50t	0.22	54	扁轨吊架	0.29
43	整体罐≤5t	0.18	55	通廊结构	0.36
44	整体罐≤10t	0.14	56	整体漏斗≤5t	0.26
45	解体罐	0.27	57	整体漏斗≤15t	0.24
46	集气管	0.24	58	整体漏斗＞15t	0.18
47	其他工艺结构≤20kg	1	59	解体漏斗、溜槽	0.24
48	其他工艺结构≤50kg	0.94	60	操作平台（轻型）	0.48
49	其他工艺结构≤100kg	0.8	61	操作平台（重型）	0.31
50	其他工艺结构≤500kg	0.65			